Cryptography for Secure Communications

OpenSSL
暗号・PKI・SSL/TLSライブラリの詳細

John Viega, Matt Messier, Pravir Chandra 共著
齋藤孝道 監訳

Ohmsha

Translation copyright © Ohmsha, Ltd. 2004
Authorized translation of the English edition © 2002 O'Reilly & Associates, Inc.
This translation is published and sold by permission of O'Reilly & Associates, Inc., the owner of all rights to publish and sell the same.

Original English language title: Network Security with OpenSSL by John Viega, Matt Messier, and Pravir Chandra

All Rights Reserved. No part of this book may be reproduced by any means or, transmitted, or translated into a machine language without the written permission of the publisher.

本書に掲載されている会社名、製品名は、一般に各社の登録商標または商標です。

本書は、「著作権法」によって、著作権等の権利が保護されている著作物です。本書の複製権・翻訳権・上映権・譲渡権・公衆送信権（送信可能化権を含む）は著作権者が保有しています。本書の全部または一部につき、無断で転載、複写複製、電子的装置への入力等をされると、著作権等の権利侵害となる場合がありますので、ご注意ください。
本書の無断複写は、著作権法上の制限事項を除き、禁じられています。本書の複写複製を希望される場合は、そのつど事前に下記へ連絡して許諾を得てください。

(株)日本著作出版権管理システム（電話 03-3817-5670、FAX 03-3815-8199）

JCLS ＜(株)日本著作出版権管理システム委託出版物＞

NSA Cryptologic Archives and History 局の前局長、Arthur J. Zoebelein の思い出に捧ぐ

著者紹介

John Viega

　Secure Software Solutions の創設者の一人で主任科学者。著名なセキュリティ専門家で、共著に『Building Secure Software』（Addison-Wesley）がある。数々のソフトウェアセキュリティツールを手掛けるほか、GNU のメーリングリスト管理システムである Mailman のオリジナルも開発している。University of Virginia にてコンピュータサイエンスの学士号と修士号を取得。クリーブランド（オハイオ州）には行ったことがない。

Matt Messier

　Secure Software Solutions の創設者の一人で、Windows Development 部門のディレクター。RATS や EGADS などのセキュリティツールを仲間と作成したほか、サードパーティ製アプリケーションを未知のセキュリティ脆弱性から保護するための手段として使用できる AttackShield の開発を率いている。また、バイナリアプリケーションに含まれるセキュリティ脆弱性を自動的に検出するためのツールも開発した。クリーブランドにはあまり興味がないらしい。

Pravir Chandra

　Secure Software Solutions で調査を担当する科学者。言語レベルでのセキュリティの専門家である。最近では、C のソースコードのセキュリティを静的に分析するためのツールである「catscan」を DARPA の出資により共同で開発している。Case Western Reserve University にてコンピュータサイエンスの学士号を取得。「クリーブランドはスゴイ！」と声を大にして言いたいそうだ。

本書について

　インターネットは危険な場所です。たいていの人が考えるよりも、ずっと危険です。回線上を流れるデータが盗聴できたり改竄できたりすることを知っている技術者は多いのですが、それが実際にどれだけ簡単かを理解している人はほとんどいません。信頼できないネットワークで通信を行うにもかかわらず、データを適切に保護しないようなアプリケーションは、セキュリティ上の災難が降りかかるのを待っているようなものです。

　SSL（Secure Socket Layer）とその後継であるTLS（Transport Layer Security）を使用すれば、ネットワーク上での通信が必要なアプリケーションの安全を確保することができます。OpenSSLは、SSLとTLSのプロトコルを実装したオープンソースライブラリです。本書執筆時点で最も広く利用されており、これらのプロトコルの実装を無償で利用することができます。OpenSSLでは、プラットフォームに関係なくSSLの機能をフルに利用することができ、UnixでもWindowsでも同じように動作します。OpenSSLは、主にCおよびC++のプログラムから使用されますが、コマンドラインから使用することも（第1～3章を参照）、あるいはPython、Perl、PHPなどほかの言語から使用することもできます（第9章を参照）。

　本書では、システムの開発や管理を行う人を対象に、OpenSSLを使用してアプリケーションの安全を確保する方法を説明します。自作のアプリケーションをSSL対応にする方法を示すだけでなく、その際に考慮すべき最も重大なリスクや、それらを軽減するための方法についても紹介します。これらの方法を理解しておくことは重要です。アプリケーションをSSLに対応させて安全を確保するためには、たいていの人が考える以上の作業が必要だからです。マルチスレッドを使用して高度なやり取りを行い、しかもパフォーマンスが重要視される環境でコードを実行しなければならない場合は、特にそうです。

　OpenSSLは、無償で利用できるSSL実装というだけではありません。幅広い用途に使える暗号ライブラリでもあるため、SSLでは適切に対処できない場面でも役に立つ可能性があります。しかし、暗号技術をこのように低いレベルで扱うことには、危険が伴います。暗号技術の適用には、開発者でさえ完全に理解している人がほとんどいないような落とし穴が、数多く潜んでいるからです。とはいえ、本書では、OpenSSLを使用したいという読者のために、OpenSSLで利用可能な機能について説明します。なお、OpenSSLでは、S/MIMEによる電子メール標準のサポートなど、高レベルの技術もいくつか利用することができます。

　本書の大半では、OpenSSLライブラリとそのさまざまな使用方法について説明します。関連する情報を並べるだけでなく、実際のコード例を交えながら説明を進めていきます。また、OpenSSLを利用してサポートできる選択肢のうちで一般的なものをすべて紹介し、それぞれのセキュリティへの影響についても解説します。

本書は、必要に応じてどこから読み進めても構いません。管理作業に利用したい場合など、OpenSSL をコマンドラインから使用するのなら、第 1 章から第 3 章までの内容で事足ります。アプリケーションを SSL 対応にしたいという読者は、まず第 1 章を読み、その後の章をとばして第 5 章まで進んでも、おそらく問題ないはずです（ただし、第 5 章のコードをすべて理解するためには、第 4 章の説明を部分的に参照することが必要です）。

以下に、本書の内容について簡単に紹介します。

- **第 1 章：はじめに**
  SSL および OpenSSL ライブラリについて紹介します。また、このライブラリの利用に伴うセキュリティ上のリスクのうち、最も重要なものを簡単に説明し、それらのリスクを上位レベルで軽減する方法を紹介します。さらに、OpenSSL と Stunnel をあわせて利用し、POP サーバのような（最初から SSL サポートが組み込まれているわけではない）サードパーティ製のソフトウェアの安全を確保する方法についても説明します。

- **第 2 章：コマンドラインインタフェース**
  OpenSSL の基本的な機能をコマンドラインから使用する方法について説明します。これにより、OpenSSL を対話形式で使用したり、シェルスクリプトから呼び出したり、OpenSSL をネイティブにサポートしない言語からインタフェースを利用したりすることが可能になります。

- **第 3 章：公開鍵基盤（PKI）**
  公開鍵基盤の基本について、特に OpenSSL に関連する内容を取り上げます。SSL や S/MIME、および PKI に依存するその他の暗号技術で使用する証明書の取得方法を中心に説明していきます。また、OpenSSL のコマンドラインを使って自作の PKI を管理したいという読者のために、その方法について紹介します。

- **第 4 章：OpenSSL が提供する基盤**
  低レベルな各種 API のうち、OpenSSL で最も重要とされるものを解説します。そのいくつかは、OpenSSL ライブラリをフルに活用するためにマスターしておかなければならない API です。OpenSSL によるアプリケーションのマルチスレッドサポートや、堅牢なエラー処理の実行のための基礎固めを中心に説明を行います。また、OpenSSL の IO 処理、乱数の生成、任意精度の演算に関連する API について、さらには暗号処理アクセラレータを OpenSSL ライブラリを介して使用する方法も取り上げます。

- **第5章：SSL/TLS プログラミング**
  SSL 対応アプリケーションの裏と表を、SSLv3 とその後継である TLSv1 に焦点を当てて説明します。扱う内容は基本的なものだけでなく、セッション再開（状況次第で SSL の接続時間を高速化することが可能なツール）など、これらのプロトコルのより理解しにくい機能についてもいくつか取り上げます。

- **第6章：共通鍵暗号化方式**
  3DES、RC4、そして比較的新しい AES（Advanced Encryption Standard）など、共通鍵を用いた暗号化アルゴリズムにおいて、OpenSSL のインタフェースを使用するために知っておくべきすべてのことを解説します。標準 API の紹介にとどまらず、アプリケーションがどのアルゴリズムをサポートすべきかを選択するためのガイドラインを示します。また、さまざまな動作モード（カウンタモードなど）をはじめとするアルゴリズムの基礎知識についても説明します。さらには、UDP をベースとした通信において安全を確保する方法や、共通鍵暗号化方式をアプリケーションに安全に組み込むために注意すべき一般的な事柄についても紹介します。

- **第7章：ハッシュと MAC**
  可逆性のない一方向の暗号技術を用いたハッシュ関数（一般にはメッセージダイジェストアルゴリズムと呼ばれるものです）の使い方について説明します。また、メッセージ認証コード（MAC：Message Authentication Code）の使い方も説明します。MAC を使用すると、秘密を共有したデータの完全性を確保することができます。MAC を適用して HTTP Cookie の改竄を確実に検出する方法についても紹介します。

- **第8章：公開鍵アルゴリズム**
  DH（Diffie-Hellman）の鍵交換アルゴリズム、デジタル署名アルゴリズム（DSA）、RSA など、OpenSSL で利用できる各種の公開鍵アルゴリズムについて解説します。また、公開鍵を格納する一般的な形式を読み書きする方法についても説明します。

- **第9章：他言語で OpenSSL を使うには**
  OpenSSL を Perl（Net::SSLeay パッケージを使用）や Python（M2Crypto ライブラリを使用）、および PHP のプログラムから使用する方法について説明します。

- **第10章：高度なプログラミングトピック**
  OpenSSL API の難解な部分について、OpenSSL API、S/MIME 電子メールの作成と使用、証明書の管理をプログラムから行う方法など、使用頻度の高いものを多数取り上げます。

- **付録：コマンドラインリファレンス**
  OpenSSL のコマンドラインインタフェースにおける数多くのオプションについて参照することができます。

ほかにも、API の関連情報を本書の Web サイト (http://www.opensslbook.com) で紹介しているので、補足資料としてご利用ください。また、この Web サイトには、OpenSSL の公式ドキュメントへのリンクも載せてあります。

本書では、Apache による SSL の使用については扱いません。Apache は、暗号技術に関する部分に OpenSSL を使用しますが、独自の API を用意し、それを使って構成をすべて行えるようにしています。この API について説明することは、本書の範疇を外れるので、Apache のドキュメントを参照するか、『Apache:The Definitive Guide』(Ben Laurie・Peter Laurie 共著、O'Reilly & Associates、邦訳『Apache ハンドブック 第 3 版』(田畑茂也 監訳／大川佳織 訳、オライリージャパン)) などの書籍を利用してください。

本書の執筆が完了した時点での OpenSSL のバージョンは 0.9.6c です。バージョン 0.9.7 については、本書執筆時点では feature freeze 中であり、本書の出版後しばらくの間にも最終的にリリースされる見込みがありません。さらに、当面は 0.9.6 と 0.9.7 の両方のバージョンに対応させて開発することが必要になると予想されます。このような理由から、本書では、この 2 つのバージョンを対象として解説を進めています。通常、特に記述がなければ、0.9.6 と 0.9.7 の両方のリリースに関する説明であると考えてください。0.9.6 で試験用に使用され、0.9.7 で大幅に変更されるような機能については (ハードウェアアクセラレータのサポートがまさにそのような機能です)、0.9.7 だけのものであることを明記します。

本書では、サポート用の Web サイトを設置しています (www.opensslbook.com)。本書で使用したすべてのコード例の最新のアーカイブが、この Web サイトからダウンロード可能です。コード例は、Mac OS X、FreeBSD、Linux、および Windows 2000 において、適切なバージョンの OpenSSL ですべて動作確認済みです。また、OpenSSL をサポートする環境であれば、どのプラットフォームでも動作するはずです。

この Web サイトには、API の参考資料も掲載されています。OpenSSL には、文字どおり何千という関数が含まれています。API の多くがなおも進化し続けていることを考慮しても、このドキュメントは本書に掲載するのではなく、Web サイトで公開するのが一番だと判断しました。

また、セキュリティ関連のプログラミングを扱うリソースへのリンクや、出版後に見つかった間違いを訂正する正誤表なども掲載しています。

なお、著者へのコメントを電子メールでお待ちしています (authors@opensslbook.com)。

表記上の約束

本書では、書体およびマークを以下のルールで使用します。

- **等幅**

  コマンド、属性、変数、コード例、出力例、ファイル名、ディレクトリ名、およびURLなどです。また、初めて登場した用語や概念を強調する場合もあります。

- **斜体**

  構文を記述する際に、ユーザ定義項目であることを示します。

- **等幅の太字**

  対話処理を扱った例で、ユーザ入力の部分であることを示します。また、コード内で特に注意を要する部分を強調する場合もあります。

ヒントやアドバイス、余談などを示します。

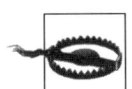

注意点や警告を示します。

ご意見およびご質問

本書の内容に関しては、最大限の注意を払って確認、検証を行いましたが、機能の変更あるいは記述の誤りなどが見つかるかもしれません。これらに気付いたときは、下記の連絡先まで是非お知らせください。

```
O'Reilly & Associates, Inc.
1005 Gravenstein Highway North
Sebastopol, CA 95472
 (800) 998-9938 (米国およびカナダ)
 (707) 829-0515 (上記以外の国、または市内通話)
 (707) 829-0104 (fax)
```

なお、本書に関する技術的な質問やコメントは、下記アドレスまで電子メールでお寄せください。

bookquestions@oreilly.com

本書の専用Webサイトでは、コードのサンプルや正誤表をご覧になれます（これまでに報告された誤りとその訂正内容が公開されています）。正誤表のページは `http://www.oreilly.com/catalog/openssl/` にあります。

本書および他の書籍に関する情報は、O'Reilly社のWebサイト（`http://www.oreilly.com/`）をご覧ください。

謝辞

本書に直接あるいは間接的にかかわったすべての方々にお礼を申し上げます。O'Reillyの皆さん、とりわけJulie Flanagan、Kyle Hart、そして編集を担当していただいたRobert Dennには大変お世話になりました。

Secure Software Solutionsの同僚の皆さんへ。本書の執筆に格段の理解をいただき、必要なときにはいつでも力を貸してくれました。Zachary Girouard、Jamie McGann、Michael Shinn、Scott Shinn、Grisha Trubetskoy、そしてRobert Zigweidをはじめとする方々の率直な支援に感謝します。

続いて、我々の家族や友人たちへ。両親およびAnneとEmily、そしてMolly Viega、Ankur Chandra、Nupur Chandra、Sara Elliot、Bob Fleck、Shawn Geddis、Tom O'Connor、Bruce Potter、Greg Pryzby、George Reese、Ray Schneider、John Steven。皆さんの寛大さと支援、そして熱意に感謝します。

本書をレビューしてくださったSimson Garfinkel、Russ Housley、Lutz Jänicke、Stefan Norbergほかの皆さんには、特別な感謝の気持ちを伝えたいと思います。本書の全般に渡って、非常に貴重なアドバイスをありがとうございました。

Mark Cox、Ralf Engelschall、Dr. Stephen Henson、Tim Hudson、Lutz Jänicke、Ben Laurie、Richard Levitte、Bodo Möller、Ulf Möller、Andy Polyakov、Holger Reif、Paul Sutton、Geoff Thorpe、Eric A. Youngをはじめ、OpenSSLを今ある姿に導いたすべての方々にもお礼を申し上げます。

そしてSue Millerにも、本書の執筆を最初に我々に勧めてくれたことに感謝します。

— John Viega、Matt Messier、Pravir Chandra
2002年3月
Fairfax, VA

監訳者序文

　本書は、『Network Security with OpenSSL』（John Viega・Matt Messier・Pravir Chandra 共著、O'Reilly）の日本語訳を、『OpenSSL ―暗号・PKI・SSL/TLS ライブラリの詳細―』として出版するものです。OpenSSL とは、「SSL（Secure Sockets Layer）のバージョン2、3」と「TLS（Transport Layer Security）のバージョン1」を含むさまざまな暗号技術を、強固で、かつ商用レベルで、高機能のオープンソースのツールキットとして開発されているソフトウェアです。OpenSSL は、Apache 用の SSL モジュールである mod_ssl や、SSH（Secure SHell）の実装の1つである OpenSSH といった多くのセキュリティシステムの基盤となっているだけでなく、SSL 用のハードウェアアクセラレータにも利用されており、多くの開発者に支持された実績あるセキュリティ API（Application Program Interface）といえます。

　本書の目次からもわかるように、OpenSSL は、SSL に留まらず、さまざまな技術を実装した非常に多機能なソフトウェアです。場合によっては、インタフェースを書くだけで、OpenSSL を用いた開発が事足りてしまうかもしれません。また、OpenSSL では、コマンドラインのインタフェースで基本的な機能のほとんどが利用できます。そのため、たとえば、電子データを各種方式で暗号化もしくは復号するためのツールとして使うことができます。さらに、CA（Certificate Authority）として、OpenSSL を用いて一般的な Web ブラウザに組み込むことができる X.509 証明書を発行することも可能です。実際に（小規模な）PKI（Public Key Infrastructure）の運用を行いたいシステム管理者にとって役立つのはもちろん、SSL Web サーバと併せて構築し、運用することで、PKI の本質の理解を深めるよい実習教材にもなるでしょう。

　しかしながら、こうした多機能さがアダとなり、所望の機能を利用する際にどうすればよいのかがわかりにくい状況にもなっています。たとえば、プログラミングの際、適切な関数を見つけ出すにも苦労します。さらに、より重要なことですが、提供されている機能を「安全に」利用することは容易ではありません。本書は、OpenSSL の機能を網羅的かつ体系立てて取り扱っており、利用法を単純に説明するだけではなく、安全に利用するための方法を詳細に記述してあるため、OpenSSL を利用する際の羅針盤となることでしょう。

　本書の読者としては、さまざまなアプリケーションでセキュリティ確保を目的とする開発者やシステム管理者が想定されています。そのため、OS やプログラミングに関する知識だけでなく、セキュリティ技術に関する基礎知識をある程度持っていることが前提となっています。上述のとおり、OpenSSL を安全に利用するための方法が具体的に示されていますが、逆に、（当然のことかもしれませんが）それ以外のことは触れられていません。もし、必要であれば、暗号技術に関しては『マスタリング TCP/IP SSL/TLS 編』（オーム社）や『暗号技術大全』（ソフトバンクパブリッシング）などを参照してください。

本書の特徴として、一般には解説されることの少ない、擬似乱数生成のためのシードの取得法やX.509証明書の検証法などについて、具体的な手段が提示されている点が挙げられます。また、抽象化されたインタフェースであるBIOやEVPを利用したサンプルコードもたくさん扱っています（原著のWebサイト http://www.opensslbook.com/code.html はもちろん、オーム社のWebサイト http://www.ohmsha.co.jp/ からも各章のコードをダウンロードできるので、ぜひ活用してください。もちろん、OpenSSLのソースファイルに含まれるサンプルコードも参考になります）。さらに、理由を知れば自明と思えるようなことも、「やってはいけないこと」として具体的に明示されており、「どうすれば安全になるのか」を知ることができます。セキュリティ技術は、「（表面上）機能すればそれでよし」というわけにいかないため、こうした知見は大変にありがたい情報です。このような知識の蓄積が、当該分野の発展の礎になるのではないかと思います。

　当然ながら、本書の日本語訳に関する責任は監訳者に帰するものです。ただ、惜しむらくは、原書の構成があまり読みやすいものとは言えず、それらの扱いに時間を割くことになってしまいました。ある程度の修正はしたのですが、大きく変更することはできませんでしたので、その点はご了承ください。特に、説明が前後している箇所もあるため、必要であればひととおり目を通すようにしてください。

　最後になりますが、無事に本書を出版できたことを、オーム社開発部の皆さんと翻訳スタッフの方々に感謝したいと思います。また、本書が、日本における情報セキュリティ関連の開発者やシステム管理者の方々にとって、何かしらの助けになれば幸いです。

2004年8月

齋藤孝道

目次

献辞 iii
著者紹介 iv
本書について v
表記上の約束 ix
ご意見およびご質問 ix
謝辞 x
監訳者序文 xi

第1章　はじめに　　　　　　　　　　　　　　　　　　　　1

1.1　暗号技術の基礎 3
暗号技術の目的 3
暗号アルゴリズム 5
1.2　SSL の概要 13
1.3　SSL の問題点 15
効率性 15
鍵の管理 17
不正なサーバ証明書 19
証明書の検証 20
エントロピーの不足 21
安全でない方式 23
1.4　SSL の有効範囲 24
TCP/IP 以外のトランスポート層プロトコル 24
否認防止 25
ソフトウェアの欠陥からの保護 25
汎用のデータセキュリティ 26

	1.5 OpenSSL の基礎	26
	1.6 サードパーティソフトウェアの安全確保	28

第 2 章　コマンドラインインタフェース　　35

2.1	基本操作	36
	設定ファイル	36
2.2	メッセージダイジェストアルゴリズム	38
2.3	共通鍵暗号化方式	41
2.4	公開鍵暗号化方式	43
	DH	43
	DSA	44
	RSA	46
2.5	S/MIME	48
2.6	パスワードとパスフレーズ	50
2.7	擬似乱数生成器のシード	51

第 3 章　公開鍵基盤 (PKI)　　55

3.1	証明書	56
	証明機関	57
	証明書の階層	58
	証明書の拡張領域	59
	証明書失効リスト (CRL)	62
	OCSP	65
3.2	証明書の取得	66
	個人証明書	67
	コード署名証明書	69
	Web サイト証明書	70
3.3	CA のセットアップ	71
	CA 用の環境の作成	72
	OpenSSL 設定ファイルの作成	73
	自己署名ルート証明書の作成	75

　　　　証明書の発行 79
　　　　証明書の失効 83

第 4 章　OpenSSL が提供する基盤　　　　　　　　　　　　　87

4.1　マルチスレッドのサポート 88
　　　　静的ロックのコールバック 89
　　　　動的ロックのコールバック 91
4.2　内部エラー処理 95
　　　　エラーキューの操作 95
　　　　可読なエラーメッセージ 98
　　　　スレッド化と実際のアプリケーション 100
4.3　入出力の抽象化 101
　　　　ソース / シンク BIO 107
　　　　フィルタ BIO 113
4.4　乱数の生成 115
　　　　PRNG のシード 116
　　　　代替エントロピーソースの使用 119
4.5　任意精度の数値演算 122
　　　　基礎知識 122
　　　　数値演算 125
　　　　素数の生成 126
4.6　エンジンの使用 129

第 5 章　SSL/TLS プログラミング　　　　　　　　　　　　131

5.1　SSL プログラミング 132
　　　　対象とするアプリケーション 132
　　　　手順 1：SSL のバージョンの選択および証明書の準備 137
　　　　手順 2：ピアの認証 149
　　　　手順 3：SSL オプションと暗号スイート 165
5.2　SSL の高度なプログラミング 173
　　　　SSL セッションのキャッシュ 174

　　　　　SSL コネクションにおける I/O 180
　　　　　SSL の再ネゴシエーション 191

第 6 章　　共通鍵暗号化方式　　　　　　　　　　　　　　　　　　　　　**197**

　　6.1　共通鍵暗号化方式の基礎 198
　　　　　ブロック暗号とストリーム暗号 198
　　　　　ブロック暗号の基本的なモード 199
　　6.2　EVP API を使用した暗号化 201
　　　　　利用できる暗号化方式 202
　　　　　共通鍵暗号の初期化 208
　　　　　鍵長その他のオプションの指定 211
　　　　　暗号化 213
　　　　　復号 217
　　　　　カウンタモードでの UDP 通信の処理 219
　　6.3　そのほかの注意事項 222

第 7 章　　ハッシュと MAC　　　　　　　　　　　　　　　　　　　　　　**225**

　　7.1　ハッシュと MAC の概要 225
　　7.2　EVP API を使用したハッシュ化 227
　　7.3　MAC の使用 233
　　　　　そのほかの MAC 237
　　7.4　HTTP Cookie の安全性確保 246

第 8 章　　公開鍵アルゴリズム　　　　　　　　　　　　　　　　　　　　　**251**

　　8.1　公開鍵暗号化方式の用途 252
　　8.2　DH 254
　　　　　基礎知識 254
　　　　　DH パラメータの生成と交換 255
　　　　　共有秘密の算出 258
　　　　　実際の用途 260

8.3 DSA 260
基礎知識 261
DSA パラメータと鍵の生成 262
署名と検証 264
実際の用途 266

8.4 RSA 267
基礎知識 267
鍵の生成 268
データの暗号化・鍵交換・鍵配送 269
署名と検証 272
実際の用途 273

8.5 公開鍵用の EVP インタフェース 274
署名と検証 276
暗号化と復号 279

8.6 オブジェクトの符号化と復元 284
DER 形式のオブジェクトの読み書き 285
PEM 形式のオブジェクトの読み書き 288

第 9 章　他言語で OpenSSL を使うには　　293

9.1 Perl 用の Net::SSLeay 294
Net::SSLeay の変数 295
Net::SSLeay のエラー処理 296
Net::SSLeay のユーティリティ関数 297
Net::SSLeay の低レベルバインディング 300

9.2 Python 用の M2Crypto 301
低レベルバインディング 302
高レベルクラス 303
Python モジュールの拡張 309

9.3 PHP の OpenSSL 対応機能 312
汎用関数 312
証明書用の関数 314
暗号化および署名関数 317
PKCS#7（S/MIME）関数 319

第 10 章　高度なプログラミングトピック　　　　　　　　　　**323**

 10.1　オブジェクトスタック 323
 10.2　設定ファイル 325
 10.3　X.509 329
   証明書要求の生成 329
   証明書の作成 335
   X.509 証明書検証 341
 10.4　PKCS#7 と S/MIME 346
   署名と検証 347
   暗号化と復号 352
   署名と暗号化を組み合わせた処理 355
   PKCS#7 のフラグ 356
 10.5　PKCS#12 357
   PKCS#12 オブジェクトへの情報のラッピング 358
   PKCS#12 データからのオブジェクトのインポート 359

付録　コマンドラインリファレンス　　　　　　　　　　**361**

索引 425

● Introduction ●

第1章

はじめに

　ネットワーク化が普及した現代社会では、多くのアプリケーションに対してセキュリティが求められています。暗号技術[†1]は、そのセキュリティを実現するための主要なツールの1つです。盗聴、IPスプーフィング、接続のハイジャック、改竄といったネットワーク上の多種多様な攻撃に対しては、データ機密性、データ完全性、真正性、否認防止（アカウンタビリティ）などを実現する暗号技術を活用して対抗することができます。そして、3DES（「トリプルDES」と読みます）、AES、RSAなどの暗号化アルゴリズムのほか、メッセージダイジェストアルゴリズムやメッセージ認証コード（MAC：Message Authentication Codes）といった、業界で最良と見なされているアルゴリズムの実装を提供する暗号ライブラリが、OpenSSLです。

　暗号アルゴリズムを安全で信頼性の高い方法で使いこなすことは、大半の人が考えるよりもはるかに困難です。アルゴリズムは、セキュリティプロトコルの一要素にすぎません。周知のとおり、プロトコル全体を正しく理解するのはたいへん難しいことです。セキュリティ技術者は、既知のあらゆる攻撃に対抗するプロトコルを開発しようと悪戦苦闘していますが、一般の開発者の努力はそれ以上に虚しいものです。例えば、送信前にデータを暗号化して受信時に復号することで、ネットワーク通信の安全を確保しようとする開発者がよくいます。ところが、この戦略でデータの完全性を確保することはまず不可能です。多くの場合、攻撃者はデータを改竄することができ、場合によっては復元することさえ可能です。また、プロトコルの設計がしっかりしていても、実装で失敗するケースが珍しくありません。暗号プロトコルのほとんどは、適用範囲が限定され

[†監訳注1] 本書では、暗号化アルゴリズム、ハッシュ関数やセキュリティプロトコルなどを含めた広範な要素技術を総じて暗号技術と呼ぶことにします。

ています(安全なオンライン投票など)。その一方で、安全性に不安のある媒体を通じて、安全に通信するためのセキュリティプロトコルは、広く利用することができます。SSLとその後継プロトコルであるTLS(これ以降は、単にSSLといった場合、通常はSSLとTLSの両方を指すものとします)の基本的な目的は、最小限の暗号技術に関する知識で、(TCPベースの)任意のネットワーク接続における一般的なセキュリティサービスを提供することにあるのです。

極論かもしれませんが、開発者と管理者が暗号技術やセキュリティについて何も知らなくてもアプリケーションを保護できるならば、これほど有り難いことはありません。プログラムを構築する際に、今使っているソケットライブラリを別のものに取り替えるだけで簡単にセキュリティを実現できれば、それに越したことはないのです。OpenSSLライブラリは、この理想に向かって最大限の努力を重ねています。ただし現実には、SSLプロトコルを安全に適用するにあたり、セキュリティの原理をきちんと理解することが不可欠です。実際、SSLを利用しているアプリケーションでも、いくつかの攻撃に対して脆弱なことがあります。

それでも、SSLのおかげで、ネットワーク接続の安全性を確保するのがずっと容易になることは間違いありません。SSLを使用するために暗号アルゴリズムの仕組みを理解する必要はなく、主要なアルゴリズムが備えている基本的な特性を理解しておくだけで済むからです。同様に、(SSLを利用したネットワークシステムの)開発者が頭を悩ませる必要もありません。内部の仕組みを理解しなくてもSSLは利用できます。アルゴリズムを正しく適用する方法がわかっていれば、それで十分です。

本書の目的は、OpenSSLライブラリとそれを正しく利用する方法を詳しく紹介することにあります。つまり、セキュリティ専門家向けの書籍ではなく、実際にシステムを構築する技術者やシステムの管理者向けの書籍です。効果的に利用してもらうために、暗号技術について知っておくべきことについて説明していますが、暗号技術の仕組みに興味がある人向けの題材を包括的に述べるものではありません。包括的な書籍としては、『Applied Cryptography』(Bruce Schneier著、John Wiley & Sons、邦訳『暗号技術大全』(山形浩生 訳、ソフトバンクパブリッシング))を推薦します。暗号技術に関するもっと技術者向けの入門書を読みたい人には、『Handbook of Applied Cryptography』(Menezes、van Oorschot、Vanstone 共著、CRC Press刊)を勧めます。同様に、本書ではSSLプロトコル自体を詳しく説明するつもりもありません。あくまでも応用方法に的を絞ります。プロトコルの詳細に興味がある人には、『SSL and TLS』(Eric Rescorla著、Addison-Wesley、邦訳『マスタリングTCP/IP SSL/TLS編』(齋藤孝道・鬼頭利之・古森貞 監訳、オーム社))がよいでしょう。

1.1　暗号技術の基礎

　本節では、これまで暗号技術に触れたことがない人のために、本書を理解する上で必須の基本原則を紹介します。まず、暗号技術で解決を図るべき問題点を示してから、現代の暗号技術の原理を見ていきます。これまでに暗号技術の基本を学んだことがある人は、本節を飛ばして次節に進んでも構いません。

暗号技術の目的

　暗号技術の基本的な目的は、それ自体は必ずしも安全とは限らない媒体を通じてやり取りされる重要なデータを安全にすることです。ここでいう媒体とは、通常、コンピュータネットワークを指します。

　暗号アルゴリズムにはさまざまな種類があり、いずれも次に示す性質のいずれか、もしくはすべてをアプリケーションに対して提供することができます。

- **機密性(confidentiality)**
  安全でない媒体を通じてデータをやり取りする場合であっても、適切な信用情報を持たない第三者に対し、データを秘密に保つことができます。つまり攻撃者は、いわば「施錠」されている不明瞭なデータを見ることはできても、必要な情報がなければ、そのデータに対する施錠を解除できません。古典的な暗号技術では、文字の順を「かき混ぜる」ことにより機密性を確保しました。このため、どのように「かき混ぜる」か、に相当するアルゴリズムが機密である必要がありました。しかし、現代の暗号技術でアルゴリズムを機密にする意味はありません。アルゴリズムは公開され、暗号技術に関する鍵 (cryptographic key) が暗号化と復号のプロセスに使用されます。秘密にする必要があるのは鍵だけです。また、後述するとおり、必ずしもすべての鍵を極秘扱いにする必要はないのが一般的です。

- **完全性(integrity)**
  データ完全性の基盤を成す基本的な考え方は、ある期間における改竄の有無を判断する手段がデータの受信者には必要である、というものです。例えば、完全性をチェックして、ネットワークを通じて送られたデータが送信中に改竄されていないことを確認します。簡単なエラーを検出して訂正する方法としては、既に数多くのチェックサムが知られています。ただし、そのようなチェックサムは、巧妙で意図的なデータ改竄を検出する能力に欠けます。セキュリティ用のチェックサムの中には、正しく使用すればこのような欠点を回避できるものもあります。なお、暗号化はデータ完全性を保証するものではありません。どのような類の暗号

化アルゴリズムでも、いわゆる「ビットフリップ攻撃（bit-flipping attack）」に対しては脆弱です。つまり攻撃者は、暗号化されたデータビットを変更することで、そのデータビットの平文の値を変えることが可能です。

- **真正性（authenticity）**
  暗号技術は、本当に正しい相手や情報であるか、本人性（identity）を確かめるのに有用です。

- **否認防止**
  暗号技術を利用すると、Alice から受信したメッセージが実際に Alice から届いたものであることを Bob が証明できます。Alice には、自分が送信したことを否定（否認）できません。このため、Alice から Bob に暗号技術を利用してメッセージを送信した場合、Alice は責任がある状態に置かれます。運用上は、特定の鍵を攻撃者が危殆化することはない、という前提があります。SSL は、否認防止をサポートしていませんが、電子署名を使用して簡単にこのサービスを追加できます。

これらの性質を適宜確保することにより、次のような多種多様なネットワーク攻撃を阻止することができます。

- **盗聴**
  クレジットカード情報のように悪用可能なデータがやり取りされて記録されるのを期待し、攻撃者がネットワーク通信を監視（覗き見）することを、盗聴（snooping）といいます。

- **改竄**
  攻撃者がネットワーク通信を監視し、送信中の電子メールメッセージの内容などのデータに対して悪意ある変更を加えることを、改竄（tampering）といいます。

- **スプーフィング**
  攻撃者がネットワークデータを捏造し、自分のものとは異なるネットワークアドレスから届いたように見せかけることを、スプーフィング（spoofing）といいます。この種の攻撃が使われると、ホスト情報（IP アドレスなど）に基づいて認証するシステムが破られるおそれがあります。

- **ハイジャック**
  正当なユーザが認証された後、スプーフィング攻撃によってその接続がハイジャック（hijack）されるおそれがあります。

- **再送**
  状況によっては、攻撃者がネットワーク取引を記録し、再送（replay）して悪影響を与えることができます。例えば、価格が高いときに株式を売ったとしましょう。

ネットワークプロトコルが適切に設計されておらず、セキュリティが確保されていない状況では、その取引の際にやり取りされたデータを攻撃者が記録し、株価が下がったときに再送することで、あなたを破産させるかもしれません。

多くの人は、こうした攻撃のほとんどは実際には起こり得ないものだと思い込んでいます（すべて起こりえないものだと思っている人もいるでしょう）。ところが、それは思い込みにすぎません。エンドポイント間を結ぶネットワーク上にあるノードのどれかにアクセスできれば、dsniff（http://www.monkey.org/~dugsong/dsniff/）のようなツールセットを使うことによって、さほど経験や知識がなくても上述の攻撃を行うことができます。攻撃者があなたのエンドポイントと同じローカルネットワークにいる場合は、攻撃は実に容易です。高校生くらいであっても、ほかの人が作ったソフトウェアを使ってマシンに侵入し、いじくる程度のスキルさえあれば、こうしたツールで実際のシステムを簡単に攻撃することができます。

HTTP、SMTP、FTP、NNTP、Telnetなどのネットワークプロトコルは、伝統的に、前述の攻撃に対する十分な防御機能を備えていません。インターネットは、もともと学術研究やリソースを共有するためのプラットフォームだったため、1990年代半ばに電子商取引が始まるまで、セキュリティにはそれほど大きな関心が寄せられていませんでした。パスワードを使用してログインすることにより、ある程度の認証手段を備えていたプロトコルもありましたが、大半は機密性や完全性をまったく確保できませんでした。要するに、前述の攻撃はいずれも可能な状態にあったのです。その上、ネットワークから「覗き見」された情報の中には、認証情報が混ざっていることも珍しくありませんでした。

本来なら安全性に欠けるTCPベースのプロトコルに、透過的な機密性および完全性のサービスを簡単に追加できるという意味で、SSLは従来型のネットワークプロトコルに大いなる恩恵をもたらすものです。SSLにより、認証サービスも提供されます。認証サービスは、通信の相手がサーバをスプーフィングしている攻撃者ではなく、意図されたサーバであることをクライアントが判断する上で、最も重要なものです。

暗号アルゴリズム

SSLは、暗号技術に関する多くのニーズに対応しています。しかし、SSLでは不十分な場合もあります。例えば、エンドユーザのブラウザに格納するHTTP Cookieを暗号化しようとしても、SSLではディスクに格納されているCookieを保護することはできません。そこでOpenSSLでは、単にSSLを実装するだけでなく、実装したSSLで使用される暗号アルゴリズムのみを外部から利用できるようにしています。

一般に、暗号アルゴリズムを直接使用するのは、できるだけ避けるべきです。アルゴリズムを選んで適用するだけでは、システム全体が安全になるわけではないからです。暗号アルゴリズムは、セキュリティプロトコルに組み込まれているのが普通です。細部を理解しないまま暗号アルゴリズムをベースとしたプロトコルを作成すれば、問題を引き起こしかねません。そのため、自分でアルゴリズムを作成するのではなく、既知のプロトコルの中から要件に合うものを探し出すほうが賢明です。実際、暗号技術者が作成したプロトコルにさえ、小さな欠陥があることも珍しくありません。

さまざまな議論を経たものを除き、使用されている大半のプロトコルにはセキュリティ上の欠陥があります。IEEE 802.11 無線ネットワークで使用される WEP プロトコルのオリジナル版を例に挙げて考えてみましょう。WEP（Wired Equivalent Privacy）は、物理回線が備えているのと同レベルのセキュリティを提供することを想定したプロトコルです。ケーブルではなく空気を介して送信されるデータに対してこれを実現するのは、とても困難です。WEP は、熟練したプログラマによって設計されましたが、プロの暗号学者やセキュリティプロトコルの研究者の意見は取り入れられませんでした。経験は豊富でもセキュリティに関する知識は中程度という開発者には、まずまずのプロトコルに思えたのかもしれません。しかし実際には、セキュリティは確保できていませんでした。

必要な機能を備えたプロトコルが見つかったとしても、細かな要求に合う実装は見つからないかもしれません。そのときには、自分でプロトコルを開発するしかないでしょう。本書では、このような場合に備えて、SSL の暗号技術 API について解説しています。

本書では、共通鍵暗号化方式、公開鍵暗号化方式、ハッシュ関数、メッセージ認証コード、電子署名という5種類の暗号アルゴリズムを取り上げます。

共通鍵暗号化方式

共通鍵暗号化アルゴリズムでは、1つの鍵を使ってデータの暗号化と復号を行います。図 1.1 に示すとおり、暗号化アルゴリズムに鍵と平文メッセージを渡して、暗号文を作成します。本来の鍵を持つ受信者しかそのメッセージを解読できないので、作成された暗号文を安全ではない媒体を通じて送信することができます。復号は、暗号文と鍵を復号アルゴリズムに渡すことで行います。言うまでもありませんが、この方法が実効性を持つためには、鍵を秘密にしておかなければなりません。

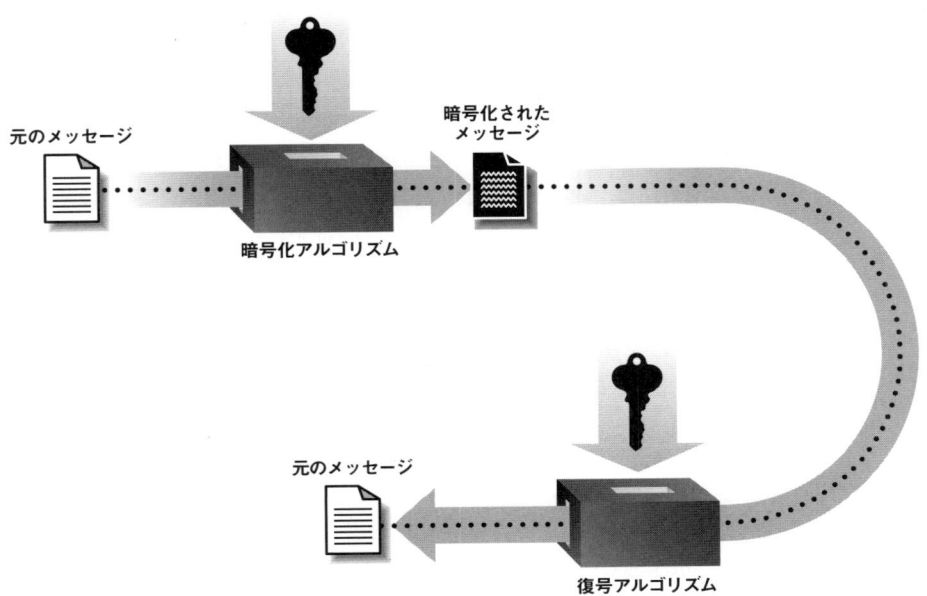

▲ 図1.1　共通鍵暗号化方式

　共通鍵暗号化方式の最大の欠点は、鍵を常に秘密にしておかなければならないことです。特に厄介なのが、共通鍵の交換です。鍵の交換には、通常、暗号化を使用して保護するのと同じ媒体を使うからです。暗号化通信する前に平文で鍵を送信したのでは、データの送信を始める前に、攻撃者に鍵を奪取される機会を与えることになります。

　鍵の配布に関するこの問題を解決する1つの方法は、暗号技術に基づいた鍵交換プロトコルを使用することです。OpenSSLは、この目的のためにDiffie-Hellmanプロトコル（以降、DHと呼びます）をサポートしています。そのため、鍵を平文のままネットワークに流さずに、鍵合意を行うことができます。ただし、DHでは、鍵の交換相手の身元は保証されません[†2]、誤って攻撃者と鍵を交換してしまうことがないように、何らかの認証メカニズムが必要です。

　現時点では、3DES（DES3とも表記されます）が最も堅実な共通鍵暗号化方式です。3DESは広く使われていますが、将来的には、最も普及した暗号化方式の座をAES（Advanced Encryption Standard）に明け渡すものと思われます。AESは、間違いなく3DESより高速ですが、3DESは以前から広く利用されているので、保守的なスタンスを取るのであれば、3DESを選択するのが無難でしょう。なお、既存のクライアントやサーバではRC4が広くサポートされていることも念頭に入れておいてください。RC4は3DESよりも高速ですが、適切に使用するのが困難です（ただし、SSLではRC4

---

†監訳注2　それどころか、アクティブ攻撃に対しては機密性も確保できません。

が適切に使用されているため、心配は無用です）。RC4 は、AES も 3DES もサポートしない既存ソフトウェアとの互換性を確保したい場合に、特によく利用されます。特別な理由がない限り、これら 3 つ以外のアルゴリズムをサポートするのは得策ではありませんが、興味のある方のために、第 6 章では暗号化方式の選択について説明しています。

安全性は鍵の長さに比例します。当然、鍵は長いほど安全です。安全性を確実なものにするためには、鍵長が 80 ビットに満たない鍵は使用すべきではありません。64 ビットの鍵で安全な場合もありますが、近い将来には安全でなくなる可能性があります。一方、80 ビットの鍵なら、少なくとも今後数年間は安全だと考えられます。AES では、128 ビット以上の鍵しか使用できません。一方、3DES の実効的な安全性の強度は、112 ビットになります[*1]。

AES と 3DES は、暗号化に関する当面のあらゆるニーズを考慮した上で安全性に問題がないといえます。これよりも長い鍵が必要になることはないでしょう。56 ビット（DES の場合）またはそれ未満（40 ビットの鍵が多い）の鍵長では弱過ぎます。それほど時間や手間をかけなくても破られてしまうことが証明されています。

公開鍵暗号化方式

公開鍵暗号化方式は、共通鍵暗号化方式が抱えていた鍵の交換における問題（鍵配布問題）に、1 つの解決策をもたらします。最も一般的な公開鍵暗号化方式は、通信の双方がそれぞれ 2 つの鍵（秘密にしておく鍵（秘密鍵）と、自由に配布しても構わない鍵（公開鍵））を持つというものです。この 2 つの鍵には、数学的に特殊な関係があります。公開鍵暗号化方式を使用して Alice が Bob にメッセージを送信するためには、まず、Alice は Bob の公開鍵を入手しなければなりません（図 1.2 を参照）。次に、Bob の公開鍵を使用してメッセージを暗号化し、送信します。暗号化されたメッセージは、Bob の秘密鍵を持っている人（Bob 本人だけであることが理想的です）しか正常に復号できません。

[*1] 3DES はブルートフォース (brute-force) 攻撃に対して 168 ビットのセキュリティを提供しますが、実効的なセキュリティ強度を 112 ビットに引き下げるような攻撃が存在します[†3]。この攻撃には膨大な容量が必要になるので、ブルートフォース攻撃と同様、あまり現実的ではありません（そもそも攻撃自体がまったく非現実的ではあります）。

[†監訳注3] meet-in-the-middle 攻撃のことです。

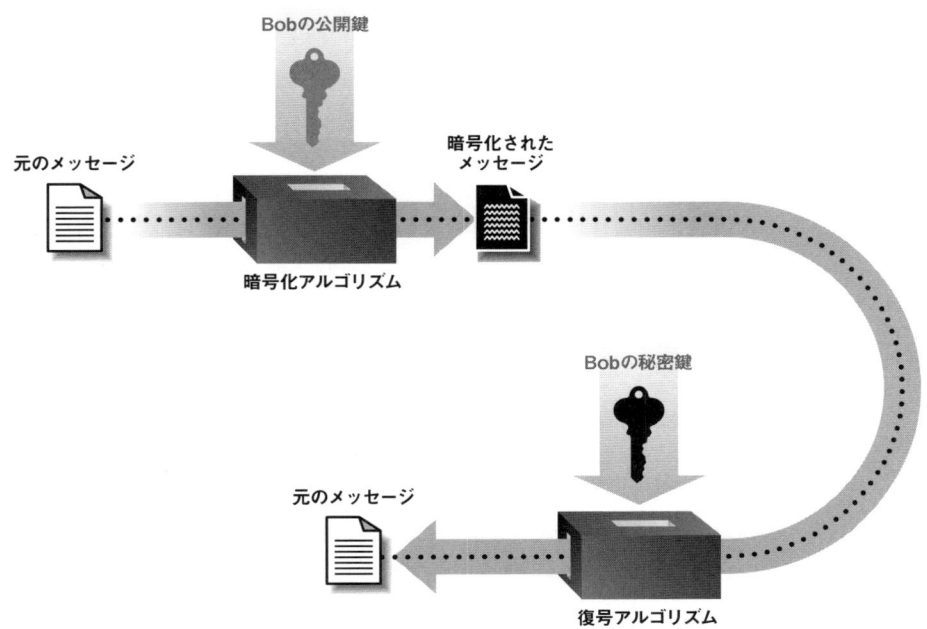

▲ 図1.2　公開鍵暗号化方式

　公開鍵暗号化方式を使用すれば、鍵配布問題は解決します。ただし、何らかの方法でBobの公開鍵を探し出し、その鍵が本当にBobのものであると確認できることが必要です。具体的には、証明書と呼ばれる多数の補助的な情報と一緒に公開鍵を渡し、その証明書を信頼できる第三者が検証する、という方法をとります。信頼できる第三者とは、たいていの場合、証明書の検証を依頼する人について（信用調査などの）調査を行う組織のことです。SSLでは、信頼できる第三者を利用して鍵配布問題を解決します。

　ただし、公開鍵暗号化方式には重大な欠点もあります。メッセージが長いと、処理がきわめて遅くなるのです。一方の共通鍵暗号化方式は、マシンでやり取りするネットワーク通信をすべて暗号化および復号できるほど高速です[†4]。一般に公開鍵暗号化方式は、コンピュータで利用可能な通信の帯域幅を確保できず、暗号処理の速度によって機能が制限されます。複数の接続を同時に処理する必要があるサーバマシンでは、特にその傾向があります。

　このため、SSLを含むほとんどの公開鍵暗号化方式を利用したシステムでは、できるだけ公開鍵暗号化方式を実行しないようにしています。一般には、共通鍵暗号化アルゴリズムの鍵を合意する際にのみ公開鍵暗号化方式を使用し、それ以降の暗号処理にはすべて共通鍵暗号化アルゴリズムを使用します。このように、公開鍵暗号化アルゴリ

[†監訳注4]　これは、一対一の場合でしょう。

ズムが使用されるのは、主に鍵交換プロトコルや否認防止が必要な場合です。

RSA は、最も支持されている公開鍵暗号化アルゴリズムです。DH も公開鍵技術に基づいており、実際のデータの暗号化と復号に使用する共通鍵の交換という同じ目的のために使用することができます。公開鍵が有効に機能するためには、通常、暗号処理自体とは別に、信頼できる第三者が関与する認証メカニズムが必要です。最も一般的なのは、後述する電子署名により必要な認証機能を提供する方法です。

公開鍵アルゴリズムの鍵は、実際には特定の性質を持った巨大な数値です。このため、公開鍵暗号化方式の鍵のビット長を、共通鍵アルゴリズムのものとそのまま比較することはできません。公開鍵暗号化アルゴリズムで実用的なセキュリティを実現するには、1024 ビット以上の鍵を使用してください。512 ビットの鍵では、おそらく弱過ぎます。かといって、2048 ビットより長い鍵では処理に時間がかかり過ぎるため、実際の強度が大きく向上するとは考えられません。最近では 1024 ビットの鍵でも弱過ぎるのではないかと懸念されていますが、本書の執筆時点ではそれを裏付ける決定的な証拠はありません。やはり、1024 ビットは、当面の攻撃に対するセキュリティにとって実用的な、最低限の鍵長です。数年に渡る保護に必要な鍵であれば、あらかじめ 2048 ビットのものを採用しておくほうが賢明かもしれません。

通常、公開鍵アルゴリズムの鍵長を選択するときには、(同程度の安全性を確保するために) 共通鍵の長さも選択する必要があります。推奨する鍵長は一概には言えませんが、長さ 100 ビット未満の共通鍵で使用するときは、1024 ビットの公開鍵を使用するのがよいでしょう。3DES または 128 ビットの鍵を使用する場合は、2048 ビットの公開鍵を推奨します。192 ビット以上の鍵にこだわりたいのであれば、4096 ビットの公開鍵を使用するとよいでしょう。

楕円曲線暗号 (ECC: elliptic curve cryptography) を使用する場合は、鍵長に関する推奨値も変わります。ECC は公開鍵暗号化方式の一種で、高速な演算と短い鍵を使用して同等の安全性を実現できます。OpenSSL は、今のところ ECC をサポートしておらず、また使用するには面倒な特許の問題を処理しなければならないかもしれませんが、このトピックに興味がある開発者のために『Implementing Elliptic Curve Cryptography』(Michael Rosing 著、Manning) という書籍を挙げておきます。

ハッシュ関数とメッセージ認証コード

(セキュリティ用の) ハッシュ関数とは、特殊な性質を持ったチェックサムアルゴリズムです。データをハッシュ関数に渡すと、固定長のチェックサムが出力されます。このチェックサムをメッセージダイジェスト、または短縮してダイジェストともいいます。同じデータをこのハッシュ関数に 2 回渡すと、必ず同一の結果が出力されます。ただし、結果を見ても、関数に入力されたデータに関する情報は何も得られません。また、同一のメッセージダイジェストを生成する入力データを 2 つ見つけ出すのは実質的に不可能です。一般に、このような関数を一方向関数といいます。つまり、出力結果を利

用して入力データをアルゴリズム論的に再現するのは、どのような環境でも不可能だということです。実は、逆の処理が可能なハッシュ関数も存在しますが、本書の対象範囲外なのでここでは触れません。

汎用の目的で使用する場合、最低限度の安全性しかないハッシュアルゴリズムでは、最低限度の安全性しかない共通鍵アルゴリズムの2倍の長さのダイジェストが必要です。最も普及している一方向ハッシュ関数は、MD5とSHA1です。MD5のダイジェストの長さは128ビットしかありませんが、SHA1のダイジェストの長さは160ビットです。用途によってはMD5の出力ビット数で十分な場合もありますが、リスクがあります。安全性を確保するには、既存のアルゴリズムをサポートする必要がある場合を除き、160ビット以上の長さのダイジェストを生成するハッシュアルゴリズムだけを使用するべきでしょう。また、MD5は、アルゴリズムの一部に暗号技術上の欠陥があります。このため、「破られたも同然」と見なされています。よって、新しいアプリケーションにMD5を使用するのは避けるべきでしょう。

ハッシュ関数はさまざまな用途に使用されますが、パスワードの格納手段の一部としてよく使われます。その場合は、パスワードと、それに追加されるデータに対してハッシュ関数を実行し、結果を格納値と照合することでログインを検査します。このようにすると、サーバに実際のパスワードを格納しておく必要がないので、パスワードを慎重に選んでおけば、たとえパスワードデータベースの内容が攻撃者の手に渡った場合でも安全です。

ハッシュは、ソフトウェアをリリースする際に一緒に配布されることがあります。例えば、OpenSSLのリリースにアーカイブのMD5チェックサムを添付し、アーカイブをダウンロードするときに、そのチェックサムもダウンロードできるようにするとします。そうすれば、アーカイブのチェックサムを計算し、そのチェックサムがダウンロードしたチェックサムと一致するかどうかを調べることができます。この2つのチェックサムが一致すれば、トロイの木馬が混入された改竄バージョンではなく、リリースされた実際のファイルを安全にダウンロードしたことが確信できるわけです。しかし、実際には、残念ながら秘密情報が含まれていないため、そうはなりません。攻撃者は、アーカイブを改竄したものに取り替え、チェックサムを有効な値に置き換えることができます。これが可能なのは、メッセージダイジェストのアルゴリズムが公開されている上に、秘密情報が含まれないからです。

共通鍵をソフトウェアの配布元と共有し、配布元がアーカイブを共通鍵と組み合わせてメッセージダイジェストを作成すれば、攻撃者には秘密情報がわからないので、このメッセージダイジェストを捏造することはできなくなるはずです。鍵付きハッシュ、つまり共通鍵を含むハッシュを使用する方式をメッセージ認証コード（MAC：Message Authentication Code）といいます。MACは、暗号処理の有無にかかわらず、さまざまなケースのデータ転送でメッセージ完全性を実現するために頻繁に使用されます。実際、SSLでも、この目的でMACを使用しています。

最も普及しているMACは、SSLとOpenSSLで現在サポートされている唯一のMACであるHMACです。HMACは、どのメッセージダイジェストアルゴリズムでも実現できます。

電子署名

MACは共有秘密を合意することが必要なため、多くのアプリケーションではあまり有用ではありません。秘密を共有しなくてもメッセージが認証できるほうが好都合です。公開鍵暗号化方式ではそれが可能です。Aliceが（署名用の）秘密鍵を使ってメッセージに署名すると、誰でもAliceの公開鍵を使用して、このメッセージに署名したのがAliceかどうかを検証することができます。基本的に、電子署名に使用する場合は、公開鍵と秘密鍵の役割が逆転します。Aliceが自分の秘密鍵でメッセージを暗号化していれば、誰でもそのメッセージを復号できますが、メッセージを暗号化したのがAliceではなかった場合、Aliceの公開鍵を使ってそのメッセージを復号すると無意味なデータになります。

公開鍵暗号化方式としてはRSAが有名で、電子署名にも対応しています。また、DSA（Digital Signature Algorithm）という有名な方式もあります。SSLとOpenSSLライブラリは、どちらもDSAをサポートしています。

公開鍵暗号化方式と同様に、電子署名も非常に低速です。処理を高速化するため、このアルゴリズムでは、通常はメッセージ全体を処理して署名することはしません。代わりに、メッセージをハッシュし、そのメッセージのハッシュ値に署名します。それでも、電子署名は高コストです。そのため、安全な鍵交換を行う何らかの手段がある場合は、MACを活用するほうが得策です。

電子署名が広く使用されている分野の1つは、証明書の運用です。AliceがBobの証明書を検証[†5]したい場合は、自分の秘密鍵で署名します。Bobは自分の証明書にAliceの署名を添付します。ここで、BobがCharlieに自分の証明書を渡したとしましょう。この証明書が本当にBobから届いたのかどうかCharlieにはわかりません。しかし、Aliceがその証明書はBobのものだと言えば、Charlieはそれを信じるとします。この場合、CharlieはAliceの署名を検証することで、証明書がBobのものだと実証することができます。

電子署名は公開鍵暗号化方式の利用形態の1つなので、安全性を確保するためには1024ビット以上の鍵長を使用してください。

---

†監訳注5　ここでの「検証」とは、有効期限の確認などや電子署名の妥当性の確認を指し示します。以降、本書では、多くの場合この意味で使うことにします。

1.2 SSLの概要

SSLは、現在最も広く採用されているセキュリティプロトコルです。安全なHTTP（HTTPS）の基盤を成すセキュリティプロトコルであり、Webブラウザの片隅に表示される小さな錠前のマークは、SSLが使用されていることを示すものです。SSLを使用すると、TCP上で機能するすべてのプロトコルのセキュリティが確保できます。

SSLトランザクション（図1.3）は、クライアントがサーバにHandshakeを要求することから始まります。サーバはこれに応答して証明書を返送します。前述のとおり、証明書とは、そのサーバに関連付けられた公開鍵のほか、その証明書の所有者、有効期限、そのサーバに関連付けられた完全修飾ドメイン名[†6]（fully qualified domain name）[*2]など、必要な情報が入ったデータのことです。

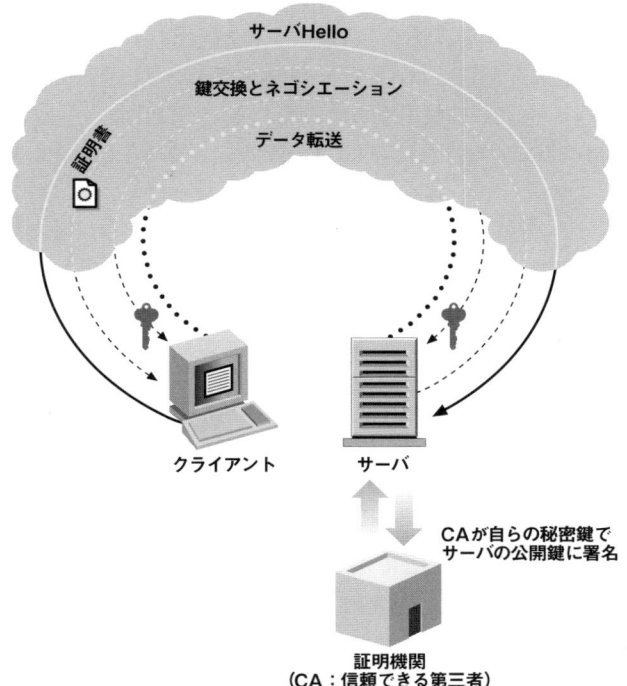

▲図1.3　SSLでの直接通信の概要

[*2] 完全修飾とは、サーバのホスト名が、最上位レベルのドメインも含めて省略されていない完全な形で記述されていることです。例えば、Webサーバの名前が「www」、企業ドメインが「securesw.com」なら、このホストの完全修飾ドメイン名は「www.securesw.com」になります。この名前の省略形は完全修飾とは見なされません。

[†監訳注6] 完全修飾ドメイン名は、「FQDN」と呼ばれるほうが一般的かもしれません。

接続処理中、サーバは、クライアントがサーバの公開鍵を使って暗号化したメッセージであるチャレンジを秘密鍵によって正常に復号することで、自らの身元を証明します。クライアントは、正しく復号されたデータを受信しなければ、処理を先に進めません。よって、サーバの証明書は公開されていても、攻撃者が既知のサーバになりすますためには、その証明書のコピーだけではなくそれに対応する秘密鍵が必要になります。

ところが、攻撃者はいつでもサーバのメッセージを奪取し、自分で用意した証明書を提示することができます。捏造された証明書のデータフィールドが正当なデータに見えることもあるのです（サーバに関連付けられたドメイン名や証明書に関連付けられた通信主体の名前など）。この場合、攻撃者は意図したサーバへのプロキシ接続を確立し、すべてのデータを盗聴するおそれがあります。この攻撃を「man-in-the-middle 攻撃」といいます（図1.4 を参照）。man-in-the-middle 攻撃を完全に防ぐには、クライアントは、サーバの証明書を確実に検証するだけでなく、証明書自体が信頼できるものかどうかを何らかの方法で判断しなければなりません。信頼してよいかどうかを判断する方法の1つに、有効な証明書のリストをクライアントにハードコーディングするという方法があります。ただし、この解決法は、スケーラブルでないという問題点があります。想像してみてください。ネットで使用すると思われるHTTPSサーバの証明書をすべてWebブラウザに格納していなければWebサーフィンも始められないとしたら、どうなるでしょうか。

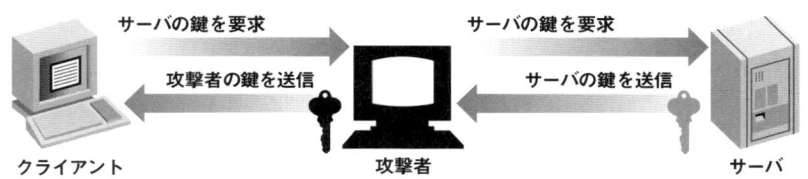

▲ 図1.4　man-in-the-middle 攻撃

この問題の現実的な解決策は、信頼できる第三者に依頼して、有効な証明書のデータベースを維持管理してもらうことです。信頼できる第三者（証明機関のことです。以降ではCAと呼びます）は、自分の秘密鍵を使用して、有効なサーバ証明書に署名します。この署名から、提出された証明書の所有者である通信主体に対して、証明機関がバックグラウンドでチェックを行ったと判断できるため、その証明書のデータが「正確」であることをある程度確信できます。この署名は、証明書に含められており、接続時に提出されます。

クライアントは、証明機関の署名を検証することができます。ただし、その証明機関の公開鍵が手元にあることが必要です[†7]。検証結果に問題がなければ、クライアントは

---

† 監訳注7　現状では、Webブラウザに大手のルートCAの証明書がバンドルされているので、上述のハードコーディングが行われていると考えてもよいかもしれません。

その証明書の所有者が、信頼できる第三者に既知の通信主体であると十分に確信することができます。また、証明書が期限切れになっていないかなど、その証明書に格納されたそのほかの情報の妥当性や有効性を調べることもできます。

多くはありませんが、サーバがクライアントに証明書を要求することもあります。証明書の検証が終わる前に、クライアントとサーバは使用する暗号アルゴリズムについて合意します。証明書の検証後、クライアントとサーバは安全な方法で共通鍵の合意を行います（データは共通鍵暗号化アルゴリズムを使用して転送されます）。ネゴシエーションがすべて終了すると、クライアントとサーバは自由にデータを交換できるようになります。

SSLの細部は、MACを広範に活用してデータ完全性を確保するなど、もう少し複雑です。また、有効であるように見える証明書が盗まれたものではないことを確信するため、当事者が証明機関から証明書失効リスト（CRL：Certificate Revocation List）を入手して、証明書の検証をすることもできます。

SSLの細部については、ここでは割愛します。本書の目的を考えれば、そのほかのものもすべてブラックボックスとして扱っても問題はないでしょう。繰り返しになりますが、細部に興味がある場合は、Eric Rescorla 著の『SSL and TLS』（邦訳『マスタリング TCP/IP SSL/TLS 編』（齋藤孝道・鬼頭利之・古森貞 監訳、オーム社））を参照してください。

1.3 SSLの問題点

SSLは優れたプロトコルです。ただし、多くのツールと同様に、使い方をよく知っている人にとっては効果的ですが、誤用しがちでもあります。SSLには、利用する際に陥りやすい多くの落とし穴がありますが、その大半は少し注意すれば回避できるものです。

効率性

SSLは、セキュリティに欠ける TCP/IP 接続よりはるかに低速です。これは、十分なセキュリティを提供することに伴う必然的な結果です。新たな SSL セッションを確立するとき、サーバとクライアントは、相互の認証やセッション鍵について合意するための情報を大量に交換します。この初期ハンドシェイクでは公開鍵暗号化方式を多用しますが、前述のとおり、この暗号化方式は非常に低速です。これも、SSLを使用する際の重大な低速化の要因となります。最新のハイエンドPCハードウェアでも、OpenSSLでは、現実的な作業負荷のもとで毎秒100程度の接続を行うのがやっとです。

初期ハンドシェイクが完了し、セッションが確立されると、このオーバヘッドは大幅に減少しますが、安全でない TCP/IP 接続と比べると、特に転送されるデータの量が

通常よりも多くなるなど、ある程度のオーバヘッドがあります。データはパケット単位で転送されます。パケットには、SSLプロトコルに必要な情報に加えて、使用中の共通鍵暗号化方式で要求されるパディングが追加されています。もちろん、データの暗号化と復号にもオーバヘッドが伴いますが、共通鍵暗号化方式を使用するので、通常はボトルネックになりません。共通鍵暗号化方式の効率は、使用するアルゴリズムや鍵の強度に応じて大幅に変わります。ただし、最も低速とされるアルゴリズムでも十分に効率的なので、ボトルネックになることはほとんどありません。

公開鍵暗号化方式が非効率なばかりに、あまり大きな負荷を処理できないと判断して、SSLの使用を断念してしまう人が少なくありません。また、セキュリティをまったく考慮しない人もいますが、これが賢明でないことは言うまでもありません。なかには、独自のプロトコルを設計して、非効率を補おうとする人もいます。しかし、数多くの見えない落とし穴にはまる可能性があるので、やめたほうがよいでしょう。高度な技能を備えたセキュリティ技術者が設計しない限り、プロトコルが問題を抱えることは避けられません。このような背景があるため、SSLの設計においても効率は十分に考慮されています。ただ、速度の向上を追求するあまりセキュリティを犠牲にしたくないだけなのです。SSLより効率的だからといって、ほかのプロトコルに安易に手を出すのは危険です。

SSLを諦めずに、効率を改善できる方法をいくつか紹介しましょう。SSLには、接続を再開する仕組みが備えられているため、クライアントが切断後すぐに再接続することにより、接続の確立に伴うオーバヘッドを削減することができます。ただし、これはHTTP[*3]には有用ですが、たいていの場合、それ以外のプロトコルには効果がありません。

暗号処理アクセラレータ

SSLを高速化する一般的な方法の1つに、ハードウェアアクセラレータの使用があります。数多くのベンダが、暗号処理に伴うプロセッサの演算負荷を軽減するPCIカードを販売しており、OpenSSLはこれらの大半をサポートしています。ハードウェアアクセラレータを使用する場合の詳細については、第4章を参照してください。

負荷分散

SSLの効率に関する問題を軽減するもう1つの有力な方法が、負荷分散です。負荷分散では、接続を複数のマシンに透過的に設定して、意図や目的にかかわらず、マシンのグループが外部からは1台のマシンに見えるようにします。これは、特にハードウェアが既に揃っている場合は、アクセラレータカードよりも低コストの解決策になる可能性

[*3] HTTP KeepAliveの場合と同様に、これは要求が完了した後の一定期間だけソケットを開いておくようなプロトコル上のオプションなので、同じサーバへの別の要求がすぐに続く場合には接続を再利用することができます。

があります。ただし、負荷分散では、多くの場合にバックエンドの全サーバで永続的なデータをすぐに利用できるようにする作業が必要になります。負荷分散の使用にはもう1つ問題点があります。つまり、クライアントとサーバとの間で接続が新しく確立されることになるため、あるクライアントが再接続時に実際に元のマシンに接続されることはほとんどなくなり、接続再開機能のメリットの大半が失われる可能性があるのです。

　簡単な負荷分散メカニズムの1つに、1つのDNS名に複数のIPアドレスを割り当てるラウンドロビンDNSがあります。DNSサーバはDNSルックアップに応答し、同一アドレスが再び割り当てられるまで、そのDNS名に割り当てられたすべてのアドレスを順に使用します。低コストな上に特別なハードウェアを必要としないため、有力な解決法といえます。通常、DNSの結果は短期間マシンに記録されるので、この解決策であれば接続再開もうまく機能します。

　この解決策の問題点は、負荷分散管理をDNSサーバが担当するため、個々のサーバに生じる実際の負荷が考慮されないことです。また、大規模なISPではDNSキャッシュが行われることもあるため、負荷の分散が不均等になるおそれがあります。この問題を解決するためには、頻繁にタイムアウトするようにエントリを設定しなければなりませんが、そうするとDNSサーバの負荷が増加します。

　負荷分散ハードウェアは、価格も機能もさまざまです。外部のマシンを記憶し、複数の接続を介して内部の同一マシンにマッピングできるハードウェアは概ね高価です。ただし、その分だけSSLにも効果を発揮します。

　OpenSSLバージョン0.9.7で、セッションIDを操作するという方法でアプリケーションが負荷分散を行う機能が新しく追加されています。セッションとはSSL接続に必要な処理パラメータのサブセットのことです。これについては第5章で詳しく説明します。

鍵の管理

　典型的なSSLの実装では、サーバがクレデンシャルと呼ばれる信用情報を保持することによって、クライアントがサーバを認証できるようにしています。すなわちサーバは、接続時に提示する証明書のほかに、サーバの提示した証明書が実際にそのサーバのものであることを立証するために必要な秘密鍵も保持します。

　この秘密鍵は、サーバ上のどこかに存在しなければなりません。最も安全な解決策は、暗号処理を高速化する専用のアクセラレータを使用することです。この種のデバイスでは、大半が鍵の素材を生成、格納できるほか、マシンに侵入した攻撃者が秘密鍵にアクセスするのを防ぐことも可能です。これは、秘密鍵が使える場所をそのデバイス上に限定し、特別な条件を満たさない限りそれ以外では使えないようにすることで実現しています。

　ハードウェアによる解決策以外には、root権限を得た攻撃者から秘密鍵を守る絶対

的な方法はありません。少なくとも新たな接続を処理するときには、鍵をメモリ内で暗号化されていない状態にしなければならないからです[*4]。root権限があれば、攻撃者はデバッガをサーバプロセスに接続して、(暗号化されていない)鍵を取り出すことができます。

　考えられる選択肢は2つです。1つは、鍵を暗号化されていない状態のままディスクに保管することです。これは最も簡単な解決策ですが、攻撃者がそのマシンに直接触れることができる場合には、マシンの電源を切ってディスクを取り出したり、リブートしてシングルユーザモードにしたりすることができるため、鍵を盗み出すのも簡単です。もう1つの対策は、パスフレーズを使用して鍵を暗号化し、ディスクに保管することです。この場合は、管理者がSSLサーバを起動する際にパスフレーズを入力しなければならなくなります。この方法であれば、サーバプロセス以外のアドレス空間で鍵が暗号化されていない状態になることはないので、何者かがマシンの電源を切ってディスクに直接触れたとしても、鍵が盗まれる心配はありません[†8]。

　それに、どれほどスキルがある攻撃者であっても、できるだけ簡単な獲物を狙うものです。その点から考えても、その鍵が狙われる可能性は低いといえるでしょう。この解決策の欠点は、マシンを起動するたびに(またはSSLサーバプロセスがクラッシュするたびに)誰かがパスフレーズを入力しなければならないため、無人でのリブートが不可能なことです。これは、特に完全に自動化されているような環境では、あまり実用的ではありません。一方、当然のことですが、鍵を平文で格納すればこの問題は起こりません。

　いずれにしても、最善の防御策は、利用し得る最高のロックダウンテクニック(物理的にロックダウンするなど)でホストとネットワークを安全にすることです。この種の解決策は、本書の対象範囲外なので、ここでは触れません。

　サーバの秘密鍵が危殆化するとは、正確にはどのような状態を指すのでしょうか。最もわかりやすい状況は、攻撃者がサーバになりすますという可能性です。これについては次項で説明します。また、すぐに思いつかないかもしれない状況としては、過去にその鍵を使用して通信した内容がすべて復号可能になるという可能性があります。攻撃者が秘密鍵を危殆化することが可能な場合は、その攻撃者が過去の通信内容を記録している可能性も高くなります。この問題の解決策は、一時的な鍵を使用することです。つまり、SSLセッションを新しく作成するときに、一時的な鍵ペアを生成するのです。この鍵ペアは、鍵交換に使用したら破棄します。一時的な鍵を使用すれば、forward secrecyを確保できます。つまり、鍵が危殆化しても、過去の鍵で暗号化されたメッセー

[*4]　OSによっては(特にトラステッドOS)、OSの実装にセキュリティ上の問題がないという前提で、このような場合にも保護を提供するものがあります。Linux、Windows、およびBSD系の大半には、この機能はありません。

[†監訳注8]　実際には、これでは楽観的過ぎるかもしれません。

ジが攻撃に対して脆弱になることはありません[*5]。一時的鍵とforward secrecyについては、第5章で詳細に説明します。

不正なサーバ証明書

　サーバの秘密鍵は盗まれる可能性があります。秘密鍵が盗まれてしまうと、攻撃者はまんまとサーバになりすますことができてしまいます。CAにより署名された証明書にしても、偽の情報に基づいたものかもしれません。CAでは、証明書の署名を要求した当事者に関する重要な情報をすべて検証するように努めてはいますが、自らを偽って申請した人の証明書に署名してしまう場合もあるのです[*6]。例えば2001年の初め、VeriSignは、実際にはMicrosoftに所属していないにもかかわらずMicrosoftに所属すると主張する証明書に署名してしまったことがあります。有名な証明機関が署名していたせいで、署名を検証する人にもその証明書が本物であるように見えてしまいました。

　SSLは、この問題に対処する仕組みを備えています。それが証明書失効リスト（CRL: Certificate Revocation List）です。証明書が盗まれたか、もしくは不適切に署名されたという連絡を受けると、証明機関はその証明書のシリアル番号をCRLに追加します。サーバは自分の秘密鍵でCRLに署名するので、クライアントはCRLを取得し、CAの証明書を使ってCRLを検証できます。

　CRLに関して1つ問題なのは、脆弱性が潜在化している可能性がある点です。組織が、秘密鍵が盗まれたかもしれないことに気付いてCAに連絡するまでには時間がかかります。連絡を受けると、CAはCRLを更新しなければなりませんが、一般にリアルタイムでは更新されません（所要時間はCAによって異なります）。提示された証明書が失効していることにクライアントが気付くためには、更新されたCRLをダウンロードしなければなりません。ところが、CRLをダウンロードも更新もしていないクライアントが大半です。そのため、危殆化された証明書が、失効するまでそのまま残っていることも珍しくありません。

　このような事態になるのにはいくつか理由があります。第一に、CRLが大きくなってダウンロードに相当の時間がかかるようになったり、かなりの記憶容量が必要になっ

[*5] 特にサーバを実装するような場合は、SSLで完全なforward secrecyを実現することはほぼ不可能です。これは、クライアントの多くがDHをサポートしていないこと[†9]、暗号技術的に強力な一時的RSA鍵の使用がプロトコルの仕様に反すること[†10]、という2つの理由によります。

[*6] 実際には、CAの顧客情報は登録機関（RA：Registration Authority）によって認証されます。CA自体がRAを兼ねても構いませんが、第三者のRAを利用することもできます。ただ、証明書の利用者から見れば、RAはそれほど重要な概念ではありません。このため、技術的には正確ではありませんが、本書では混乱を避けて単にCAと呼ぶことにします。

[†監訳注9] Internet Explorer 6.0.28とNetscape 7.1では、共にTLSとしてDHに対応しています。

[†監訳注10] 一時的RSAは輸出規制のために用意されたもので、弱い鍵の利用を前提としています。このため、「仕様に反する」わけです。

たりすることが挙げられます。SSLクライアントが記憶容量の限られた埋め込み型デバイスの場合は、特に影響を受けます。この問題は、RFC 2560で仕様が定められたOCSP（Online Certificate Status Protocol）によって解決することが可能です。残念ながら、これはまだ標準プロトコルとして広く受け入れられておらず、近い将来そうなるとも考えられません。また、広く配備されている唯一のバージョンは、深刻なセキュリティ上の問題を抱えています（詳細については第3章を参照）。OpenSSLにOCSPのサポートが追加されたのはバージョン0.9.7のことなので、OCSPをサービスとして提供しているCAはほとんどありません。また、CRLへの増分の更新機能を備えた証明機関もあり、これならわずかな時間でダウンロードできますが、それでもクライアント側に記憶容量や何らかのキャッシュサーバが必要になることに変わりはありません。

また、いずれの解決法でも、クライアントが最新の情報を維持するためには、CAのサーバが高い可用性を持ったものである必要があります。クライアントの中には、CAへの常時接続が不可能な環境に置かれているものもあります。その上、CAへ問い合わせを行うことで接続時の待ち時間が増加し、エンドユーザにとって耐え難い長さになる可能性もあります。

さらに、CRLを配布する際の標準的な仕組みがないという問題もあります。要するに、特にOpenSSLに関しては、VeriSignはおろか現在有力とされるほとんどのCAにおいても、CRL情報に簡単にアクセスする手段を備えていないということです。CRL（および証明書）は、一般に、LDAP（Lightweight Directory Access Protocol）を使用して配布されます。LDAPは、この種の情報を格納できる階層構造を備えているため、PKIの配布に最適です。

CRLには、以上のように多数の問題点があります。したがって、SSLの秘密鍵を盗まれないようにするには、実現可能な何らかの対策を講じることが非常に大切です。少なくとも、侵入検知システムを適切に配備して秘密鍵の危殆化を検出し、速やかにCAに報告できるようにするべきです。

証明書の検証

そもそも、クライアントがサーバの証明書を十分検証しなければ、CRLは役に立ちません。ところが、この検証を行わないクライアントが多いのが実情です[†11]。SSLの処理を進めるためには、クライアントは提供された証明書から公開鍵を抽出できなければなりませんし、サーバはその公開鍵に対応する秘密鍵を持っていなければなりません。しかし、これ以上の検証を強制する仕組みはありません。そのため、man-in-the-middle攻撃がしばしば実行可能になってしまいます。

---

†監訳注11　Internet Explorer 6.0.28とNetscape 7.1では検証を行っています。

第一に、開発者は、信頼すべき証明機関を判断し、その証明機関に対応した証明書を探し出さなければなりません。これは、ほとんどの開発者が進んでやるとは思えないほど面倒な作業です。SSLを利用するアプリケーションの多くがman-in-the-middle攻撃の餌食になるのはこのためです。

　第二に、CAの証明書をインストールし、サーバの証明書の検証に利用している場合でも、証明書の内容を十分にチェックできていないアプリケーションが少なくありません。このようなシステムはman-in-the-middle攻撃に対して脆弱になります。例えば、証明書にはCAの署名があるものの、その証明書が盗まれたことがどのCRLにもまだ記載されていないクレデンシャルは、クライアントからは正当なものに見えます。このような証明書を攻撃者が悪用することになりかねません。

　この問題を回避する最善の方法は、クライアントが必要とする認証の程度によって異なります。多くのアプリケーションは、少数の真正のサーバとだけ対話できれば十分でしょう。その場合は、有効なサーバ名の一覧（ホワイトリスト）に照らして証明書の該当フィールドを調べることができます。例えば、VeriSignが署名した証明書で、証明書内の完全修飾ドメイン名が「`yourcompany.com`」で終わっていれば許可する、といった方法でチェックします。あるいは、既知のサーバ証明書のリストをハードコーディングするという方法もあります。ただし、サーバを追加することが必要になった場合に、管理が非常に難しくなります。

　また、実績のあるCAの認証メカニズムを信用したくない場合は、独自のCAを運営することもできます（もちろん、この場合はクライアントとサーバの両方のコードを自分で用意することが必要になります）。これについては第3章で説明します。独自サーバのセットアップが誰にでもできるとは思えない、ましてやDNS空間や独自の証明機関を管理するなどとんでもないという場合は、クライアントが接続しようとするサーバのDNSアドレスが証明書に提示されたものと同じかどうか確認することが考えられる最善の策です。DNSアドレスが一致し、証明書が正当なCAによって署名されていれば、その証明書が盗まれたり、あるいは不正に取得されたものでない限り問題はないはずです[†12]。

エントロピーの不足

　SSLでは、クライアントとサーバの双方が、鍵などで用いる乱数を生成する必要があります。この乱数は、セキュリティに関して十分な知識がある攻撃者であってもまったく推測できないような方法で生成しなければなりません。通常、SSLの実装では、擬似乱数生成器（PRNG：pseudorandom number generator）を使用してこのデータを生成します。PRNGは、無作為に見える一連の数字を生成する決定性アルゴリズムです。古

[†監訳注12] 当然のことながら、ブラウザとCAの運用に問題がなく、電子署名のポリシーが「確か」なものであることが前提です。

典的なPRNGは、セキュリティが重要視される状況での使用には適しません。このため、SSLの実装では、「シード（seed）」さえ適切に作成すればセキュリティ重視の状況でも使用できるセキュリティ用のPRNGを使用します。

　シードとは、PRNGに入力して処理に使用する、小さなデータ片のことです。試しに既知のシードを1つ入力して処理を実行すると、PRNGは予測可能な出力の組を生成するはずです。つまり、PRNGにシードを入力し、3つの乱数を生成した後、同じ値のシードを入力してさらに3つの乱数を生成すると、最初の3つの乱数と後の3つの乱数は同じになるはずです。

　シード自体は乱数でなければなりませんが、暗号論的に乱数であることは不可能です。PRNGの出力結果を推測不能にするためには、この乱数がまったく推測不能でなければなりません。ところで、この数値が格納されたマシンの状態について推測できるような攻撃者の立場から、推測不能な情報がデータの中にどれだけ存在するか判断する尺度のことを、エントロピー[†13]といいます。ある1つのビットについて、0である確率が1である確率と等しければ、エントロピーは1ビットになります。128ビットのデータであれば、エントロピーは最大で128ビットになる可能性があります。ただし、エントロピーは0ビットにもなり得ます。データの値が外部に知れてしまった場合などがそうです。データを推測するために攻撃者に必要とされる作業は、データのエントロピーの大きさに直接比例します。データのエントロピーが4ビットなら、一回目の挑戦で攻撃者が正しく推測する確率は2^4分の1（16分の1）になります。つまり、16回推測すれば、攻撃者は正しい値を突き止められるわけです（平均すれば8回の推測で正しい値が見つかることになります）。データのエントロピーが128ビットの場合、攻撃者がシードを見つけ出すためには、平均2^{127}回の推測が必要です。これは、事実上実行不可能なほど大きな数字です。実際には、128ビットの鍵を使用するときは128ビット以上のエントロピーを持つシードを使用するのが理想です。64ビット未満のエントロピーでは、おそらく、すぐに破られてしまいます。

　具体例を挙げましょう。1996年、Ian GoldbergとDavid Wagnerは、NetscapeにおけるSSLv2の実装で、PRNGへシードを入力する方法に問題点があることを発見しました。Netscapeは、MD5メッセージダイジェストアルゴリズムでハッシュした3つの入力値、つまり、時刻、プロセスID、親プロセスIDをシードとして使用していましたが、この3つの値はいずれも特別な乱数というわけではありません。このため、NetscapeのPRNGのエントロピーは高々[†14]47ビットほどしかありませんでした。狡猾な攻撃者であれば、このエントロピーをさらに引き下げることが可能です。これを裏付けるように、GoldbergとWagnerは、実際のSSLセッションを25秒以内に実質的に危殆化できました。

[†監訳注13]　正確には、情報エントロピーと呼ばれます。
[†監訳注14]　「高々」というのは「at most」の数学における訳語で、「多くても」といった意味になります。念のため補足しておきます。

乱数生成器にいい加減なシードを入力して OpenSSL を使おうとすると、ライブラリが文句を言います。ただし、ライブラリは入力されたシードに十分なエントロピーがあるかどうかを確実に判断することはできません。したがって、エントロピーを得るための何らかの手段を考えなければなりません。確かに、大半の暗号処理アクセラレータのようにエントロピーを効果的に収集するハードウェアデバイスもありますが、多くの場合、この手のハードウェア（への依存）は実用的ではありません。ソフトウェアは多数のクライアントにインストールできますが、全部のクライアントで特別なハードウェアデバイスを利用するのは困難だからです。

一般的なのは、そのマシンのハードウェアで発生するエントロピーを、ソフトウェア的に収集するという方法です。ソフトウェアにより、マシン上で外的に発生する無作為な情報を、間接的に測定するわけです。ここでは、実際に使用されるテクニックを理解する必要はありません。とにかく、マシンのエントロピーを集めてくれるソフトウェアをそのまま使用してください。UNIX ベースの最近のほとんどの OS であれば、乱数源となるようなデバイスのエントロピーを収集する機能が OS に備わっています。そうでない UNIX システムでも、EGADS（`http://www.securesw.com/egads/`）のような移植可能なエントロピー収集ツールを利用することができます[*7]。EGADS は Windows システムでも動作します。

乱数源となるデバイスや、EGADS などのツールで利用されるエントロピー収集の技術に興味がある方は、『Building Secure Software』（John Viega・Gary McGraw 共著、Addison-Wesley）の第 10 章を参照してください。

安全でない方式

SSL のバージョン 3（SSLv3）と TLS は、適切に使用する限り相応に安全と信じられていますが、バージョン 2（SSLv2）には、その後のバージョンで大幅な修正が施される原因となった設計上の根本的な問題があります[*8]（バージョン 1 が一般に配備されたことはありません）。このため、SSLv2 をサポートするのは避けるべきです。これは、ネットワーク攻撃を仕掛けた攻撃者によって、クライアントとサーバが安全でないバージョンのプロトコルでやり取りさせられるのを防ぐために重要なことです。接続要求に攻撃者が割り込み、SSLv3 のサーバが存在しないように見せかける応答を送信するだけで、クライアントは、SSLv2 を使って接続を試行するようになります。

[*7] 技術的には、Linux はオリジナルの UNIX コードベースから派生したわけではないので、UNIX とはいえません。ただし、一般に UNIX という言葉は、広義では UNIX ライクなすべての OS を指しています。このため、本書でも、UNIX という言葉をその意味で使用します。

[*8] SSLv2 までを設計したのは Netscape のエンジニアですが、SSLv3 を設計したのは著名な暗号技術者である Paul Kocher です。SSLv3 に対しては、後に TLS として標準化される過程で、多くの重要なレビューがなされています。

両方のバージョンのプロトコルに対応するようにクライアントとサーバを構成している人も多いようですが、それはやめておくべきです。できる限り、SSLv3とTLSだけをサポートするようにしてください。なお、TLSの実装はSSLv3とのやり取りが可能であることが前提になっているため、クライアントがTLSのみをサポートすることはできません[†15]。クライアントでTLSのみを使いたい場合は、接続した後に、サーバがSSLv3を選択したらその接続を切断するしかありません。

各種の暗号化アルゴリズムの説明で述べたとおり、短い鍵長は避けてください。また、評判が悪いアルゴリズムも避けるのが無難です。40ビットの鍵は、もはや安全ではありません。56ビットDESも同様です。ところが、既に適用されなくなった米国の昔の輸出規制のせいで、このような弱い鍵しかサポートしていないサーバをよく見かけます。

SSLにおける個々のアルゴリズムの選択に関する限り、RC4と3DESはどちらも優秀です。RC4のほうがはるかに高速ですが、3DESのほうが堅実です。まもなく、TLSはAESで標準化されると思われますが、そのときには優れた選択肢としてAESが広く認知されるでしょう[†16]。

サーバでは、クライアントが提出したサポート済み暗号化アルゴリズムのリストに基づいて、暗号化アルゴリズムを選択します。サーバでは、できるだけ強力な暗号化アルゴリズムのみをサポートするように推奨します。それができない場合は、クライアントがサポートするなかで最も強力な暗号化アルゴリズムを選択するとよいでしょう。暗号化アルゴリズムの選択については、第5章で詳述します。

1.4 SSLの有効範囲

SSLは、ネットワーク接続を安全にするための、非常に優れた汎用のセキュリティプロトコルです。これまでは、SSLに関して避けるべき重大なリスクについて述べてきました。ここでは、SSLに望まれる機能について、実際にはあまり得意ではない（または不得意な）ものも含めて説明していきます。

TCP/IP以外のトランスポート層プロトコル

SSLは、TCP/IPで問題なく機能します。ただし、UDPやIPXのように、コネクション指向（connection-oriented）でないトランスポート層プロトコルではまったく機能し

---

†監訳注15 　手元のIE（バージョン 6.0.28）では可能でした。
†監訳注16 　本書監訳時点で、RFC 3268としてまとめられています。また、サポートしているブラウザもあります。OpenSSLバージョン0.9.7以降では利用できます。ただし、初期のバージョンにはバグがあるため、最新バージョンを利用してください。

ません。これらのプロトコルで機能させる確実な方法もありません。順番や信頼性が保証されないプロトコルで安全に暗号化することは非常に困難であり、SSLの守備範囲を超えます。UDP通信の暗号化については、第6章で概説します。

否認防止

AliceとBobがSSLでやり取りしているとします。AliceはBobからメッセージを受け取り、このメッセージをCharlieに見せたいと思っています。また、このメッセージが確かにBobから届いたものであると証明したいと考えました。これが可能であれば、このメッセージについて否認防止（non-repudiation）できたということになります。つまり、Bobはメッセージを送信したことを否定できなくなります。これを利用して、例えばAliceがある商品のレシートを受け取り、税金の支払いの関係でこの商品を自分が購入したものだと証明することもできます。

SSLは（通信内容の）否認防止をサポートしていません。ただし、AliceとBobの両者が信頼性の高い証明書を持っていれば、SSLに追加するのは簡単です。その場合は、SSLで暗号化する前に各メッセージに署名することができます。当然、このような状況でも、仮にBobがメッセージを否認できるようにしたければ、無効な署名を添付するでしょう。このような場合、Aliceはそれ以上の通信を拒否すればよいのです。

第10章で、S/MIMEを使用して暗号化メッセージに署名する方法を紹介します。同じテクニックは、送信前のデータに署名を行えば、SSLでのメッセージ送信にも利用できます。また、S/MIMEメッセージをSSL接続で送信するだけでも同じ効果が得られます。

ソフトウェアの欠陥からの保護

SSLの設計に問題があるからではなく、アプリケーション自体が内包するセキュリティ上の根本的な欠陥のために、SSLがアプリケーションを安全にできない場合があります。つまり、バッファオーバーフローや競合状態、プロトコルエラーといったアプリケーションが抱える設計上および実装上の欠陥に対しては、SSLを使用していたところでどうしようもないのです。

SSLを採用する際に起こりがちなリスクもたくさんあります。しかし、そのリスクは、ソフトウェアの設計や実装時に発生した欠陥に比べて小さい場合がほとんどです。攻撃者は、最も弱いリンク（weakest link）を攻撃対象にするものです。SSLは最も弱いリンクになることはほとんどありません。

開発者は、どうすれば安全なソフトウェアを作成できるか、自ら徹底的に学ぶことが必要です。また、管理者の立場で自分以外の人のソフトウェアを導入する場合も、選択をすべて任されているのであれば、実績のあるソフトウェアを使用するように努めてください。

汎用のデータセキュリティ

SSLは、送信されている間のデータを保護することはできますが、送信前のデータや送信先に届いた後のデータを保護する機能はありません。また、通信中のデータしか保護しないので、データのセキュリティに関して何か特別な要件がある場合は、必ずほかの解決策が必要になります。

1.5　OpenSSLの基礎

ここまでの説明で、暗号技術の基礎について理解できたと思います。SSLプロトコルについても（長所や短所をすべて含めて）ある程度詳しく説明したので、ここではOpenSSLライブラリに焦点を当てることにしましょう。OpenSSLは、SSLeayから派生しました。SSLeayは、そもそも1995年にEric A. YoungとTim J. Hudsonが開発を始めたものです。SSLeayの開発は1998年12月に終了し、実際にはリリースされなかったSSLeay 0.9.1bを使用してOpenSSLの最初のバージョンが0.9.1cとしてリリースされた、というのがOpenSSLの始まりです。OpenSSLは、基本的に、暗号ライブラリとSSLツールキットという2つのツールを1つにまとめたものです。SSLライブラリを利用すれば、TLSv1を含むSSLプロトコルの全バージョンを実装できます。暗号ライブラリは、共通鍵暗号化方式や公開鍵暗号化方式、ハッシュ、およびメッセージダイジェストにおける一般的なアルゴリズムの大半を提供します。また、擬似乱数生成器を備えるほか、一般的な証明書のフォーマットの操作や、鍵の素材の管理もサポートします。さらに、バッファ操作や、任意の精度の数値操作を行うための汎用補助ライブラリもあります。その上、OpenSSLは、暗号化技術に関する有名なアクセラレータの大半をサポートしています（本書執筆時点で、0.9.7より前のバージョンでは、「engine」というリリースを別途ダウンロードしなければアクセラレータのサポートを利用できません）。

OpenSSLは、CおよびC++プログラミング言語で使用でき、SSLのすべての機能を実装している、現時点で無償で入手可能な唯一の実装です[†17]。すべてのUNIX OS、およびすべての主なバージョンのWindowsなど、主要なプラットフォームで動作します。

OpenSSLは、http://www.openssl.org/からソース形式でダウンロードできます。ソースとして配布されているパッケージには、UNIX、Windows、Mac OS（Mac OS Xより前のバージョン）、OpenVMSを含め、各種プラットフォームにおけるインストールについて説明した詳細な文書が含まれています。Mac OS Xにインストールする場合は、

---

† 監訳注17　GNUTLS（http://www.gnu.org/software/gnutls）などもあります。

UNIX向けの解説に従ってください[*9]。Mac OSとOpenVMS向けの解説は、それぞれのプラットフォームに合わせてかなり特別な内容になっているため、ここでは説明を省略します。ソースに付属している解説をよく読み、慎重にインストールしてください。

UNIXとWindowsへのインストールには、どちらも、PerlとCのコンパイラが必要です。Windowsシステムの場合は、Borland C++、Visual C++、GNU Cの各コンパイラが使用できます。Windowsでアセンブリ言語の最適化を使用したい場合は、MASMまたはNASMも必要になります。Windowsでのビルドの詳細は、使用するコンパイラや、アセンブリ言語の最適化を使用するかどうかによって異なるので、パッケージに付属しているインストールについての解説を参照して詳しく調べたほうがよいでしょう。

UNIXやWindowsのシステムでOpenSSLをビルドするプロセスでは、まず、配布パッケージに含まれている設定スクリプトを実行します。設定スクリプトは、実行環境をチェックして、利用可能なライブラリとオプションを判断するものです。この情報に基づいて、`make`用のスクリプトが作成されます。UNIXシステムの場合は、`config`という名前の設定スクリプトによりUNIX固有のパラメータをいくつか設定してから、Perlで書かれた設定スクリプトを実行します。Windowsシステムでは、設定用のプログラムを直接実行するだけです。例1.1に、UNIXシステムでのビルドに必要な基本手順を示します。

▼ 例1.1 UNIXシステムでのOpenSSLのビルドとインストール[†18]

```
$ ./config
$ make
$ make test  # 必要に応じて実行
$ su   # "make install" を実行するためにroot権限が必要
# make install
```

設定スクリプトの実行が終わると、ソースがコンパイル可能な状態になります。通常、コンパイルは`make`によって行いますが、Visual C++を使用してWindows上でビルドする場合は、`nmake`プログラムを使用する必要があります。UNIXシステムでは、ビルドが完了した後でオプションのテストをいくつか実行して、ライブラリが適切にビルドされているかどうかを確認することができます。これは、`make test`を実行して行います（例1.1を参照）。

ライブラリが最終的にビルドされ、テストを終えたら、インストールの準備は完了です。UNIXシステムでは、`make`を再度実行し、インストール先を指定します。Windowsシステムでは、インストールプロセス自体が存在しませんが、ヘッダファイ

[*9] OS XにはOpenSSLライブラリがプレインストールされていますが、最新バージョンではないことがほとんどです。また、OpenSSLのヘッダファイルはインストールされない場合がほとんどです。開発者の方は注意してください。

[†監訳注18] #記号から行末まではコメントを表しています。ただし、最後のそれはプロンプトです。

ル、インポートライブラリ、DLL（Dynamic Link Library）、コマンドラインツールのそれぞれについて、ディレクトリを作成する必要があります。これらのファイルはどこに置いても構いませんが、DLL とコマンドラインツールは必ずパスが通っているディレクトリに置いてください。

1.6　サードパーティソフトウェアの安全確保

　本書の大半は、OpenSSL の API を使って自作のアプリケーションのセキュリティを向上させる方法に主眼を置いていますが、OpenSSL を使用して第三者の作成したアプリケーションを安全にしたい場合もあるでしょう。多くのアプリケーションは、最初から OpenSSL をサポートするように構成されています。例えば、OpenSSH は OpenSSL が提供する暗号技術を広く活用しているので、OpenSSL のライブラリがなければコンパイルすることができません。この場合に限っては、システムの決められた場所に OpenSSL のいずれかのバージョンを置いておけば、OpenSSH の通常のインストーラが OpenSSL の状況を配慮してくれます。それ以外では、ソフトウェアを構成する際に OpenSSL の場所を自分で指定してください。

　OpenSSH は、OpenSSL がなければ機能できないという特殊な例です。一方、オプションで OpenSSL をサポートできるというソフトウェアパッケージも数多く存在します。MySQL はその格好の例です。`--with-openssl` と `--with-vio` の2つのオプションを使用してパッケージを構成するだけで、パッケージが SSL サポートでビルドされます[*10]。

　プロトコルを実装するソースコードを特に修正せずに任意のプロトコルの暗号化に SSL が使用できれば便利でしょう。例えば、SSL をサポートしない POP3 の実装を好んで使用しているとします。この実装を SSL に対応させて利用できるようにしたいけれど、OpenSSL をコードに組み込みたくはありません。

　たいていの場合は、プロキシとして動作する Stunnel（http://www.stunnel.org/）を利用することによって、任意のプロトコルを SSL 対応にすることができます[†19]。Stunnel そのものは完結したツールではなく、実行するためには OpenSSL が必要です。

　Stunnel を使用しても、HTTP 通信を保護することができます。ただし、一般には Web サーバにとって望ましい SSL ソリューションを使用するほうが賢明です。例えば、Apache の mod_ssl（http://www.modssl.org/ を参照）は、Apache ユーザにとっては Stunnel よりもはるかに優れた手段です。なぜなら、mod_ssl のほうがずっときめ細かく設定できるからです。なお、mod_ssl でも OpenSSL ライブラリが内部で利用され

[*10]　SSLサポートでコンパイルした後でも、デフォルトではMySQLの接続は暗号化されません。どのユーザが SSLで接続するかを明確に指定する必要があります。詳細については、MySQL GRANTのドキュメントを参照してください。

[†監訳注19]　ここでの説明は、主に、バージョン3のそれです。バージョン4からは、設定ファイルが利用できます。

ています。mod_ssl に関しては本書の対象範囲外なので、ここでは触れません。詳細については、mod_ssl の Web サイトや『Apache: The Definitive Guide』(Ben Laurie・Peter Laurie 共著、O'Reilly&Associates、邦訳『Apache ハンドブック 第3版』(田畑茂也 監訳／大川佳織 訳、オライリージャパン))を参照してください[†20]。

サーバ側プロキシ[†21]

　例えば、SSL に対応した POP3 を、この場合の標準ポート (995) で実行したいとします。暗号化を処理しない POP3 サーバが既にポート 110 で動作している場合は、ポート 995 で Stunnel を待ち受けさせます。さらに、接続をループバックインタフェース上のポート 110 に転送するように (つまり、暗号化されていないデータをネットワークに送出せず、そのマシン内でやり取りされるように) Stunnel に指示します。SSL に対応した POP3 クライアントがポート 995 に接続すると、Stunnel はその接続をネゴシエーションし、自らを POP3 のポートに接続して、データの復号を開始します。Stunnel は、データを POP3 サーバに渡せるようにしてから渡します。つまり、POP3 サーバはクライアントの要求に応答するときにも Stunnel プロキシと対話し、応答を暗号化してからクライアントに渡します。図 1.5 に、このプロセスの概略図を示します。

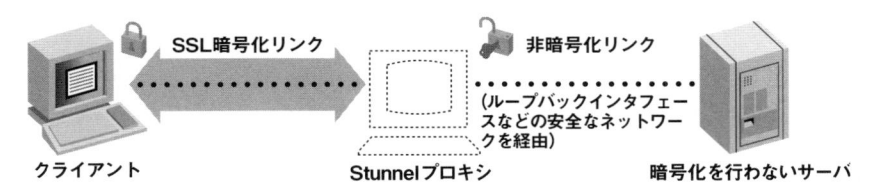

▲ 図 1.5　Stunnel プロキシ

　サーバ側で Stunnel を使用するためには、有効なサーバの証明書と秘密鍵をインストールしなければなりません。この証明書には適切な証明機関による署名が必要になります。OpenSSL を使用すると、独自のクレデンシャルを作成することができます。手順については第3章で取り上げます。

　サーバのクレデンシャルは、Stunnel から利用可能にしておく必要があります。このクレデンシャルの正確な場所は、多くの場合、Stunnel のバイナリにハードコーディングすることになりますが、コマンドラインで場所を指定することもできます。

　POP3 サーバが既に稼働中だとすると、コマンドラインから Stunnel を実行して先ほどのシナリオを実現する方法は、次のとおりです (UNIX マシンの下位ポートにバインドするため、root として実行していることが前提です)。

---

†監訳注20　『SSL and TLS』(Eric Rescorla著、邦訳『マスタリングTCP/IP SSL/TLS編』)にも説明があります。
†監訳注21　ここで言う「サーバ側のプロキシ」とは、いわゆるリバースプロキシのことです。

```
# stunnel -d 995 -r 127.0.0.1:110
```

-dフラグを指定すると、Stunnelはデーモンモードのプロキシとして、指定されたポートで動作します（バインド先のIPアドレスを指定することも可能です。デフォルトはそのマシン上のすべてのIPアドレスになります）。-rフラグは、Stunnelがプロキシとして転送先を指定しています。この例では、暗号化されていないトラフィックが同じネットワーク上のほかのホストに送出するのを避けるために、ループバックアドレスを指定しています。あるいは、ファイアウォールを使って外部の目からポートを隠すという選択肢もあります。

必要であれば、-pフラグを使用して証明書ファイルの場所を指定することもできます。マシンのサービスファイル[22]にPOP3用とSecure POP3プロトコル用のエントリがある場合は、次のようにしてStunnelを実行することも可能です。

```
# stunnel -d pop3s -r 127.0.0.1:pop3
```

また、inetdからStunnelを実行することもできます。ただし、セッションのキャッシュによる効率性という利点を優先したいので、一般には望ましくありません。Windowsを使用している場合は、あらかじめコンパイル済みのバイナリとしてStunnelを入手し、DOS形式のバッチファイルで簡単に起動できます。詳細については、Stunnel FAQ（http://www.stunnel.org/faq）を参照してください。

残念ながら、実行したいサービスをすべてStunnelで保護することはできません。第一に、保護できるのはTCP接続だけで、UDP接続は保護できません。第二に、帯域外接続を使用するFTPのようなプロトコルを確実に保護することはできません。FTPデーモンは任意のポートにバインドしますが、Stunnelではそのポートをうまく検出することができないのです。また、SSLに対応したプロトコルをサポートするクライアントの中には、SSLによるネゴシエーションがオプションとして扱われるものがあります。この場合、当然ながら、クライアント側でもSSLプロキシを経由しない限り、クライアントがStunnelプロキシとやり取りすることはできないケースもあります。

Stunnelは、指定された任意のアドレスへのプロキシとしても機能するため、ほかのマシンで実行されているサービスへのプロキシに使用してもまったく問題ありません。この機能を利用すれば、それだけでマシンへのSSL接続を確立する際のコストを軽減できるので、SSLを高速化することができ、コストパフォーマンスの高い手段といえます。このシナリオの場合、バックエンドのサーバへは、クロスオーバーケーブルを使用してSSLプロキシのみに接続するようにし、ほかのマシンには接続しないでください。このようにすれば、ネットワーク上のほかのマシンが危殆化された場合でも、暗号化さ

---

† 監訳注22　/etc/servicesのことです。

れていないデータが危殆化されたマシンから覗き見られることはありません。負荷分散装置がある場合は、プロキシを追加導入して、より多くのSSL接続を処理することもできます（図1.6を参照）。ただし、ほとんどのアプリケーションでは、暗号化されないトラフィックの処理には1台のサーバで十分です。

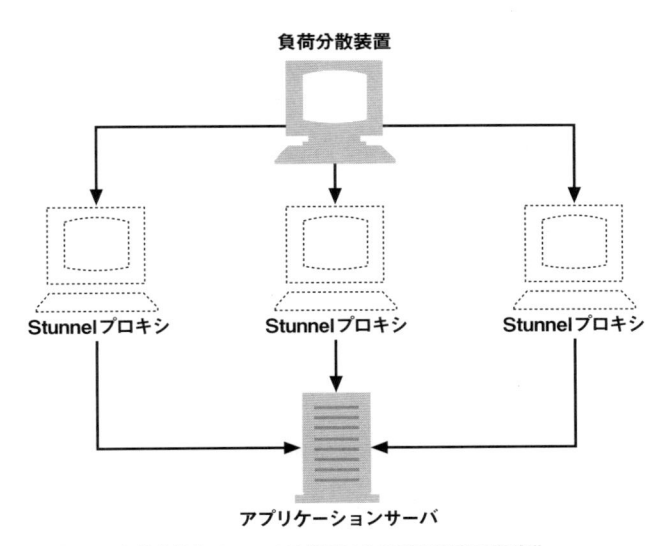

▲ 図1.6　負荷分散とStunnelの併用による暗号処理の高速化

　Stunnelをプロキシとして使用する際の最大の問題点は、本来ならサーバが利用可能なIPヘッダの情報が利用できなくなることです。特に、サーバはトランザクションごとにIPアドレスをログに記録することがありますが、サーバが実際にやり取りしている相手はプロキシなので、サーバ側から見ると、どの接続もプロキシのIPアドレスからのもののように見えてしまいます。この問題に関して、Stunnelでは、制限付きながら解決策を提供しています。安全なポートがLinuxマシンにある場合は、IPヘッダを書き直すようにStunnelプロセスを設定できるのです。これにより、透過的なプロキシが実現します。設定は、コマンドラインで -T フラグを指定するだけです。ただし、透過的なプロキシを機能させるためには、クライアントから暗号化を実行しないサーバへのデフォルトの経路がプロキシマシンを経由しなければならず、ループバックインタフェースを経由させることはできません。

　-o フラグとファイル名を指定すると、接続がファイルに記録されるようにStunnelを設定できます。この方法により、透過的なプロキシを選択できない場合であっても、少なくとも接続先のIPアドレスに関する情報は入手できます（ただし、簡単に捏造できるので、いずれにしてもセキュリティを目的として使用すべきではありません）。

クライアント側プロキシ[†23]

　Stunnelを使用すれば、SSL対応でないクライアントを、SSLプロトコルで通信するサーバに接続させることもできます。クライアント側プロキシのセットアップは、サーバ側プロキシのセットアップより少し面倒です。クライアントは何らかのパスワードを使って認証されるのが一般的なのに対し、サーバは主として証明書を使用して認証されるからです。認証を行わないようにクライアントをセットアップすることも可能ですが、man-in-the-middle攻撃を仕掛けられやすくなるので注意が必要です。クライアントに認証を行わないプロキシを設定したところで、ナイーブ（稚拙）な盗聴攻撃に対するセキュリティしか得られませんが、それでも何も対策を講じないよりはましです。

　では、とりあえず証明書の検証を行わないケースから見ていきましょう。Amazon.comのSSL対応Webサーバに接続したいとします。このサーバはwww.amazon.comのポート443で動作中です。まず、Stunnelをクライアントモードで実行し（-cフラグを指定）、対話形式で接続をテストします。

```
$ stunnel -c -r www.amazon.com:443
```

　Stunnelは何のメッセージも表示せずに接続を行います。以下に示す例のように、HTTPリクエストをタイプすると、それに対応するレスポンスが返されます。

```
GET /
<!DOCTYPE HTML PUBLIC "-//IETF//DTD HTML 2.0//EN">
<HTML><HEAD>
<TITLE>302 Found</TITLE>
</HEAD><BODY>
<H1>Found</H1>
The document has moved <A HREF="http://www.amazon.com/">here</A>.<P>
</BODY></HTML>
```

　サーバは、応答を送信した後、接続を閉じます。

　例からわかるように、Amazon.comで動作中のSSL対応Webサーバとやり取りできていますが、ユーザから見るとSSLの処理は完全に透過的です。

　デバッグ目的の場合は、Stunnelを対話モードで実行すると便利ですが、対話モードをあらゆるクライアントの接続で使用するのは実用的ではありません。では次に、SSL対応でないPOP3クライアントから、mail.example.comで動作中のSSL対応POP3サーバに接続してみましょう。クライアントが稼動しているマシンで、このローカルマシンからの接続だけを受け付け、ローカルマシンに代わってSSL対応サーバに接続するプロキシをセットアップします。これを、次のコマンドで簡単に行うことができます。

[†監訳注23] ここでいう「クライアント側のプロキシ」とは、いわゆるフォワードプロキシのことです。

```
# stunnel -c -r mail.example.com:pop3s -d 127.0.0.1:pop3
```

このコマンドで、プロキシの処理を必要とするローカルマシン上に、プロキシをセットアップしています。後は、メールクライアントをループバックインタフェースに接続させるだけで、意図されたSSL対応POP3サーバへ魔法のように接続することができます(man-in-the-middle攻撃はないという前提ですが)。

なお、先ほどのコマンドが有効なのは、ローカルのPOP3ポートへバインドするためのアクセス許可を持っている場合に限られます。それが難しい場合でも、POPクライアントを任意のポートでサーバに接続することができれば、この問題は簡単に解決します。そうでなければ、プロキシプロセスにroot権限を与えるか、新しいクライアントを見つける必要があります。root権限を与えることには大きなリスクが伴います。Stunnelには、プロキシを通じたデータの引き渡しによって、root権限を入手できてしまうリスクを含めたセキュリティ上のバグが隠れている可能性があります。ほとんどのOSに該当することですが、プロキシにroot権限を与える場合は、プロキシをrootとして実行し、-sフラグを使用して、ポートがバインドされた後で切り替える先のユーザ名を指定してください。バイナリをsetuidしようと考えるかもしれませんが、そうすべきではありません。ユーザがStunnelのバイナリを実行できる限り、すべてのユーザを特権ポートにバインドさせることになるからです。

前述のとおり、必ずクライアントのプロキシで証明書の検証を行わせてください。証明書を検証するためには、有効なCA証明書が存在するクライアントマシン上の場所のほか、必要とする検証のレベルも指定しなければなりません。ここでは、最大検証(レベル3)を推奨します。また、レベル1は実際には検証が行われないので、絶対に使用しないようにしてください。次のコマンドは、前述の例に加え、証明書の検証を行うようにしたものです[†24]。

```
# stunnel -c -r mail.example.com:pop3s -d 127.0.0.1:pop3 -A /etc/ca_certs -v 2
```

/etc/ca_certsファイルには、信頼できるCA証明書の一覧を格納しておきます(証明書取得の詳細については、第3章を参照)。残念ながら、Stunnelでは、ドメイン名の照合を利用して検証を行うことができません。有効なサーバを少数に制限したい場合(通常はこうするのが賢明です)は、検証レベル3を使用し、既知の証明書を専用のディレクトリに格納します。証明書のファイル名は、その証明書のハッシュ値に「.0」というファイル拡張子を付けたものでなければなりません(ハッシュ値の生成方法については、第2章にあるx509コマンドの-hashオプションの説明を参照)。また、有効なサーバ証明書の場所を指定するときは、-aフラグを使用します。例えば次のようにします。

---

†監訳注24　この例では、レベル2の検証を実行しています。

```
# stunnel -c -r mail.example.com:pop3s -d 127.0.0.1:pop3 -A /etc/ca_certs -a
/etc/server_certs -v 3
```

繰り返しますが、証明書の形式については第3章で詳しく説明します。

サーバ側のSSLプロキシと同様、状況によってはStunnelをクライアント側で使用するのが適切でないこともあります。前述のとおり、UDPベースの環境や帯域外接続を行うプロトコルでは、Stunnelを使用しても意味がありません。また、SSLをサポートするサーバの中には、SSLを使用するかどうかネゴシエーションすることを前提にしているものもありますが、このようなサーバには、最初から最後までSSLで暗号化された接続はまったく理解できません。このようなネゴシエーションは、SSL対応のSMTPサーバで特に多く見られます。

Stunnelは、一般的な何種類かのプロトコルに対して、こうしたネゴシエーションをサポートしています。このサポートを利用するには、引数に「-n プロトコルの名前」を指定し、先ほどのクライアント側の例と同じ方法でStunnelを起動します。現在、SSLがサポートしているのは、SMTP、POP3、NNTPです。例えば、対応するSMTPサーバにSSLで接続するには、次のコマンドを使用します。

```
# stunnel -c -r mail.example.com:smtp -d 127.0.0.1:smtp -A /etc/ca_certs -a
/etc/server_certs -v 3 -n smtp
```

本書執筆時点、Stunnelのネゴシエーションオプションでは、これ以外のプロトコルをサポートしていません。このようなプロトコルで有名なものとしては、SSL-TELNETなどがあります。

● Command-Line Interface ●

第2章
コマンドラインインタフェース

　OpenSSLは、主に、開発者が自分のプログラムで強力な暗号技術をサポートするためのライブラリとして使用されます。また、その大半の機能はコマンドラインから使用できるため、単独のツールとしても利用可能です。コマンドラインツールを使えば、ファイルの内容のMD5ハッシュを計算するといった一般的な操作が簡単に実行できます。さらに、コマンドラインツールを用いて、UNIXのシェルスクリプトやWindowsのバッチファイルからOpenSSLの高度な機能を利用することもできます。すなわち、SSLをそのまま組み込むことはできないがシェルコマンドは実行できる、という言語に対しても、シンプルなインタフェースが提供されているのです。

　コマンドラインツールは、使い慣れるまではかなり難しいものに思えるかもしれません。サポートされているコマンドの数が多いだけでなく、それぞれのコマンドを細かく調整して制御するオプションも多数あるからです。OpenSSLには、コマンドラインツールとして利用可能なコマンドについて説明したドキュメントが付属していますが、このドキュメントも、初心者にとっては難しく思えるでしょう。例えば、自己署名型の証明書を作成する魔法の呪文について理解したいと思っても、OpenSSLに付属するドキュメントのどこをどう探せば必要な情報を見つけ出せるかわからない（もちろん、きちんと説明されている箇所があるのですが）、といった具合です。

　そこで本章では、コマンドラインツールの概要を説明し、どのようなコマンドがあって、どのようにツールとして使うことができるのかを把握するのに必要な、基本的な背景をまとめます。概要とはいえ、メッセージダイジェストや共通鍵暗号化方式、公開鍵暗号化方式などを使って一般的な作業を実現する方法についても触れます。なお、本書の付録には、OpenSSLのコマンドラインツールで利用可能なコマンドのリファレンスを掲載しています。

本書では、全体を通して、コマンドラインツールが何度も登場します。なかには、本章で説明する内容よりも高度な例が登場することもあります。特に第3章では、コマンドラインツールを広範囲で使用します。

2.1　基本操作

コマンドラインツールの実行ファイルには、UNIXではopenssl、Windowsではopenssl.exeというわかりやすい名前が付けられています。対話モードとバッチモードという2種類のモードがあり、オプションを指定しないでプログラムを起動すると、対話モードで動作します。対話モードでは、コマンドの処理が可能な状態であることを示すプロンプトが表示されます。プロンプトから入力したコマンドの実行が完了すると、再びプロンプトが表示され、次のコマンドを処理できる状態に戻ります。プログラムを終了させるには、quitコマンドを発行します。コマンドラインからバッチモードでコマンドを入力した場合も、対話モードで入力した場合とまったく同じ方法で処理されます。唯一の違いは、対話モードの場合、コマンドの前に「openssl」と入力する必要がないという点です。本書の例ではバッチモードで操作を行いますが、対話モードのほうが使いやすければ、そちらを利用しても構いません。

コマンドを入力する際には、最初にコマンド名を記述し、続いてオプションを指定します。オプションとオプションの間はスペースで区切ってください。オプションは、通常ハイフンで始まります。パラメータが必要なものも多く、その場合は間にスペースを入れてパラメータを入力します。

特に指定がある場合を除き、オプションはどのような順序で記述しても問題ありません。数は多くありませんが、コマンドラインの最後に指定しなければならないオプションもあります。そのような場合はオプションを指定する順序に注意してください。

設定ファイル

コマンドラインツールでは、ほとんどのコマンドに対して多数のオプションが利用できます。そのため、オプションの名前と、省略した場合のデフォルト値を記憶するだけで一苦労です。また、単にオプションと一緒にコマンドを入力しただけでは、期待どおりの結果が得られないものもあります。うまくいかずにイライラすることもあるでしょう。そのようなとき、オプションを指定する作業を大幅に軽減してくれるのが、設定ファイルです。

OpenSSLにはデフォルト設定用の設定ファイルが付属しており、別のファイルを指定しない限りはこの設定ファイルが使用されます。デフォルトの設定ファイルに定義されている設定は、大半がそのまま使用できますが、必要に応じて設定を細かく調整する

と便利なこともあります。デフォルトの設定ファイルの格納場所は、使用するOS、あるいはOpenSSLの組み込みやインストールの方法によってまったく変わってしまいます。そのため、設定ファイルの場所をここで明記することはできません。コマンドラインツールで、caコマンドをオプションなしで実行すれば、デフォルトの設定ファイルの場所がわかるはずです（ただし、必ずしもわかりやすく表示してくれるわけではありません）。オプションを指定しないためエラーが表示されますが、すべて無視して構いません。

残念なことに、コマンドラインツールで利用できる数多くのコマンドのなかで、設定ファイルが使用できるものは3つしかありません。ca、req、x509の3つです。この3つのコマンドは、おそらく最も複雑なコマンドで、非常に多くのオプションを使って動作を制御することができます。以降では、これら3つのコマンドについて説明します。

OpenSSLの設定ファイルは、セクションで構成されています。各セクションは複数のキーを含み、各キーには値が定義されます。セクションとキーには、どちらも名前（大文字と小文字を区別する）が付けられます。設定ファイルの解釈は、上のセクションから下のセクションに向かって行われます。セクションの開始行には、セクション名を角型カッコ（[ ]）で括って記述します。それ以外の行には、キーとその値を定義します。各行は、真上のセクションに属することになります。また、ファイル内で最初の名前付きセクションの前に、グローバルセクションと呼ばれる名前を持たないセクションが定義されることがあります（省略可能です）。キーとその値の間には、等号記号（=）が入ります。

ほとんどの場合、空白スペースは意味を持ちません。どの行でも、井げた記号（#）を記述すると、その行の最後までがコメントになります。キーおよびセクション名の中に空白スペースを含めることはできませんが、前後に付けるのは問題ありません。前後の空白スペースはファイルが解釈されるときに取り除かれますが、セクション名の中には空白スペースを入れないよう注意してください。例2.1に、デフォルトのOpenSSL設定ファイルを抜粋したものを示します。

▼例2.1　デフォルトのOpenSSL設定ファイル（抜粋）

```
[ ca ]
default_ca      = CA_default            # The default ca section

####################################################################
[ CA_default ]

dir             = ./demoCA              # Where everything is kept
certs           = $dir/certs            # Where the issued certs are kept
crl_dir         = $dir/crl              # Where the issued crl are kept
database        = $dir/index.txt        # database index file
new_certs_dir   = $dir/newcerts         # default place for new certs

certificate     = $dir/cacert.pem       # The CA certificate
serial          = $dir/serial           # The current serial number
crl             = $dir/crl.pem          # The current CRL
```

```
private_key       = $dir/private/cakey.pem# The private key
RANDFILE          = $dir/private/.rand    # private random number file

x509_extensions = usr_cert                # The extentions to add to the cert

# Extensions to add to a CRL. Note: Netscape communicator chokes on V2 CRLs
# so this is commented out by default to leave a V1 CRL.
# crl_extensions        = crl_ext

default_days     = 365                    # how long to certify for
default_crl_days = 30                     # how long before next CRL
default_md       = md5                    # which md to use
preserve         = no                     # keep passed DN ordering

# A few difference way of specifying how similar the request should look
# For type CA, the listed attributes must be the same, and the optional
# and supplied fields are just that :-)
policy           = policy_match
```

この例で、$dirと記述されている部分に注目してください。このように、キー名の先頭にドル記号（$）が付いている部分はマクロと呼ばれ、値で使用すると、そのキーの値として置き換えられます。同じセクション内か、またはグローバルセクションで定義されたキーを用いたマクロ以外は展開されません。また、マクロは値を（プログラムが）参照する時点ではなく、設定ファイルがパーズされる時点で展開されます。このため、キーは値の中でマクロとして使用するよりも前に定義しておく必要があります。マクロは、同じファイルパス名をさまざまな箇所で参照するような場合に便利です。

現状では、設定ファイルを使用するコマンドは少ししかありません。しかし、将来的には、ほかのコマンドも修正されて使用できるようになる可能性があります。本書執筆時点、設定ファイルを使用するコマンドは、それぞれのコマンド名と同じ名前を持つセクションから基本的な設定情報を読み取っています。また、コマンド名とは異なる名前を持つセクションも数多く存在します。これらのセクションは、さらに多くのキーを取得するために、セクション名をキーの値として指定して使用します。これに関しては、設定ファイルを使用するコマンドについて詳しく説明する際に例を紹介します。

2.2 メッセージダイジェストアルゴリズム

第1章では、メッセージダイジェストアルゴリズムとして知られるハッシュ関数について紹介し、データブロックのチェックサムを計算するために使用できることを説明しました。OpenSSLでは、MD2、MD4、MD5、MDC2、SHA1（DSS1とも呼ばれる）、RIPEMD-160の各メッセージダイジェストアルゴリズムがサポートされています。SHA1とRIPEMD-160は160ビットのハッシュを生成し、それ以外はすべて128ビットのハッシュを生成します。互換性を維持する必要がなければ、常にSHA1かRIPEMD-160を使用するべきでしょう。SHA1が使用される場合がかなり多いですが、

この2つはどちらも広範な目的に使用でき、非常に優れたセキュリティを提供します。MD5は非常によく使われるメッセージダイジェストアルゴリズムですが、どんなアプリケーションに対しても十分なセキュリティが提供できるとはいえない状況です。メッセージダイジェストについては、第7章で詳しく説明します。

OpenSSLでのSHA1の扱いは、少し変わっています。SHA1のことをDSS1と呼ばなければならないコマンド（後述するdgstコマンド）があったり、逆にDSS1と呼んではならないコマンド（dgst以外のすべてのコマンド）があったりするのです。これは、実装する際の制限となります。DSS1を参照するという指示が特になければ、SHA1を使うようにしてください。

コマンドラインツールでは、コマンドを用いて、OpenSSLがサポートしているアルゴリズムの大半を利用することができます。メッセージダイジェストの利用には、主にdgstコマンドを使用しますが、ほとんどの場合、アルゴリズムと同じ名前のコマンドを実行して利用することもできるようになっています。ただし、RIPEMD-160は例外で、rmd160というコマンドを使います。

dgstコマンドを使用する場合、利用するアルゴリズム名をオプションとして指定します。ただし、この場合もRIPEMD-160は例外で、rmd160というオプションを使用します。コマンドの処理方法については、アルゴリズムの種類やコマンドの形式に関係なく、どのアルゴリズムでも同じオプションにより制御することができます。

どのメッセージダイジェストコマンドでも、デフォルトの動作で、ハッシュをデータブロックごとに計算します。データブロックは、標準入力から読み込ませることも、ファイルから読み込ませることもできます。ファイルから読み込ませる場合は複数のファイルを使用でき、この場合は1つのファイルに対して1つのハッシュが計算されます。ハッシュの算出結果は、出力ファイルを特に指定しない限り、デフォルトでは16進形式で標準出力に出力されます。

メッセージダイジェストコマンドは、ハッシュを計算するだけでなく、電子署名を行ったり、電子署名を検証したりする際にも使用します。電子署名する場合、および電子署名を検証する場合は、一度にファイルを1つだけ使用したほうがよいでしょう。そうしないと、複数の電子署名が同時に実行され、それぞれを使用可能な状態に分離するのが難しくなってしまいます。電子署名を行う場合には、対象となるファイルのハッシュに対して電子署名が生成されます。電子署名には秘密鍵が必要ですが、これにはRSAかDSAを使用することができます。DSAの秘密鍵を使用する場合は、DSS1のメッセージダイジェストを使用しなければなりません（DSS1とSHA1のアルゴリズムは同じですが、それでもDSS1を使用しなければなりません）。RSAの秘密鍵を使用する場合は、DSS1以外であればどのアルゴリズムでも使用することができます。電子署名の検証では、単純に電子署名の逆の処理が実行されます。通常、電子署名の検証には公開鍵が必要ですが、秘密鍵を使用することもできます。これは、公開鍵は秘密鍵から生成できますが、秘密鍵を公開鍵から生成することはできないためです。公開か秘密かにか

かわらず、RSA鍵を使って電子署名を検証する場合は、電子署名の生成にどのアルゴリズムが使用されたのかを知る必要があります。

使用例

以下にメッセージダイジェストコマンドの使用例を示します。

```
$ openssl dgst -sha1 file.txt
```
file.txtという名前のファイルのSHA1ハッシュ値を計算し、16進形式で標準出力に出力します。

```
$ openssl sha1 -out digest.txt file.txt
```
file.txtという名前のファイルのSHA1ハッシュ値を計算し、digest.txtという名前のファイルに16進形式で出力します。

```
$ openssl dgst -dss1 -sign dsakey.pem -out dsasign.bin file.txt
```
file.txtというファイルのSHA1（DSS1）ハッシュ値に、sakey.pemファイルにある秘密鍵を使用して電子署名を行います。電子署名は、dsasign.binというファイルに出力します。PEMというファイル形式は、秘密鍵や証明書など、暗号化に必要なオブジェクトを格納する際の形式として広く利用されているものです。「.bin」という拡張子は、バイナリ形式のまま出力されることを示しています。

```
$ openssl dgst -dss1 -prverify dsakey.pem -signature dsasign.bin file.txt
```
dsasign.binファイルに格納されたfile.txtファイルの電子署名を検証します。電子署名には、SHA1（DSS1）メッセージダイジェストアルゴリズムと、DSA秘密鍵（dsakey.pemファイルに格納されているもの）が使用されています。

```
$ openssl sha1 -sign rsaprivate.pem -out rsasign.bin file.txt
```
file.txtというファイルのSHA1ハッシュ値に、rsaprivate.pemファイルにあるRSA秘密鍵を使って電子署名を行います。電子署名はrsasign.binファイルに出力します。

```
$ openssl sha1 -verify rsapublic.pem -signature rsasign.bin file.txt
```
rsasign.binファイルに格納されたfile.txtファイルの電子署名を検証します。電子署名には、SHA1メッセージダイジェストアルゴリズムと、RSA公開鍵（rsapublic.pemファイルに格納されているもの）が使用されています。

2.3　共通鍵暗号化方式

　OpenSSLは、さまざまな種類の共通鍵暗号化方式をサポートしています。これらの暗号化方式も、当然ながらコマンドラインツールから利用できます。暗号化方式には多数の種類がありますが、その多くはベースとなるいくつかの暗号化方式を変化させたものです。ベースとなる暗号化方式のうち、コマンドラインツールで利用できるのは、Blowfish、CAST5、DES、3DES（Triple DES）、IDEA、RC2、RC4、RC5です。OpenSSLのversion 0.9.7では、AESも利用できるようになりました。これらの共通鍵暗号化方式の大半は、CBC、CFB、ECB、OFBなどの各種モードをサポートしています。どの暗号化方式でも、特に指定しなければ、必ずデフォルトでCBCモードがセットされます。利用可能な共通鍵暗号化方式や、それぞれの各種操作モードについては、第6章で詳しく説明します。なお、ECBモードを安全に使用することはかなり困難なので、特別な理由がない限り使用すべきではないでしょう。

　共通鍵暗号化方式の利用には、主にencコマンドを使用しますが、それぞれの暗号化方式と同じ名前のコマンドを使用することもできます。encコマンドで暗号化方式の種類を指定するには、その暗号化方式の名前をオプションとして入力します。暗号化方式の種類やコマンドの形式に関係なく、どの暗号化方式でも同じオプションを受け取って、コマンドの処理方法を制御することができます。共通鍵暗号アルゴリズムを使用したデータの暗号化と復号だけでなく、base64コマンドやencコマンドのオプションを使用して、Base64形式のデータを符号化（encode）、および復元（decode）することができます。

　すべての暗号化コマンドの処理では、デフォルトで、データの暗号化またはBase64符号化が行われます。通常は、標準入力からデータを読み込み、標準出力に結果を出力します。また、入出力にファイルを指定することも可能です。暗号化、復号、Base64符号化、Base64復元ができるファイルは、一度に1つだけです。暗号化や復号を行う際、暗号化の後にBase64符号化を実行するか、または復号の前にBase64符号化の復元を行うようにオプションを指定することもできます。

　どの暗号化方式でも、暗号化や復号を実行する際には鍵が必要になります。第1章で、共通鍵暗号化方式について簡単に説明したように、共通鍵暗号化方式の安全性は鍵によって決まります。旧来とは異なり、現在の暗号アルゴリズムは、時間と興味のある人なら誰でも詳しく調べることができます。したがって、データの暗号化に使用する鍵は、暗号化を行う本人と、暗号化されたデータの送信先である受信者だけが知っているようにする必要があります。

　データの暗号化や復号に必要な鍵、および初期化ベクタ（IV：initialization vector）を生成する際には、パスワードがよく使用されます。使用する鍵や初期化ベクタを明示的に指定することも可能ですが、これらの情報を自分で入力するとエラーを起こしや

すくなります。また、暗号化方式が変われば要求される鍵も異なるため、鍵を自分で指定するためには、暗号化方式について深く理解している必要があります。パスワードは、passオプションを使って指定します。パスワードやパスフレーズに関する一般的なガイドラインについては、本章の後半で簡単に説明します。パスワードや鍵の情報が指定されていない場合は、入力を促すプロンプトが表示されます。

コマンドラインツールで、鍵と初期化ベクタを算出するためのパスワードを指定すると、OpenSSLの標準関数を使用して算出されます。基本的に、指定したパスワードやパスフレーズは、ソルト（salt）と組み合わせて使用されます。ここで使用されるソルトは、単なる無作為な8バイトのデータです。パスワードまたはパスフレーズをソルトと組み合わせてそのハッシュ値を計算し、それを2つに分割したものを鍵と初期化ベクタとして使用します。

使用例

以下に、共通鍵暗号化方式のコマンドの使用例を示します。

```
$ openssl enc -des3 -salt -in plaintext.doc -out ciphertext.bin
```
plaintext.docファイルの内容を、3DESのCBCモードで暗号化し、出力した暗号文をciphertext.binに格納します。パスワードや鍵のパラメータを指定していないため、鍵の算出に必要なパスワードの入力を促すプロンプトが表示されます。

```
$ openssl enc -des3-ede-ofb -d -in ciphertext.bin -out plaintext.doc
 -pass pass:trousers
```
ciphertext.binファイルの内容を、3DESのOFBモードで復号し、出力した平文をplaintext.docに格納します。ファイルの復号には「trousers」というパスワードが使用されます。先の例とは暗号化のモードが異なるため（OFBではなくCBC）、この使用例で先ほどの出力ファイルを復号することはできません。

```
$ openssl bf-cfb -salt -in plaintext.doc -out ciphertext.bin
 -pass env:PASSWORD
```
plaintext.docファイルの内容を、Blowfishを使ってCFBモードで暗号化し、暗号文をciphertext.binに格納します。鍵の生成に必要なパスワードには、環境変数PASSWORDの内容が使用されます。

```
$ openssl base64 -in ciphertext.bin -out base64.txt
```
ciphertext.binファイルの内容をBase64で符号化し、結果をbase64.txtファイルに出力します。

```
$ openssl rc5 -in plaintext.doc -out ciphertext.bin -S
C62CB1D49F158ADC -iv E9EDACA1BD7090C6 -K 89D4B1678D604FAA3
DBFFD030A314B29
```

plaintext.docファイルの内容を、RC5を使ってCBCモードで暗号化し、出力した暗号文をciphertext.binに格納します。平文の暗号化には、指定したソルト、鍵、初期化ベクタが使用されます。これらは16進の形式で指定します。

本書の付録には、共通鍵暗号化の実行に使用できるすべてのアルゴリズムを一覧で記載しています。

2.4 公開鍵暗号化方式

SSLは、メッセージダイジェストや共通鍵暗号化方式、公開鍵暗号化方式などの各種暗号アルゴリズムに大きく依存しています。通常、これらのアルゴリズムのほとんどは、ユーザが特別なことをしなくても使用できるようになっています。例外として重要なのが、公開鍵暗号化方式です。例えば、サーバでSSLを使用するためには秘密鍵と証明書が必要であり、証明書にはサーバの秘密鍵に対応する公開鍵が含まれていますが、これらの鍵は、SSLを使用するサーバを設定する作業の際に作成する必要があります。自動的には作成されないことが多く、サーバを設定する人が作成しなければなりません。

公開鍵暗号化方式を使用するプロトコルはSSLだけではありません。最近では、通信の暗号化をサポートするほとんどのアプリケーションで公開鍵暗号化方式が使用されています。よく知られている例としては、SSH、PGP（Pretty Good Privacy）、S/MIMEなどが挙げられます。このいずれにおいても、何らかの方法で公開鍵暗号化方式が使用されています。ほかにも多数のアプリケーションで使用されています。OpenSSLにおける公開鍵暗号化方式の使用については、第8章で詳しく説明します。

DH

DHは、鍵合意に使用されます。鍵合意とは、簡単に言うと、安全でない媒体を介して通信する双方が、主に共通鍵暗号化方式の鍵として使う値を計算するために情報を交換することです。DHそのものは機密性を提供するだけで、暗号化や真正性のためのものではありません[†1]。一般に、安全でない媒体を使って情報を交換するので、単体

---

† 監訳注1　アクティブ攻撃に対しては脆弱で、機密性も確保できません。詳しくは、『SSL and TLS』(Eric Rescorla著、邦訳『マスタリングTCP/IP SSL/TLS編』) などを参照してください。

での使用は絶対に避け、何らかの認証方式と併用して通信の相手を確認する必要があります。

DHの処理は、通信の双方が合意するパラメータを1セット作成することから始まります。パラメータには、無作為に選んだ素数と、生成元（通常は2か5のいずれか）が含まれます（詳しくは知りたい方は、『SSL and TLS』（Eric Rescorla著、邦訳『マスタリングTCP/IP SSL/TLS編』）などを参照してください）。公開されたパラメータは、通信を開始する前に合意されるか、または通信の間に交換されます。合意されたパラメータを使用して、通信の双方が公開鍵と秘密鍵を計算します。秘密鍵は、文字通り、誰かと共有することは絶対にありません。通信の双方は、自分たちの公開鍵を交換した後、それぞれが自分の秘密鍵と相手方の公開鍵を使って共有秘密を計算することができます。

コマンドラインツールでは、DHパラメータ[†2]を生成するコマンドが利用できます。しかし、鍵を生成する唯一の手法が非推奨とされているため、使用すべきではありません。OpenSSL 0.9.5にはdhparamコマンドが追加され、それによってdhコマンド（DHパラメータを生成）とgendhコマンド（DH鍵を生成）の2つが非推奨となりました。本書執筆時点で、この2つのコマンドはOpenSSL 0.9.7でなおも使用可能です。しかし、OpenSSLの次期リリースでは完全に取り除かれる可能性が高い非推奨なコマンドのため、本書では存在しないものと見なします。新しく追加されたdhparamコマンドは、残念ながらDH鍵を生成することができません。しかし、この先のバージョンで生成可能になると期待されています。

使用例

以下にDHに関するコマンドの使用例を示します。

$ openssl dhparam -out dhparam.pem -2 1024
　　生成元2と無作為な1,024ビットの素数を使用してDHパラメータを1セット生成し、dhparam.pemファイルにPEM形式で出力します。

$ openssl dhparam -in dhparam.pem -noout -C
　　dhparam.pemファイルからDHパラメータのセットを読み込み、そのCのコードでの表現を標準出力に出力します。

DSA

名前のとおり、DSA（Digital Signature Algorithm：電子署名アルゴリズム）は電子署名の作成や検証に使用されます。真正性の確保のためには利用できますが、暗号化

[†監訳注2] DHパラメータについては、**本書の第8章**で説明されています。

や機密性の確保のために使用することはできません。DSA は、よく DH と組み合わせて使用されます。その場合は、通信の双方が通信を開始する前に DSA 公開鍵を交換し（あるいは、第 3 章で説明するように通信の最中に証明書を使って交換し）、その公開鍵を使用して DH パラメータと鍵のやり取りを認証する、という手順になります。DH と DSA を組み合わせることによって、真正性と機密性の確保が可能になります。DH によって得られる共有秘密を鍵として使用し、共通鍵暗号化方式による暗号化を行うことができるのです。

　DH と同様、DSA でも、鍵を生成するためのパラメータが必要です。鍵のペアの生成に必要なパラメータを公開しても安全性が損なわれることはありませんが、そうしなければならないという理由もありません。生成される鍵のうち、公開してはいけないのは秘密鍵だけです。公開鍵だけは、秘密鍵を使って署名されている対象の真正性を検証したい（すべての）相手と共有する必要があります。

　コマンドラインツールでは、DSA パラメータと鍵を生成するために、また、それらを調べたり操作したりするために、3 つのコマンドを使用することができます。DSA パラメータの生成と検査には、dsaparam コマンドを使用します。このコマンドの機能とオプションは、dhparam コマンドのものと同じではありません。重要な違いの 1 つに、dsaparam コマンドでは DSA 秘密鍵を生成するためのオプションを使用できるという点があります。コマンドで生成される秘密鍵は暗号化されません。このため、秘密鍵を（復号して）使用するためのパスワードやパスフレーズは必要ありません。

　gendsa コマンドを使用して、DSA パラメータのセットから秘密鍵を生成することができます。デフォルトでは、生成される秘密鍵は暗号化されませんが、DES、3DES、IDEA のいずれかを利用して、秘密鍵を暗号化するオプションを利用することもできます。暗号化に使うパスワードやパスフレーズを、コマンドライン上で指定するためのオプションはありません。このため、暗号化された DSA 秘密鍵を自動的に生成することは容易ではありません。

　秘密鍵の生成には、dsaparam と gendsa のいずれかのコマンドを使用できます。この 2 つは、どちらも暗号化するかしないかを指定できますが、公開鍵を生成することはできません。公開鍵が生成できない限り、DSA を活用することはできないので、秘密鍵から公開鍵を生成するには dsa コマンドを使用します。dsa コマンドにより、秘密鍵を暗号化することも可能で、暗号化されていない秘密鍵を暗号化したり、暗号化された秘密鍵に対してのパスワードやパスフレーズを変更したり、暗号化に使用されている暗号化方式を変更したりすることもできます。さらに、このコマンドを使って、暗号化された秘密鍵を復号することなども可能です。

使用例

以下に DSA コマンドの使用例を示します。

$ openssl dsaparam -out dsaparam.pem 1024
　DSA パラメータを 1 セットを生成し、dsaparam.pem ファイルに出力します。素数と生成元のパラメータの長さは 1,024 ビットになります。

$ openssl gendsa -out dsaprivatekey.pem -des3 dsaparam.pem
　dsaparam.pem ファイルにあるパラメータを使って DSA 秘密鍵を生成します。生成した秘密鍵は 3DES で暗号化し、出力結果を dsaprivatekey.pem ファイルに出力します。

$ openssl dsa -in dsaprivatekey.pem -pubout -out dsapublickey.pem
　dsaprivatekey.pem ファイルに格納された秘密鍵に対応する公開鍵を計算し、dsapublickey.pem ファイルに出力します。

$ openssl dsa -in dsaprivatekey.pem -out dsaprivatekey.pem -des3 -passin pass:oldpword -passout pass:newpword
　dsaprivatekey.pem ファイルから秘密鍵を読み込み、「oldpword」というパスワードを使って復号します。その秘密鍵を「newpword」というパスワードで再度暗号化した後、dsaprivatekey.pem ファイルに戻します。

RSA

　RSA は、2000 年 9 月に特許の期限が切れるまで特許上の制限があったにもかかわらず、本書執筆時点最も多く利用されている公開鍵アルゴリズムです。RSA という名前は、作成者である Ron Rivest、Adi Shamir、Leonard Adleman の 3 人のイニシャルから付けられたものです。RSA の人気がこれほどまでに高い理由として、秘密性 (secrecy)、真正性 (authenticity)、暗号化 (encryption)[†3] がコンパクトなパッケージにまとめられている点があります。

　DH や DSA とは異なり、RSA アルゴリズムでは、鍵を生成する前にパラメータを生成する必要がありません。このため、鍵の生成や通信の際の認証および暗号化に必要な作業量が少なくなります。OpenSSL のコマンドラインツールでは、RSA 鍵を生成、検査、操作などの各種のコマンドが利用できます。

　OpenSSL の genrsa コマンドは、RSA 秘密鍵の生成に使用します。RSA 秘密鍵の生成には、それぞれが鍵のおよそ半分の長さの大きな素数を 2 つ探し出して使用する必要があります。RSA の一般的な鍵長は 1,024 ビットですが、それより短い鍵や長さが 2,048 ビットより長い鍵を使用することは推奨しません。デフォルトでは、生成され

[†監訳注3]　原文で secrecy と encryption という用語が併記されていますが、ここでは、特別な意図はないと考えられます。

た秘密鍵は暗号化されませんが、genrsaコマンドでDES、3DES、IDEAのいずれかを使用して暗号化することも可能です。

rsaコマンドは、RSA鍵の操作と検査に使用します。DSA鍵に利用するdsaコマンドのRSA版がrsaです。rsaコマンドによって、RSAの秘密鍵を保護するために暗号化したり、暗号化方式を変更したり、暗号化を解除したりすることができます。また、秘密鍵からRSA公開鍵を生成できるほか、公開鍵や秘密鍵に関する情報を表示するためにも使用できます。

rsautlコマンドを使用すると、RSA鍵ペアの暗号化と電子署名を行うことができます。データの暗号化や復号を行うほか、電子署名をしたり電子署名を検証したりするためのオプションも利用可能です。電子署名は、通常、ハッシュに対して実行されることを覚えておいてください。つまり、rsautlコマンドを使って大量のデータを暗号化することはできません（160ビットよりも長いデータでさえ不可能です）。一般に、このコマンドをデータの電子署名に使用することは絶対に避けるべきです。データの電子署名にはencコマンドを使用してください。なお、RSAを使用して暗号化や復号を行うと、処理に時間がかかります。このような理由から、RSAだけを使用することは望ましくなく、一般には、共通鍵暗号化方式の鍵を暗号化するために使用されます。これについては第8章で詳しく説明します。

使用例

以下にRSAコマンドの使用例を示します。

```
$ openssl genrsa -out rsaprivatekey.pem -passout pass:trousers -des3 1024
```
　　1,024ビットのRSA秘密鍵を生成し、3DESを使用して「trousers」というパスワードで暗号化した後、結果をrsaprivatekey.pemファイルに出力します。

```
$ openssl rsa -in rsaprivatekey.pem -passin pass:trousers -pubout -out rsapublickey.pem
```
　　rsaprivatekey.pemファイルからRSA秘密鍵を読み込み、「trousers」というパスワードを使って復号し、対応する公開鍵をrsapublickey.pemファイルに出力します。

```
$ openssl rsautl -encrypt -pubin -inkey rsapublickey.pem -in plain.txt -out cipher.txt
```
　　rsapublickey.pemにあるRSA公開鍵を使用してplain.txtファイルの内容を暗号化し、cipher.txtファイルに出力します。

```
$ openssl rsautl -decrypt -inkey rsaprivatekey.pem -in cipher.txt -out plain.txt
```
　　rsaprivatekey.pemにあるRSA秘密鍵を使用してcipher.txtファイルの内

容を復号し、plain.txtファイルに出力します。

```
$ openssl rsautl -sign -inkey rsaprivatekey.pem -in plain.txt -out signature.bin
```
rsaprivatekey.pemにあるRSA秘密鍵を使用してplain.txtファイルの内容に署名し、電子署名をsignature.binファイルに出力します。

```
$ openssl rsautl -verify -pubin -inkey rsapublickey.pem -in signature.bin -out plain.txt
```
rsapublickey.pemファイルにあるRSA公開鍵を使用してsignature.binファイル内の電子署名を検証し、元の電子署名されていないデータをplain.txtファイルに出力します。

2.5 S/MIME

S/MIMEは、電子メールを安全にやり取りするための標準です。同じ目的で利用される標準としてはPGPもありますが、S/MIMEもPGPと同様に、公開鍵暗号化方式を使用した電子メールのメッセージの認証と暗号化に利用できます。この2つの標準の主な違いは、S/MIMEでは公開鍵基盤（PKI：Public Key Infrastructure）を使用して信頼を確立する一方、PGPではそれを行わないことです。PGPにおける信頼は、公開鍵を所有する人の身元を何らかの方法で確認でき、かつその人が鍵の所有者であることが証明できた場合に確立されます。

PGPは、1991年にPhil Zimmermannによって作成され、リリースされました。リリースされて間もなく、情報を安全にやり取りするための事実上の標準として、世界中で認められるようになりました。今日では、PGPはOpenPGPという名前の（オープンな）標準となり、RFC 2440として文書化されています。PGPは信頼の確立に公開鍵基盤を使用しないため、手軽にセットアップして使用することができます。本書執筆時点、PGPで信頼を確立するための方法として最もよく利用されるのは、ある人の公開鍵を鍵サーバまたはその人から直接取得し、その鍵のフィンガープリント（指紋）を鍵の所有者から信頼できる媒体（電話や郵便などの手段）で直接受け取ったフィンガープリントの情報と比較して自分で検証する、という方法です。あるいは、公開鍵に署名するという方法もあります。つまり、AliceがBobの鍵を信頼していて、Bobが自分の鍵を使ってCharlieの鍵に電子署名をした場合、Aliceはその電子署名がBobのものと一致するか調べることで、Charlieの鍵を信頼できるかどうか判断できます。しかし、PGPは、少人数のグループでは機能しますが、規模が大きいとうまく機能しなくなります。

S/MIMEは、Secure Multipurpose Internet Mail Exchangeの略称です。最初のバージョンは、1995年に、RSAセキュリティが数社のソフトウェア会社の協力を得て開発しました。Version 3は、IETFが策定しました。S/MIMEも、PGPと同様に、暗号化

と認証の機能を提供します。公開鍵基盤によって信頼を確立するため、人数の多い大規模なグループでもうまく機能させることができます。公開鍵基盤では、暗号化や通信の検証を行うすべての参加者が信頼する証明機関（CA：Certification Authority）により発行された証明書を取得しなければならないため、どうしてもPGPよりセットアップは難しくなります。公開鍵は、X.509という形式の証明書が用いられますが、これはCAによって発行される必要があります。公開鍵の交換にCAが関与するため、証明書を発行したCAに対する証明書が信頼できれば、信頼を確立することができます。公開鍵基盤については第3章で詳しく説明します。

S/MIMEメッセージは複数の受信者が受け取る場合もあります。メッセージを暗号化するには、メッセージの本文を共通鍵暗号化方式を使って暗号化し、共通鍵暗号化方式の鍵は受信者の公開鍵を使って暗号化します。受信者が複数いる場合も同じ共通鍵を使用しますが、共通鍵はそれぞれの受信者の公開鍵を使って暗号化されます。例えば、AliceがBobとCharlieに同じメッセージを送った場合、共通鍵暗号化方式の鍵を暗号化した情報をメッセージに2つ含めることになります。1つはBobの公開鍵を使って暗号化したもので、もう1つはCharlieの公開鍵を使って暗号化したものです。メッセージを復号するには、暗号化鍵を特定するため、受信者の証明書が必要になります。

コマンドラインツールのコマンドを使用すると、S/MIMEv2メッセージの暗号化と復号、電子署名および検証を行うことができます（S/MIMEv3のサポートには制限があり、機能しない可能性があります）。S/MIMEをサポートしない電子メールアプリケーションでは、OpenSSLの`smime`コマンドを使用して受信および送信メッセージを処理するという方法で、S/MIMEをサポートするよう作り込むことがよくあります。`smime`コマンドにはいくつか制限があるため、どのようなケースであれ実際の環境で使用すべきではありませんが、非常に強力で完全なS/MIMEの実装を構築するための優れた基盤となり得ます。

使用例

以下にS/MIMEコマンドの使用例を示します。

```
$ openssl smime -encrypt -in mail.txt -des3 -out mail.enc cert.pem
```
cert.pemファイルにあるX.509証明書から公開鍵を取得し、その鍵と3DESを使用してmail.txtファイルの内容を暗号化します。その結果、暗号化されたS/MIMEメッセージを`mail.enc`というファイルに出力します。

```
$ openssl smime -decrypt -in mail.enc -recip cert.pem -inkey key.pem -out mail.txt
```
cert.pemファイルにあるX.509証明書から受信者の公開鍵を取得し、`key.pem`ファイルにある秘密鍵を使って`mail.enc`ファイルのS/MIMEメッセージを復号します。復号したメッセージは`mail.txt`ファイルに出力します。

```
$ openssl smime -sign -in mail.txt -signer cert.pem -inkey
key.pem -out mail.sgn
```
　　署名者のX.509証明書を cert.pem ファイルから取得し、key.pem ファイルにある秘密鍵を使って mail.txt ファイルの内容に署名します。証明書は mail.sgn ファイルのS/MIMEメッセージに含まれています。

```
$ openssl smime -verify -in mail.sgn -out mail.txt
```
　　mail.sgn ファイルに格納されたS/MIMEメッセージに対する電子署名を検証し、その結果を mail.txt ファイルに出力します。署名者の証明書はS/MIMEメッセージの中に含まれているものとします。

2.6　パスワードとパスフレーズ

　秘密鍵を使用するコマンドのように、パスワードやパスフレーズがなければ（最後まで）実行できないコマンドも少なくありません。ディスクへ安全に格納されている鍵を復号する際には、たいていパスワードやパスフレーズが必要になります。このような場合、コマンドラインツールでは、たとえ対話モードで動作していなくても、パスワードやパスフレーズの入力を促すプロンプトが表示されます。誰かがパスワードやパスフレーズを、キーボードを使ってコンピュータに手動で入力する必要があるということは、コマンドラインツールを使用して処理を自動化するのが（たとえできたとしても）困難だということを意味します。

　しかし、これには解決策があります。多くのコマンドで、必要な際にパスワードやパスフレーズを指定するためのオプションが使用できるのです。オプションの名前はコマンドによってばらつきがあるため、それぞれのコマンドに合った正しいオプションを使用する必要がありますが、多くは、passin と passout というオプションを使用します。オプションの名前が何であろうと、パスワードやパスフレーズの取得方法を指定するためのパラメータが常に必要です。指定可能な取得方法はさまざまですが、なかには安全でないものもあります。どの方法も、コンピュータの前に座ってパスワードやパスフレーズを入力する場合ほどのセキュリティは確保されませんが、どの程度の危険度であれば許容できるかを自分で判断してください。

- stdin

  この手法では、デフォルトの手法とは明らかに異なるやり方で、パスワードの読み込みが行われます。すなわち、デフォルトの手法ではパスワードを実際の端末装置（TTY）から読み込み、コマンドラインからほかの入力装置へのリダイレクトは行わない設定になっていますが、パスワードの入力方法に stdin を使用すると、入力装置のリダイレクトが可能になります。

- **pass:<パスワード>**
  パスワードやパスフレーズを、コマンドラインから直接入力することができます。入力するパスワードまたはパスフレーズにスペースが含まれる場合は、そのパラメータ全体を二重引用符で囲む必要があります。ただし、細かな点は、使用するプラットフォームによって異なる可能性があります。
  この手法を使用することは、2つの理由から絶対に避けるべきでしょう。その理由の1つは、バッチモードを使用している場合、プロセスを実行するコマンドラインは、そのシステムで稼働しているほかのどのプロセスにも利用できる状態になっているからです。実際、このようなシステムで利用できるコマンドとしては、UNIX の ps コマンドのように、この目的のために特別に設計されたものがあります。もう1つの理由は、この手法をスクリプトの中で使用するとパスワードやパスフレーズをスクリプトに記述することになり、盗まれやすくなることです。

- **env:<変数>**
  パスワードやパスフレーズを環境変数から取得します。コマンドラインからパスワードやパスフレーズを直接指定するほどではありませんが、この手法も望ましくありません。こちらのほうが多少安全ですが、やはり OS の種類やその動作の条件を満たしている場合には、そのプロセスの環境がほかのプロセスからアクセスされることもあります。

- **file:<ファイル名>**
  パスワードやパスフレーズを指定したファイルから読み取って取得します。パスワードやパスフレーズを格納するファイルは厳重に保護し、ファイルの所有者以外のすべてのシステムユーザに対する読み取りアクセスを拒否しなければなりません。それに加え、そのファイルの親ディレクトリへのアクセスも、所有者以外のユーザには許可しないように(ファイル属性を)設定しておく必要があります。

- **fd:<数値>**
  パスワードやパスフレーズを、指定したファイルデスクリプタから読み取って取得します。この手法は、コマンドラインツールを別のプロセスから起動している場合にのみ使用し、コマンドラインから直接使用することはありません。ツールのプロセスがファイルにアクセスする際に、親プロセスからファイルデスクリプタを継承する必要がある場合、この手法が利用されます。

2.7 擬似乱数生成器のシード

第1章で、暗号化に乱数が必要であることについて簡単に説明しました。この点については第4章でさらに踏み込んで説明しますが、ここで OpenSSL のコマンドラインか

らシードを作成してPRNGに入力する方法を少し紹介しておきます。暗号化技術に関するコマンドの多くが乱数を利用するため、PRNGへ適切なシードを与えることが重要です。

コマンドラインツール自身もPRNGへシードを与えますが、いつも上手く実行できるとは限りません。適切なシードがPRNGに入力されないと、予測可能な乱数が生成されることを警告するメッセージがコマンドラインツールにより表示されます。また、デフォルトで使用するシード作成メカニズムより堅実なものを使用したほうがよい場合もあります。

Windowsでは、画面に表示されている内容など、さまざまなソース（生成源）からPRNGに入力するシードを得ます。どのソースのエントロピーが特別大きいということはありません。使用するWindowsのバージョンによって、ソースのエントロピーは変化します。/dev/urandomという名前のデバイスを備えたUNIXでは、このデバイスを使用してPRNGのシードに必要なエントロピーを取得します。このデバイスは、UNIXのごく最近のバージョンでサポートされています（第4章を参照のこと）。また、Version 0.9.7以降のOpenSSLでは、EGD（Entropy Gathering Daemon）ソケットに接続してエントロピーを取得し、PRNGにシードを入力する、という試みもなされています。デフォルトでは、OpenSSLはソケットに4つの既知の名前を使用するよう構築されており、これらを使用して接続が試行されます。

コマンドラインツールは、主なエントロピーのソースだけでなく、ファイルを検索してシードデータを取得することがあります。RANDFILE環境変数が設定されている場合は、その値をPRNGのシードに使用するファイルの名前として使用します。設定されていない場合は、デフォルトで.rndというファイル名が使用されます。このファイルの場所は、HOME環境変数の値を使って指定します。UNIX以外のシステムなどでHOME環境変数が設定されていない場合は、カレントディレクトリ内のファイルを検索します。ファイル名を判断した後、ファイルが存在すればその内容を読み込み、PRNGへのシードとして使用します。

OpenSSLのコマンドのなかには、予測不可能な乱数を生成するために、適切なシードがPRNGに入力されることを要求するものが数多く存在します。特に、鍵のペアを生成するコマンドでは、鍵を効果的なものにするために、予測不可能な乱数が必ず必要になります。ツール自身がPRNGに入力する適切なシードを用意できなかった場合のために、randというオプションを使用して、エントロピーのソースを追加できるようになっています。

randオプションでは、エントロピーのソースに使用するファイルのリストをパラメータに指定する必要があります。ファイルは1つだけ指定することも、コマンドラインに入力できる限り指定することもできます。リストに指定するファイルは、スペースでは

なく、区切り文字（プラットフォームによって異なります）で区切ってください。区切り文字には、Windowsではセミコロン（;）、OpenVMSではコンマ（,）、そのほかのプラットフォームではコロン（:）を使用します。UNIXの場合は、リストにあるファイル名を最初にチェックし、それぞれEGDソケットでないかを調べます。EGDソケットであればエントロピーをEGDサーバから収集し、そうでなければ指定されたファイルの中身からシードデータを読み取ります。

EGDは、Perlで書かれたエントロピーを集めるためのデーモンです。/dev/randomや/dev/urandomが存在しない場合に使用できるように用意されています。http://egd.sourceforge.net/から入手可能で、UNIXベースのシステムでPerlがインストールされていれば必ず利用できます。Windowsでは機能しないので、Windows用のほかの方法を使ってエントロピーを集めてください。特に推奨されるのがEGADS（Entropy Gathering And Distribution System）です。EGADSはCをベースとする基盤であり、UNIXとWindowsの両方で利用できます。エントロピーをかなり堅実に収集し、評価できるため、UNIXマシンでも優れた手段です。また、/dev/randomを備えたシステムで使用しても効果的で、この場合、/dev/randomはエントロピーのソースの1つとして使用されます。EGADSはhttp://www.securesw.com/egads/から入手可能で、EGDソケットが指定できるシステムであれば必ず使用できます。

Perlがシステムにインストールされていれば、EGDは簡単にセットアップして実行できます。Perlは、UNIXであれば、たいていどこでも利用できます。最新のシステムにPerlがインストールされていないケースはほとんどありません。EGDは、当初はLinux用に作成されましたが、Perlを使用していることから、非常に移植しやすいという特徴があります。EGDは実行中のプロセスの出力からエントロピーを集めるという方法で機能します（実行中の大量のプロセスが大量の予測不可能なデータを生成します）。最も重大な制限は、おそらくUNIXでしか動作しないことでしょう。

EGADSのセットアップと実行は、EGDよりも多少難しくなりますが、通常は配布物からわずかな手間で直接コンパイルして使用できます。システムに/dev/randomがない場合は、EGADSでも実行中のプロセスの出力からエントロピーを集めることができます。ただし、EGDほどさまざまなプロセスから収集できるわけではありません。EGADSには、UNIXで使用できるEGD対応のインタフェースが用意されています。EGADSはEGDインタフェースを提供し、/dev/randomを使用してエントロピーを集めるため、OpenSSLを使う際、エントロピーを収集するためのシンプルなインタフェースをクライアントに提供します。また、Windows NT 4.0およびそれ以降をサポートしますが、これらのシステムにはエントロピーを集めるためのサービスは組み込まれていません。さらに、Windows 95、98、およびMeでは動作しません。なお、EGADSには暗号論的に安全なPRNGも含まれています。

● Public Key Infrastructure (PKI) ●

第3章

公開鍵基盤 (PKI)

　第1章で、man-in-the-middle 攻撃のシナリオを紹介しました。このシナリオでは、公開鍵暗号化方式で保護された通信を攻撃者が横取りし、操作することさえできます。この攻撃が可能なのは、公開鍵暗号化方式を単独で使用した場合に信頼を確立する手段がないからです。公開鍵基盤 (PKI: Public Key Infrastructure) は、公開鍵と身元情報を結び付け、確かに意図した相手と安全にやり取りしているのを理に適った方法で保証することによって、信頼を確立する手段を提供するものです。

　公開鍵暗号化方式を使用すると、その暗号化データを復号できるのは対応する秘密鍵だけ、という確信を持つことができます。これにメッセージダイジェストアルゴリズムを組み合わせて電子署名すれば、この暗号化されたデータが改竄されていないと確信できます。足りないのは、通信相手が実際に自分で名乗っているとおりの人物であると保証するための手段です。言い換えれば、信頼が確立されていない状態なのです。そこで、PKI の出番になります。

　実際の場面では、とある公開鍵が誰のものかを直接知るすべはありません。これは重大な問題です。そのような場合、残念ながら、意図どおりの相手と通信していることを確信するのは不可能です。せいぜい、公開鍵を所有していると主張する通信相手が確かにその公開鍵を所有していることを確認するのに、信頼できる第三者を介在させるのが精一杯の方法です。

　本章の目的は、PKI が果たす役割の概要を理解するために、その基礎的な内容を説明することです。PKI は、公開鍵暗号化方式を効果的に使用する上で重要であり、SSL を理解し、使用するためには、不可欠な仕組みです。ただし、PKI の包括的な解説は本書の対象範囲外です。もっと詳しく知りたいという読者には、『Planning for PKI: Best Practices Guide for Deploying Public Key Infrastructure』(Russ Housley・Tim Polk

共著、John Wiley&Sons) を推奨しておきます。

本章ではPKIの仕組みを紹介します。まず、PKIのような基盤を構成するさまざまな要素について検討します。そして、そのような基盤を公開のもの（自分達との安全な通信を希望する第三者が、それを実現できるような仕組み）にする方法を紹介します。最後に、OpenSSLのコマンドラインツールを使用して、独自のプライベートな基盤を設定する方法を説明します。

3.1 証明書

　PKIの中核をなすのは、証明書 (certificate) です。証明書とは、簡単に言うと、識別名 (DN：distinguished name) に公開鍵を結び付けるもののことです。識別名とは、その識別名に関連付けられている公開鍵を所有する、個人または通信主体の名前です。わかりやすい例としては、顔写真と氏名を結び付けてその人物の本人性 (identity) を証明するパスポートが挙げられます。パスポートは、信頼できる第三者（政府）によって発行され、発行された主体（所有者：subject）に関する情報と、発行した政府（発行者：issuer）に関する情報が記載されています。これと同様に、証明書も信頼できる第三者が発行し、所有者に関する情報のほか、発行した第三者に関する情報が含まれています。

　パスポートに真正性を検証するための透かしがあるのと同様、証明書にもその真正性を検証し、偽造や改竄の検出を助けるための保護機能があります。また、パスポートと同様、証明書が有効なのは定められた期間内だけです。有効期限が切れたら、新しい証明書を発行してもらうと共に、それ以降は古い証明書が信頼されないようにしなければなりません。

　証明書は、発行者の秘密鍵で署名され、妥当性を検証するのに必要なほぼすべての情報、すなわち、所有者、発行者、有効期間に関する情報を含みます。このほかに忘れてはならない重要な構成要素が、発行者の証明書です。発行者の証明書には、発行者の公開鍵（所有者の証明書に対する署名を検証するのに必要です）が含まれています。このため、発行者の証明書は、所有者の証明書の妥当性を検証する上で大切な構成要素です。

　証明書は、発行者の秘密鍵で署名されるため、発行者の公開鍵を持つ人物なら誰でも証明書の真正性を検証することができます。署名は、改竄を防ぐための保護機能の役割を果たします。所有者の証明書に署名することで、発行者は、その証明書に含まれる公開鍵の真正性が検証済みであることを示し、信頼して構わないと伝えていることになります。発行者を信頼できるのなら、その発行者が発行する証明書も信頼できます。

　発行者の証明書や公開鍵が、発行された証明書に含まれている可能性があるという点は、重要なポイントです。もっと重要なのは、その情報を信頼して証明書の認証に使用してはならないという点です。もし信頼してしまったら、第三者によって信頼性を確

立するという目論見が、事実上意味を成さないことになります。なぜなら、鍵の対を別に生成して証明書への署名に使用し、その（対応する）公開鍵を証明書に含めることが可能だからです。

また、証明書の作成時には、シリアル番号も埋め込まれます。シリアル番号は、その証明書の発行者の中でだけ一意です。つまり、同じ発行者が発行した2つの証明書に同じシリアル番号が割り当てられることはありません。証明書のシリアル番号は、しばしば、証明書を識別する簡単な手段として使用されます。

証明機関

証明機関（CA：Certification Authority）とは、証明書を発行する組織または会社のことです[†1]。当たり前のことですが、CAは、自らが発行する証明書の正当性を保証するという重大な責任を負います。つまり、CAが発行するすべての証明書について、そこに含まれる公開鍵が、それを発行したと主張する当事者のものであるということを、もっともらしい不安をすべて払拭できるように保証しなければなりません。要求に応じて発行したどの証明書についても、納得のいく証明を提示できなければなりません。それ以外に、CA自体を信頼するすべはあるでしょうか？

CAには、大きく分けて2つの種類があります。私設CAは、その組織のメンバに対してのみ証明書を発行する義務を負い、その組織のメンバからしか信頼されません。これに対し、VeriSignやThawteなどの商用CAには、一般社会のどのメンバに対しても証明書を発行する義務があるため、世間から信頼されていなければなりません。どこまで証明すべきかは、証明書を発行するCAの種類と、発行される証明書のタイプによって異なります。

CAは信頼されなければなりません。そして、その信頼を広めるには、CAの公開鍵が含まれた証明書が広範に配布されなければなりません。商用CAの場合は、通常、誰でも取得できる形で証明書が発行されます。一般に、証明書を使用するWebブラウザのようなソフトウェアは、商用CAの証明書を含む形で配布されることが多くあります。ほとんどのソフトウェアでは、それ以外のCAの証明書も信頼できる証明書として使用できるようになっているので、通常のソフトウェアであれば私設CAの証明書も利用することができます。

私設CA

私設CAは、たいていの場合、とある企業内でのみ使用できるような設定で使用されます。例えば、企業で電子メールメッセージの暗号化と認証の標準にS/MIMEを使用し、電子メール用の独自CAをセットアップすることができます。この会社のCAは各

[†監訳注1] 狭義には、それを実現するソフトウェアなどのことです。

従業員に証明書を発行し、各従業員は、自分のS/MIME対応電子メールクライアントを、会社のCAを信頼するように設定します。

私設CAでは、所有者の本人性を検証する処理はかなり単純であり、簡単に実現できる場合がほとんどです。例えば、企業で使用する場合であれば従業員は既知の存在なので、会社の人事部から得た情報を使用して従業員の身元を簡単に識別できます。このようなシナリオでは、人事部が登録機関（RA：Registration Authority）の役割を果たすことになります。

商用CA

商用CAは、通常、暗号化や認証が求められる公開のWebサイトで使用される証明書を発行します。主に、商品を注文する際に顧客情報を安全にやり取りしなければならない電子商取引で使用されます。このようなケースでは、顧客は自分の情報をサイトに転送しますが、そのサイトは情報を何者かに盗まれる心配のない方法で受信できるようになっていることが不可欠です。

商用CAの場合、所有者の本人性を検証することは、私設CAの場合に比べてかなり困難です。所有者の本人性をCAに証明するために必要な情報は、その所有者が個人か企業かによって異なります。個人であれば、政府が発行したID（運転免許証やパスポートなど）のコピーのような簡単な証拠で済む場合もありますが、企業などの組織の場合は、その組織名を使用する権利を証明する政府文書の類も、おそらく必要になるでしょう。

大半の商用CAは、社会に貢献するためだけでなく、利益を得るためにサービスを提供しています。この点を理解することは大切です。確かに、商用CAには所有者の本人性を検証する義務がありますが、実際に何かを保証するというわけではありません。絶対的な保証を提供するとなると、その法的責任はあまりにも大きくなってしまいます。しかしながら、商用CAにとって最も重要なのは、最善を尽くして所有者の本人性を検証することであるのは間違いありません。依頼さえすれば（そして十分な料金を支払いさえすれば）誰にでも証明書を発行するという噂がたてば、誰もそのCAを信頼しなくなります。そうなれば、その先あまり長くは商売を続けられなくなるでしょう。

証明書の階層

CAから発行された証明書を使用して、別の証明書の発行や署名を行うことができます。ただし、証明書がそれに適切な権限で作成されていることが条件となります。このようにして、証明書のチェーンを作成することができます。このチェーンのルートにあるのは、ルートCAの証明書です[†2]。ルートCAの証明書はチェーンのルートにあり、

---

† 監訳注2　ルート証明書とも呼ばれます。

署名する機関がほかに存在しません。よって、この証明書にはルート CA 自らが署名します。このような証明書を自己署名証明書 (self-signed certificate) といいます。

自己署名証明書の真正性を電子的に検証する方法はありません。なぜなら、発行者と所有者が同一だからです。使用するソフトウェアと一緒に自己署名証明書を配布するのが一般的なのは、このような理由によります。アプリケーションに含まれている自己署名証明書は、一般に、ソフトウェアの作成者が何らかの物理的な手段で入手したものです。例えば、Thawte は、ルート証明書を自社の Web サイトで無償かつ誰にでもわかる状態で提供していますが、これを使用あるいは配布する場合は、必ず Thawte に電話して証明書のフィンガープリントを確認してからにするようアドバイスしています。

証明書の真正性と妥当性を検証するためには、検証したい発行者の証明書からルート証明書に至るチェーン内のすべての証明書を検証しなければなりません。チェーン内に無効な証明書が見つかった場合は、それより下位の各証明書もすべて無効と見なさなければなりません。無効な証明書の例としては、期限切れになっているか、(おそらくは証明書が盗まれたせいで) 失効しているものがほとんどです。また、改竄されたために、証明書の署名がオリジナルと一致しない場合も、その証明書は無効と見なされます。

1 つのルート CA を持つ証明書チェーンではなく、より複雑な証明書の階層を採用する場合には、さまざまな要因を考慮する必要があります。考慮すべき要因や、そのような階層を選択をすることに伴うトレードオフについては、本書の対象範囲外です。PKI について専門に取り上げた書籍を少なくとも 1 冊は参照し、十分に理解した上で判断することを強くお勧めします。繰り返しになりますが、『Planning for PKI』は是非ともお勧めしたい一冊です。

証明書の拡張領域

最も広く受け入れられている証明書の形式は、1988 年に登場した X.509 です。この形式には、X.509v1、X.509v2、X.509v3 という 3 つのバージョンがあります。この標準の最新改訂版は 1996 年に登場したもので、すべてではありませんが最近のソフトウェアの大半がこれをサポートしています。X.509v1 から X.509v3 までには多数の変更が加えられましたが、X.509v3 標準で導入された最も重要な機能の 1 つとして、拡張領域 (extention) のサポートがあります。

X509v3 では、拡張領域として、それまでのバージョンの X.509 標準で規定されていたもの以外のフィールドを証明書に追加することができます。これらの追加フィールドには、basicConstraints フィールドや keyUsage フィールドのように X.509v3 の標準に定義されているものもあれば、標準には一切定義されておらず、おそらく特定のアプリケーションでしか認識されないものもあります。拡張領域には、フィールド名と、その拡張領域が「critical」かどうか、そして、拡張領域のフィールドに対応する値が格

納されます。拡張領域がcriticalと指定されている場合、その拡張領域を認識しないソフトウェアは、証明書を無効なものとして拒否しなければなりません。一方、その拡張領域がcriticalでなければ、拒否する必要はありません。

X.509v3では、サードパーティによって実装されたさまざまな拡張領域が集約され、特に、一般的な14種類のものが規定されています[†3]。例えば、その証明書を別の証明書への署名に使用してよいか、あるいはSSLサーバでの使用を許可するかどうかといった、ある証明書の用途の許容範囲を指定するような拡張領域があります。各アプリケーションが独自に拡張領域を作成してしまうと、基本的にすべて同じ用途なのに数ばかり膨れ上がった拡張領域を識別しなければならず、拡張領域にある情報を別のアプリケーションでは使用できなくなるなど、証明書の検証プロセスが非常に複雑になってしまいます。X.509v3に規定された14の標準的な拡張領域のうち、よくサポートされ広く使用されているものは4つしかありません。また、標準により「critical」と定義されているのはこのうちの1つであり、残りの3つは指定してもしなくても構いません。標準的な拡張領域の大半はあまり利用されていないので、ここでは触れません。本章の後半で独自CAを設定する際には、比較的よく利用されている拡張領域のうち適当なものをいくつか使用します。

`basicConstraints`拡張領域は、`cA`と`pathLenConstraint`という2つの構成要素を格納できる「シーケンス」です。シーケンスとは、X.509証明書の技術的な詳細を抜きにしていえば、ほかの構成要素を格納するコンテナのことであると考えればいいでしょう。シーケンスには、シーケンス自身の値が入ることはありません。`cA`構成要素は、その証明書をCAの証明書として使用できるかどうかをブール値で示します。`cA`構成要素が省略されている場合、OpenSSLは`keyUsage`拡張領域を調べて、その証明書をCAの証明書として使用できるかどうかを判断します。`keyUsage`拡張領域が存在し、`keyCertSign`ビットがセットされていない場合は、その証明書をCAの証明書として使用することはできません。`pathLenConstraint`構成要素はオプションで、この証明書よりも下位のチェーンで使用可能な証明書の最大数を整数で指定します。この値が、その時点までで検証済みの（上位の）証明書の数より小さい場合は、この証明書を拒否しなければなりません。

`keyUsage`拡張領域は、証明書をどのような用途で使用できるかを定義するビット列で、criticalと定義される場合もあれば、そうでない場合もあります。この拡張領域を証明書に含める場合は、criticalと定義すべきです。criticalと定義されていれば、証明書の用途の妥当性を判断する際に、この拡張領域にある情報が必ず使用されます。この拡張領域が存在しないか、あるいは省略可能と定義する場合は、すべてのビットがセットされているものとして証明書を扱うべきです。各ビットの意味を逐一説明するよ

[†監訳注3] これはRFC 2459での仕様です。本書監訳時点ではRFC 3280が最新で、16種類となっています。

りも、証明書の用途の主なケースについて、(表3.1で)それぞれどのビットがセットされるべきか示すほうがいいでしょう。

▼表3.1　keyUsage 拡張領域の一般的なビット設定

証明書の用途	設定に使うビット
CA の証明書	keyCertSign および cRLSign
証明書の署名	keyCertSign
オブジェクトの署名	digitalSignature
S/MIME 暗号化	keyEncipherment
S/MIME の署名	digitalSignature
SSL クライアント	digitalSignature
SSL サーバ	keyEncipherment

extKeyUsage 拡張領域は、その証明書で許可される用途を定義するオブジェクト識別子のシーケンスで、critical と定義される場合もあれば、そうでない場合もあります。keyUsage 拡張領域の場合と同様、この拡張領域を使う場合には critical と定義すべきです。critical と定義されている場合、その証明書は、この拡張領域に定義されているいずれかの用途で使用しなければなりません。critical と定義されていない場合、その情報は参考にすぎないものとして無視されるかもしれません。この拡張領域には、指定可能な用途が8つ定義されています。表3.2を参照してください。

▼表3.2　extKeyUsage 拡張領域に定義されている目的

証明書の目的	オブジェクト識別子（OID）
サーバ認証	1.3.6.1.5.5.7.3.1
クライアント認証	1.3.6.1.5.5.7.3.2
コード署名	1.3.6.1.5.5.7.3.3
電子メール	1.3.6.1.5.5.7.3.4
IPsec エンドシステム	1.3.6.1.5.5.7.3.5
IPsec トンネル	1.3.6.1.5.5.7.3.6
IPsec ユーザ	1.3.6.1.5.5.7.3.7
タイムスタンプ	1.3.6.1.5.5.7.3.8

keyUsage 拡張領域と extKeyUsage 拡張領域は、どちらも明確には定義されていません。そのため、これらの拡張領域の使い方については、さまざまな解釈があります。特に、この2つの拡張領域では、critical フラグの扱い方が明確に定義されていません。ただし、既存のソフトウェア製品の多くでは、この拡張領域が概ね無視されているようです。また、各種のプロファイル（証明書に含めるべきものを述べたガイドライン）でも、

使い方の指定はバラバラです。例えば、PKIX（IETFのPublic Key Infrastructureワーキンググループ）は、`extKeyUsage`のシーケンスに含めることができるIPsec関連のOIDのうち、3つを廃止（obsolete）しました。また、実装方法もベンダによってまちまちです。こうした問題があるため、この2つの拡張領域はほとんど役に立ちません。使用する場合は、相互にやり取りする既存のソフトウェアと矛盾しない方法で使うようにしてください。

`cRLDistributionPoints`拡張領域は、証明書を発行したCAが自分のCRLを利用可能にする方法を伝えるのに使用するシーケンスです。標準では、この拡張領域はcriticalと定義しないように指示する一方で、CAに対してはこの情報を含めるように推奨しています。証明書のシリアル番号などの情報を持つCRLの場所が示されていれば、証明書を検証するソフトウェアにとって、おそらく証明書の中身を調べることこそが証明書の失効を知り得る最善の手段となるでしょう。

証明書失効リスト（CRL）

発行された証明書は、一般に、利用者に配布される製品の中に組み込まれます。関連する秘密鍵が攻撃者により危殆化されると、攻撃者は、自分のものでなくてもその証明書を使用できるようになります。正当な所有者が危殆化に気付いた場合には、新しい鍵ペアで新しい証明書を取得して使用するはずです。このとき、同じ通信主体に対して2つの証明書が存在することになります。技術的にはどちらも有効ですが、一方は信頼すべきではありません。危殆化された証明書はいずれ期限切れになりますが、それまでの間、その証明書を信頼すべきではないことを知るにはどうすればよいでしょうか。

その答が、証明書失効リスト（CRL：Certificate Revocation List）です。CRLには、CAが発行したすべての失効証明書のうち、期限切れになっていないもののリストが含まれています。証明書が失効するとは、CAがこれ以降その証明書を信頼すべきではないと宣言していることを意味します。

CRLの配布では、帯域幅が重大な問題となります。なぜなら、証明書を正しく検証するためには、クライアントがそれなりに新しい失効情報を持っている必要があるからです。理想的には、失効したという情報をCAが入手すると同時にクライアントにもその情報が渡るのがベストでしょう。しかし残念ながら、多くのCAはCRLを大きな1つのリストとしてしか配布していません。各証明書を検証する前に巨大なリストをダウンロードしていたのでは、クライアントの数が多い場合に、耐えられないほどの待ち時間が発生したり、サーバに過度の負荷がかかったりする可能性があります。その結果、鍵が危殆化したと知らされた直後ではなく、定期的にCRLの更新を行うCAが多くなっています。失効リストには、次の更新が発行される日付と時刻が記載されており、リストを一度ダウンロードしたアプリケーションは、その期限が切れるまで再びリストをダ

ウンロードする必要はありません。クライアントでは、この情報をキャッシュするとよいでしょう（クライアントの記憶容量が少ない場合には不可能な場合もありますが）。

この方法の場合、CAでは証明書が失効したことを確認しているのに、クライアントにはすぐに情報が伝わらないため、「脆弱性の窓」ができてしまいます。CAがこのリストをあまりにも頻繁に発行すると、その度重なる要求に応えるために、大量の帯域幅が必要になります。かといって、リストの発行頻度があまりに低いと、失効させる必要のある証明書であっても、次のリストが発行されるまで有効と見なされてしまいます。各CAは、サービスを提供するコミュニティのバランスを考えて、リストの発行頻度を決定する必要があります。

この問題の解決法の1つは、CAがCRLを複数に分けることです。これは、CAが各CRLに含める証明書のシリアル番号の範囲を指定するという方法で実現します。例えば、CAが1000個のシリアル番号ごとにCRLを分けて作成するなら、最初のCRLはシリアル番号1～1,000用、2番目は1,001～2,000用、という具合に作成していくことになります。この方法では、CA側で最初に入念な検討が必要になりますが、CAが発行するCRLは小さくなります。もう1つ、CRLリストに対する増分変更をCAが定期的に発行する、「差分CRL（delta CRL）」という選択肢もあります。ただし、差分CRLを使用しても、クライアントがCRL情報をキャッシュに格納するか、または証明書の検証が必要になるたびにすべてを新たにダウンロードする必要はあります。

CRLには、もう1つ問題点があります。CRLを発行する標準の方法がRFC 2459[†4]で正式に規定されているにもかかわらず、そのメカニズムが任意であるため、VeriSignなどの有力な商用CAの多くがこの方法でCRLを配布していないという問題です。CRLを配布する標準的な方法はほかにもありますが、方法が1つに決まっていないという根本的な問題があるため、実際には数多くのアプリケーションがCRLを利用していません。さまざまな配布方法のなかでは、LDAPがCRLのリポジトリとして最も広く使用されています。しかし、同一マシン上あるいはローカルネットワーク上の複数のアプリケーションで同じデータが必要になったときに、短期間に何度もCAにそのデータを問い合わせることが必要なケースもあります。

現状では、CRLの配布に伴う問題により、CRLの運用が困難になっています。さらに悪いことに、CRLを利用するアプリケーションもごく少数になってしまいました。こうして、CRLが根本的に役に立たなくなってしまったため、CAが証明書を発行した後にそれを効果的に失効させる方法がなくなってしまいました。できれば、いくつかの（組織レベルの）CAが共同でCRLの配布方法を標準化し、CAとアプリケーションの両方でそれを使い始めるのが理想的です。

まだ解決されていない深刻な問題はこれだけではありません。ルートCAの証明書を失効させることが必要になった場合の対応方法が確立していないのです。CRLは、

---

†監訳注4　本書監訳時点での最新はRFC 3280です。

これに対処できるようにはなっていません。アプリケーションも同様です。なぜなら、CRLは親（CA）から子へと発行されますが、ルートCAには親がいないからです。秘密鍵を所持している限り、CAが自分の証明書を失効させることは可能です。しかし、CAが自分の証明書を含むCRLに署名するという目的で、その危殆化された鍵をなおも信頼させることになるわけです。残念ながら、既存ソフトウェアでのCRLの扱いが一般にずさんであるという現状を考えると、策を講じたところでこの問題がうまく解決されるとは思えません。

CRLのサポートがずさんであることを実証する有名な例があります。それは、2001年の初めに、VeriSignが2通のクラス3のコード署名証明書をMicrosoft社に発行したときのことです。実際にはMicrosoftがこれらの証明書を要求したことはありませんでした。Misrosoftの代表だと主張する何者かの仕業だったのです。VeriSignは、この問題を適切な方法で処理し、これらの証明書のシリアル番号を収めた新しいCRLを発行しました。CRLの欠陥をまざまざと見せ付けたのは、Microsoftによるこの問題への対応方法でした。Microsoftのソフトウェアは、VeriSignのルート証明書を配布し、そのサービスを利用しているにもかかわらず、VeriSignのCRLをチェックしていないことがすぐに明らかになったのです。Microsoftは、証明書が失効した際の問題を処理するパッチを発行しましたが、このパッチは自分たちのソフトウェアがCRLをまったく利用しないという問題を解決するものではありませんでした。MicrosoftのソフトウェアがCRLを適切に（もしくは、どんな形であれ）利用していれば、パッチは不要だったはずです。VeriSignがCRLを発行した時点で、この問題も終わっていたことでしょう（「脆弱性の窓」は残るにしても）。

Microsoftのような大手のソフトウェア企業でさえCRLをうまく扱えないなら、もっと小さなソフトウェア企業や個人ソフトウェア開発者にそれを期待することなど到底不可能だという意見もあります。この意見にはさまざまな面で異論があるかもしれませんが、それでも問いかける価値のある問題です。また、実のところ、少なくとも現時点での答は耳を覆いたくなるようなものです。PKIはまだかなり未熟であり、ここで説明した問題にとどまらず、そのほかの問題（ここでは説明しません。各自で考えてみると理解が深まるでしょう）まで改善するには相当な労力が必要です。CRLは証明書を失効させる解決法として決定的なものではないかもしれませんが、当面は最も広く実装された手段であり続けるでしょう。このテクノロジを処理する機能を自作のソフトウェアに追加し、ユーザが理論上安全に、また気分よく利用できるようにするためであれば、時間を費やす価値もあるというものです。

さらに厄介なことに、長期に渡って標準のCRL仕様に変更が加えられ、古い形式（バージョン1）と新しい形式（バージョン2）がどちらも現役で使用されています。OpenSSLでは、バージョンと1とバージョン2のCRLを両方ともサポートしていますが、バージョン2をサポートしないソフトウェアも未だに数多く使用されています。また、開発もサポートも行われなくなったような古いレガシーアプリケーションでは、た

とえ今後とも使い続けられるとしても、バージョン2がサポートされることなどあり得ません。バージョン2で追加された重要な新機能は、拡張領域です。バージョン2の標準には4つの拡張領域が規定されており、主に証明書が失効した時期、失効した理由、および失効した証明書の扱い方を示すために使用します。

　4つ目の標準的な拡張領域は、間接CRLに使用されます。間接CRLとは、必ずしもCAが発行するとは限らず、第三者が発行することもあるCRLのことです。このようなCRLには、複数のCAの証明書が含まれている場合があるため、どのCAが発行した証明書が失効したのかを示すために、この拡張領域を使います。現在のところ、間接CRLはそれほど一般的ではありません。バージョン2形式のCRLそのものが、あまり広くサポートされていないからです。

OCSP

　RFC 2560で規定されているOCSP（Online Certificate Status Protocol）は、比較的最近になって追加された新機能です。主な目的は、長い間CRLを悩ませ続けた配布にかかわる問題を多少なりとも解決することにあります。

　OCSPを使用することで、アプリケーションはOCSPレスポンダに接続し、証明書のシリアル番号を渡して、その証明書のステータスを要求します。レスポンダは、「good」、「revoked」、または「unknown」のいずれかで応答します。「good」の応答は、レスポンダの知る限りでは有効な証明書であることを示します。ただし、必ずしもその証明書がこれまでに発行されているとは限りません。ただ失効していないことを意味するだけです。「revoked」応答は、その証明書が発行され、実際に失効していることを表します。「unknown」応答は、レスポンダがその証明書について何も知らないという意味です。この応答が返されるのは、ほとんどの場合、レスポンダがその証明書を発行したCAを知らないことが原因です。

　通常、OCSPレスポンダは、CA（あるいは、CAから承認された、信頼できて十分な情報を持つ第三者）によって運営されます。クライアントは、ルートCAを信用するのと同じように、OCSPレスポンダも信頼しなければなりません。もっと重要なのは、OCSPを信頼してよいというステータスを取り消す方法が1つしかなく、しかもそれがスマートでないことです。OCSPレスポンダが危殆化された場合、それを使用するすべてのクライアントを手動で再設定し、そのレスポンダを信頼しないようにするか、または信頼できる新しい証明書を使用する必要があるのです。

　クライアントの要求には、ステータス情報を要求している証明書の発行者に関する情報が含まれるので、1つのOCSPレスポンダで複数のCAに対する証明書失効情報を提供することが可能です。しかし、残念ながら、第三者が運営するOCSPレスポンダには、提供する情報の鮮度に不安が残るという問題点があります。少なくとも、CAが証明書を失効させてから、その情報をレスポンダが受け取るまでの遅延は避けられま

せん。CAが発行するCRLに頼って情報を提供しているレスポンダの場合は、なおさらです。

今のところ、OCSPは、CRLほど広く知られてもいないし、実装もされていません。このため、すべてのユーザがOCSPサーバを利用できることが明白でない限り、全面的にOCSPに置き換えるよりも、この技術を利用してCRLを補完するほうが賢明です。

OCSPには、非常に深刻な問題があります。それは、DoS (Denial of Service) 攻撃、再送 (replay) 攻撃、man-in-the-middle攻撃の3つに対して脆弱であることです。ほとんどのサーバはDoS攻撃に対してある程度脆弱です。サーバがDoS攻撃にどれだけ脆弱かは、サービスの性質、転送される情報の量、および要求を処理する方法によっても変わってきます。DoS攻撃の詳細については本書の対象範囲外ですが、OCSPレスポンダがHTTPなどのその他の一般的なサービスに比べてDoS攻撃に対して脆弱であることは覚えておいてください。

OCSPのバージョン1の仕様では、（確定した）応答の署名に伴うレスポンダの負荷を軽減するため、レスポンダが署名付きの応答を事前に作成することが許されています。しかし、これでは再送攻撃の糸口を攻撃者に与えることになります。man-in-the-middle攻撃が可能なのは、エラー応答に署名がないからです。ただし、この種の攻撃は、より正確にはDoS攻撃と見なすことができます。おそらく、この脆弱性を深刻なものにしている最も大きな要因は、それぞれの攻撃がRFCに記述されているにもかかわらず、標準を制定する段階でこれらの攻撃を防止するための試みが何も行われなかったことでしょう。

本書執筆時点で、利用可能な商用OCSPレスポンダの数は、ほんのわずかです（OpenValidation.orgに掲載された一覧を参照）。OCSPがいかに普及していないかは、レスポンダの数が少ないことからも明らかです。OCSPは、CRLの問題点を解決する目的で考案されましたが、少なくとも現時点では、そもそもの問題を上回る難題を新たに作り出したにすぎないようです。確かに、CRLに置き換えて利用するのには無理があります。救いは、このプロトコルのバージョン2のIETF草案が2001年3月に提出され、問題の一部が解決されていることです。ただし、この標準化プロセスはまだ完了していません。

3.2 証明書の取得

証明書を取得するのであれば、まず、その証明書を何の目的に利用するかを決定する必要があります。それは、商用および私設のさまざまなCAが、多種多様な証明書を発行しているからです。本節では、商用CAから3種類の証明書を取得するために何が必要かを考えてみましょう。VeriSignが唯一の商用CAというわけではもちろんありませんが、ここでは証明書を取得するCAの一例としてVeriSignを選びました。VeriSign

を選んだのは、おそらく最も定評のある CA であり、さまざまな用途に備えて多種多様な証明書を提供しているからです。

前述のとおり、証明書にはさまざまな種類があり、それぞれ異なる目的に使われています。VeriSign の証明書の適用範囲は、S/MIME で使用する個人証明書から、非常に高度なエンタープライズソリューションにまで及びます。以降では、最初に S/MIME 用の個人証明書の取得方法を説明し、続いて（受け取ったユーザがコードの送信元を検証できるように）自作のソフトウェアに署名するためのコード署名証明書、そして電子商取引などの Web サイト（アプリケーション）の安全を保護するための証明書の取得方法を順に紹介します。

個人証明書

S/MIME を利用した電子メールでは、個人証明書を利用します。個人証明書は、組織に対して許可される証明書とは対照的なもので、VeriSign では Class 1 Digital ID と呼んでいます。個人証明書は取得が最も容易な証明書であり、ほどほどの価格で入手できますが、電子メールのセキュリティのみに用途が限られます。Class 1 Digital ID としては、Netscape Messenger で機能するものか、あるいは Microsoft Outlook Express 向けのものを取得することができます。電子メールの読み書きに別のアプリケーションを使用している場合は、ベンダに問い合わせて、アプリケーションがこの 2 つのいずれかの証明書とやり取りできるかどうかを確認してください。

個人証明書を取得するには、まず VeriSign の Web サイト（http://www.verisign.com/）に行き、メインページから「Home & Home Office」製品の下にある「Secure E-Mail」のリンクをクリックして、Digital ID 登録フォームに進みます[†5]。ここでは、これらすべてのリンクの紹介はしません。このサイトは頻繁に変更される上、発行された証明書の使い方に関する情報など、読む価値のある情報がほかにもたくさんあるからです。登録フォームに必要事項を入力して送信すると、証明書を「取り出す」方法の説明が、入力したアドレスに VeriSign から自動的に電子メールで送られてきます。

登録フォームの最初のほうに関しては、特に難しい質問はないはずです。ここで入力した姓名は、Digital ID が VeriSign のディレクトリサービスに登録されるときに使用されます。電子メールアドレスには、Digital ID を使用する際に使うものを入力してください。これが証明書の識別名になります。このアドレスは、姓名と共に、ディレクトリサービスにも登録されます。また、発行された証明書を「取り出す」方法の説明は、こ

---

† 監訳注5　日本ベリサインのホームページ（http://www.verisign.co.jp/）では、「インターネットセキュリティサービス」の下にある「個人用電子証明書」をクリックし、右端にある「個人用電子証明書パートナー一覧」をクリックして取得方法の説明に進み、パートナー企業と契約するようです。確認のため、日本ベリサインに電子メールを出したのですが、返事は頂けませんでした。また、本文にある英語の Web サイトは、現在変更されています。

のアドレス宛にVeriSignから電子メールで自動的に送信されますが、これには入力されたアドレスの妥当性を検証するという目的もあります。

この後、VeriSignから証明書の保護に使用するチャレンジフレーズを入力するよう要求されます。このフレーズは、利用者とVeriSignで利用することになるので、他人に漏らしてはなりません。利用者がこの証明書の失効、更新、または再発行を要求したとき、VeriSignはこのフレーズを使用して、証明書の所有者かどうかを検証します。覚えやすいけれど、自分をよく知る人であっても簡単に推測できないようなフレーズを選んでください。

VeriSignが、（利用するブラウザの情報に基づいて）この証明書のデフォルトの鍵長を選択し、申込者に証明書を発行します。NetscapeやMicrosoftの製品以外を使用して電子メールをやり取りしているのでない限り、選択された鍵長を変更する必要はありません。これらのブラウザ以外を使用している場合は、そのソフトウェアのマニュアル、あるいはベンダから、鍵長を正しく選択するための設定方法が提示されているはずです。

Microsoft Internet Explorerを使用している場合、デフォルトでは秘密鍵が保護されません。つまり、電子メールソフトウェアにインストールしても、そのアクセス許可を得るためにパスワードやパスフレーズを入力するよう要求されません。このように秘密鍵を保護されない状態にしておくのなら、証明書の秘密鍵が危殆化されないよう、あらゆる措置を講じなければなりません。秘密鍵を保護されない状態にしておくのは、一般にあまり賢明とはいえません。そのため、VeriSignでは、2種類の方法で秘密鍵を保護できるようにしています。デフォルトの「低セキュリティ」から1段階上のレベルの「中セキュリティ」を選択すると、秘密鍵へのアクセスが行われるたびに所有者の承認が必要になります。「中セキュリティ」でも、秘密鍵のロックを解除するのにパスワードやパスフレーズを入力する必要はありません。「高セキュリティ」にすれば、アクセスのたびにパスワードかパスフレーズを入力しなければ鍵のロックを解除できません。

なお、秘密鍵にアクセスできる人なら誰でも、所有者を装って証明書を利用できることを忘れないでください。電子メールが秘密鍵で署名されていると、受け取った人はそれを信頼します。このため、鍵が危殆化したときに悲惨な結果を招くおそれがあります。また、秘密鍵にアクセスできる人なら誰でも、公開鍵で暗号化された電子メールを解読することが可能です。その場合はもちろん、証明書を失効させればよいのですが、先ほど説明したように、証明書を失効させてもその失効状態がチェックされなければ何の効果もありません。このような理由から、特にモバイルユーザの場合は、高セキュリティを選択するように強く推奨します。

最後に、VeriSignの加入同意書とプライバシポリシーを読んで承諾しなければなりません。ただし、Microsoft Internet Explorerの利用者で、証明書の保護に関するチェックボックスをオンにした場合は、証明書に適用するセキュリティレベルを選択するためのダイアログボックスが表示されます。その後1時間ほどで、証明書をVeriSignか

ら「取り出す」方法を説明した電子メールが、登録フォームに入力した電子メールアドレス宛てに届きます。この電子メールには、URLとPINが記載されています。どちらも、VeriSignから証明書を取得するのに必要なものです。証明書を要求したときと同じマシンとブラウザを使用して証明書を取り出してください。

これで終わりです。VeriSignから証明書を取り出したら、VeriSignのサイトに示されている指示に従って、NetscapeかMicrosoft Internet Explorerで証明書を使用します。繰り返しますが、これ以外のソフトウェアを使用して電子メールをやり取りする場合は、ベンダの指示に従って証明書を利用できるようにしてください。これで、いつでも電子メールを安全に送受信できるようになります。

コード署名証明書[†6]

VeriSignは、ソフトウェア開発者やソフトウェアベンダが使用するコード署名証明書も提供しています。この証明書の目的は、ユーザがインターネットからダウンロードするコードに署名することです。秘密鍵を使ってコードに電子署名すると、その署名以降はコードが改竄も破損もされていないことをユーザが確信できます。インターネットの世界では、セキュリティ問題への認識が高まりつつあるだけでなく、ウイルスやワームについての懸念も広がっています。このような状況で、コードへの署名は、目的のソフトウェアを間違いなく入手していることをある程度ユーザに保証するのに役立ちます。

コード署名証明書の入手は、個人証明書の入手ほど簡単でも手軽でもありません。コストもかなり高くなります。前述のように、コード署名証明書は、実際には個人ユーザが毎日使うようなものではないのです。本書の執筆時点では、VeriSignは各種プログラム向けに6種類のコード署名証明書を提供しています。証明書のタイプが違うと、コードによっては正常に機能しない可能性もあるので、署名するコードに合った証明書を入手するように注意してください。例えば、Microsoft Authenticode証明書はMicrosoftのInternet Explorerブラウザでしか機能しません。Netscapeブラウザの場合は、Netscape Object Signing証明書を入手する必要があります。利用可能なコード署名証明書の種類は、コード署名証明書の入手プロセス内で一覧表示されます。種類の選択は、コード署名証明書を入手する際の最初の手順で行います。

VeriSignにコード署名証明書の取得を要求する際に必要な手順は、証明書の種類によって異なります。例えば、Microsoft Authenticode Digital IDの場合は、処理の多くがMicrosoftのInternet Explorerによって自動化されていますが、Sun Java Signing Digital IDの場合はSunのJavaツールを使って証明書の要求を生成し、要求時に一緒に送信する必要があります。VeriSignでは、証明書の種類ごとに、コード署名証明書を要求する際にどのような情報が必要かについて、その情報の取得方法やVeriSignへ

[†監訳注6] 日本ベリサインのホームページに、証明書取得方法の詳細な説明があります。

の提出方法が記載された詳細な説明書を用意しています。

コード署名証明書の要求時には、証明書の種類ごとに異なる情報のほかに、どの種類にも共通する情報が必要です。その大半は、連絡先や支払いに関する情報など、ごく一般的なものです。各証明書には、証明書の所有者に関する情報も必要です。この情報には、会社や組織の名前と、営業拠点に関する情報が含まれます。例えば、米国に本拠を置く会社なら、所在地の都市と州を知らせる必要があります。

もちろん、CA（この場合はVeriSign）にとって非常に重要な情報もあります。つまり、自分たちが証明書を受け取るべき正当な人物に発行していることを確認するための情報です。VeriSignの場合は、Dun & Bradstreet社の提供するD-U-N-S番号を使用すれば、この情報を最も素早くかつ容易に検証することができます[†7]。この情報の提供は必須ではありませんが、これ以外の方法だと、利用者とVeriSignの両方で時間と手間がかかります。D-U-N-S番号を取得していない、あるいは取得したくない場合は、コード署名証明書の申込書に添えて、営業許可証、会社定款、または提携関係の書類のコピーを郵便かファックスで提出するという方法もあります。

必要な書類をすべて揃えて申込書を提出すると、VeriSignによる審査が行われます。問題がなければ、コード署名証明書が発行されます。また、証明書を配布および利用できるように、証明書の取得方法に関する説明書も渡されます。個人証明書とは異なり、コード署名証明書の場合は人間が審査と検証を行うので、すぐに入手することはできません。VeriSignでの作業量によっては、証明書が発行されるまでに数日を要する場合があります。ただし、追加料金を支払って至急手配してもらうこともできます。

Webサイト証明書

Webサイトの安全を保護するための証明書（VeriSignではセキュアサーバ証明書と呼ばれています）の取得手順は、コード署名証明書の取得手順とよく似ています。特筆すべき相違点もいくつかありますが、必要となる情報の大半は同じです。まず最初の相違点は、言うまでもなく、提供される証明書の種類です。コード署名証明書の場合は、署名対象のコードの種類によって種類が異なりますが（例えば、NetscapeプラグインとJavaアプレットなど）、セキュアサーバ証明書の場合は、40ビットと128ビットのいずれかのSSL証明書になります。つまり、Webサイト証明書では、証明書で使用する共通鍵の長さが明示的に制限されます。40ビットの共通鍵は許容できないほど脆弱であると広く認識されているので、128ビットの証明書を使用することをお勧めします。

どのサーバソフトウェアを使用するかにかかわらず、そのソフトウェア説明書の指示に従ってCSR（Certificate Signing Request：証明書署名要求）[†8]を生成する必要が

[†監訳注7] 日本の場合は、帝国データバンクが提供する番号を用いているようです。
[†監訳注8] 「証明書署名要求」のことを省略して「証明書要求」と呼ぶこともあるので注意してください。

あります。最近ではさまざまな種類のサーバが利用されているため、ここでその方法を説明してもあまり意味がありません。VeriSignのWebサイトには、比較的よく利用される多数のサーバを対象とした生成方法が掲載されています。生成したCSRによって、鍵の対も生成されます。CSRは、証明書を発行してもらう際にVeriSignに提出しなければなりませんが、秘密鍵は手元に残しておいてください。VeriSignを含めて、ほかの誰にも開示すべきではありません。

コード署名証明書の場合と同様、VeriSignに要求している証明書の正当性を十分に証明できる文書も提出する必要があります。これを証明するための選択肢は先ほどと同じです。つまり、D-U-N-S番号か、前述の代用可能ないずれかの文書のコピーを使用してください。また、セキュアサーバ証明書はドメイン名にバインドされます。VeriSignは、ドメインの所有者として登録された相手にしか証明書を発行しません。つまり、ドメインを法人が所有している場合は、その会社の従業員でなければ証明書を要求できないということです。

必要な書類をすべて揃えて申込書を提出すると、VeriSignによる審査が行われます。何も問題がなければ、セキュアサーバ証明書が発行され、申し込みの際に記載した担当者の連絡先に電子メールで送信されます。コード署名証明書の場合と同様、人の手で情報の審査が行われるので、VeriSignでの作業量によっては証明書が発行されるまでに数日を要する場合があります。ただし、追加料金を支払って至急手配してもらうこともできます。

3.3　CAのセットアップ

CA[†9]のセットアップは面倒な作業のように思えるかもしれませんが、そんなことはありません。さまざまな無償および有償のCAパッケージが利用できるし、OpenSSLのコマンドラインツールにも、小規模の組織で使用可能な最小限のCAをセットアップするのに必要な機能がすべて備わっています。OpenSSLコマンドラインツールのCA機能は、本来、例示のみを意図したものでしたが、OpenCAとpyCAという、比較的有名な2種類の無償CAパッケージの中心的な機能として使用されています。本書執筆時点では、この2つのパッケージはまだまだ不完全であり、提供している機能もOpenSSLコマンドラインツールとほとんど変わりません（LDAPストレージは例外です）。

本節では、OpenSSLのコマンドラインツールを使用してCAをセットアップするのに必要な手順を説明します。CAが使用する自己署名ルート証明書の作成方法、OpenSSLでCA用に使用する設定ファイルの作成方法、およびCAを使って証明書と

---

†監訳注9　ここでは、狭義のCA（ソフトウェアなど）を示しています（蛇足ですが、コンピュータやネットワークの分野では、用語を多義で用いることがしばしば見受けられます）。

CRLを発行する方法を紹介します。OpenSSLのコマンドラインCA機能は、主として、OpenSSLを使用してCAを構築する方法を例示するためのものなので、大規模な実用の環境で使用するのは賢明ではありません。主に、PKIの仕組みを学ぶためのツールとして、あるいは実用の環境に使用することを意図して作られたツールで本物のCAを構築するための手始めとして使用してください。

CA用の環境の作成

OpenSSLコマンドラインツールでCAをセットアップする最初の手順は、CAを運用するための環境を用意することです。いくつかのファイルとディレクトリを作成しなければなりません。すべてをセットアップする最も簡単な方法は、使い慣れたテキストエディタを使用して、必要なファイルをコマンドラインから作成することです。この例では、UNIXシステムでbashシェルを使用します。システムは、LinuxやFreeBSD、またはその他の種類のUNIXでも問題ありません。方法は同じです。ただし、Windowsベースのシステムの場合は、多少異なる点があります。

まず、CA用のファイルを置く場所を選択しなければなりません。この例の場合は、/opt/examplecaをCAのルートディレクトリに使用しますが、システムのどの場所を選択しても構いません。発行する証明書やCRLを含めて、作成するCAのすべてのファイルをこのディレクトリに格納します。ファイルを1ヶ所に集めておくと、CAで使用するファイルを検索したり、複数のCAをセットアップしたりするのが簡単になります。

CAのルートディレクトリに2つのサブディレクトリを作成してください。これらのサブディレクトリを certs と private と名付けます。サブディレクトリ certs は、このCAで発行するすべての証明書を収めるのに使用します。サブディレクトリ private は、このCA証明書の秘密鍵を収めるのに使用します。たいていの場合、CAが使用するファイルの大半は、システムを使用するすべての人が認識できます。実際、ファイルの多くは、不特定多数のユーザ、すなわち、少なくともCAが発行した証明書をどのような形であれ使用する任意の人に配布されることになります。重要な例外の1つとして、CA証明書の秘密鍵があります。秘密鍵は、このCAから証明書やCRLを発行する権限のない主体に開示してはなりません。

秘密鍵の保護に最大限の措置が講じられなければ、優れたCAとはいえません。CAの鍵には、最低でも2,048ビットの長さが必要です。秘密鍵はハードウェアに格納するか、少なくともネットワークに接続しないマシンに格納してください（CSRは人の手（いわゆるスニーカーネット）を介して格納先に移動させます）。

鍵生成のほかに、このCA用に必要な3つのファイルを作成します。1つ目のファイルは、証明書の発行に使用された最後のシリアル番号を追跡するために使用します。同じCAから同一のシリアル番号で2つの証明書が発行されないようにすることが大

切です。このファイルに serial という名前を付け、初期化して番号1を格納します。OpenSSL は、少し変わった方法でこのファイルを処理します。値は16進数で入力し、少なくとも2桁なければなりません。そのため、値の前に0を付けてパディングする必要があります。2つ目のファイルは、このCAから発行された証明書を追跡するためのデータベースのようなものです。この時点ではまだ証明書は発行されていませんが、OpenSSL ではこのファイルの存在は必須なので、ここで空のファイルを作成しておくことにします。このファイルに index.txt という名前を付けます（例3.1 を参照）。

▼ 例 3.1　CA の環境の作成

```
# mkdir /opt/exampleca
# cd /opt/exampleca
# mkdir certs private
# chmod g-rwx,o-rwx private
# echo '01' > serial
# touch index.txt
```

OpenSSL 設定ファイルの作成

　ファイルをもう1つ作成する必要がありますが、これは先ほど作成した2つ目までのファイルよりもかなり複雑です。このファイルは、OpenSSL コマンドラインツールが証明書の発行に関する情報を取得するために使用する設定ファイルです。このファイルの作成を省略して、OpenSSL をデフォルトの方法で使用することもできます。実際そうしても問題はありませんが、設定ファイルを使用すれば、発行する手間をいくらか省略することができます。設定ファイルについて、およびコマンドラインツールで設定ファイルを使用する方法については、第2章で簡単に説明しました。ここでは、実際に設定ファイルを作成し、発行して、使ってみることにしましょう。

　CA 用の OpenSSL コマンドは、ca というわかりやすい名前になっています。というわけで、最初に記述するセクションにも ca という名前を付けます。最も単純な例としては、default_ca というキーを1つ記述するだけです。この値は、デフォルトのCA用の設定を記述するセクションの名前です。OpenSSL では、同じ設定ファイル内に複数のCAを設定することもできます。使用する設定の名前を指定しなかった場合は、default_ca キーに指定されている名前が使用されます。このデフォルト値を、コマンドラインから name オプションを使用して変更できます。

　例3.2 に、この CA の設定ファイルを示します。この例の前半部分に記述されているファイルやディレクトリの意味については、先ほど作成した際にそれぞれ説明したので、ここでは説明の必要はないでしょう。OpenSSL が必要とするファイルとディレクトリの位置を OpenSSL に伝えているだけです。default_crl_days、default_days、default_md の3つのキーは、コマンドラインの crldays、days、md オプションにそれぞれ相当し、コマンドラインから値を上書きすることができます。

`default_crl_days`キーでは、CRLの間隔を日数で指定します。1日に2回以上CRLを発行する場合は、`default_crl_hours`キーを使用してください。CRLの生成時には、この設定に基づいてCRLの`nextUpdate`フィールドが計算されます。`default_days`キーでは、発行された証明書の有効期限を日数で指定します。`default_md`キーでは、発行された証明書とCRLへの署名に使用するメッセージダイジェストアルゴリズムを指定します。このキーの値として有効なのは、`md5`、`sha1`、`mdc2`です。

`policy`キーでは、デフォルトのポリシーに使用するセクションの名前を指定します。これは、コマンドラインから`policy`オプションで変更できます。ポリシー定義には、証明書の識別名にあるフィールドと同じ名前を持つ一連のキーが記述されます。それぞれのキーやフィールドに対し、`match`、`supplied`、`optional`の3つの値のうち、いずれかを指定できます。`match`という値は、証明書要求にある同じフィールドの値が、CAの証明書の同じフィールドの値と一致していなければならないという意味です。`supplied`という値は、証明書要求にこのフィールドが存在しなければならないという意味です。`optional`という値は、証明書要求にこのフィールドが存在しなくても構わないという意味です。

デフォルトでは、証明書が発行されるときにOpenSSLがDN（識別名）フィールドを並べ替えて、使用するポリシー定義と同じ順序になるようにします。証明書要求にはあるがポリシー定義にはないフィールドは、発行される証明書から省かれます。この動作は、`preserveDN`オプションを使用するか、CA定義セクションで`preserve`キーを`yes`に設定することで変更できます。`preserveDN`オプションを設定すると、発行される証明書に、証明書要求のすべてのフィールドが、その順番で含まれます。古いバージョンのMicrosoft Internet Explorerでは、発行された証明書と証明書要求とでフィールドが一致していなければなりません。このようなバージョンで使用するのでない限り、通常はこのオプションを有効にする必要はないはずです。かなり古いバージョンのMicrosoft Internet Explorerで使用する場合は、「MSIE hack」を有効にする必要もあるかもしれません。これには`msie_hack`オプションを使用するか、CA定義セクションで`msie_hack`キーを`yes`に設定します。

`x509_extensions`キーでは、このCAが発行する各証明書に追加する拡張領域を含むセクションの名前を指定します。このキーがない場合、OpenSSLはX.509v1の証明書を作成しますが、このキーがある場合は、たとえキーに何も指定されていなくてもX.509v3の証明書が作成されます。例で記述されている唯一の拡張領域は`basicConstraints`で、このCAが発行する証明書をほかのCAの証明書として使用できないように、`cA`構成要素を`false`に設定してあります。したがって、この証明書チェーン（の検証）は、このCAが発行する証明書で止まります。例3.2に、設定ファイルの例を示します。

▼ 例 3.2　簡単な CA 構成定義
```
[ ca ]
default_ca = exampleca

[ exampleca ]
dir              = /opt/exampleca
certificate      = $dir/cacert.pem
database         = $dir/index.txt
new_certs_dir    = $dir/certs
private_key      = $dir/private/cakey.pem
serial           = $dir/serial

default_crl_days = 7
default_days     = 365
default_md       = md5

policy           = exampleca_policy
x509_extensions  = certificate_extensions

[ exampleca_policy ]
commonName              = supplied
stateOrProvinceName     = supplied
countryName             = supplied
emailAddress            = supplied
organizationName        = supplied
organizationalUnitName  = optional

[ certificate_extensions ]
basicConstraints = CA:false
```

　設定ファイルが作成できたら、この設定ファイルの場所を OpenSSL に伝える必要があります。デフォルトでは、システム全体用の設定ファイルが使用されます。この設定ファイルの場所は、システムのインストール時の設定によって変わりますが、一般には /usr/local/ssl/lib/openssl.cnf か /usr/share/ssl/openssl.cnf です。しかし、ここでは、CA として使うために専用の設定ファイルを作成したので、システム全体用の設定ファイルは使わないことにします。作成した設定ファイルの格納場所をOpenSSL に伝える方法は 2 種類あります。環境変数 OPENSSL_CONF を使用する方法と、コマンドラインで config オプションを使ってファイル名を指定する方法です。かなりの数のコマンドで独自の設定ファイルを使用することになるため、環境変数を使用したほうがずっと簡単です（例 3.3）。

▼ 例 3.3　独自の設定ファイルの場所を OpenSSL に伝える方法
```
# OPENSSL_CONF=/opt/exampleca/openssl.cnf
# export OPENSSL_CONF
```

自己署名ルート証明書の作成

　CA で証明書の発行を始める前に、発行する証明書に対する署名に使用する CA 自身

の証明書[†10]が必要です。この証明書は、発行されるCRLへの署名にも使用します。どの証明書も、必ず特定の機関によって署名されます。また、CRLも同様です。このように定められているからこそ、別のCAからの証明書や（自己署名の）ルート証明書が機能を果たせるわけです。ここでも、証明書に署名するためにルート証明書を作成する必要があります。

そのためにまず必要なのが、設定ファイルにいくつかの情報を追加することです。例3.4に、新たに追加する情報を示します。ここでは、コマンドラインツールのreqコマンドを使用します。冒頭の部分に同じ名前の新規セクションが追加されている点に注意してください。この設定ファイルしか使用しない上、コマンドラインツールのreqコマンドはここで一度使用するだけなので、必要な情報をコマンドラインから入力するのではなく、できる限り設定ファイルに入れることにします。この方法で自己署名ルート証明書を作成すると多少手間がかかりますが、X.509v3を指定できるのはこの方法しかありません。また、この方法ならルート証明書が作成される様子を順に紹介することもできます。

▼ 例3.4　ルート証明書を生成するために設定ファイルに追加する情報

```
[ req ]
default_bits          = 2048
default_keyfile       = /opt/exampleca/private/cakey.pem
default_md            = md5

prompt                = no
distinguished_name    = root_ca_distinguished_name

x509_extensions       = root_ca_extensions

[ root_ca_distinguished_name ]
commonName            = Example CA
stateOrProvinceName   = Virginia
countryName           = US
emailAddress          = ca@exampleca.org
organizationName      = Root Certification Authority

[ root_ca_extensions ]
basicConstraints = CA:true
```

reqセクションのdefault_bitsキーでは、証明書用の秘密鍵を2,048ビットの長さで生成するようOpenSSLに指示しています。これを指定しない場合は、デフォルトの512ビットが使用されます。2,048ビットの鍵長であれば、512ビットよりもかなり強力に保護できます。ルート証明書の場合は、処理能力の許す範囲で、最大の保護機能を利用するのがベストです。最近のコンピュータの圧倒的な能力を考えれば、2,048ビットの鍵を使うことで（512ビットの鍵に比べて）処理速度が多少低下したところで、セキュリティの向上によるメリットのほうがはるかに有益です。この1つの鍵のセキュリティ

[†監訳注10]　（自己署名された）ルート証明書のことです。

が、このCAで発行されるすべての鍵のセキュリティに直結するからです。

　reqセクションのdefault_keyfileキーでは、新たに生成された秘密鍵を出力する場所をOpenSSLに伝えています。ここでは、先ほどcaセクションで指定したのと同じ出力用ディレクトリを、この証明書の秘密鍵の場所として指定しています。ただし、dirキーはcaセクションの内部でしか参照できないので、ここで$dirのようにマクロを使用することはできません。そのため、もう一度フルパスで入力する必要があります。

　reqセクションのdefault_mdキーでは、鍵の署名に使用するメッセージダイジェストアルゴリズムをOpenSSLに伝えています。新しい証明書とCRLへの署名に使用するアルゴリズムとしてMD5を指定したので、矛盾しないようにここでも同じアルゴリズムを使用します。SHA1アルゴリズムのほうが実際には強力なので、SHA1を使用したいところですが、MD5のほうが広く使用されており、この証明書を使用し得るすべてのソフトウェアでほぼ確実にサポートされていることから、例をわかりやすくするためにMD5を選択しました。SHA1をサポートすることが明らかなソフトウェアでしか証明書を使用しないのなら、MD5ではなくSHA1を使用することをお勧めします。

　promptキーとdistinguished_nameキーでは、証明書の識別名の入力に必要な情報をOpenSSLが取得する方法を指定します。promptをnoに設定すると、distinguished_nameキーで指定したセクションから情報を取得します。デフォルトでは、この情報に従ってプロンプトが表示されるので、ここでプロンプトの表示を無効に指定しなければなりません。先ほどroot_ca_distinguished_nameとして定義したdistinguished_nameセクション内のキーは、識別名を構成するフィールドの名前です。また、値には証明書の各フィールドに割り当てたい値を入れます。先ほどcriticalとした識別名フィールドだけを記述して、省略可能なフィールドを1つ省いてあります。

　最後に、x509_extensionsキーで、証明書に含めたい拡張領域が記述されたセクションの名前を指定します。root_ca_extensionsと名付けたセクションにおけるキーは、入力したい拡張領域の名前です。値には、そこに入力したい値を指定します。basicConstraintsキーについては、本章で既に説明しました。拡張領域のcA構成要素はtrueと設定してあります。つまり、証明書とCRLに署名を行うCAとして、この証明書を利用することが許可されます。

　これで、ルート証明書を生成するように設定できたので、実際に証明書を作成し、その証明書で使用する鍵の対を生成しましょう。この設定ファイルで使用したいオプションの大半は既に指定してあるので、コマンドラインでは最小限のオプションだけで済みます。このCAのルートディレクトリである/opt/examplecaまたは各自のシステムで使用しているディレクトリ上で、次のコマンドを実行します。その前に、この設定ファイルをOpenSSLが見つけ出せるように、OPENSSL_CONF環境変数が設定されていることを確認してください。

```
# openssl req -x509 -newkey rsa -out cacert.pem -outform PEM
```

このコマンドを実行すると、秘密鍵を暗号化するためのパスフレーズを入力するように2回指示されます。なお、この秘密鍵は非常に重要な鍵なので、それを考慮したパスフレーズを選択してください。この鍵が危殆化されると、CAそのものが危殆化します。つまり、基本的には、発行されたのが鍵の危殆化の前であろうと後であろうと、それらの証明書がすべて信頼できなくなるおそれがあるのです。この鍵は、パスフレーズから導出された鍵を使用して3DESで暗号化されます。例3.5に、前述のコマンドの実行結果と、作成された証明書のテキストダンプを続けて示します。生成ごとに公開鍵と秘密鍵は異なるので、この出力結果とは違う証明書が作成されますが、出力の形式は同じになるはずです。

▼ 例3.5　ルート証明書の生成結果

```
# openssl req -x509 -newkey rsa -out cacert.pem -outform PEM

Using configuration from /opt/exampleca/openssl.cnf
Generating a 2048 bit RSA private key
...........+++
................................................+++
writing new private key to '/opt/exampleca/private/cakey.pem'
Enter PEM pass phrase:
Verifying password - Enter PEM pass phrase:
-----
# openssl x509 -in cacert.pem -text -noout
Certificate:
    Data:
        Version: 3 (0x2)
        Serial Number: 0 (0x0)
        Signature Algorithm: md5WithRSAEncryption
        Issuer: CN=Example CA, ST=Virginia, C=US/Email=ca@exampleca.org, O=Root
   Certification Authority
        Validity
            Not Before: Jul 15 15:49:04 2002 GMT
            Not After : Aug 14 15:49:04 2002 GMT
        Subject: CN=Example CA, ST=Virginia, C=US/Email=ca@exampleca.org, O=Root
   Certification Authority
        Subject Public Key Info:
            Public Key Algorithm: rsaEncryption
            RSA Public Key: (2048 bit)
                Modulus (2048 bit):
                    00:e4:f6:93:55:b3:bd:52:40:d6:de:8e:7f:eb:1f:
                    34:f6:15:49:62:87:e5:d9:be:59:29:1a:2e:82:08:
                    15:82:f0:14:c8:6b:38:14:5b:85:ce:17:e6:88:59:
                    d4:0c:1b:be:22:4f:79:95:f6:19:22:e7:32:f5:96:
                    a8:23:02:69:6c:a1:bb:42:7a:e4:df:d2:23:11:5d:
                    fd:f8:9e:39:49:b6:3e:77:59:de:0b:31:27:77:ac:
                    6c:82:6c:31:3c:17:e0:1d:9f:c9:10:0b:51:89:48:
                    0d:81:28:8c:39:64:35:70:ae:f8:5f:fc:32:87:99:
                    95:5c:e9:93:a7:15:eb:6a:32:fd:ec:24:b3:fe:fc:
                    ed:91:6f:9c:66:ed:68:55:be:8d:39:20:58:48:12:
                    4e:76:c7:b1:8e:05:15:ee:0b:43:07:6a:d3:79:91:
                    a2:67:b5:83:74:7e:65:95:d4:f1:f6:01:c3:67:ab:
                    06:28:b8:95:f9:ee:4c:39:a9:95:1c:f4:48:aa:67:
                    48:88:6e:0b:6c:7a:62:d4:b0:0a:87:d2:d2:1b:6b:
                    4f:d2:cd:09:47:54:46:7b:58:56:15:64:32:f5:cb:
                    80:15:d7:77:e4:dd:96:90:39:24:bf:ad:63:d4:10:
                    c4:fd:ce:c4:21:9b:fc:db:4a:0b:69:a5:52:db:c3:
```

```
                            0c:5b
                Exponent: 65537 (0x10001)
        X509v3 extensions:
            X509v3 Basic Constraints:
                CA:TRUE
    Signature Algorithm: md5WithRSAEncryption
        23:de:18:60:91:38:57:80:4a:c0:1e:5c:af:7d:b4:5a:b3:c0:
        5f:e8:7a:e7:98:de:22:9c:22:d5:b2:5d:a3:96:51:64:47:63:
        37:bd:6d:0e:81:bf:de:45:db:5b:c7:da:8c:59:51:37:3a:ad:
        31:e4:ad:66:17:2b:a8:47:2a:54:bd:7c:4b:cf:12:b6:2d:d8:
        c0:59:a1:19:0d:b7:3b:0d:57:90:81:c3:a4:64:12:b9:9b:86:
        0e:57:63:10:1e:c1:f1:1c:f0:2e:3d:00:d5:c8:77:ee:e3:14:
        4f:26:cc:2a:33:d2:f4:10:d5:f8:b8:89:2d:62:4c:04:bd:8e:
        67:d4:82:3e:d8:22:8e:fe:11:6f:32:96:17:e3:c4:ca:9d:15:
        41:c0:33:4a:fe:70:fc:16:1b:69:48:4a:da:f0:33:74:74:3d:
        67:e6:bb:c9:d4:a0:5d:f5:54:56:99:f7:2b:c0:67:eb:14:36:
        fc:02:dc:fb:f2:a9:e5:15:52:6f:d6:75:e0:1a:ee:82:9c:70:
        ab:d0:85:14:20:2d:12:1b:71:3c:dc:f2:ca:e6:90:84:e4:b1:
        a5:47:35:2a:54:a1:f6:f8:f9:e3:ce:96:07:1f:e7:df:10:f7:
        02:67:01:19:1b:c0:38:8c:4f:44:87:0c:73:d4:5d:b2:df:27:
        c1:a4:0c:d2
```

例3.5の出力で、OpenSSLがDNを短縮形で表示する際に、標準とは異なる多少紛らわしい表現を使用していることに注意してください。この例では、`C=US/Email=ca@exampleca.org`という表現がその一例です。2つのフィールドを区切っているスラッシュが紛らわしいですが、DNではEmailフィールドとOフィールドが標準ではないため、このような表現になります。OpenSSLでは、標準のフィールドを先に並べて表示し、スラッシュで区切ってから非標準のフィールドを表示します。

証明書の発行

CAのセットアップがすべて完了したので、証明書を発行して試運転といきましょう。そのためには、証明書要求が必要です。ここで、証明書要求の作成方法を紹介しておきます。証明書を発行する対象全員のために証明書要求と証明書を作成してあげるつもりでもない限り、おそらく、証明書要求を提出する方法を誰かに教える必要が生じます。さもないと、誰も証明書要求を使用できません。いずれにしても、自分自身で証明書要求を作成できるようにしておく必要はあるでしょう。

証明書要求を作成するには、まず、シェルを`OPENSSL_CONF`環境変数の設定されていないクリーンな状態にして、デフォルトの設定ファイルが使用されるようにセットします。先ほどの設定ファイルはここでは使用しません。あれは、例として構築したCAだけが使用するものであり、証明書要求の生成はCAの機能とはまるで無関係だからです。

証明書要求を生成するためのコマンドは、ルート証明書の作成に使用したコマンドとほぼ同じで、コマンドラインツールの`req`コマンドを使用しますが、パラメータの指定をいくつか追加する必要があります。ただし、操作は対話形式になり、証明書要求の識別名に入力する情報が要求されます。例3.6に、証明書要求を生成した際の出力を示します。

▼ 例3.6　証明書要求の生成[†11]

```
# openssl req -newkey rsa:1024 -keyout testkey.pem -keyform PEM -out
testreq.pem -outform PEM

Using configuration from /usr/share/ssl/openssl.cnf
Generating a 1024 bit RSA private key
.........++++++
.........++++++
writing new private key to 'testkey.pem'
Enter PEM pass phrase:
Verifying password - Enter PEM pass phrase:
-----
You are about to be asked to enter information that will be incorporated
into your certificate request.
What you are about to enter is what is called a Distinguished Name or a DN.
There are quite a few fields but you can leave some blank
For some fields there will be a default value,
If you enter '.', the field will be left blank.
-----
Country Name (2 letter code) [AU]:US
State or Province Name (full name) [Some-State]:Virginia
Locality Name (eg, city) []:Manassas
Organization Name (eg, company) [Internet Widgits Pty Ltd]:Test Request
Organizational Unit Name (eg, section) []:
Common Name (eg, your name or your server's hostname) []:www.exampleca.org
Email Address []:ca@exampleca.org

Please enter the following 'extra' attributes
to be sent with your certificate request
A challenge password []:cloud noon sundry presto madrid baker
An optional company name []:Examples-R-Us, Inc.
```

このコマンドの実行結果、testreq.pemとtestkey.pemという2つのファイルが作成されます。testreq.pemには例3.7に示す証明書要求が入り、testkey.pemにはこの証明書要求に埋め込まれた公開鍵に対応する秘密鍵が入ります。すなわち、新しい鍵の対も、証明書要求を生成するプロセスの際に生成されます。また、生成の際に入力を要求される最初のパスフレーズは、秘密鍵の暗号化に使用するパスフレーズです。このチャレンジパスフレーズは証明書要求に格納されるか、そうでなければ無視されます。ただし、CAによってはこれが利用される場合もあります。

▼ 例3.7　生成された証明書要求

```
# openssl req -in testreq.pem -text -noout
Using configuration from /usr/share/ssl/openssl.cnf
Certificate Request:
    Data:
        Version: 0 (0x0)
        Subject: C=US, ST=Virginia, L=Manassas, O=Test Request,
CN=www.exampleca.org/Email=ca@exampleca.org
        Subject Public Key Info:
            Public Key Algorithm: rsaEncryption
```

[†監訳注11]　Webで実験するときには、common nameは、利用するWebサーバと同じにしましょう。違う場合、ブラウザで警告が出てしまいます。

```
                RSA Public Key: (1024 bit)
                    Modulus (1024 bit):
                        00:d8:a5:1b:c6:b6:e4:75:bf:f3:e3:ce:29:1d:ab:
                        e2:5b:0d:bb:2e:94:de:52:a1:20:51:b1:77:d9:42:
                        a3:6c:26:1f:c3:3e:58:8f:91:b1:b3:ed:bd:7c:62:
                        1c:71:05:3b:47:ff:1a:de:98:f3:b4:a6:91:fd:91:
                        26:db:41:76:85:b5:10:3f:c2:10:04:26:4f:bc:03:
                        39:ff:b9:42:d0:d3:2a:89:db:91:8e:75:6d:f5:71:
                        ec:96:e8:d6:03:29:8e:fe:20:3f:5d:d8:cb:14:5e:
                        e5:64:fc:be:fa:d1:27:42:b6:72:eb:b4:16:16:71:
                        77:d3:0e:8c:cc:87:16:fc:41
                    Exponent: 65537 (0x10001)
                Attributes:
                    unstructuredName        :drowssap egnellahc
                    challengePassword       :drowssap egnellahc
                Signature Algorithm: md5WithRSAEncryption
                    25:aa:ca:78:64:fa:29:46:cf:dc:df:d9:95:dd:48:24:bf:4f:
                    7b:7e:f4:09:76:96:c4:c5:b1:10:9b:64:95:19:30:8d:cd:d0:
                    da:ac:b2:21:5e:34:e6:be:7b:41:52:2c:b3:e7:d4:dc:99:e5:
                    a0:c2:46:12:9f:ef:99:0e:03:89:c1:f9:db:0d:0d:21:1b:e2:
                    da:4e:23:ef:c1:aa:1b:24:b5:ce:53:a1:05:08:6e:4a:85:78:
                    6e:71:ef:bc:36:48:5c:3e:ee:b1:bb:28:f4:31:df:23:a9:89:
                    96:35:1b:b4:01:f9:63:4d:46:b4:ed:5d:be:1d:28:50:1c:86:
                    43:5e
```

証明書要求が作成できたので、CAを使用して証明書を発行します。例をわかりやすく説明するため、この先で使用する証明書要求testreq.pem（先ほど作成したもの）は、CAのルートディレクトリにあるものとします。OPENSSL_CONF変数がCAの設定ファイルに設定されていることを確認し、コマンドを実行して証明書を生成します（例3.8）。

▼ 例3.8 証明書要求による証明書の発行

```
# openssl ca -in testreq.pem
Using configuration from /opt/exampleca/openssl.cnf
Enter PEM pass phrase:
Check that the request matches the signature
Signature ok
The Subjects Distinguished Name is as follows
countryName           :PRINTABLE:'US'
stateOrProvinceName   :PRINTABLE:'Virginia'
localityName          :PRINTABLE:'Manassas'
organizationName      :PRINTABLE:'Test Request'
commonName            :PRINTABLE:'www.exampleca.org'
emailAddress          :IA5STRING:'ca@exampleca.org'
Certificate is to be certified until Jan 14 04:31:25 2003 GMT (365 days)
Sign the certificate? [y/n]:y

1 out of 1 certificate requests certified, commit? [y/n]y
Write out database with 1 new entries
Certificate:
    Data:
        Version: 3 (0x2)
        Serial Number: 1 (0x1)
        Signature Algorithm: md5WithRSAEncryption
        Issuer: CN=Example CA, ST=Virginia, C=US/Email=ca@exampleca.org, O=Root
Certificate Authority
        Validity
            Not Before: Jan 14 04:58:29 2002 GMT
```

```
            Not After : Jan 14 04:58:29 2003 GMT
        Subject: CN=www.exampleca.org, ST=Virginia, C=US/
Email=ca@exampleca.org, O=Test Request
        Subject Public Key Info:
            Public Key Algorithm: rsaEncryption
            RSA Public Key: (1024 bit)
                Modulus (1024 bit):
                    00:d8:a5:1b:c6:b6:e4:75:bf:f3:e3:ce:29:1d:ab:
                    e2:5b:0d:bb:2e:94:de:52:a1:20:51:b1:77:d9:42:
                    a3:6c:26:1f:c3:3e:58:8f:91:b1:b3:ed:bd:7c:62:
                    1c:71:05:3b:47:ff:1a:de:98:f3:b4:a6:91:fd:91:
                    26:db:41:76:85:b5:10:3f:c2:10:04:26:4f:bc:03:
                    39:ff:b9:42:d0:d3:2a:89:db:91:8e:75:6d:f5:71:
                    ec:96:e8:d6:03:29:8e:fe:20:3f:5d:d8:cb:14:5e:
                    e5:64:fc:be:fa:d1:27:42:b6:72:eb:b4:16:16:71:
                    77:d3:0e:8c:cc:87:16:fc:41
                Exponent: 65537 (0x10001)
        X509v3 extensions:
            X509v3 Basic Constraints:
                CA:FALSE
    Signature Algorithm: md5WithRSAEncryption
        13:33:75:8e:a4:05:9b:76:de:0b:d0:98:b8:86:2a:95:5a:13:
        0b:14:c7:48:83:f3:95:0e:3e:bf:76:04:f7:ab:ae:cc:cd:76:
        ae:32:77:ea:8c:96:60:28:52:4e:89:c5:ed:85:68:47:68:95:
        74:53:9f:dc:64:95:62:1a:b0:21:09:76:75:14:25:d4:fd:17:
        de:f9:87:7f:d5:dc:e4:41:1e:ad:f6:7b:2d:bf:a6:8a:cd:65:
        60:3b:71:74:bc:4d:0d:94:5a:22:c4:35:de:b0:19:46:f3:c1:
        bb:c5:e0:d4:f7:a2:92:65:ec:40:4c:cc:d4:b7:a3:84:bd:a9:
        b0:86
-----BEGIN CERTIFICATE-----
MIICcjCCAdugAwIBAgIBATANBgkqhkiG9w0BAQQFADB7MRMwEQYDVQQDEwpFeGFt
cGxlIENBMREwDwYDVQQIEwhWaXJnaW5pYTELMAkGA1UEBhMCVVMxHzAdBgkqhkiG
9w0BCQEWEGNhQGV4YW1wbGVjYS5vcmcxIzAhBgNVBAoTGlJvb3QgQ2VydGlmaWNh
dGUgQXV0aG9yaXR5MB4XDTAyMDExNDA0NTgyOVoXDTAzMDExNDA0NTgyOVowdDEa
MBgGA1UEAxMRd3d3LmV4YW1wbGVjYS5vcmcxETAPBgNVBAgTCFZpcmdpbmlhMQsw
CQYDVQQGEwJVUzEfMB0GCSqGSIb3DQEJARYQY2FAZXhhbXBsZWNhLm9yZzEVMBMG
A1UEChMMVGVzdCBSZXF1ZXN0MIGfMA0GCSqGSIb3DQEBAQUAA4GNADCBiQKBgQDY
pRvGtuR1v/Pjzikdq+JbDbsulN5SoSBRsXfZQqNsJh/DPliPkbGz7b18YhxxBTtH
/xremPO0ppH9kSbbQXaFtRA/whAEJk+8Azn/uULQ0yqJ25GOdW31ceyW6NYDKY7+
ID9d2MsUXuVk/L76OSdCtnLrtBYWcXfTDozMhxb8QQIDAQABow0wCzAJBgNVHRME
AjAAMA0GCSqGSIb3DQEBBAUAA4GBABMzdY6kBZt23gyQmLiGKpVaEwsUx0iD85UO
Pr92BPerrszNdq4yd+qMlmAoUk6Jxe2FaEdolXRTn9xklWIasCEJdnUUJdT9F975
h3/V3ORBHq32ey2/porNZWA7cXS8TQ2UWiLENd6wGUbzwbvF4NT3opJl7EBMzNS3
o4S9qbCG
-----END CERTIFICATE-----
Data Base Updated
```

最初に、OpenSSL からパスフレーズを要求されます。ここで要求されるのは、証明書要求用のパスフレーズではなく、CA の秘密鍵用のパスフレーズです。その秘密鍵は、新しい証明書への署名に使用されます。所有者の識別名が表示された後、証明書に署名することを確認するプロンプトが表示されます。証明書要求は、本来なら証明書を発行してもらいたい人から届くものなので、証明書を発行する前にその証明書要求に示されている情報が正しいことを確認すべきです。次に、最終的なプロンプトが表示され、証明書をこの CA のデータベースにコミットするかどうかを確認します。最後に、新しい証明書が stdout に出力されて、コマンドが終了します。

表示される確認プロンプトは、batchオプションを使用することによって、非表示にして自動的に肯定の応答をするようにもできます。これは、OpenSSLコマンドラインツールをベースにしてシステムを構築している場合や、要求される情報を既に自分の目で確認しており、プロンプトを表示させたくない場合に便利です。また、複数の証明書要求に対し、1つのコマンドで複数の証明書を発行することもできます。例えば、証明書の発行が必要な証明書要求が3つあるとします。このような場合は、inオプションの代わりにinfilesオプションを使用してください[†12]。このオプションの直後に、処理対象のファイルのリストを記述します。infilesオプションを使用する場合は、このオプションを最後に指定しなければならない点に注意してください。これより後のものは、すべて入力ファイルの名前と見なされます。

　作成された証明書は、設定ファイルのnew_certs_dirキーで指定したディレクトリにも出力されます。PEM形式で出力され、証明書のシリアル番号と.pem拡張子から成るファイル名が付けられます。証明書作成時の標準出力への出力に際しては、notextオプションを使用することで、画面表示を無効にすることもできます。outオプションを使用すると、証明書の出力先のファイルの名前を指定できます。outオプションを使用する場合は、notextオプションも使用したほうがよいでしょう。その場合も、new_certs_dirディレクトリ（この例では/opt/exampleca/certs）に出力されるものと同一の証明書がファイルに記述されます。outオプションを使用すると、これまでに発行した証明書をすべて検索しなくても、そのなかで番号が最も大きなものを選んで所有者に渡すことができます。

　このコマンドが完了し、証明書が発行されたら、作成済みのサブディレクトリcertsに新しいファイルができているはずです。このファイルが発行された証明書です。また、OpenSSLのCAのデータベースであるindex.txtにも情報が追加されていることがわかります。最後に、serialファイル内のシリアル番号がインクリメントされていることも確認してください。作成された証明書のテキストダンプを見ると、「1」というシリアル番号が割り当てられていることに気付きます。これは、シリアル番号ファイルをもとに割り当てた番号です。

証明書の失効

　このCAで発行した最初の証明書は、CAが正常に動作することを確認するためのテスト用の証明書にすぎませんでした。この証明書が正常に発行されたことは確認できましたが、実際にこの証明書を誰でも使用できるようにしたいわけではありません。よって、この証明書は失効させる必要があります。これは、OpenSSLのCAコマンドを使用して証明書が失効する仕組みを理解する絶好のチャンスです。

[†監訳注12] 逆に、inを使うような場合にもinfilesで問題ないようです。つまり、infilesだけ覚えれば十分です。

証明書の失効プロセスは簡単です。失効させる証明書のコピー以外は何も必要ありません。発行した証明書のコピーを残していない場合でも、構築したCAのディレクトリには残っています。そこから証明書のコピーを取得することはできますが、CAは発行した証明書を格納するファイルの名前に各証明書のシリアル番号をそのまま使用するので、コピーを自分で残しておき、そのファイルに意味のある名前を付けておくほうがずっと簡単です。前節の例では、コマンドを使用してテスト証明書を作成したので、自分用にコピーを残しませんでしたが、発行した証明書は1つだけなので、簡単に証明書ファイルのコピーを入手できます。この証明書ファイルのコピーをCAのルートディレクトリに作成し、`testcert.pem`という名前を付けます。その後、caコマンドのrevokeオプションに指定する証明書として、このファイルを使用します（例3.9）。

▼ 例3.9　証明書の失効

```
# cp certs/01.pem testcert.pem
# openssl ca -revoke testcert.pem
Using configuration from /opt/exampleca/openssl.cnf
Enter PEM pass phrase:
Revoking Certificate 01.
Data Base Updated
```

　ここでも、コマンドラインツールからパスフレーズの入力を求められます。ここで要求されているのは、CAの秘密鍵用のパスフレーズです。この鍵が実際に証明書失効プロセスで行われる署名に使用されることはありませんが、証明書がこのCAのものかを検証するために、またこのCAを使用する権限を持たない人が発行済みの証明書を失効できないようにするためのセキュリティ確保の手段として、秘密鍵が必要になります。

　この証明書に変更が加えられることはありません。実際、証明書が失効したという印がCAのデータベースに加えられることだけです。証明書は一度発行されると修正できないことを覚えておいてください。一度発行された証明書は野に放たれたも同然であり、実在するコピーをすべて更新できたかを確認する方法がないからです。そこで、CRLの出番です。先ほど、このCAで発行した最初の証明書を失効させましたが、失効を認識している唯一の存在はCA自身です。しかし、これでは誰の役にも立ちません。この証明書を使用する可能性のあるすべての人が、証明書が失効したことを知る必要があります。だからこそ、CRLを発行する必要があるのです。

　最初のCRLを発行するときには、CRLをどの頻度で発行するかという初期の方針を設定します。先ほどの構成では、週に一度発行すると指定しました。CRLが利用可能になるとき、そのCRLには、次に新しいCRLが発行される時期を示すフィールドが記述されます。つまり、CRLにはそれぞれ有効期限があるので、現在のCRLの期限が切れたら次のCRLを取得しなければならないのです。証明書が新たに失効されるかどうかにかかわらず、古いCRLが期限切れになったら新しいCRLを作成する必要があります。

CRLは定期的にスケジュールされた間隔で発行すべきですが、新しいCRLが必要になったときに作成して発行しても構いません。実際、やり方としてはそのほうが好ましいといえます。取得したCRLをキャッシュに格納するようなソフトウェアばかりとは限りません。自動的に取得する場合は特にそうです。したがって、発行の間隔が長い場合は、現在のCRLが期限切れになるまで待つのではなく、情報をできるだけ最新の状態にしておくのがベストです。

新しいCRLの発行時期の前にCRLを発行することで、CAから複数のCRLが配布された状態になる可能性がありますが、それは問題ありません。通常、CRLには追加されたデータしか入っていません。また、古いデータは徐々に削除されます。失効した証明書が期限切れになり、失効したというステータスから外れるからです。ただし、CAによっては、期限切れになった証明書でもそのCRLに残しておく場合があります。証明書の期限が切れた後の短期間だけで考えれば、これも悪くはないかもしれませんが、一般にこの情報をいつまでも残しておくのは感心しません。すぐに削除しないと、CRLがかなり大きくなり、時間と帯域幅の両面で配布に要するコストが増加しかねないからです。

それでは、説明はこれくらいにして、最初のCRLを発行することにしましょう。CRLを発行するには、`gencrl`オプションで`ca`コマンドを実行します。その際、作成されたCRLを出力するファイルの名前を`out`オプションで指定してください（例3.10）。CAの秘密鍵を保護するパスフレーズを入力するように要求されます。このパスフレーズは、生成されたCRLに署名するために使います。

コマンドが正常に終了しても、処理が成功したというメッセージは標準出力に出力されません。ただし、問題があれば、該当するエラーメッセージが出力されます。-outオプションで指定したファイルに出力されていることを確認すれば、コマンドが正常に終了したことがわかります。このファイルでは、コマンドラインツールの`crl`コマンドを使用して、作成したCRLの詳細を調べることができます。

▼ 例3.10　証明書失効リストの作成、確認、検証

```
# openssl ca -gencrl -out exampleca.crl

Using configuration from /opt/exampleca/openssl.cnf
Enter PEM pass phrase:

# openssl crl -in exampleca.crl -text -noout

Certificate Revocation List (CRL):
        Version 1 (0x0)
        Signature Algorithm: md5WithRSAEncryption
        Issuer: /CN=Example CA/ST=Virginia/C=US/Email=ca@exampleca.org/O=Root Ce
rtificate Authority
        Last Update: Jan 14 05:42:08 2002 GMT
        Next Update: Jan 21 05:42:08 2002 GMT
Revoked Certificates:
```

```
            Serial Number: 01
                Revocation Date: Jan 14 05:16:43 2002 GMT
            Signature Algorithm: md5WithRSAEncryption
                32:73:3b:e5:b4:f6:2d:57:58:15:e8:87:05:23:27:c3:5d:e5:
                10:a0:5d:1d:09:68:27:b8:8c:70:5c:5d:4a:0d:07:ff:63:09:
                2d:df:61:13:7b:ea:5a:49:74:3b:0a:e9:2b:2d:92:3e:4d:c6:
                f4:4f:18:fa:c9:9e:f7:bb:92:b5:ed:46:14:a1:c2:25:5d:3f:
                9d:5a:b4:c9:63:5f:06:fc:04:22:0b:80:aa:fd:77:a5:16:9d:
                36:47:f7:e9:5b:95:16:ff:bb:e6:db:98:3c:2a:aa:bd:4f:91:
                eb:20:86:44:09:7f:ef:62:69:ef:db:1e:79:7e:24:70:72:34:
                cf:1e
# openssl crl -in exampleca.crl -noout -CAfile cacert.pem
verify OK
```

CRLのテキストダンプを見れば、署名に使用されたアルゴリズム、CRLを発行したCA、発行された時期、次のリストが発行される時期、およびCRLに含まれている証明書の一覧を確認できます。また、`crl`コマンドを使用してCRLへの署名を検証することもできます。そうするためには、署名に使用された証明書のコピーが手元になければなりません。

例3.10を見ると、生成されたCRLのバージョンが1であることがわかります。設定ファイルの`ca`セクションで`crl_extensions`キーを指定しない限り、OpenSSLのデフォルトではこのように作成されます。自分の証明書で使用するすべてのソフトウェアがバージョン2を間違いなくサポートしているのでない限り、バージョン1のCRL以外は絶対に作成しないのが得策でしょう。バージョン2のCRLをサポートしており、それをどうしても生成したいというソフトウェアでは、バージョン1とバージョン2の両方のリストを作成するようにしてください。

なお、CRLを発行する方法については説明を省略します。例えば、全員が安全なHTTPを介してCRLを取得できるようにするというのも1つの方法です。

● Support Infrastructure ●

第4章

OpenSSL が提供する基盤

　OpenSSL ライブラリは多数のパッケージから構成されています。低レベルな一部のパッケージは単体で使用できますが、より高レベルなパッケージでは、複数の低レベルなパッケージを利用することがあります。OpenSSL ライブラリを効果的に使用するには、すでに説明した暗号技術の基本的な概念を理解することが重要ですが、それ以上に、補助的なパッケージの機能に慣れ親しむことも重要です。

　本章では、次章以降で説明する高レベル API と併用して最大限に活用できる、低レベル API に焦点を当てて説明します。まず、POSIX スレッドを使用する Windows および UNIX プラットフォーム用の補助ライブラリを紹介しながら、マルチスレッド環境で OpenSSL ライブラリを使用するときに必要な要件を明らかにしていきます。また、OpenSSL のエラー処理機能とその入出力インタフェースも説明します。いずれも、ほかの大半の開発ライブラリにおける仕組みとはまるで異なっています。また、前述したとおり、OpenSSL は任意の精度の数値演算や安全な乱数生成のためのパッケージも備えています。こうしたパッケージは、どちらも強力な暗号技術の基盤になるものです。本書では、これらについても触れることにします。

　本章では、パッケージについて説明する際に、すべて使用方法と例を示しています。また、開発者が陥りやすい落とし穴についても説明します。

　なお、本章で取り上げる題材の一部が直接関係なかったり、興味を感じなかったりする場合は、飛ばして先に進んでも構いません。必要に応じて本章に戻ってください。

4.1 マルチスレッドのサポート

　最近では、ほとんどのOSがマルチスレッド化されたアプリケーションをサポートしています。アプリケーション側でも、このサービスを活用することが一般的になってきています。OpenSSLがマルチスレッド環境で使用できることは間違いありません。しかし、プログラムをスレッドセーフなものにするためには、開発者自身にある程度の心がけが必要です。OpenSSLについては、多くの開発者が、このライブラリが最初からスレッドセーフであり、アプリケーションで何も特別なことをする必要はないと思い込み、勘違いしているようです。言うまでもなく、これは誤った思い込みです。マルチスレッド環境で使えるようにOpenSSLをうまく設定していないと、思いがけない動作を起こしたり、無作為に見えるクラッシュが発生したりしかねません。これらは、デバッグが非常に困難です。

　OpenSSLでは、操作をアトミック（不可分）に実行しなければならないデータ構造体を数多く使用します。つまり、このような構造体に対して複数のスレッドが同時にアクセスしないことが保証されなければなりません。2つ以上のスレッドが同じ構造体を同時に操作できるようになっていると、どのスレッドによる変更が適用されるのか、予測するすべがありません。さらに、操作が混同してしまうおそれもあります。つまり、最初のスレッドによる変更が一部適用されている間に、2つ目のスレッドによる変更が行われる可能性があります。いずれにしても結果を予測できないので、構造体がスレッドセーフになるような手順を踏まなければなりません。

　OpenSSLでは、データ構造体のスレッドセーフを実現するために、各スレッドがアクセス許可を得る前にミューテックスと呼ばれる相互に排他的なロックを取得して、構造体を保護しなければならないようにしています。データ構造体に対する処理が終了すると、スレッドはミューテックスを解放し、別のスレッドがロックを取得してデータ構造体にアクセスできるようにします。ミューテックスを作成、破棄、取得、および解放するメカニズムを、OpenSSLが直接呼び出すわけではありません。これは、OpenSSLが、スレッドの実装方法が異なる複数のプラットフォームで使用できるように設計されているためです。そのため、プラットフォームに適した方法でミューテックスを操作するのは、アプリケーションプログラムの役目になります。OpenSSLでミューテックスを扱うには、そのためのコールバック関数をアプリケーションが用意し、それをOpenSSLに登録します。

　アプリケーションがマルチスレッド環境で安全に動作するために用意すべきコールバック関数には、静的ロックと動的ロックという2つの種類があります。静的ロックは、OpenSSLが利用できるミューテックスを、あらかじめ決められた数だけ提供するコールバックです。動的ロックは、OpenSSLが必要に応じてミューテックスを作成できるようなコールバックです。OpenSSLでは、本書執筆時点では動的ロックを使用できる

ようになっていませんが、将来的に使用できるような仕組みは用意されています。最小限の修正をしながら長期的に使用するつもりのアプリケーションを開発するなら、静的ロックと動的ロックの両方を今のうちから実装しておくのが無難でしょう。

静的ロックのコールバック

　静的ロックの場合は、アプリケーションで2つのコールバック関数を用意する必要があります。さらに、アプリケーションは、これらの関数が存在することをOpenSSLに伝えなければなりません。これにより、OpenSSLでは、適切なときにそれらの関数を呼び出せばよいことがわかります。最初のコールバック関数は、ロックの取得または解除に使用するもので、次のように定義されます。

```
void locking_function(int mode, int n, const char *file, int line);
```

- mode
  ロック関数がどのように動作すべきか指定します。`CRYPTO_LOCK`フラグが指定された場合は、ロックを取得すべきであることを示します。それ以外の場合はロックを解除すべきであることを示します。

- n
  取得または解除すべきロックの数を指定します。数値は0から始まります。つまり、最初のロックは0番目として識別されます。この値は、`CRYPTO_num_locks`関数の戻り値以上になることはありません。

- file
  ロック操作の実行を要求しているソースファイルの名前を指定します。これはデバッグを容易にするための引数で、通常は`__FILE__`プリプロセッサマクロで指定されます。

- line
  ロック操作の実行を要求しているソースの行番号を指定します。fileと同様、デバッグを目的とした引数で、通常は`__LINE__`プリプロセッサマクロで指定されます。

　次のコールバック関数は、関数を呼び出したスレッドに一意な識別子を取得するものです。例えば、Windowsの`GetCurrentThreadId`がこれに相当します。後述するいくつかの理由により、この関数が戻す値は、同一スレッドから呼び出された場合は常に同じですが、同一プロセスから呼び出された場合は、プロセス内のスレッドごとに異なります。このことは重要なのでよく覚えておいてください。この関数の戻り値は、一意の識別子でなければなりません。この関数の定義は次のとおりです。

```
unsigned long id_function(void);
```

例4.1では、CRYPTO_set_id_callbackとCRYPTO_set_locking_callbackという、2つのOpenSSLライブラリ関数を新たに紹介します。これらの関数を使えば、静的ロック用に実装したコールバック関数について、OpenSSLに伝えることができます。これらの関数にコールバック関数へのポインタを渡してコールバックを行ったり、BIOを渡してコールバックを削除したりすることができます。

▼例4.1　WIN32およびPOSIXスレッドシステム用の静的ロックのコールバック関数

```c
int THREAD_setup(void);
int THREAD_cleanup(void);

#if defined(WIN32)
    #define MUTEX_TYPE          HANDLE
    #define MUTEX_SETUP(x)      (x) = CreateMutex(NULL, FALSE, NULL)
    #define MUTEX_CLEANUP(x)    CloseHandle(x)
    #define MUTEX_LOCK(x)       WaitForSingleObject((x), INFINITE)
    #define MUTEX_UNLOCK(x)     ReleaseMutex(x)
    #define THREAD_ID           GetCurrentThreadId()
#elif defined(_POSIX_THREADS)
    /* _POSIX_THREADSは、pthreadが利用できるプラットフォームであれば、
       通常はunistd.hで定義されている */
    #define MUTEX_TYPE          pthread_mutex_t
    #define MUTEX_SETUP(x)      pthread_mutex_init(&(x), NULL)
    #define MUTEX_CLEANUP(x)    pthread_mutex_destroy(&(x))
    #define MUTEX_LOCK(x)       pthread_mutex_lock(&(x))
    #define MUTEX_UNLOCK(x)     pthread_mutex_unlock(&(x))
    #define THREAD_ID           pthread_self()
#else
    #error You must define mutex operations appropriate for your platform!
#endif

/* OpenSSLが利用するミューテックスを格納する配列 */
static MUTEX_TYPE *mutex_buf = NULL;

static void locking_function(int mode, int n, const char * file, int line)
{
    if (mode & CRYPTO_LOCK)
        MUTEX_LOCK(mutex_buf[n]);
    else
        MUTEX_UNLOCK(mutex_buf[n]);
}

static unsigned long id_function(void)
{
    return ((unsigned long)THREAD_ID);
}

int THREAD_setup(void)
{
    int i;

    mutex_buf = (MUTEX_TYPE *)malloc(CRYPTO_num_locks() * sizeof(MUTEX_TYPE));
    if (!mutex_buf)
        return 0;
    for (i = 0;  i < CRYPTO_num_locks();  i++)
```

```
        MUTEX_SETUP(mutex_buf[i]);
    CRYPTO_set_id_callback(id_function);
    CRYPTO_set_locking_callback(locking_function);
    return 1;
}

int THREAD_cleanup(void)
{
    int i;

    if (!mutex_buf)
        return 0;
    CRYPTO_set_id_callback(NULL);
    CRYPTO_set_locking_callback(NULL);
    for (i = 0;  i < CRYPTO_num_locks();  i++)
        MUTEX_CLEANUP(mutex_buf[i]);
    free(mutex_buf);
    mutex_buf = NULL;
    return 1;
}
```

　例 4.1 の静的ロック関数を使うには、プログラムでスレッドを開始したり OpenSSL の関数を呼び出したりする前に、関数の呼び出しを 1 回実行して `THREAD_setup` を呼び出さなければなりません。`THREAD_setup` は、通常は 1 を返しますが、ミューテックスの保持に必要なメモリを割り当てることができない場合は 0 を返します。例 4.1 のコードでは、個々のミューテックスの初期化がすべて成功することを前提にしていますが、これは必ずしも成功するとは限りません。実際にプログラムを作成する際には、エラー処理用のコードを追加するのが賢明です。`THREAD_setup` を呼び出し、正常な値が返されたら、複数のスレッドから OpenSSL への呼び出しを安全に行うことができるようになります。プログラムのスレッドが終了するか、OpenSSL の利用が完了したときには、`THREAD_cleanup` を呼び出して、ミューテックス構造体として使用したメモリを回収してください。

動的ロックのコールバック

　動的ロックのメカニズムには、`CRYPTO_dynlock_value` というデータ構造体と、3 つのコールバック関数が必要です。`CRYPTO_dynlock_value` 構造体は、ミューテックスに必要なデータを保持するためのものです。また、3 つの関数は、それぞれ、ミューテックスの作成、ロック / ロック解除、ミューテックスの破棄の操作に対応します。静的ロックの場合と同様、適切なときに OpenSSL がこれらの関数を呼び出せるように、これらのコールバック関数について OpenSSL に伝える必要もあります。

　まず必要なのが、`CRYPTO_dynlock_value` 構造体の定義です。例 4.1 で作成した静的ロックのサポートをもとにして作成するので、プラットフォーム別のマクロ定義も先ほどのものを使用します。また、あくまでも例として紹介するものなので、この構造体はメンバが 1 つしかないきわめて単純なものです。

```
struct CRYPTO_dynlock_value
{
    MUTEX_TYPE mutex;
};
```

コールバック関数としては、最初に、OpenSSLがデータ構造体の保護に使用する新しいミューテックスを作成するための関数を定義します。構造体の保護には、メモリを割り当てる必要があります。また、構造体に必要なあらゆる初期化も実行すべきです。新たに作成され、初期化されたミューテックスは、関数に依存せずに返されるようにします。このコールバック関数の定義は、次のとおりです。

```
struct CRYPTO_dynlock_value *dyn_create_function(const char *file,
                                                 int line);
```

- file
  ミューテックスの作成を要求しているソースファイルの名前を指定します。これは、デバッグを容易にするための引数であり、通常は __FILE__ プリプロセッサマクロで指定します。

- line
  ミューテックスの作成を要求しているソースの行番号を指定します。fileと同様、デバッグを目的とした引数で、通常は __LINE__ プリプロセッサマクロで指定します。

次のコールバック関数は、ミューテックスの取得と解放に使用します。この関数の動作は、対応する静的ロックメカニズムのコールバック関数とほとんど同じように動作し、同じ処理を実行します。定義は次のとおりです。

```
void dyn_lock_function(int mode, struct CRYPTO_dynlock_value
                       *mutex, const char *file, int line);
```

- mode
  ロック関数がどのように動作すべきか指定します。CRYPTO_LOCK フラグが指定された場合は、ロックを取得すべきであることを示します。それ以外の場合はロックを解除すべきであることを示します。

- mutex
  取得または解放するミューテックスを指定します。NULL を指定することはできません。ミューテックス作成用のコールバック関数の最初に作成され、初期化されているミューテックスを指定します。

- **file**
  ロック操作の実行を要求しているソースファイルの名前を指定します。これはデバッグを容易にするための引数であり、通常は __FILE__ プリプロセッサマクロで指定されます。

- **line**
  ロック操作の実行を要求しているソース行番号を指定します。fileと同様、デバッグを目的とした引数で、通常は __LINE__ プリプロセッサマクロで指定されます。

3番目のコールバック関数は、OpenSSLが必要としなくなったミューテックスを破棄する際に使用します。この関数では、ミューテックスの破棄をプラットフォームに適した方法で実行し、CRYPTO_dynlock_value構造体に割り当てられたメモリをすべて解放しなければなりません。定義は次のとおりです。

```
void dyn_destroy_function(struct CRYPTO_dynlock_value *mutex,
                          const char *file, int line);
```

- **mutex**
  破棄すべきミューテックスを指定します。NULLを指定することはできません。ミューテックス作成用のコールバック関数の最初に作成され、初期化されているミューテックスを指定します。

- **file**
  ミューテックスの破棄を要求しているソースファイルの名前を指定します。これはデバッグを容易にするための引数であり、通常は __FILE__ プリプロセッサマクロで指定されます。

- **line**
  ミューテックスの破棄を要求しているソースの行番号を指定します。fileと同様、デバッグを目的とした引数で、通常は __LINE__ プリプロセッサマクロで指定されます。

例4.1の静的ロックメカニズムのコードを使用すれば、動的ロックメカニズムの実装も簡単に作成できます。例4.2は、3つの動的ロック用のコールバック関数を実装したものです。例4.2には、静的ロックメカニズムに加えて、動的ロックメカニズムもサポートできるように拡張したTHREAD_setupとTHREAD_cleanup関数の新バージョンが含まれています。この2つの関数に対して修正した箇所は、動的ロック用のコールバック関数の導入と削除を行うために、適切なOpenSSLライブラリを呼び出している部分だけです。

▼ 例 4.2　動的ロックメカニズムをサポートするためのライブラリの拡張
```
struct CRYPTO_dynlock_value
{
    MUTEX_TYPE mutex;
};

static struct CRYPTO_dynlock_value * dyn_create_function(const char *file,
                                                         int line)
{
    struct CRYPTO_dynlock_value *value;

    value = (struct CRYPTO_dynlock_value *)malloc(sizeof(
                            struct CRYPTO_dynlock_value));
    if (!value)
        return NULL;
    MUTEX_SETUP(value->mutex);
    return value;
}

static void dyn_lock_function(int mode, struct CRYPTO_dynlock_value *l,
                              const char *file, int line)
{
    if (mode & CRYPTO_LOCK)
        MUTEX_LOCK(l->mutex);
    else
        MUTEX_UNLOCK(l->mutex);
}

static void dyn_destroy_function(struct CRYPTO_dynlock_value *l,
                                 const char *file, int line)
{
    MUTEX_CLEANUP(l->mutex);
    free(l);
}

int THREAD_setup(void)
{
    int i;

    mutex_buf = (MUTEX_TYPE *)malloc(CRYPTO_num_locks() * sizeof(MUTEX_TYPE));
    if (!mutex_buf)
        return 0;
    for (i = 0;  i < CRYPTO_num_locks();  i++)
        MUTEX_SETUP(mutex_buf[i]);
    CRYPTO_set_id_callback(id_function);
    CRYPTO_set_locking_callback(locking_function);

    /* 次の CRYPTO_… で始まる 3 つの関数は、上記で定義したコールバックを
       登録するための OpenSSL の関数 */
    CRYPTO_set_dynlock_create_callback(dyn_create_function);
    CRYPTO_set_dynlock_lock_callback(dyn_lock_function);
    CRYPTO_set_dynlock_destroy_callback(dyn_destroy_function);

    return 1;
}

int THREAD_cleanup(void)
{
    int i;
```

```
    if (!mutex_buf)
        return 0;
    CRYPTO_set_id_callback(NULL);
    CRYPTO_set_locking_callback(NULL);
    CRYPTO_set_dynlock_create_callback(NULL);
    CRYPTO_set_dynlock_lock_callback(NULL);
    CRYPTO_set_dynlock_destroy_callback(NULL);
    for (i = 0;  i < CRYPTO_num_locks();  i++)
        MUTEX_CLEANUP(mutex_buf[i]);
    free(mutex_buf);
    mutex_buf = NULL;
    return 1;
}
```

4.2　内部エラー処理

　OpenSSLには、エラーの処理だけを行うERRというパッケージがあります。OpenSSLの関数においてエラーが発生すると、このパッケージがエラーレポートを作成し、その情報をエラーキューに記録します。情報がキューに記録されていくので、複数のエラーが発生した場合でも、各エラーについての情報を収集することができます。関数がエラーを返したとき適切にエラー条件を処理できるよう、エラーキューを調べて詳細情報を取得することは、開発者の責任です。OpenSSLのエラー処理メカニズムは、同じような規模のほかのライブラリよりも複雑ですが、エラーを起こす条件を解決するための情報もそれだけ豊富に入手できます。

　OpenSSLがエラーをキューに記録しないとどうなるか、少し考えてみましょう。例えば、アプリケーションが高レベルのOpenSSLライブラリ関数を呼び出した場合に、OpenSSLを構成する各種の低レベルパッケージに対して、OpenSSLが複数の連続的な呼び出しを行ったとします。これは、かなり一般的なケースです。エラーが低レベルパッケージで発生すれば、そのエラーは呼び出しスタックを遡ってアプリケーションへと伝えられるはずです。このとき、次のような問題が起こります。つまり、最初の低レベルにおけるエラーが原因で、連鎖した各関数に新たなエラーが発生するため、最初にエラーが発生してからアプリケーションがその情報を得るまでの間に、エラー情報の細部がいくつか抜け落ちる可能性が高いのです。

エラーキューの操作

　OpenSSLライブラリでエラーが発生すると、かなりの量の情報が記録されます。これらの情報には、エラーから自動的に回復するために利用できるものもありますが、多くはデバッグ用およびユーザにそのエラーを報告するためのものです。

　ERRパッケージは、エラーキューから情報を取得するための基本的な関数を6つ備えています。各関数は発生した順にエラーが返されるように、必ず最も古い情報を

キューから取り出します。記録される最も基本的な情報は、発生したエラーを表すエラーコードです。エラーコードは、OpenSSLでしか意味を持たない32ビットの整数です。つまり、OpenSSLでは、発生する可能性があるすべてのエラー条件に対して独自のエラーコードが定義されています。Cの標準ランタイムを含めて、ほかのどのライブラリで定義されたエラーコードにも依存しません。6つの基本関数は、いずれも、戻り値としてこのエラーコードを返します。キューにエラーがない場合、これらの関数の戻り値は0になります。つまり、0はエラーコードではないということです。

次に示す最初の関数は、エラーキューからエラーコードだけを取り出します。また、キューからそのエラーレポートを削除もするので、次に呼び出したときには、発生した次のエラーが取り出されるか、キューにそれ以上のエラーが入っていない場合は0が取り出されるはずです。

```
unsigned long ERR_get_error(void);
```

2つ目の関数もエラーキューからエラーコードだけを取り出しますが、キューからエラーレポートを削除しないので、次に呼び出したときには同じエラーが取り出されます。

```
unsigned long ERR_peek_error(void);
```

3つ目の関数は、`ERR_get_error`や`ERR_peek_error`よりも多くの情報を返します。エラーコードを返す以外に、エラーを生成したソースファイルの名前とソースの行番号も返します。`ERR_get_error`と同様、キューからエラーレポートを削除します。

```
unsigned long ERR_get_error_line(const char **file, int *line);
```

- file
  エラーを生成したソースファイルの名前を受け取ります。通常は、`__FILE__`プリプロセッサマクロからエラーハンドラに提供されます。
- line
  エラーを生成したソースの行番号を受け取ります。通常は`__LINE__`プリプロセッサマクロからエラーハンドラに提供されます。

4つ目の関数は`ERR_get_error_line`と同じ情報を返しますが、`ERR_peek_error`と同様、キューからエラーレポートを削除しません。引数とその意味は`ERR_get_error_line`の場合とまったく同じです。

```
unsigned long ERR_peek_error_line(const char **file, int *line);
```

5つ目の関数は、ERR_get_error_lineやERR_peek_error_lineよりも多くの情報を返します。エラーコード、ソースファイル名、行番号を返す以外に、追加のデータと、そのデータの扱い方を示す一連のフラグも返します。追加データとフラグは、エラーが生成された時点で用意されます。ERR_get_errorやERR_get_error_lineと同様、この関数はキューからエラーレポートを削除します。

```
unsigned long ERR_get_error_line_data(const char **file, int *line,
                                      const char **data, int *flags);
```

- file
  エラーを生成したソースファイルの名前を受け取ります。通常は、__FILE__ プリプロセッサマクロからエラーハンドラに提供されます。
- line
  エラーを生成したソースの行番号を受け取ります。通常は、__LINE__ プリプロセッサマクロからエラーハンドラに提供されます。
- data
  エラーレポートと一緒に格納されていた追加データへのポインタを受け取ります。返されるポインタはコピーではないので、書き換えたり解放したりしてはなりません。これについては後述します。
- flags
  追加データの属性を定めた一連のフラグを受け取ります。

6つ目の関数はERR_get_error_line_dataと同じ情報を返しますが、ERR_peek_errorやERR_peek_error_lineと同様、キューからエラーレポートを削除しません。引数とその意味はERR_get_error_line_dataの場合とまったく同じです。

```
unsigned long ERR_peek_error_line_data(const char **file, int *line,
                                       const char **data, int *flags);
```

ERR_get_error_line_dataとERR_peek_error_line_dataは、エラーレポートに関連した追加的なデータを取り出します。さまざまな種類の追加的なデータがあり得ますが、ほとんどの場合は文字列です。このデータには、エラー処理パッケージで適切に処理できるように、データを説明するフラグのビットマスクが一緒に格納されています。フラグERR_TXT_MALLOCEDがセットされている場合は、OpenSSLのOPENSSL_free関数を呼び出すと、そのデータのメモリが解放されます。フラグERR_TXT_STRINGがセットされている場合は、そのデータをCの文字列と解釈しても問題ありません。

なお、キューから取得するファイルやデータなどの情報は、そのキューにある情報へのポインタとして返されます。このポインタはコピーではないので、そのデータを修正してはなりません。ファイル情報の場合は、通常、__FILE__ プリプロセッサマクロから取得した定数の文字列です。何らかの理由で格納する必要があるデータ情報については、返されたポインタを格納せず、コピーを作成するようにしてください。「get」で始まる関数を使用してデータを取得すれば、しばらくの間は利用することができますが、保存する必要がある場合は、ほかのエラーハンドラ関数が呼び出される前に必ずコピーを作成してください。例4.3に、呼び出し側スレッドのエラーキューにあるエラー情報の出力方法を示します。

▼例4.3 エラーキューにあるエラー情報の出力
```c
void print_errors(void)
{
    int         flags, line;
    char        *data, *file;
    unsigned long code;

    code = ERR_get_error_line_data(&file, &line, &data, &flags);
    while (code)
    {
        printf("error code: %lu in %s line %d.\n", code, file, line);
        if (data && (flags & ERR_TXT_STRING))
            printf("error data: %s\n", data);
        code = ERR_get_error_line_data(&file, &line, &data, &flags);
    }
}
```

ここで紹介しておきたいキュー操作用の関数が、あと1つだけ残っています。エラーキューをクリアするための関数です。この関数は、その時点でキュー内にあるすべてのエラーを削除します。現行のスレッドのエラー情報をリセットしたかったり、キューにあるその他のエラーについて一切関心がないという場合以外は、一般にこの関数を呼び出す必要はありません。この関数を一度呼び出すと、それまでに起きたエラーを回復することができなくなります。慎重に使用してください。

```c
void ERR_clear_error(void);
```

可読なエラーメッセージ

エラーを表示したりログに記録したりして、アプリケーションのユーザがエラーの解決に必要な手順を判断できるようにすることが、エラー状態を処理する最も適切な手段となる場合もあります。そのためには、エラーコードではなく、人間に理解できるエラーメッセージを表示するのがベストです。エラー処理パッケージには、まさにこの目的でエラーコードに対応する標準エラーメッセージが用意されています。ただし、使用

するためには、まずエラーメッセージを読み込んでおく必要があります。

エラーメッセージは2種類あります。1つは `libcrypto` が生成するエラー用、もう1つは `libssl` が生成するエラー用のものです。`ERR_load_crypto_strings` 関数は `libcrypto` が生成したエラーを読み込み、`ERR_load_SSL_strings` 関数は `libssl` が生成したエラーを読み込みます。また、両方の種類のエラーメッセージを読み込む `SSL_load_error_strings` 関数も追加されています。

エラー文字列を読み込んだら、`ERR_error_string` と `ERR_error_string_n` を使用して、エラーコードを人間にとってより有用なエラーメッセージに変換することができます。特に、マルチスレッドアプリケーションで注意してほしいのが、`ERR_error_string` を絶対に使用してはならない点です。常に `ERR_error_string_n` を使用するのがベストです。どちらの関数も、常に、変換後のエラーメッセージが出力されたバッファの開始位置へのポインタを返します。

```
char *ERR_error_string(unsigned long e, char *buf);
```

- e
  変換するエラーコードを指定します。
- buf
  エラーメッセージが出力されるバッファを指定します。このバッファの長さは、少なくとも256バイト必要です。また、NULLを指定することもできます。その場合は内部バッファが使用されます。このバッファを使用すると、スレッドセーフにはなりません。

```
char *ERR_error_string_n(unsigned long e, char *buf, size_t len);
```

- e
  変換するエラーコードを指定します。
- buf
  エラーメッセージが出力されるバッファを指定します。NULLを指定することはできません。
- len
  buf引数の長さをバイトで指定します。NULL終端文字用のスペースを含めてください。

結果のエラーメッセージは、フィールドがコロンで区切られた書式のリストになります。最初のフィールドには常に「error」という語が入り、2番目のフィールドには必ず

エラーコードが16進表記で出力されます。3番目のフィールドには、「BIO routines」や「bignum routines」など、エラーを生成したパッケージの名前が入ります。4番目のフィールドはエラーを生成した関数の名前、5番目のフィールドはエラーが生成された理由です。関数名は、実際にはかなり小さな内部テーブルから取り出されるため、ほとんどがfunc(<code>)という形で表示されます（codeは関数を表す数値）。

エラーに関する情報を得るには、ERR_get_error_line_data と ERR_error_string を使用します。この2つの関数から得たすべての情報を利用すれば、かなり詳細なエラー情報を提供できます。ただし、OpenSSLライブラリには、この処理を簡単に実行するための関数も2つ用意されています。1つはERR_print_errorsで、エラーリストを作成して後述するBIOに書き込みます。もう1つはERR_print_errors_fpです。この関数はエラーリストを作成して、Cの標準ランタイムにおけるFILEオブジェクトに書き込みます。このエラーリストは、エラーキュー内の各エラーレポートを繰り返し処理することで作成されます。また、エラーレポートは、処理された時点で削除されます。エラーレポートごとにERR_get_error_line_data と ERR_error_string が呼び出され、リストの作成に必要な情報が取得されます。

```
void ERR_print_errors(BIO *bp);
```

- bp
  エラーリストの書き込み先になるBIOを指定します。

```
void ERR_print_errors_fp(FILE *fp);
```

- fp
  エラーリストの書き込み先になるFILEオブジェクトを指定します。

スレッド化と実際のアプリケーション

多くの開発者が抱える問題の1つに、スレッド化されたコードを使用する際にライブラリが生成するエラーの処理があります。これはまさに頭痛の種です。しかしOpenSSLでは、いくつか例外はあるものの、エラー処理は完全にスレッドセーフです。また、その例外も簡単に回避できます。各スレッドには、エラーキューが個別に割り当てられます。これは、本章で前述したid_functionコールバックが、必ずスレッドごとに異なる識別子を返すことが理由の1つです。各エラーキューには、そのスレッドが原因で発生したエラーだけが格納されます。プログラマは、エラーを適切に処理するために特別な作業を一切行う必要がないので、これはスレッド化されたアプリケーションでは便利な仕組みといえます。

スレッドごとにエラーキューを別々に作成すれば、エラー処理に必要なすべての基盤が整うようにも思えますが、実は必ずしもそうではありません。OpenSSLでは、エラーキューに対してスレッドローカル記憶域（TLS：Thread-Local Storage）を使用しないので、スレッドが終了したとき自動的に各キューが破棄されるようにする方法がないのです。スレッドローカル記憶域は、マルチスレッド環境では非常に優れた機能ですが、残念ながらすべてのプラットフォームでサポートされているわけではありません。要するに、OpenSSLはスレッドの終了を自力で知ることができないため、スレッドの終了時にそのエラーキューを破棄する処理は、アプリケーションで実行しなければならないということです。

OpenSSLでは、各スレッドのエラーキューを破棄するのに、`ERR_remove_state`という関数が利用できます。この関数は、スレッドが終了する直前にそのスレッドから呼び出されます。あるいは、スレッドが終了した後で、そのプロセス内の別のスレッドから呼び出すこともできます。この関数には、前述の`id_function`コールバックが返すスレッドの識別子を、唯一の引数として渡す必要があります。

ここまでの説明では、エラー処理用の文字列の読み込みについて説明を避けてきました。これらの文字列はメモリを消費するので、必ずしも読み込むのが適切だとは限らないのです。エラー処理のルーチンは、いずれも、文字列が読み込まれなくても正常に動作することを覚えておいてください。エラーメッセージ（変換された文字列）といっても、さして有意味なものではなく、単にOpenSSLの内部コードが記されているだけです。それでもエラー文字列を読み込みたいという場合は、その文字列が不要になった時点で、`ERR_free_strings`を呼び出して解放することを忘れないでください。大半のアプリケーションでは、プログラムがOpenSSLライブラリへの呼び出しを行わなくなった後で、この関数を呼び出します。

4.3　入出力の抽象化

BIOパッケージは、入出力を処理するための強力な抽象化機能を備えています。さまざまなタイプの`BIO`オブジェクトを使用できますが、どれも2つの基本的なカテゴリのいずれかに分類できます。2つの基本的なカテゴリとは、ソース/シンク（source/sink）とフィルタ（filter）のことで、どちらも後の項で詳細に説明します。BIOは、チェーン状に連結することで、読み取りや書き込みの処理に備えた複数の`BIO`オブジェクトにデータを流し込むことができます。例えば、ファイルへの書き出し時にデータをBase64で符号化し、ファイルからの読み取り時に復元するようにBIOチェーンを作成できます。この機能により、BIOは非常に柔軟で強力なものになっています。関数を1つ記述してBIOパラメータを指定すれば、何らかのデータを読み書きすることができ、また、BIOチェーンを設定するだけで、その1つの関数でさまざまな種類のデータ符

号化をすべて処理することが可能になります。

　OpenSSLライブラリには、BIOの作成と破棄、BIOのチェーン化、およびデータの読み書きを行うための多種多様な関数が用意されています。BIOは低レベルのパッケージです。このことは非常に重要なポイントです。BIOが低レベルということは、使用に際し、予測不可能な動作やクラッシュさえも引き起こしかねない処理を実行できる関数が多数含まれていることを意味しています。

　BIO_new関数は、新しいBIOの作成に使用します。この関数には、BIO_METHODオブジェクトを指定して、新しく生成するBIOオブジェクトのタイプを定義する必要があります。利用可能なBIO_METHODオブジェクトについては、次の2つの項で説明します。BIOの作成が成功すれば、そのBIOが返されます。BIOの作成中にエラーが発生した場合は、NULLが返されます。

```
BIO *BIO_new(BIO_METHOD *type);
```

　BIOは、いったん作成した後でも、BIO_set関数を使用してBIO_METHODを別のタイプに変更できます。BIO_set関数は、エラーが発生した場合は0を返し、それ以外の場合は成功を表す0以外の数値を返します。BIO_setを使用する際、とりわけBIOがチェーンの一部になっている場合には注意が必要です。この呼び出しによって不用意にチェーンを破壊してしまうおそれがあります。

```
int BIO_set(BIO *bio, BIO_METHOD *type);
```

　BIOが不要になったときは、破棄してください。BIO_free関数を使用すると、BIOが1つ破棄されます。正常に破棄された場合は0以外の値が返され、それ以外の場合は0が返されます。

```
int BIO_free(BIO *bio);
```

　BIO_vfree関数は、値を返さないという点を除けばBIO_freeと同じです。

```
void BIO_vfree(BIO *bio);
```

　BIO_free_all関数を使用すると、BIOのチェーン全体を破棄できます。BIO_free_allを使用するときは、必ずBIOチェーンの先頭になるBIO（通常はフィルタBIO）を指定しなければなりません。破棄したいBIOがチェーンの一部になっている場合は、BIO_freeやBIO_vfreeを呼び出す前に、まずそのBIOをチェーンから外

さなければなりません。そうしないと、破棄したBIOを指すポインタが削除されずにそのまま残ってしまいます。

```
void BIO_free_all(BIO *bio);
```

BIO_pushとBIO_popは、スタックに対して処理を行うかのような名前の関数ですが、紛らわしいことに実際にはスタックは存在しません。

BIO_push関数は、BIOをBIOに追加し、BIOチェーンを作成するか、チェーンを延ばします。この関数が返すBIOは、必ず、呼び出し時にそのチェーンの先頭として指定したBIOになります。言い換えれば、戻り値と第1引数であるbioが同じになるということです。

```
BIO *BIO_push(BIO *bio, BIO *append);
```

- bio
  別のBIOがチェーンに追加されるBIOを指定します。通常はフィルタBIOです。
- append
  チェーンに追加されるBIOを指定します。

BIO_pop関数を使用すると、指定したBIOがその所属先のチェーンから外されます。チェーン内の次のBIOが返されますが、次のBIOがない場合はNULLが戻ります。

```
BIO *BIO_pop(BIO *bio);
```

- bio
  所属先のチェーンから外されるBIOを指定します。

BIO_readの動作は、Cのランタイム関数であるreadとほぼ同じです。両者の最大の違いは、戻り値の解釈の仕方にあります。どちらの関数でも、0より大きい値が返された場合は、読み取りに成功したバイト数と解釈します。戻り値0は、その時点で読み取り可能なデータがないことを意味します。Cのread関数の場合、-1の戻り値はエラーが発生したという意味になります。BIO_readでもこれと同じ意味になることが多いのですが、必ずしもそうであるとは限りません。これについては後述します。

```
int BIO_read(BIO *bio, void *buf, int len);
```

- bio
  データの読み取りに使用するチェーン内の最初の BIO を指定します。チェーン化されていない場合はソース BIO が指定されます。それ以外ではフィルタ BIO になります。
- buf
  読み取られたデータを受け取るバッファを指定します。
- len
  読み取られるバイト数を指定します。実際のバッファ長より短くても構いませんが、長く指定してはなりません。

ソース BIO からデータを読み取るために用意されたもう 1 つの関数が、BIO_gets です。通常、この関数は、C のランタイムで同等の機能を持つ fgets 関数とほぼ同じ動作をします。一般には、できればこの関数の使用を避けるほうがよいでしょう。すべてのタイプの BIO でサポートされているわけではない上、予想外の動作をするタイプの BIO もあるからです。それでも、通常は、行末文字が見つかるか、あるいは最大バイト数が読み取られるまでデータを読み取ります。行末文字が読み取られた場合は、その行末文字もバッファに格納されます。この関数からの戻り値は、BIO_read の場合と同じです。

```
int BIO_gets(BIO *bio, char *buf, int len);
```

- bio
  データの読み取りに使用するチェーン内の最初の BIO を指定します。チェーン化されていない場合はソース BIO が指定されます。それ以外ではフィルタ BIO になります。
- buf
  読み取られたデータを受け取るバッファを指定します。
- len
  読み取られる最大バイト数を指定します。この長さには、終端文字である NULL を含めてください。また、当然ですが、この長さがデータを受け取るバッファの長さを超えてはなりません。

ソース BIO からデータを読み取る BIO_read に対応するのが、シンク BIO にデータを書き込む BIO_write です。BIO_write の動作は、C のランタイムにおける write 関数とほぼ同じです。両者の最大の違いは、先ほど説明した BIO_read の場合と同様に、戻り値の解釈の仕方にあります。BIO_read や BIO_gets の場合とほぼ同様に戻り値が解釈されますが、正の数値が書き込みに成功したバイト数を表す点が異なります。

```
int BIO_write(BIO *bio, const void *buf, int len);
```

- **bio**
  データの書き込みに使用するチェーン内の最初のBIOを指定します。チェーン化されていない場合はシンクBIOが指定されます。それ以外ではフィルタBIOになります。
- **buf**
  書き込まれるデータを格納するためのバッファを指定します。
- **len**
  バッファから書き込まれるバイト数を指定します。実際のバッファ長より短くても構いませんが、長く指定してはなりません。

`BIO_puts`は、指定されたバッファをCの文字列と同じ形式だと解釈し、その全体の書き出しを試行します。バッファには終端文字としてNULLが含まれていなければなりませんが、この終端文字がその他のデータと一緒に書き出されることはありません。この関数からの戻り値は、`BIO_write`の場合と同様に解釈されます。

```
int BIO_puts(BIO *bio, const char *buf);
```

- **bio**
  データの書き込みに使用するチェーン内の最初のBIOを指定します。チェーン化されていない場合はシンクBIOが指定されます。それ以外ではフィルタBIOになります。
- **buf**
  書き込まれるデータを格納するためのバッファを指定します。

先ほど、読み取り用と書き込み用の4つの関数のいずれにおいても、0または-1の戻り値が必ずしもエラーの発生を表すとは限らない、と述べました。このため、エラーが本当に発生したのかどうか、また、操作を再試行すべきかどうかを判断するための関数が用意されています。

`BIO_should_retry`が0以外の値を返した場合は、この条件を引き起こした呼び出しを、後で再試行する必要があります。0を返した場合、実際のエラー条件はBIOのタイプによって決まります。例えば、`BIO_read`と`BIO_should_retry`がどちらも0を返した場合、BIOのタイプがソケットであれば、そのソケットが閉じられているという意味になります。

```
int BIO_should_retry(BIO *bio);
```

BIO_should_read が 0 以外を返した場合、その BIO はデータを読み取る必要があります。例えば、この条件は、フィルタ BIO がブロック暗号を復号していて、ブロック全体がソースから読み取られていないときに発生します。このような場合、データを正常に復号するためにブロック全体が読み取られる必要があります。

```
int BIO_should_read(BIO *bio);
```

BIO_should_write が 0 以外を返した場合、その BIO はデータを書き込む必要があります。この条件が発生する可能性があるのは、バッファが一杯でなければ暗号化を実行できないというブロック暗号の要件を満たすために、追加のデータが必要になったときです。

```
int BIO_should_write(BIO *bio);
```

BIO_should_io_special が 0 以外を返した場合は、例外条件が発生しています。これが何を意味するかは、その原因となった BIO のタイプによってまったく異なります。例えば、ソケット BIO であれば、帯域外 (out-of-band) のデータを受信したことを意味する場合があります。

```
int BIO_should_io_special(BIO *bio);
```

BIO_retry_type 関数は、この例外条件を説明するビットマスクを返します。BIO_FLAGS_READ、BIO_FLAGS_WRITE、BIO_FLAGS_IO_SPECIAL などのビットフィールドがあります。複数のビットを設定できると考えられますが、現時点で OpenSSL に含まれる BIO のタイプでは、2 つ以上設定することはないでしょう。関数 BIO_should_read、BIO_should_write、BIO_should_io_special は、それぞれの名前に対応する 3 つのビットをテストするマクロとして実装されています。

```
int BIO_retry_type(BIO *bio);
```

BIO_get_retry_BIO 関数は、BIO チェーン内で再試行条件を引き起こした BIO へのポインタを返します。この関数は、第 2 引数の reason が NULL でなければ、再試行条件を表す理由コードと一緒に読み込みます。この再試行条件は、必ずしもソース/シンク BIO によって引き起こされるとは限りません。フィルタ BIO によって引き起こされる場合もあります。

```
BIO *BIO_get_retry_BIO(BIO *bio, int *reason);
```

　`BIO_get_retry_reason`関数は、この再試行操作の理由コードを返します。再試行条件として何か特別な条件が存在していなければならず、引数として渡す BIO もこの条件を引き起こした BIO でなければなりません。たいていの場合、`BIO_get_retry_reason` に渡される BIO は、`BIO_get_retry_BIO` によって返された BIO となるはずです。

```
int BIO_get_retry_reason(BIO *bio);
```

　多くの場合、`BIO_flush` は何もしませんが、再試行条件に I/O バッファが関与する場合は、バッファ内のデータの書き込みを強制的に実行します。例えば、後述するバッファ化ファイルシンク BIO の場合は、この BIO に関連付けられた `FILE` オブジェクトに対して fflush を呼び出すのと実質的に同じことになります。

```
int BIO_flush(BIO *bio);
```

ソース / シンク BIO

　読み取りに使用する BIO をソース BIO と呼び、書き込みに使用する BIO をシンク BIO と呼びます。ソース / シンク BIO は、ファイル、ソケット、メモリなどの具体的な入出力媒体に結び付けられます。1つのチェーンに存在できるソース / シンク BIO は1つだけです。特に書き込みについては、複数の BIO があるほうが便利な状況も考えられますが、本書執筆時点で、OpenSSL で利用できるソース / シンクタイプの BIO では、1つのチェーン内に複数のソース / シンク BIO が存在することが許されていません。

　OpenSSL には、`BIO_new` と `BIO_set` で使用できる9種類のソース / シンク BIO が備えられており、そのそれぞれについて、`BIO_new` や `BIO_set` に渡すのに適した `BIO_METHOD` オブジェクトを返すだけの機能を持った関数が用意されています。ソース / シンクタイプの BIO の大半は、対応する `BIO_METHOD` を使うだけでは BIO を作成することができず、さらに設定が必要です。紙面が限られており、個々の関数の多種多様な使い方まで紹介すると膨大な量になるため、ここでは最も使用頻度が高い4種類だけを取り上げることにします。

メモリソース / シンク BIO

　メモリ BIO は、メモリセグメントをファイルやソケットと同様に扱います。このタイプの BIO は、`BIO_new` や `BIO_set` に渡す `BIO_METHOD` オブジェクトを、`BIO_s_mem` により取得することで作成できます。別の方法として、`BIO_new_mem_buf` 関数を使用

して、読み取り専用のメモリ BIO を作成することもできます。その場合は、読み取り用の既存メモリセグメントへのポインタ、およびバッファ長が必要になります。バッファ長を -1 に指定した場合、このバッファは C の文字列と同じ形式と見なされ、NULL 終端文字を除いた文字列の長さになるようにバッファ長が計算されます。

　BIO_new と BIO_s_mem を使用してメモリ BIO を作成すると、新しいメモリセグメントが作成され、必要に応じて長さが変更されます。この場合、メモリセグメントは BIO によって所有され、BIO_set_close を使って防止しない限り、この BIO が破棄されるときに破棄されます。BIO_get_mem_data または BIO_get_mem_ptr を使用すると、メモリセグメントへのポインタを取得できます。BIO_new_mem_buf で作成したメモリ BIO は、BIO_set_close を使用して設定を有効にしたかどうかにかかわらず、この BIO に関連付けられたメモリセグメントを破棄することはありません。例 4.4 に、メモリ BIO の作成方法を示します。

▼例 4.4　メモリ BIO の作成

```
/* 読み取り・書き込み用の BIO を作成 */
bio = BIO_new(BIO_s_mem());

/* 割り当てられたバッファを使用して、読み取り専用の BIO を作成 */
buffer = malloc(4096);
bio = BIO_new_mem_buf(buffer, 4096);

/* C の文字列と同じ形式の文字列を使用して、読み取り専用の BIO を作成 */
bio = BIO_new_mem_buf("This is a read-only buffer.", -1);

/* メモリ BIO のメモリセグメントへのポインタを取得 */
BIO_get_mem_ptr(bio, &buffer);

/* メモリ BIO が破棄されるときに、そのメモリセグメントを破棄しないようにする */
BIO_set_close(bio, BIO_NOCLOSE);
```

ファイルソース / シンク BIO

　ファイル BIO には、バッファ化されたファイルを対象にするバッファ化ファイル BIO と、バッファ化されていないファイルを対象にする非バッファ化ファイル BIO の、2 種類があります。バッファ化ファイル BIO は、C の標準ランタイムにおける FILE オブジェクトと、それに関連する関数に対するラッパーです。非バッファ化ファイル BIO は、ファイルデスクリプタと、それに関連する関数に対するラッパーです。この 2 種類のファイル BIO は、作成方法こそ違いますが、使用するためのインタフェースは基本的に同じです。

　バッファ化ファイル BIO は、BIO_new と BIO_set に渡す BIO_METHOD オブジェクトを、BIO_s_file により取得することで作成できます。また、C の標準ランタイム関数である fopen と同じ方法で BIO_new_file を使用しても作成できます。さらに、BIO_new_fp を使用し、既存の FILE オブジェクトをラップして作成することもできま

す。BIO_new_fpを使用する場合は、使用するFILEオブジェクトと、BIOが破棄されるときにFILEオブジェクトを閉じるかどうかを示すフラグを指定する必要があります。

非バッファ化ファイルBIOは、BIO_s_fdを使用して、BIO_newとBIO_setでの使用に適したBIO_METHODオブジェクトを取得することによって作成できます。また、BIO_new_fpをバッファ化BIOに使用するのと同じ方法で、BIO_new_fdを使用することもできます。ただし、こちらはFILEオブジェクトではなく、ファイルディスクリプタを指定する必要があります。

バッファ化ファイルBIOと非バッファ化ファイルBIOのどちらをBIO_newとBIO_setで作成するにしても、作成したBIOを使用可能にするためには、さらに作業が必要です。BIOを作成した直後は、ベースとなるファイルオブジェクトが関連付けられていないため、BIOに対する読み取りや書き込みの操作が必ず失敗します。非バッファ化ファイルBIOでは、BIO_set_fdを使用して、BIOにファイルデスクリプタを関連付ける必要があります。バッファ化ファイルBIOでは、BIO_set_fileを使用してBIOにFILEオブジェクトを結び付けるか、BIO_read_filename、BIO_write_filename、BIO_append_filename、BIO_rw_filenameのいずれか1つを使用して、ベースとなるFILEオブジェクトをそのBIOに適したモードで作成する必要があります。例4.5に、ファイルBIOの作成方法を示します。

▼ 例4.5　ファイルBIOの作成

```
/* 存在しているFILEオブジェクトを使用してバッファ化ファイルBIOを作成
   FILEオブジェクトは、BIOが破棄されるときに閉じられる  */
file = fopen("filename.ext", "r+");
bio = BIO_new(BIO_s_file());
BIO_set_file(bio, file, BIO_CLOSE);

/* 存在しているファイルデスクリプタを使用して非バッファ化ファイルBIOを作成
   ファイルデスクリプタは、BIOが破棄されるときに閉じられない  */
fd = open("filename.ext", O_RDWR);
bio = BIO_new(BIO_s_fd());
BIO_set_fd(bio, fd, BIO_NOCLOSE);

/* 新規のFILEオブジェクトをBIO用に作成し、バッファ化ファイルBIOを作成  */
bio = BIO_new_file("filename.ext", "w");

/* 新規にファイルデスクリプタを作成して非バッファ化ファイルBIOを作成
   ファイルデスクリプタは、BIOが破棄されるときに閉じられる  */
fd = open("filename.ext", O_RDONLY);
bio = BIO_new_fd(fd, BIO_CLOSE);
```

ソケットソース/シンクBIO

ソケットBIOには3つのタイプがあります。最も簡単なソケットBIOは、既存のソケットデスクリプタを結び付けなければならないタイプのものです[†1]。このタイプの

---

† 監訳注1　『SSL and TLS』(Eric Rescorla著、邦訳『マスタリングTCP/IP SSL/TLS編』)の第8章に、このタイプのソケットBIOの利用例と説明があります。

BIO は、`BIO_new` や `BIO_set` に渡す `BIO_METHOD` オブジェクトを、`BIO_s_socket` により取得することで作成できます。その後、`BIO_set_fd` を使用して、この BIO にソケットデスクリプタを関連付けることができます。このタイプの BIO は、非バッファ化ファイル BIO とほとんど同じように機能します。また、非バッファ化ファイル BIO に対して `BIO_new_fd` を使用するのと同じ方法で `BIO_new_socket` を使用することもできます。

2つ目のタイプのソケット BIO は、コネクションソケット BIO です。このタイプの BIO は、接続されていない状態のソケットを新規作成します。そのため、接続先の IP アドレスとポートを設定する必要があります。また、接続を確立した後でなければ、BIO に対してデータを読み書きできるようになりません。`BIO_new` と `BIO_set` に渡す `BIO_METHOD` オブジェクトは、`BIO_s_connect` により取得します。アドレスの設定には、`BIO_set_conn_hostname` を使用してホスト名を設定することも、`BIO_set_conn_ip` を使用してドット区切りの 10 進形式で IP アドレスを設定することもできます。どちらの関数も、接続先アドレスを C の文字列と同じ形式として受け取ります。接続先ポートは、`BIO_set_conn_port` か `BIO_set_conn_int_port` を使用して設定します。両者の違いは、`BIO_set_conn_port` がポート番号（ポート番号の代わりに「http」や「https」などのサービス名でも可）を文字列として受け取るのに対し、`BIO_set_conn_int_port` がポート番号を整数として受け取ることです。接続のためのアドレスとポートを設定したら、`BIO_do_connect` によって、接続の確立を試行することができます。接続が正常に確立されたら、普通のソケット BIO の場合とまったく同じように BIO を使用できます。

3つ目のタイプのソケット BIO は、アクセプトソケット BIO です。このタイプの BIO は、ソケットを新規作成し、着信接続をリスンして受け入れます。接続が確立されると、新しい BIO オブジェクトが作成されて、受け入れを行ったソケットにバインドされます。この新しい BIO オブジェクトは、最初の BIO にチェーン化されるため、使用する前にチェーンから外さなければなりません。データの読み書きは、新しい BIO オブジェクトを使用して行われます。その後、最初の BIO オブジェクトを使用して、さらに接続を受け入れることができます。

アクセプトソケット BIO は、`BIO_new` と `BIO_set` に渡す `BIO_METHOD` オブジェクトを、`BIO_s_accept` により取得することで作成します。この BIO をリスニングモードにするには、まず接続のリスンに使用するポートを設定しなければなりません。これは、`BIO_set_accept_port` を使用して行います。`BIO_set_accept_port` はポートを文字列として受け取ります。このポートは `BIO_set_conn_port` の場合と同様、ポート番号とサービス名のどちらでも構いません。ポートを設定したら、`BIO_do_accept` を呼び出して、この BIO のソケットをリスニングモードにすることができます。`BIO_do_accept` のその後の呼び出しは、新しい接続が確立されるまでブロックされます。例 4.6 に例を示します。

▼ 例4.6 ソケットBIOの作成

```
/* すでに存在しているソケットデスクリプタに関連付けてソケットBIOを作成
   BIOが破棄されてもソケットデスクリプタは閉じられない */
bio = BIO_new(BIO_s_socket());
BIO_set_fd(bio, sd, BIO_NOCLOSE);

/* すでに存在しているソケットデスクリプタに関連付けてソケットBIOを作成
   BIOが破棄されたらソケットデスクリプタが閉じる */
bio = BIO_new_socket(sd, BIO_CLOSE);

/* リモートホストとの接続を確立するソケットBIOを作成 */
bio = BIO_new(BIO_s_connect());
BIO_set_conn_hostname(bio, "www.ora.com");
BIO_set_conn_port(bio, "http");
BIO_do_connect(bio);

/* 内向きの接続をリスンするソケットBIOを作成 */
bio = BIO_new(BIO_s_accept());
BIO_set_accept_port(bio, "https");
BIO_do_accept(bio);  /* 基礎となるソケットをリスニングモードにする */
for (;;)
{
    BIO_do_accept(bio);  /* 新規の接続を待つ */
    new_bio = BIO_pop(bio);
    /* new_bioがBIO_s_socket() BIOのように動作するようになる */
}
```

BIOペア

ここで取り上げる最後のタイプのソース/シンクBIOは、BIOペアです。BIOペアは、匿名パイプ[*1]に似ていますが、重要な違いが1つあります。BIOペアでは、一方に書き込まれた内容がもう一方から読み取れるように、2つのソース/シンクBIOが通信相手としてバインドされます。同様に、匿名パイプでも2つのエンドポイントが作成されますが、一方にしか書き込めず、読み取りは常にもう一方から行うことになります。BIOペアでは、どちらのエンドポイントに対しても読み書きができます。

BIOペアは、既存の2つのBIOオブジェクトを結合して作成することも、2つの新しいBIOオブジェクトを結合した状態で作成することもできます。`BIO_make_bio_pair`関数は、2つの既存のBIOオブジェクトを結合します。結合されるBIOオブジェクトは、`BIO_s_bio`関数から返された`BIO_METHOD`オブジェクトを使用して作成されたものです。この関数では、結果的にBIOペアのエンドポイントとなる、2つのBIOを引数として指定します。`BIO_new`に渡す`BIO_METHOD`オブジェクトを`BIO_s_bio`により取得してBIOペアを作成した場合は、`BIO_set_write_buf_size`を呼び出して、BIOにバッファを割り当てられなければなりません。`BIO_set_write_buf_size`は、引数を

[*1] 匿名パイプは、一般にOSの機能として利用できます。2つのファイルデスクリプタが作成されますが、ファイルが作成されることもソケットが開かれることもありません。この2つのデスクリプタは、相互に接続され、一方は書き込み可能に、もう一方は読み取り可能になります。パイプの半分で書き込まれたデータを、そのパイプの残りの半分で読み取ることもできます。

2つ取ります。最初の引数はバッファを割り当てる対象のBIOで、2つ目の引数は割り当てるバッファ長（バイト単位）です。

　`BIO_new_bio_pair`という便利な関数を使用すると、新しいBIOオブジェクトを結合済みの状態で作成できます。この関数は4つの引数を取ります。最初と3番目の引数は、新たに作成される各BIOオブジェクトへのポインタです。2番目と4番目の引数は、BIOペアのそれぞれ一方に割り当てるバッファ長です。この関数は、メモリ不足などの条件でエラーが発生した場合に0を返し、そうでなければ0以外を返します。

　`BIO_destroy_bio_pair`関数は、BIOペアの2つのエンドポイントの関係を切り離します。この関数は、ペアを解消して、エンドポイントの一方または両方をほかの有効なエンドポイントに割り当て直したいときに使います。この関数が取る引数は1つだけで、ペアのエンドポイントの一方を指定します。この関数は、ペアの両方ではなく一方だけに対して呼び出してください。`BIO_free`を呼び出すことでもペアを完全に解消できますが、ペアの一方のエンドポイント（引数に渡したほう）しか解放されません。

　BIOペアの有用な機能の1つは、低レベルのIOプリミティブに対する制御を維持しながら、BIOオブジェクトを使用する必要があるSSLエンジンを使用できることです。例えば、読み取り用と書き込み用にBIOペアの一方のエンドポイントをSSLエンジンに提供してから、もう一方のエンドポイントを使用してデータを自由に読み書きする、といったことが可能です。つまり、SSLエンジンがBIOに書き込みを行う場合に、もう一方のエンドポイントからそのデータを読み取って必要な処理を行うことができるのです。同様に、SSLエンジンがデータを読み取る必要があるときは、もう一方のエンドポイントに書き込むようにすることで、そのデータをSSLエンジンが読み取るようにします。配布されているOpenSSLには`ssl/ssltest.c`というソースファイルが含まれていますが、これはBIOペアを使用したテストアプリケーションの好例です。このテストアプリケーションでは、クライアントとサーバが同一アプリケーションに実装されています。クライアントとサーバは、ソケットなどの低レベル通信メカニズムなしで、同一アプリケーション内で相互に対話することができます。例4.7に、BIOペアの作成、結合解除、再結合の方法を示します。

▼例4.7　BIOペアの作成
```
a = BIO_new(BIO_s_bio());
BIO_set_write_buf_size(a, 4096);
b = BIO_new(BIO_s_bio());
BIO_set_write_buf_size(b, 4096);
BIO_make_bio_pair(a, b);

BIO_new_bio_pair(&a, 8192, &b, 8192);

c = BIO_new(BIO_s_bio());
BIO_set_write_buf_size(c, 1024);
BIO_destroy_bio_pair(a);      /* bからaを切り離す */
BIO_make_bio_pair(a, c);
```

フィルタ BIO

　フィルタ BIO は、単独では使い道がありません。フィルタ BIO を使用するには、ソース / シンク BIO や、場合によっては別のフィルタ BIO とチェーン化しなければなりません。フィルタ BIO を別の BIO とチェーン化できる機能は、おそらく OpenSSL の BIO パッケージで最も強力な機能であり、これによって大きな柔軟性がもたらされています。フィルタ BIO は、ファイルやソケットといった具体的な媒体への書き込み前、あるいは読み取り後に、ある種のデータ変換を行うことがあります。

　BIO チェーンは、かなり容易に手っ取り早く作成できますが、チェーンの操作や破棄を安全に行うには、チェーンの末尾にある BIO を見失わないように注意しなければなりません。チェーンの途中にある BIO をチェーンから外さずに破棄すると、プログラムは間違いなくその後すぐにクラッシュしてしまいます。この BIO パッケージは、OpenSSL の低レベルパッケージのため、前述のとおりエラーチェックがほとんど行われません。そのため、BIO チェーンに対して行うすべての操作が正当かどうか、また、エラーを引き起こさないかどうかを確認するという重荷を、プログラマが抱えることになります。

　チェーンの作成時には、そのチェーンを必ず正しい順序で作成する必要もあります。例えば、フィルタを使用して Base64 符号化と暗号化を行う場合は、おそらく、暗号化の前ではなく後に Base64 符号化を行うべきでしょう。また、ソース / シンク BIO が必ずチェーンの末尾にくるようにすることも重要です。末尾にないと、チェーン内のフィルタがまったく使用されなくなります。

　フィルタ BIO を作成するためのインタフェースは、ソース / シンク BIO 作成用のインタフェースと似ています。つまり、適切な `BIO_METHOD` オブジェクトを `BIO_new` に渡して、新しい BIO を作成します。フィルタ BIO は、暗号化と復号、Base64 符号化と復元、メッセージダイジェストの計算、およびバッファリングを行うために、OpenSSL によって提供されます。ほかにももう少し機能がありますが、いずれもプラットフォーム固有であったり、BIO パッケージのテストを目的としていたりするため、限られた範囲でしか使用できません。

　例 4.8 に示す関数を使用すると、BIO パッケージを使用してファイルにデータを書き込むことができます。この関数で注目すべきポイントは、BIO のチェーンが 4 つ作成されることです。その結果、データが暗号化された後で Base64 符号化が実行されます。データはまず、外側の 3DES（CBC モード）および指定された鍵を使用して暗号化されます。その後、暗号化されたデータが Base64 符号化されてから、メモリ内バッファを介してファイルに書き込まれます。メモリ内バッファを使用するのは、3DES（CBC モード）がブロック暗号であるため、2 つのフィルタが協力して暗号のブロックを適切に埋め、パディングを追加するからです。第 6 章で、共通鍵暗号化方式について詳細に説明します。

▼例 4.8　BIO チェーンの形成と使用

```c
int write_data(const char *filename, char *out, int len, unsigned char *key)
{
    int total, written;
    BIO *cipher, *b64, *buffer, *file;

    /* バッファ化ファイル BIO を書き込み用に作成 */
    file = BIO_new_file(filename, "w");
    if (!file)
        return 0;

    /* ファイルへの書き込みのバッファとして、バッファ用のフィルタ BIO を作成 */
    buffer = BIO_new(BIO_f_buffer());

    /* Base64 符号化用のフィルタ BIO を作成 */
    b64 = BIO_new(BIO_f_base64());

    /* 暗号用のフィルタ BIO を作成し鍵を設定
       BIO_set_cipher の最後の引数は、暗号化の場合は 1、復号の場合は 0 */
    cipher = BIO_new(BIO_f_cipher());
    BIO_set_cipher(cipher, EVP_des_ede3_cbc(), key, NULL, 1);

    /* BIO チェーンを次の順番に並べる
       cipher-b64-buffer-file */
    BIO_push(cipher, b64);
    BIO_push(b64, buffer);
    BIO_push(buffer, file);

    /* データをファイルに書き込むループ
       基礎となるファイルが非ブロッキングと見なしてエラーをチェックする */
    for (total = 0; total < len; total += written)
    {
        if ((written = BIO_write(cipher, out + total, len - total)) <= 0)
        {
            if (BIO_should_retry(cipher))
            {
                written = 0;
                continue;
            }
            break;
        }
    }

    /* すべてのデータがとりあえずファイルに格納されたことを確認 */
    BIO_flush(cipher);

    /* ここで、BIO_free_all(cipher) を呼び出して BIO チェーンを解放する
       ここではデモとして、最初に b64 をチェーンからはずす */
    BIO_pop(b64);

    /* この時点では b64 用フィルタ BIO が切り離されている
       チェーンは、暗号用フィルタ BIO - バッファ用フィルタ BIO - バッファ化ファイル BIO の順
       以下により、すべてのメモリが解放される */
    BIO_free(b64);
    BIO_free_all(cipher);
}
```

4.4　乱数の生成

　OpenSSL ライブラリには、乱数を利用することが必要な関数が多数あります。例えば、セッション鍵の作成や公開鍵 / 秘密鍵の対の生成には、いずれも乱数が必要です。この乱数を生成するために、暗号論的に強力な擬似乱数生成器（PRNG：pseudorandom number generator）が RAND パッケージに用意されています。擬似乱数生成器は、その名前が示すように、真に無作為な乱数ではなく、計算上予測が困難なデータを生成するものです。

　RAND パッケージのものも含めて、暗号論的に安全な PRNG には、シード（seed）が必要です。シードとは、基本的に、PRNG の初期状態の設定に使用する予測不能な秘密のデータのことです。このシードの安全性が、出力の予測不能性の基盤になります。PRNG は、出力が決定論的なものにならないように、シードの値を使用して数学的かつ暗号技術的な変換を実行することができます。シードは、情報エントロピーが高いものが理想です。情報エントロピーとは、データがどの程度無作為かを示す尺度のことです。わかりやすくするために、平らなコインをはじいてビットデータを生成する例を考えてみましょう。結果の各ビットは、0 になる可能性が 50%、1 になる可能性が 50% です。この場合、出力のエントロピーは 1 ビットということになります。また、このビットの値は、真に無作為であるということもできます。コインのはじき方が公平でない場合、エントロピーは 1 ビットよりも小さくなり、結果の出力は真に無作為とはいえなくなります。

　コンピュータのように決定論的なマシンにとって、真のエントロピーを生成するのは困難です。したがって、多くの場合、エントロピーは次のキーが押されるまでの時間や、次のスレッドが生成されるまでの時間、ハードディスクに次の割り込みが発生するまでの時間などをビットで表したときの下位ビットなど、あらゆる種類の予測不能なイベントから少規模なビット列を収集して生成します。しかし、データに実際どれだけのエントロピーが存在するかを判断するのは困難です。また、エントロピーの大きさはどうしても過大評価されがちです。

　一般に、エントロピーは予測不能なデータのことですが、PRNG が生成する擬似乱数は、アルゴリズムとシードさえわかっていれば予測不能ではありません。エントロピーの大きなデータを使用して PRNG にシードを渡すほかに、純粋なエントロピーを使用して重要な鍵を生成するのも良い方法です。128 ビットのシードで擬似乱数生成器を使用し、256 ビットの鍵を生成した場合、その鍵が長さに見合うだけの強度、つまり、256 ビットの強度を持つことはありません。高々 128 ビットほどでしょう。同様に、同じシードを使用して複数の鍵を生成した場合は、鍵の間に望ましくない相関関係が生じます。鍵の安全性は、それぞれ独立していなければなりません。

　以上の要件に注意して PRNG を使用すれば、使用に適した擬似乱数を生成することができます。

PRNGのシード

　セキュリティに関して陥りやすい落とし穴の1つに、OpenSSLのPRNGに不適切なシードを渡してしまうことがあります。PRNGには、関数を使って簡単にシードを渡すことができますが、予測可能なデータをシードとして使用していれば問題が生じます。内部的なルーチンで「シード」データの量を計ることはできますが、そのデータの質（データにどれだけのエントロピーがあるか）を判断する役には立ちません。これまで、シードの重要性について述べてきましたが、その理由には触れませんでした。例えば、セッション鍵を使用して接続の安全性を保護するとき、その安全性の基盤は、メッセージの暗号化に使用する暗号アルゴリズムと、セッション鍵を攻撃者が簡単には推測できないことに置かれます。安全性に欠けるシードを使用すれば、PRNGの出力は予測可能になります。PRNGの出力が予測可能であれば、生成される鍵も予測可能になるため、その（全体の）セキュリティは、たとえアプリケーションが適切に設計されていたとしても危殆化してしまいます。このように、PRNGの出力に多くが依存していることは明らかです。そのため、OpenSSLには、PRNGを操作するための関数がいくつか用意されています。これらの関数の使い方をよく理解して、セキュリティを確保できるようにすることが大切です。

　RAND_add関数は、PRNGに指定したデータをシードとして渡します。このデータのエントロピーは、指定されたバイト数だけだと見なされます。例えば、Cの標準ランタイム関数であるtimeが返す「現在時刻」へのポインタが入ったバッファをシードに指定するとしましょう。このバッファ長は4バイトになりますが、上位バイトは頻繁には変化せず、きわめて予測しやすいものです。このため、実質的にエントロピーと見なせるのは、最下位の1バイトだけになります。なお、「現在時刻」だけでは、エントロピーの優れたソースには絶対になり得ません。ここでは話をわかりやすくする例として取り上げているだけです。

```
void RAND_add(const void *buf, int num, double entropy);
```

- buf
  PRNGにシードを渡すために使用するデータが入ったバッファを指定します。
- num
  バッファに入っているバイト数を指定します。
- entropy
  バッファに含まれるエントロピーの量の推定値を指定します。

　RAND_addと同様、RAND_seed関数も指定データを使ってPRNGにシードを渡しますが、この関数は指定データに純粋なエントロピーが含まれると見なします。

`RAND_seed` のデフォルト実装は、実際にはバッファ内のバイト数をバッファのデータに含まれるエントロピーの量として使用して、`RAND_add` を呼び出しているにすぎません。

```
void RAND_seed(const void *buf, int num);
```

- buf
  PRNGにシードを渡すために使用するデータが入ったバッファを指定します。
- num
  バッファに入っているバイト数を指定します。

これ以外にも、Windowsで使用できる関数が2つ用意されています。これらは、エントロピーのソースとしてあまり優れたものではありませんが、ほかに優れたソースがなければ、大半のプログラマが独自に使用したり考案したりしたようなものよりは安全に利用できます。一般に、これ以外にエントロピーソースが利用できない場合を除き、この2つの関数の使用は避けるのが無難です。サーバのように、通常はユーザが操作しないようなマシンでアプリケーションを実行する場合は、特にそうです。これらは、あくまでも最後の手段として用意されているものなので、そのつもりで取り扱ってください。

```
int RAND_event(UINT iMsg, WPARAM wParam, LPARAM lParam);
```

`RAND_event` は、メッセージを処理する関数から呼び出してください。この関数には、各メッセージの識別子とパラメータを渡す必要があります。本書執筆時点の実装でエントロピーの収集に使用されているのは、`WM_KEYDOWN` と `WM_MOUSEMOVE` メッセージだけです。

```
void RAND_screen(void);
```

`RAND_screen` を定期的に呼び出してエントロピーを収集することもできます。この関数は、画面の内容のスナップショットを取り、各走査線のハッシュを生成し、そのハッシュ値をエントロピーとして使用します。この関数は、あまり使い過ぎないでください。いくつか理由があるのですが、1つは、画面がそれほど頻繁に変化しないおそれがあるからです。もう1つ、この関数があまり高速ではないことも理由として挙げられます。

PRNGにシードを渡す関数の使用に際して、静的な文字列をシードとして使用するという誤った使い方がよく見られます。これは、ほとんどの場合、OpenSSLが警告メッセージを表示しないようにしたい、というだけの理由で行われているようです（PRNGにシードを渡さないで使おうとすると、必ず警告メッセージが表示されるため）。もう

1つ避けてほしいのは、中身を予測できないだろうと思い込んで、初期化されていないメモリセグメントを使用することです。PRNGにおけるシードの不適切な使用の例は、ほかにもたくさんありますが、それらを並べ立てても仕方ないので、ここから先は正しい方法だけを紹介することにします。PRNGに適切なシードが渡されているかどうかを判断する際の基準として、次のことを忘れないでください。エントロピーの収集を本来の目的とするサービスから得たデータをシードにしなければ、PRNGに適切なシードを渡したことになりません。

多くのUNIXシステムでは、エントロピーを収集するためのサービスとして、/dev/randomを利用できます。このデバイスを備えたシステムには、通常、/dev/urandomというデバイスもあります。この理由は、/dev/randomデバイスでは、要求された出力を生成するだけのエントロピーが利用できない場合にブロックしてしまうからです。一方、/dev/urandomデバイスは、絶対にブロックしないような、(セキュリティ用の) PRNGを使用します。厳密には、/dev/randomはエントロピーを生成し、/dev/urandomは擬似乱数を生成します。

OpenSSLにはRAND_load_fileという関数があります。この関数は、指定されたバイト数を最大値として、特定のファイルの内容をシードとしてPRNGに渡します。この最大値が-1に指定されている場合は、ファイル全体の内容を使用します。読み取られるファイルには、純粋なエントロピーが含まれると期待しています。OpenSSLでは、このファイルに実際に純粋なエントロピーが入っているかどうかを知ることができません。純粋なエントロピーが入っているものと仮定して利用しますが、その確認はプログラマの仕事とされています。例4.9に、RAND_load_file関数と、対で使われるRAND_write_file関数の使用例を示します。/dev/randomを利用できるシステムでは、/dev/randomからRAND_load_fileを呼び出してPRNGにシードを渡すのがベストです。ただし、/dev/randomから読み取るバイト数を妥当な値に制限するのを忘れないでください。-1を指定してファイル全体を読み取るようにすると、RAND_load_fileはデータを永遠に読み取り続け、制御を返さなくなってしまいます。

RAND_write_file関数は、PRNGから取得した1,024バイトの乱数のバイト列を指定のファイルに書き込みます。書き込まれるバイト列のエントロピーは純粋なものではありませんが、より優れたエントロピーソースが使用できない場合に、シードが渡されていないPRNGに対して渡すシードとして、安全に使用することができます。これは、システムの起動直後に稼働を開始するサーバには特に便利です。なぜなら、システムを最初に起動した直後は、/dev/randomでエントロピーを十分に取得することができないからです。例4.9に、RAND_load_fileとRAND_write_fileのさまざまな使用方法を示します。

▼例4.9　RAND_load_file()とRAND_write_file()の使用
```
int RAND_load_file(const char *filename, long bytes);
int RAND_write_file(const char *filename);
```

```
/* /dev/randomから1024バイトを読み込みPRNGにシードとして渡す */
RAND_load_file("/dev/random", 1024);

/* シードをファイルに書き込む */
RAND_write_file("prngseed.dat");

/* ファイル全体からシードを読み込み、取得したバイト数を書き出す */
nb = RAND_load_file("prngseed.dat", -1);
printf("Seeded the PRNG with %d byte(s) of data from prngseed.dat.\n", nb);
```

RAND_write_fileを使ってシードデータをファイルに書き込むときは、ファイルを必ず安全な場所に置くよう注意しなければなりません。つまり、UNIXであれば、このファイルはアプリケーションのユーザIDが所有しなければならず、グループメンバやその他のユーザにアクセスを一切許可してはならないということです。また、このファイルが置かれたディレクトリとすべての親ディレクトリでは、書き込みアクセスだけをディレクトリの所有者に許可するようにしてください。Windowsでは、このファイルはAdministratorが所有しなければなりません。また、ほかのユーザにアクセス許可を一切与えてはなりません。

最後に、/dev/urandomについて補足しておきます。システムで/dev/urandomを利用可能にしておくと、OpenSSLはこれを使用して透過的にPRNGにシードを渡そうとします。しかし、/dev/randomをどうしても使いたくない理由でもない限りは、より優れたエントロピーを/dev/randomから読み取るほうがよいでしょう（/dev/urandomでも、何も使用しない場合よりはましです）。/dev/urandomがないシステムでは、PRNGにはまったくシードが渡されません。このため、PRNGやOpenSSLのそのほかの部分でPRNGを利用する前に、必ず適切なシードを渡すことを心がけてください。例4.10に、システムに/dev/randomがあると想定し、これを使用してOpenSSLのPRNGにシードを渡す方法を示します。

▼ 例4.10　/dev/randomによりOpenSSLのPRNGにシードを渡す
```
int seed_prng(int bytes)
{
    if (!RAND_load_file("/dev/random", bytes))
        return 0;
    return 1;
}
```

代替エントロピーソースの使用

先ほど、エントロピーソースとしての/dev/randomと/dev/urandomについて説明しましたが、これらのサービスを利用できないシステムではどうすればよいでしょうか。Windowsを含め、これらのサービスを利用できないOSは少なくありません。このようなシステムでエントロピーを取得するのは厄介ですが、幸いにも別な方法があります。エントロピー収集サービスを実行するためのパッケージが、各種プ

ラットフォーム用に、サードパーティから何種類か提供されているのです。そのなかで、より本格的な機能を備えた可搬性のあるパッケージとして、EGADS（Entropy Gathering and Distribution System）があります。EGADSは、BSDライセンスに基づいて配布されています。つまり、無償であり、ソースコードが入手可能です。EGADSは、http://www.securesw.com/egads/ から入手できます。

前述のとおり、EGADS以外にもエントロピーの問題を解決する方法があります。EGDは、Brian WarnerがPerlで作成したエントロピー収集デーモンで、http://egd.sourceforge.net/ から入手できます。Perlで作成されているため、Perlインタープリタが必要です。EGDでは、クライアントがエントロピーを取得するためのUNIXソケットインタフェースが利用できます。Windowsは一切サポートしていません。PRNGDも、Lutz Jänickeが作成した人気の高いエントロピー収集デーモンです。PRNGDでは、クライアントはEGD互換インタフェースを利用してEGDからエントロピーを取得します。EGD本体と同様、Windowsはサポートしていません。EGDもPRNGDもWindowsをサポートしていないので、ここではWindowsをサポートしているEGADSだけを取り上げることにします。ただし、3つとも同じインタフェースを使用するので、状況に応じてEGDやPRNGDについても説明します。

EGADSを使用してエントロピーを取得するには、その前にまず初期化する必要があります。これは、`egads_init` を呼び出すことで簡単に実行できます。ライブラリが初期化されたら、`egads_entropy` 関数を使用してエントロピーを取得します。/dev/randomが利用できるシステムでそうだったように、`egads_entropy` も、要求された十分なエントロピーが入手できるまでブロックします。例4.11に、EGADSを使用してOpenSSLのPRNGにシードを渡す方法を示します。

▼ 例4.11　EGADSにより OpenSSLのPRNGにシードを渡す

```
int seed_prng(int bytes)
{
    int      error;
    char     *buf;
    prngctx_t ctx;

    egads_init(&ctx, NULL, NULL, &error);
    if (error)
        return 0;

    buf = (char *)malloc(bytes);
    egads_entropy(&ctx, buf, bytes, &error);
    if (!error)
        RAND_seed(buf, bytes);
    free(buf);

    egads_destroy(&ctx);
    return (!error);
}
```

EGADS、EGD、PRNGDは、いずれも、クライアントがエントロピーを取得するためのUNIXソケットを備えています。EGDでは、クライアントが通信するための簡単なプロトコルが定義されており、EGADSとPRNGDは、どちらもこのプロトコルを模倣しています。GnuPGやOpenSSHなどのセキュリティアプリケーションで、EGDプロトコルを使用してデーモンからエントロピーを取得できるようになっています。OpenSSLでも、EGDプロトコルを使用したPRNGのシード取得をサポートしています。

OpenSSLには、EGDサーバとの通信用に、2つの関数が用意されています。バージョン0.9.7で、3つ目の関数が追加されました。また、バージョン0.9.7では、EGDソケットの名前としてよく使用される `/var/run/egd-pool`、`/dev/egd-pool`、`/etc/egd-pool`、`/etc/entropy` の4つに、この順番で自動的に接続を試行します。

`RAND_egd` は、指定されたUNIXドメインソケットへの接続を試行します。接続に成功した場合は、255バイトのエントロピーをサーバに要求します。返されたデータが `RAND_add` の呼び出しに渡されて、PRNGにシードが渡されます。`RAND_egd` は、実際にはこの後で紹介する `RAND_egd_bytes` 関数に対するラッパーです。

```
int RAND_egd(const char *path);
```

`RAND_egd_bytes` は、指定されたUNIXソケットへの接続を試行します。接続に成功した場合は、指定したバイト数のエントロピーをサーバに要求します。返されたデータが `RAND_add` の呼び出しに渡されて、PRNGにシードが渡されます。`RAND_egd` と `RAND_egd_bytes` は、どちらも成功時にEGDサーバから取得したバイト数を返します。デーモンへの接続中にエラーが発生した場合は、どちらも -1 を返します。

```
int RAND_egd_bytes(const char *path, int bytes);
```

バージョン0.9.7では、返されたデータを `RAND_add` によってOpenSSLのPRNGに自動的に流し込むのではなく、EGDサーバから受け取ったデータを照会できるように、関数 `RAND_query_egd_bytes` が追加されました。この関数は、指定されたUNIXデーモンへの接続を試行して、指定されたバイト数を取得します。EGDサーバから返されたデータは、指定されたバッファにコピーされます。バッファに `NULL` が指定されている場合、この関数は `RAND_egd_bytes` とまったく同様に機能し、返されたデータを `RAND_add` に渡してPRNGにシードを渡します。成功した場合は、受け取ったバイト数を返し、エラーが発生した場合は -1 を返します。

```
int RAND_query_egd_bytes(const char *path, unsigned char *buf,
                         int bytes);
```

例4.12に、RAND関数を使用してEGDソケットにアクセスし、実行中のエントロピー収集サーバから取得したエントロピーを使ってPRNGにシードを渡す方法を示します。この方法は、EGADS、EGD、PRNGD、またはEGDソケットインタフェースを備えていれば、これら以外のサーバにも適用できます。

▼ 例4.12　EGDソケットによりOpenSSLのPRNGにシードを渡す

```
#ifndef DEVRANDOM_EGD
#define DEVRANDOM_EGD "/var/run/egd-pool", "/dev/egd-pool", "/etc/egd-pool", \
                      "/etc/entropy"
#endif

int seed_prng(int bytes)
{
    int i;
    char *names[] = { DEVRANDOM_EGD, NULL };

    for (i = 0;  names[i];  i++)
        if (RAND_egd(names[i]) != -1)   /* RAND_egd_bytes(names[i], 255) */
            return 1;
    return 0;
}
```

4.5　任意精度の数値演算

　OpenSSLライブラリには、大きな整数の数値演算が必要な公開鍵暗号アルゴリズムが多数含まれます。CやC++の標準のデータ型は、このような状況での使用には不十分です。この問題をある程度解決するため、OpenSSLでは、BIGNUMパッケージを利用することができます。BIGNUMパッケージでは、数値の上限に事実上制限のないBIGNUMという集成体（aggregate）型に関するルーチンが宣言されています。もっと具体的にいうと、BIGNUM型の変数に格納できる数値の大きさを制限するのは、使用可能なメモリ容量以外にはあり得ません。

　これは非常に低レベルなパッケージであり、細かい部分のほとんどはより高レベルなパッケージで隠されているので、SSL対応アプリケーションの開発でBIGNUMパッケージが前面に出てくることはそう多くはないはずです。しかし、このパッケージは非常に幅広く使用されており、公開鍵暗号化方式には欠かせないものなので、ここで簡単に取り上げておくことにします。

基礎知識

　BIGNUMパッケージをプログラムで使用するためには、ヘッダファイル`openssl/bn.h`をインクルードする必要があります。また、BIGNUMを使用するためには、その前にまず初期化しなければなりません。BIGNUMパッケージは、静的に割り当てられた

BIGNUMと動的に割り当てられたBIGNUMの両方をサポートします。BN_new関数は、新しいBIGNUMを割り当てて、使用できるように初期化します。BN_init関数は、静的に割り当てられたBIGNUMを初期化します。内部的にはBIGNUMにメモリが動的に割り当てられるので、BIGNUMを使い終えたら、スタック上に割り当てられている場合であっても必ず破棄する必要があります。BIGNUMを破棄するには、BN_free関数を使用します。例4.13に、この3つの関数の使用例を示します。

▼例4.13 BIGNUMの作成、初期化、破棄
```
BIGNUM static_bn, *dynamic_bn;

/* BIGNUMを静的に割り当てて初期化 */
BN_init(&static_bn);

/* 新規のBIGNUMを割り当てて初期化 */
dynamic_bn = BN_new();

/* 生成した2つのBIGNUMを破棄 */
BN_free(dynamic_bn);
BN_free(&static_bn);
```

BIGNUMは、メモリが動的に割り当てられるopaque型の構造体として実装されています。BIGNUMを操作するための関数では、(有り難いことに)何が行われているかをプログラマが意識しなくても済む場合がほとんどですが、それでも内部ではかなりの処理が行われていることを理解しておくことが大切です。その一例として、あるBIGNUMの値を別のBIGNUMに割り当てるケースを考えてみましょう。このような場合、ついつい構造体の浅いコピー (shallow copy) を実行したくなるものですが、絶対にそうしてはなりません。これには深いコピー (deep copy) を実行する必要があります。BIGNUMパッケージには、深いコピー用の関数が用意されています。例4.14に、BIGNUMの正しいコピー方法と間違ったコピー方法を示します。

▼例4.14 BIGNUMの間違ったコピー方法と正しいコピー方法
```
BIGNUM a, b, *c;

/* 間違ったBIGNUMのコピー */
a = b;
*c = b;

/* 正しいBIGNUMのコピー */
BN_copy(&a,&b);      /* bをaにコピー */
c = BN_dup(&b);      /* cを作成し、bと同じ値で初期化 */
```

BIGNUMを正しくコピーすることは重要です。正しくコピーしないと、予想外の動作やクラッシュを引き起こす可能性が高くなります。BIGNUMを使用してプログラムを作成する場合は、コピーの作成が必要になる状況が少なくないので、ここでしっかりと学んでおいてください。

2つのBIGNUMを比較する操作にも、同じような性質が見られます。「=」や「<」「>」といった、Cの通常の比較演算子を使用して、2つのBIGNUMを単純に比較することはできません。BN_cmp関数を使用して、2つのBIGNUMを比較する必要があります。この関数は、2つの値aとbを比較して、aがbより小さければ-1を返し、等しければ0を返し、aがbより大きければ1を返します。BN_ucmp関数は、絶対値aとbに対して、同様な比較を行います。

BIGNUMをファイルに格納すること、あるいはソケット接続を介して通信相手に送信することを目的として使用する場合は、BIGNUMをフラットなバイナリ表現に変換すると便利かもしれません。BIGNUMは、動的に割り当てられた内部メモリへのポインタを含むため、フラットな構造体ではありません。したがって、どこかに送信するためには、その前に1つのデータに変換しなければなりません。逆に、BIGNUMのフラットな表現を、BIGNUMパッケージで使用できるBIGNUM構造体に戻す必要もあります。この2つの操作のために、それぞれ関数が用意されています。まずBN_bn2binは、BIGNUMをビッグエンディアン形式のフラットなバイナリ表現に変換します。もう1つのBN_bin2bnは、これと逆の操作を実行し、ビッグエンディアン形式のフラットなバイナリ表現の数値をBIGNUMに変換します。

BIGNUMをフラットなバイナリ表現に変換するためには、その前に変換後のデータの格納に必要なメモリのバイト数を知る必要があります。また、BIGNUMに戻す前に、このバイナリ表現がどれだけの長さになるか知っておくことも大切です。BIGNUMをフラットなバイナリ形式で表現するのに必要なバイト数は、BN_num_bytes関数を使用して調べることができます。例4.15に、BIGNUMとフラットなバイナリ表現の間の変換を示します。

▼ 例4.15　BIGNUMとバイナリ表現の間の変換
```
/* BIGNUMからバイナリへの変換 */
len = BN_num_bytes(num);
buf = (unsigned char *)malloc(len);
len = BN_bn2bin(num, buf);

/* binaryからBIGNUMへの変換 */
BN_bin2bn(buf, len, num);
num = BN_bin2bn(buf, len, NULL);
```

BN_bn2binは、変換を実行すると、指定されたバッファに書き出したバイト数を返します。変換中にエラーが発生した場合は、戻り値0を返します。BN_bin2bnが変換を実行すると、第3引数で指定したBIGNUM（変数）に結果が格納されます。BIGNUM（変数）に既存の値があれば上書きします。第3引数にNULLを指定した場合は、新しいBIGNUMが作成され、バイナリ表現から変換された値で初期化されます。どちらの場合でも、BN_bin2bnは、必ず値を受け取ったBIGNUM（値）へのポインタを返します。あるいは、変換中にエラーが発生すればNULLを返します。

この形式は、バイナリファイルやソケットなど、バイナリエンコードされた数値をサポートする媒体では好都合です。しかし、画面に数値を表示するなど、テキストベースで表現する必要がある状況では不適切です。出力前に必ずBase64符号化するという方法でも構いませんが、BIGNUMパッケージにはもっと直感的な方法が用意されています。

BN_bn2hex 関数は、BIGNUMを16進表現に変換して、Cにおける文字列に格納します。この文字列は、OPENSSL_mallocを使用して動的に割り当てられます。呼び出し側は、その後、OPENSSL_freeを使用してこの文字列を解放しなければなりません。

```
char *BN_bn2hex(const BIGNUM *num);
```

BN_bn2dec 関数は、BIGNUM（値）を10進表現に変換して、Cにおける文字列に格納します。この文字列は、OPENSSL_mallocを使用して動的に割り当てられます。呼び出し側は、その後、OPENSSL_freeを使用してこの文字列を解放しなければなりません。

```
char *BN_bn2dec(const BIGNUM *num);
```

BN_hex2bn 関数は、Cにおける文字列に格納された16進表現の数値をBIGNUM（値）に変換します。結果の値は、指定されたBIGNUM（変数）に格納されます。あるいは、BIGNUMにNULLが指定されていれば、BN_newによって新しいBIGNUMが作成されます。

```
int BN_hex2bn(BIGNUM **num, const char *str);
```

BN_dec2bn 関数は、Cにおける文字列に格納された10進表現の数値をBIGNUM（値）に変換します。結果の値は、指定されたBIGNUM（変数）に格納されます。あるいは、BIGNUMにNULLが指定されていれば、BN_newによって新しいBIGNUMが作成されます。

```
int BN_dec2bn(BIGNUM **num, const char *str);
```

数値演算

わずかな例外はありますが、BIGNUMパッケージを構成する関数の大半は、加算や乗算のような数値演算を行うものばかりです。これらの関数のほとんどでは、処理の対象となるBIGNUM（値そのもの、もしくは変数）を（少なくとも）2つ引数にして、結果を3つ目のBIGNUM（変数）に格納します。たいていは、処理の対象の1つに結果を格納しても問題ありませんが、必ずしも安全とは限らないので注意が必要です。最もよく利用される算術関数について表4.1にまとめたので、それを参考にしてください。表4.1に特に注記していない限り、演算の結果を受け取るBIGNUM（変数）は、処理の対象と

なるどのBIGNUM（変数）とも同じにしてはなりません。関数は、すべて、成功時には0以外を、失敗時には0を返します。

表4.1の関数の多くは、「ctx」とラベル付けされた引数を受け取ります。この引数は、BN_CTX構造体へのポインタです。この引数にはNULLを指定することができますが、そのようにしない場合は、BN_CTX_newが返すコンテキストの構造体にしなければなりません。このコンテキスト構造体は、多くの算術演算で使用する一時値を格納するためのものです。コンテキストに一時的な値を格納すると、さまざまな関数でパフォーマンスが向上します。コンテキスト構造体が不要になったときには、BN_CTX_freeを使用して破棄しなければなりません。

▼表4.1　BIGNUM用の算術関数

関数	説明
BN_add(r, a, b)	r = a + b rにはaまたはbと同じBIGNUMを使用できる
BN_sub(r, a, b)	r = a - b
BN_mul(r, a, b, ctx)	r = a・b rにはaまたはbと同じBIGNUMを使用できる
BN_sqr(r, a, ctx)	r = pow(a, 2) rにはaと同じBIGNUMを使用できる。BN_mul(r, a, a)よりも高速
BN_div(d, r, a, b, ctx)	d = a / b, r = a % b dとrのどちらにのにも、aまたはbと同じBIGNUMを使用できない。dまたはrの一方がNULLでも構わない
BN_mod(r, a, b, ctx)	r = a % b
BN_nnmod(r, a, b, ctx)	r = abs(a % b)
BN_mod_add(r, a, b, m, ctx)	r = abs((a + b) % m)
BN_mod_sub(r, a, b, m, ctx)	r = abs((a - b) % m)
BN_mod_mul(r, a, b, m, ctx)	r = abs((a・b) % m) rにはaまたはbと同じBIGNUMを使用できる
BN_mod_sqr(r, a, m, ctx)	r = abs(pow(a, 2) % m)
BN_exp(r, a, p, ctx)	r = pow(a, p)
BN_mod_exp(r, a, p, m, ctx)	r = pow(a, 2) % m
BN_gcd(r, a, b, ctx)	rはaとbの最大公約数。rにはaまたはbと同じBIGNUMを使用できる

素数の生成

BIGNUMパッケージに用意された関数のうち、公開鍵暗号化方式において最も重要な関数の1つにBN_generate_primeがあります。名前のとおり、この関数は素数を生成しますが、もっと重要なのは擬似乱数の素数を生成することです。つまり、素数が見

つかるまで数値を無作為に何度も選択します。このような関数は、公開鍵暗号化方式以外の用途においても非常に便利です。本章でこの関数をかなり注意深く説明することにしたのはこのためです。また、理由はもう1つあります。つまり、この関数の引数は非常に長くて複雑なので、手強くて使えそうもないと判断されかねないからです。

```
BIGNUM *BN_generate_prime(BIGNUM *ret, int bits, int safe,
                          BIGNUM *add, BIGNUM *rem, void
                          (*callback)(int, int, void *),
                          void *cb_arg);
```

- ret
  生成された素数を受け取るために使用します。NULLを指定すると、新しいBIGNUMが作成され、BN_newで初期化して返されます。
- bits
  生成される素数の表現に使用するビット数を指定します。
- safe
  0または0以外で、生成される素数が安全でなければならないかどうかを指定します。安全な素数とは、$(p-1)/2$が素数になる素数pを指します。
- add
  生成される素数が追加で備えていなければならない性質を指定するのに使います。NULLと指定した場合、追加の性質を持つ必要はありません。それ以外の場合、生成される素数は、ここに指定した値で割った余りが1になるという条件を満たさなければなりません。
- rem
  生成される素数が追加で備えていなければならない性質を指定します。NULLと指定した場合、追加の性質を持つ必要はありません。それ以外の場合、生成される素数は、addの値で割った余りがここに指定した値になるという条件を満たさなければなりません。addをNULLと指定した場合、この引数は無視されます。
- callback
  演算の状態を報告するために、素数の生成中に呼び出す関数です。素数の生成にはかなり時間がかかることがよくあります。コールバック関数を使うことで、処理が進行中であり、プログラムがクラッシュもハングもしていないことを何らかの手段でユーザに伝えることができます。
- cb_arg
  ここに指定した値は、コールバック関数（指定されていれば）に渡すためだけに使用されます。OpenSSLは、この引数をほかの目的に使用しないので、値や意味を解釈することはありません。

このコールバック関数は、引数を3つ取り、値を返しません。コールバック関数を使用する場合は、必ず、BN_generate_prime の cb_arg 引数を第3引数として渡すことになります。コールバック関数の第1引数には、素数生成のどの段階が完了したかを示す状態コードを渡します。この状態コードは、必ず、0、1、または2になります。第2引数の意味は、状態コードに応じて異なります。状態コードが0であれば、使用できそうな素数が見つかったものの、BN_generate_prime の呼び出し時に指定した基準に適合するかを確認するテストが済んでいないことを意味します。コールバック関数が状態コード0で何度も呼び出されることがあります。この場合は、それまでに見つかった素数の数（現在のものは含まない）が第2引数に入ります。状態コードが1であれば、第2引数には素数のテスト（Miller-Rabin による確率的判定法）が完了した回数が入ります。状態コードが2であれば、適合する素数が見つかったことを意味し、第2引数にはそれまでにテストされた候補の数が入ります。

例4.16に、BN_generate_prime 関数の使用方法を示します。処理のステータスを表示するために、コールバック関数を使用しています。

▼ 例4.16　BN_generate_prime() による擬似乱数の素数の生成

```
static void prime_status(int code, int arg, void *cb_arg)
{
    if (code == 0)
        printf("\n  * Found potential prime #%d ...", (arg + 1));
    else if (code == 1 && arg && !(arg % 10))
        printf(".");
    else
        printf("\n Got one!\n");
}

BIGNUM *generate_prime(int bits, int safe)
{
    char    *str;
    BIGNUM *prime;

    printf("Searching for a %sprime %d bits in size ...", (safe ? "safe " :
        ""), bits);

    prime = BN_generate_prime(NULL, bits, safe, NULL, NULL, prime_status, NULL);
    if (!prime)
        return NULL;

    str = BN_bn2dec(prime);
    if (str)
    {
        printf("Found prime: %s\n", str);
        OPENSSL_free(str);
    }

    return prime;
}
```

4.6　エンジンの使用

　　OpenSSL には、暗号処理アクセラレータのサポートが組み込まれています。アプリケーションで `ENGINE` 型のオブジェクトを使用すると、ベースとなる変更可能な表現（たいていはハードウェアデバイスを表現する）への参照を取得することができます。バージョン 0.9.6 の OpenSSL には、このサポートが「エンジン (engine)」という名称で組み込まれましたが、バージョン 0.9.7 からは、OpenSSL そのものに統合される予定です[†2]。0.9.7 では、`ENGINE` パッケージ用にかなり堅牢な機能が追加されることになりますが、0.9.6 エンジンにも、`ENGINE` オブジェクトをセットアップするための簡単な関数がいくつか用意されています。本書の執筆時点で、これらの関数は変更されていないようです（変更された場合は、本書の Web サイトに関連情報を掲載します）。

　　エンジンの大まかな考え方は、利用したいハードウェアの種類を表すオブジェクトを取得して、そのデバイスを使用することを OpenSSL に伝える、という簡単なものです。例 4.17 に、この処理を実行する方法を短いコードで示します。

▼ 例 4.17　ハードウェアエンジンの使用を可能にする処理

```
ENGINE *e;

if (!(e = ENGINE_by_id("cswift")))
    fprintf(stderr, "Error finding specified ENGINE\n");
else if (!ENGINE_set_default(e, ENGINE_METHOD_ALL))
    fprintf(stderr, "Error using ENGINE\n");
else
    fprintf(stderr, "Engine successfully enabled\n");
```

　　`ENGINE_by_id` 関数を呼び出すと、利用できるように組み込まれたエンジンから実装を検索して、`ENGINE` オブジェクトを返します。この関数には、デバイスの基礎となる実装の文字列の識別子を引数として渡す必要があります。表 4.2 に、サポートする暗号処理ハードウェアおよびソフトウェアで利用可能なエンジンを示します。

▼ 表 4.2　サポートされているハードウェアおよびソフトウェアエンジン

ID 文字列	説明
openssl	このエンジンは、暗号技術に関する処理に通常の組み込み関数を使用する。デフォルトではこれが使用される
openbsd_dev_crypto	OpenBSD において、OS に組み込まれたカーネルレベルの暗号技術を使用する
cswift	CryptoSwift アクセラレータを使用する
chil	nCipher CHIL アクセラレータを使用する
atalla	Compaq Atalla アクセラレータを使用する
nuron	Nuron アクセラレータを使用する

---

† 監訳注2　本書監訳時点では統合されています。

ID 文字列	説明
ubsec	Broadcom uBSec アクセラレータを使用する
aep	Aep アクセラレータを使用する
sureware	SureWare アクセラレータを使用する

　この検索の結果受け取った ENGINE オブジェクトを、ENGINE_set_default の呼び出しに使用すれば、暗号技術に関する関数を特定の ENGINE の機能で利用できるようになります。2 つ目の引数では、エンジンを使って実装できるものに対して制約を指定することが可能になります。例えば、エンジンに RSA しか実装されていない場合に例 4.17 のような呼び出しを行えば、RSA をこのエンジンで処理できます。そして、この RSA エンジンを ENGINE_METHOD_DSA フラグと一緒に使って ENGINE_set_default を呼び出せば、OpenSSL は、暗号技術に関するどの呼び出しにも、このエンジンを使用しなくなります。なぜなら、このフラグを指定すると、エンジンは DSA に対してのみ機能するようになるからです。表 4.3 に、指定可能な制約をすべて示します。これらの制約は、論理演算子の OR を使って組み合わせることもできます。

▼ 表 4.3　ENGINE_set_default 用のフラグ

フラグ	説明
ENGINE_METHOD_RSA	エンジンの使用を RSA 処理だけに制限する
ENGINE_METHOD_DSA	エンジンの使用を DSA 処理だけに制限する
ENGINE_METHOD_DH	エンジンの使用を DH 処理だけに制限する
ENGINE_METHOD_RAND	エンジンの使用を乱数の処理だけに制限する
ENGINE_METHOD_CIPHERS	エンジンの使用を共通鍵暗号の処理だけに制限する
ENGINE_METHOD_DIGESTS	エンジンの使用をダイジェストの処理だけに制限する
ENGINE_METHOD_ALL	OpenSSL が上記のどの実装でも使用できるようにする

　OpenSSL バージョン 0.9.7 では、デフォルトエンジンの設定以外にも、ENGINE オブジェクトが頻繁に使用されます。例えば、EVP_EncryptInit 関数は非推奨（deprecated）となり、EVP_EncryptInit_ex に置き換えられています。「ex」が付いた関数では、ENGINE オブジェクトを指す追加の引数を 1 つ取ります。一般に、このような関数では、ENGINE を指定する引数に NULL を渡すことができます。その場合、OpenSSL はデフォルトエンジンを使用します。ENGINE_set_default を呼び出すと、デフォルトエンジンが変更されることを思い出してください。この呼び出しを行わなければ、組み込まれているソフトウェア実装が使用されます。

　「ex」が付いたこれらの新しい関数の目的は、それぞれの関数を呼び出す際に使用する（暗号技術関連の）デバイスをより細かく制御することにあります。複数の暗号処理アクセラレータがあって、アプリケーションコードに応じてそれらを使い分けたいようなケースでは、これが特に有用です。

● SSL/TLS Programming ●

第5章

SSL/TLSプログラミング

　OpenSSLライブラリの非常に重要な特徴に、SSL（Secure Sockets Layer）プロトコルとTLS（Transport Layer Security）プロトコルを実装していることがあります。これらのプロトコルは、当初はNetscape社がWeb取引を安全に行うために開発したものであり、現在ではストリームベースの通信の安全を確保する汎用の方法にまで成長しました。Netscape社が最初に公開したバージョンのSSLは、本書執筆時点で、SSLバージョン2(SSLv2)とされているものです。このバージョンに対し、セキュリティ専門家が欠陥の一部を改善して生まれたのがSSLバージョン3(SSLv3)です。このとき、SSLを使用してトランスポート層の安全を保護するための標準の開発も同時に行われ、TLSバージョン1 (TLSv1)が誕生しました。SSLv2にはセキュリティ上の欠陥があるので、最近のアプリケーションではサポートされていないはずです[†1]。本章では、OpenSSLのなかでも、SSLv3とTLSv1を使用したプログラミングについてのみ解説します。特に断りのない限り、SSLと表記するときはSSLv3とTLSv1の両方を指すものと考えてください。

　（システムの）設計を担当するのなら、自分たちのアプリケーションでSSLを使用するという理解だけでは不十分です。SSL対応のプログラムは、プロトコルの設定が複雑であったり、APIが膨大であったり、開発者がこのライブラリに習熟してなかったりといった理由から、正しく実装するのが困難な場合もあります。OpenSSLのSSLサポートは、もともとUNIXソケットインタフェースを模倣して設計されましたが、APIの細部を調べてみれば、相違点が多いことに気付きます。ここでは、膨大なライブラリ

---

† 監訳注1　本書監訳時点、Internet Explorer 6.0.28とNetscape 7.1では共にサポートされています。

を簡単に利用できるように、小規模なクライアントとサーバの例を使い、SSLに対応させて安全なものに改善するための技法について順を追って説明します。ただし、理解を助けるために、現実には必ずしも実用的とはいえない、条件が簡略化されたアプリケーションを使って説明を始めます。

この簡単な例を出発点として、OpenSSLの高度な機能とのギャップを埋めていきます。本章の目標は、ライブラリの機能を小さいグループに分割して、その利用法を把握することです。開発者が自分のアプリケーションにSSLを実装する場合に、ここでの技法が定型のモデルとして役立つことと思います。SSLをアプリケーションに追加するときは、アプリケーション固有の要件を考慮し、セキュリティと機能性の両面において最善と思われる判断を下すようにしてください。

5.1 SSLプログラミング

OpenSSLにおけるSSL関連のAPIは膨大なので、初めて利用するプログラマは圧倒されてしまうかもしれません。しかも、第1章でも説明したように、SSLは正しく実装しないとセキュリティ確保という目標を効果的に達成できません。こうした要因が重なって、開発者の作業を困難にしているのです。安全なプログラムの実装に伴う謎の解明を目指して、ここでは3段階の手順でこの問題に挑みます。開発者は、SSLがその役割を確実に果たせるように、各手順においてアプリケーションに固有の知識を反映させる必要があります。例えば、高い互換性を持つWebブラウザを開発する場合と、高レベルに保護されたサーバアプリケーションを開発する場合とでは、開発者の選択は異なります。

ここで示す一連の手順は、SSLクライアントまたはSSLサーバを実装するときに開発者が実践する手順のテンプレートとして活用できます。まず単純な例から始めて、そこに機能を追加していきますが、これなら大丈夫と思えるまで安全にするためには、本章で説明するすべての手順をクリアすることが必要です。各手順で少しずつAPIを紹介していきます。すべての手順をクリアしたとき、SSL対応のアプリケーションの全体像も、いっそう明確に理解できているはずです。ただし、これらの手順をクリアすれば完成、というわけではありません。さまざまなアプリケーションの要件に対処するには、そこからさらに進んで、APIのより高度な機能についても学習する必要があります。

対象とするアプリケーション

本章では、非常に単純な2つのアプリケーションを使います。クライアントアプリケーションと、そのクライアントからデータを受け取ってコンソールにエコー表示するサーバアプリケーションです。この2つのアプリケーションを補強して、最終的には厳しい

環境で目的を達成できるようにします。つまり、ピア間の接続を厳密に認証するように、それぞれのプログラムを実装します。以降では、これらのプログラムを SSL 対応にする手順を踏みながら、それぞれの段階で開発者が行わなければならない選択について解説していきます。

説明を進める前に、これから作成するサンプルアプリケーションがどのようなものか見てみましょう。サンプルアプリケーションは、common.h、common.c、client.c、server.c という4つのファイルで構成されています。各ファイルのコードを例 5.1 〜 5.4 に示します。また、例 4.2 のコードも使用して、複数のスレッドを使用できるようにします。UNIX システム用には、POSIX スレッドを引き続き使用します。

例 5.1 の common.h の 1 〜 5 行目には、OpenSSL からの関連ヘッダが含まれています。現時点では、これらのヘッダのうちいくつかは使用しませんが、この後すぐに使用するので、ここに含めています。22 〜 24 行目では、サーバのリスニングポートと、クライアントマシンとサーバマシンを指定する文字列を定義しています。また、このヘッダファイルには、便利なエラー処理やスレッド化に必要な定義も含まれています。ここでも、第 4 章のスレッド化の説明で示した例と同様に、プラットフォームに依存しない方法で定義しています。

▼ 例 5.1   common.h

```
1       #include <openssl/bio.h>
2       #include <openssl/err.h>
3       #include <openssl/rand.h>
4       #include <openssl/ssl.h>
5       #include <openssl/x509v3.h>
6
7       #ifndef WIN32
8       #include <pthread.h>
9       #define THREAD_CC
10      #define THREAD_TYPE                     pthread_t
11      #define THREAD_CREATE(tid, entry, arg)  pthread_create(&(tid), NULL, \
12                                                             (entry), (arg))
13      #else
14      #include <windows.h>
15      #define THREAD_CC                       __cdecl
16      #define THREAD_TYPE                     DWORD
17      #define THREAD_CREATE(tid, entry, arg)  do { _beginthread((entry), 0, (arg));\
18                                                  (tid) = GetCurrentThreadId();    \
19                                             } while (0)
20      #endif
21
22      #define PORT            "6001"
23      #define SERVER          "splat.zork.org"
24      #define CLIENT          "shell.zork.org"
25
26      #define int_error(msg)  handle_error(__FILE__, __LINE__, msg)
27      void handle_error(const char *file, int lineno, const char *msg);
28
29      void init_OpenSSL(void);
```

例 5.2 のファイル common.c では、エラーレポート関数である handle_error を定義しています。このサンプルアプリケーションでは、少々手厳しい方法でエラーが処理されるようになっているので、実際のアプリケーションでエラー処理を行うときは、これよりずっとユーザがわかりやすいものにする必要があるはずです。起こり得るすべてのエラーを、このように突然アプリケーションを中断する形で処理するのは、一般に適切ではありません。

ファイル common.c では、共通の初期化操作を実行する関数も定義しています。初期化操作には、OpenSSL をマルチスレッド用に設定したり、ライブラリを初期化したり、エラー文字列を読み込んだりする処理が含まれます。SSL_load_error_strings の呼び出しでは、エラーコードに関連付けられたデータを読み込みます。これにより、エラーが発生したときにエラースタックを出力する際、そのエラーに関する情報を人間にとって意味のある形で取得できるようになります。このような、エラーを人間が診断する際に役立つ文字列の読み込みには、メモリを消費します。したがって、この関数を呼び出すのは避けたほうがよい場合も考えられます。例えば、組み込みシステムのようにメモリが制限されているマシン用のアプリケーションを開発する場合です。ただし、エラーメッセージの解読作業が容易になるので、通常は文字列を読み込むように検討してみてください。

SSL をサポートするプログラムを開発するにあたり、common.c ファイルには、クライアントとサーバの両方で使用する関数の実装を含めます。関数のプロトタイプ宣言は、common.h で行います。

▼ 例 5.2　common.c

```
1     #include "common.h"
2
3     void handle_error(const char *file, int lineno, const char *msg)
4     {
5         fprintf(stderr, "** %s:%i %s\n", file, lineno, msg);
6         ERR_print_errors_fp(stderr);
7         exit(-1);
8     }
9
10    void init_OpenSSL(void)
11    {
12        if (!THREAD_setup() || !SSL_library_init())
13        {
14            fprintf(stderr, "** OpenSSL initialization failed!\n');
15            exit(-1);
16        }
17        SSL_load_error_strings();
18    }
```

クライアントアプリケーションの大部分は、例 5.3 に示す client.c に含まれています。上位レベルでサーバへの接続を作成しますが、これには、common.h で定義しているとおり、ポート 6001 が使用されます。接続が確立されると、EOF に到達するまで、標準入力からデータを読み込みます。データが読み込まれ、内部バッファがいっぱ

いになると、そのデータは接続を介してサーバへと送信されます。ソケット通信にはOpenSSLを使用することになりますが、この時点では、まだSSLプロトコルを使用できるようにはなっていません。

27～29行目では、BIO_new_connectという関数を呼び出し、BIO_s_connectが返すBIO_METHODによって新しいBIOオブジェクトを作成しています。BIO_new_connectは、これらの処理を簡略化した関数です。エラーが発生しない限り、31～32行目で、実際にTCP接続を作成してエラーチェックを行います。接続が正常に確立されると、do_client_loopが呼び出され、標準入力からのデータの読み込みとソケットへのデータの書き出しが繰り返し行われます。書き出し中にエラーが発生するか、コンソールからの読み込み中にEOFを受け取ると、この関数は終了し、プログラムが停止します。

▼例5.3 client.c

```
1      #include "common.h"
2
3      void do_client_loop(BIO *conn)
4      {
5          int  err, nwritten;
6          char buf[80];
7
8          for (;;)
9          {
10             if (!fgets(buf, sizeof(buf), stdin))
11                 break;
12             for (nwritten = 0;  nwritten < sizeof(buf);  nwritten += err)
13             {
14                 err = BIO_write(conn, buf + nwritten, strlen(buf) - nwritten);
15                 if (err <= 0)
16                     return;
17             }
18         }
19     }
20
21     int main(int argc, char *argv[])
22     {
23         BIO   *conn;
24
25         init_OpenSSL();
26
27         conn = BIO_new_connect(SERVER ":" PORT);
28         if (!conn)
29             int_error("Error creating connection BIO");
30
31         if (BIO_do_connect(conn) <= 0)
32             int_error("Error connecting to remote machine");
33
34         fprintf(stderr, "Connection opened\n");
35         do_client_loop(conn);
36         fprintf(stderr, "Connection closed\n");
37
38         BIO_free(conn);
39         return 0;
40     }
```

例5.4のserver.cに示すサーバアプリケーションは、クライアントプログラムといくつかの点で異なります。共通の初期化関数を呼び出した後（44行目）、サーバアプリケーションは別の種類のBIOを作成します。このBIOオブジェクトは、BIO_new_acceptという関数を使用して、BIO_s_acceptが返すBIO_METHODにより作成します。この種のBIOは、リモート接続を受け付けることが可能なサーバソケットを作成します。50〜51行目では、BIO_do_acceptを呼び出してソケットをポート6001にバインドし、それ以降のBIO_do_acceptの呼び出しは、ブロックしてリモート接続を待機します。53〜60行目のループは、接続が作成されるまでブロックします。接続されると、その新しい接続を処理するための新しいスレッドが生成されます。このスレッドでは、その後、接続されたソケットBIOでdo_server_loopを呼び出します。関数do_server_loopは、ソケットからデータを読み込み、そのデータを標準出力へ出力します。ここで何らかのエラーが発生すると、この関数は終了し、スレッドが停止します。なお、33行目のERR_remove_stateは、スレッドのエラーキューで使用されたメモリを解放するために呼び出される関数です。

▼ 例5.4　サーバアプリケーション

```
1       #include "common.h"
2
3       void do_server_loop(BIO *conn)
4       {
5           int err, nread;
6           char buf[80];
7
8           do
9           {
10              for (nread = 0;   nread < sizeof(buf);   nread += err)
11              {
12                  err = BIO_read(conn, buf + nread, sizeof(buf) - nread);
13                  if (err <= 0)
14                      break;
15              }
16              fwrite(buf, 1, nread, stdout);
17          }
18          while (err > 0);
19      }
20
21      void THREAD_CC server_thread(void *arg)
22      {
23          BIO *client = (BIO *)arg;
24
25      #ifndef WIN32
26          pthread_detach(pthread_self());
27      #endif
28          fprintf(stderr, "Connection opened.\n");
29          do_server_loop(client);
30          fprintf(stderr, "Connection closed.\n");
31
32          BIO_free(client);
33          ERR_remove_state(0);
34      #ifdef WIN32
```

```
35            _endthread();
36     #endif
37     }
38
39     int main(int argc, char *argv[])
40     {
41         BIO         *acc, *client;
42         THREAD_TYPE tid;
43
44         init_OpenSSL();
45
46         acc = BIO_new_accept(PORT);
47         if (!acc)
48             int_error("Error creating server socket");
49
50         if (BIO_do_accept(acc) <= 0)
51             int_error("Error binding server socket");
52
53         for (;;)
54         {
55             if (BIO_do_accept(acc) <= 0)
56                 int_error("Error accepting connection");
57
58             client = BIO_pop(acc);
59             THREAD_CREATE(tid, server_thread, client);
60         }
61
62         BIO_free(acc);
63         return 0;
64     }
```

これで、サンプルアプリケーションの内容は理解できたことと思います。では、SSLで通信の安全を確保するために必要な手順に進むことにしましょう。

手順1:SSLのバージョンの選択および証明書の準備

SSLコネクションが安全であるためには、安全なプロトコルバージョンを選択し、検証を行う通信相手に対して正しい証明書情報を提供することが必要です。SSL APIを紹介するのはここが初めてなので、必要な構造体と関数について背景情報を説明しておくことにします。

背景

まず、SSL_METHOD、SSL_CTX、およびSSLという、関連する3つのオブジェクト型について見てみましょう。SSL_METHODは、SSLの機能を実装したものです。プロトコルのバージョンを指定するオブジェクトということもできます。OpenSSLが、SSL_METHODオブジェクトをインスタンス化し、アクセサメソッドを用意します。これらのメソッドを表5.1に示します。SSL_METHODオブジェクトとの連携は、表5.1の関数を1つ呼び出し、サポートしたいプロトコルバージョンを選択することで行います。

▼ 表 5.1　SSL_METHOD オブジェクトへのポインタを取得する関数

関数	コメント
SSLv2_method	SSLv2 に汎用の SSL_METHOD へのポインタを返す
SSLv2_client_method	SSLv2 クライアント用の SSL_METHOD へのポインタを返す
SSLv2_server_method	SSLv2 サーバ用の SSL_METHOD へのポインタを返す
SSLv3_method	SSLv3 に汎用の SSL_METHOD へのポインタを返す
SSLv3_client_method	SSLv3 クライアント用の SSL_METHOD へのポインタを返す
SSLv3_server_method	SSLv3 サーバ用の SSL_METHOD へのポインタを返す
TLSv1_method	TLSv1 に汎用の SSL_METHOD へのポインタを返す
TLSv1_client_method	TLSv1 クライアント用の SSL_METHOD へのポインタを返す
TLSv1_server_method	TLSv1 サーバ用の SSL_METHOD へのポインタを返す
SSLv23_method	SSL/TLS に汎用の SSL_METHOD へのポインタを返す
SSLv23_client_method	SSL/TLS クライアント用の SSL_METHOD へのポインタを返す
SSLv23_server_method	SSL/TLS サーバ用の SSL_METHOD へのポインタを返す

　OpenSSL は、SSLv2、SSLv3、TLSv1 の実装を提供します。また、関数名が SSLv23 で始まるものは、プロトコルのバージョンを特定せず互換モードで機能します。互換モードでは、接続の際に、SSL/TLS プロトコルの 3 つのバージョンのいずれも処理できることが（通信相手に）伝えられます。前述のように、SSLv2 にはセキュリティ上の欠陥があることがわかっているので、SSLv2 をアプリケーションで使用すべきではありません。その後、表 5.1 のいずれかの関数により取得した SSL_METHOD オブジェクトを使って、SSL_CTX オブジェクトを生成します。

> SSLv3 と TLSv1 の両方をサポートするアプリケーションを作成するにはどうしたらよいでしょうか。SSLv3 と TLSv1 の両方のクライアントと通信する必要があるサーバを作成する場合に、SSLv3_method や TLSv1_method を使用すると、一方のクライアントが正しく接続できなくなります。SSLv2 は安全でないから使用すべきでないと説明したため、それと互換性がある実装の SSLv23_method も使ってはいけないように思えるかもしれませんが、実はそうではありません。互換性のあるモードを使用するときは、SSL_CTX オブジェクトのオプションを指定することで、SSLv2 を許可されていないプロトコルとして設定できます。この設定を行うのが、SSL_CTX_set_options 関数です。詳細については 165 ページの手順 3 を参照してください。

　SSL_CTX オブジェクトは、SSL コネクションのオブジェクトを生成するファクトリとして機能します。コネクションが作成される前に、プロトコルのバージョンや証明書の情報、検証にかかわる要件といった、コネクションの設定に必要なパラメータを、コンテキストとして指定するものです。プログラムで SSL コネクションを作成す

る際に必要なデフォルトの値を提供するコンテナと考えればわかりやすいでしょう。SSL_CTX オブジェクトは、SSL_CTX_new 関数を使って生成します。この関数は、引数を1つだけ取ります。通常、この引数は、表 5.1 のいずれかの関数の戻り値とします。

　一般に、1つのアプリケーションでは、そのアプリケーションで作成する複数のコネクションすべてに対し、SSL_CTX オブジェクトを1つだけ生成します。この SSL_CTX オブジェクトから、SSL_new 関数を使って、SSL（型の）オブジェクトを生成できます。この関数を呼び出すと、新しく生成された SSL オブジェクトが、事前に設定されたコンテキストのすべてのパラメータを継承します。SSL_new を呼び出した時点で、ほとんどの設定値が SSL オブジェクトにコピーされますが、OpenSSL の関数を呼び出す順番に注意しないと、予期せぬ動作を引き起こす可能性があります。

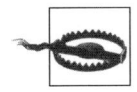

> SSL_CTX から SSL オブジェクトを生成する前に、どのコネクションにも共通する設定値をアプリケーションですべて指定し、SSL_CTX を完全に設定しておくべきです。言い換えると、あるコンテキストの SSL_CTX オブジェクトで SSL_new を呼び出したら、それにより生成されたすべての SSL オブジェクトが使用されていない状態になるまで、そのオブジェクトを操作する関数を一切呼び出すべきではない、ということです。理由は簡単です。コンテキストを変更すると、すでに生成されている SSL コネクションに影響し得るからです（例えば、後で説明する SSL_CTX_set_default_passwd_cb 関数は、コンテキストに含まれているコールバックや、そのコンテキストですでに生成されているすべてのコネクションに含まれるコールバックを変更します）。予期せぬ結果を招くことがないよう、コネクションの作成を開始した後は、コンテキストを変更しないでください。コネクション別に設定の必要なパラメータがある場合は、SSL_CTX オブジェクトに対するほとんどの関数について、SSL オブジェクトに対応した関数があるので、これを使って SSL オブジェクトを操作するようにしてください。

証明書の準備

　SSL プロトコルでは、通常、サーバが証明書を提示する必要があります。証明書には、サーバが認証されていて信頼できるかどうかをクライアントが確認するための、クレデンシャルが含まれます。すでに説明したとおり、ピア（通信相手）では、署名者（の証明書）チェーンを検証することにより証明書を検証します[†2]。したがって、SSL サーバを正しく実装するには、証明書とチェーンに関する情報をピアに提供する必要があります。SSL プロトコルでは、クライアントも任意に証明書情報を提示でき、サーバはそれを認証できます。

---

†監訳注2　　証明書チェーンについては、149ページの「手順2：ピアの認証」に説明があります。

> 実は、SSLを使用して、サーバもクライアントも証明書を提示しない匿名コネクションを作成することができます。これは、DH鍵合意プロトコルを使い、SSL暗号スイートが匿名DHアルゴリズム[†3]を含むように設定することで実現します。詳細は、本節の「暗号スイートの選択」（168ページ）を参照してください。

一般に、ピアに対する証明書の提示は、サーバアプリケーションでは必ず実行する必要があります。クライアントの場合はオプションとなります。クライアント証明書を使用するかどうかは、アプリケーションの目的や、必要とされるセキュリティのレベルに応じて決めます。例えば、サーバがクライアントに証明書を要求する可能性があるにもかかわらず、提示できる証明書をクライアントが持っていない場合は、安全なコネクションを確立できません。したがって、クライアント証明書を用意しておくほうが妥当だと思われる場合には、実装しておくほうがよいでしょう。一方、サーバ証明書は、通常は必須です。認証を一切行わないコネクションを作成するのが目的でない限りは、実装すべきです。

OpenSSLでは、クライアントに証明書が割り当ててあり、かつサーバが証明書を要求した場合、Handshake中にクライアント証明書をサーバに提示します。これは、TLSプロトコル的に見ると、実は小さなプロトコル違反になります。TLSプロトコルでは、サーバは有効なCAのリストを提示しなければならず、クライアントは、これに一致する場合のみ証明書を送信しなければなりません。実際のところ、この標準に違反することによる影響は何もありませんが、将来のバージョンのOpenSSLでは、この動作が修正される可能性があります。

SSL APIには、証明書情報をSSL_CTXオブジェクトに組み込む方法がいくつかあります。使用する関数は、SSL_CTX_use_certificate_chain_fileです。この関数は、第2引数に指定されたファイル名のファイルから、証明書チェーンを読み込みます。このファイルには、アプリケーションの証明書から始まり、ルートCA証明書で終わる証明書チェーンが、正しい順番で含まれている必要があります。これらのエントリは、それぞれ、PEM形式でなければなりません。

証明書チェーンを読み込むほかに、SSL_CTXオブジェクトには、アプリケーションの秘密鍵が含まれている必要があります。この鍵は、証明書に埋め込まれている公開鍵に対応するものでなければなりません。コンテキストでこの鍵を指定する方法として最も簡単なのは、SSL_CTX_use_PrivateKey_file関数を使うものです。第2引数でファイル名を指定し、第3引数で符号化タイプを指定します。符号化タイプは、定義済みの名前であるSSL_FILETYPE_PEMまたはSSL_FILETYPE_ASN1を使って指定してください。当然ながら、アプリケーションを安全な状態に保つためには、この秘密鍵を秘密の

[†監訳注3] いわゆる匿名(DH)モードと呼ばれるもので、認証を行わずにHandshakeをする一連の方式を示しています。本文中でも指摘されていますが、このモードを安易に使うことは避けるべきです。

まま保持しなければなりません。したがって、ディスク上に格納する場合は、PEM形式を暗号化して使うことをお推めします。3DES（CBCモード）で使用するとよいでしょう。正しいパスフレーズを指定しないと、SSL_CTXに暗号化された秘密鍵を正しく組み込むことができません。

OpenSSLは、コールバック関数を介してパスフレーズを収集します。デフォルトのコールバックでは、ユーザに端末への入力を要求しますが、アプリケーションによっては、このデフォルトの動作では都合の悪い場合もあります。SSL_CTX_set_default_passwd_cbという関数を使うことで、コールバックをアプリケーションに適した扱いにすることができます。指定されたファイルに暗号化鍵が含まれていれば、SSL_CTX_use_PrivateKey_fileの呼び出しの最中に、割り当てられたコールバック関数が起動します。したがって、このコールバックは、SSL_CTX_use_PrivateKey_fileを呼び出す前に設定しておくべきです。本章の例では、チェーン内の証明書の一部に、実際には秘密にする必要がないのに暗号化されているものがあります。その場合も、パスフレーズ収集のために、コールバック関数が呼び出されます。正確には、暗号化された情報がSSL_CTXの引数として読み込まれると、このパスフレーズ収集関数が必ず呼び出されます。

このコールバック関数には、呼び出し時に指定されたバッファにパスフレーズをコピーするという役割があります。指定する引数は、次の4つです。

```
int passwd_cb(char * buf, int size, int flag, void *userdata);
```

- buf
  パスフレーズのコピー先のバッファを指定します。このバッファはNULLで終端させる必要があります。
- size
  バッファ長（バイト単位）を、NULL終端文字の領域を含めて指定します。
- flag
  0または0以外の値を渡します。flagが0以外の場合は、このパスフレーズが暗号化処理に使用され、0の場合は、パスフレーズは復号処理に使用されます。
- userdata
  アプリケーション固有のデータです。このデータの設定には、SSL_CTX_set_default_passwd_cb_userdataを使用します。アプリケーションによってどのようなデータが設定されようと、OpenSSLはそのデータに何も手を加えず、コールバック関数にそのまま渡します。

パスフレーズのコールバックを実装する方法は2つあります。1つは、コールバックからユーザにパスフレーズの入力を求め、取得したパスフレーズをバッファにコピー

して処理を戻すという単純な方法です。この方法は、鍵の復号を1回だけ行うアプリケーションで実行可能であり、一般にアプリケーションの起動時などに使用できます。もう1つは、起動時にパスフレーズをユーザに要求し、取得した情報をバッファに保存しておくようなアプリケーションを作成する方法です。この場合のパスフレーズは、SSL_CTX_set_default_passwd_cb_userdata関数を使用して、SSL_CTXにユーザデータとして追加できます。この方法では、コールバック自体は、第4引数のデータを第1引数にコピーするだけで済みます。通常の処理の最中に鍵を復号する必要のあるアプリケーションでは、頻繁にユーザにパスフレーズを要求するとわずらわしいので、この方法が適しています。

> PEM形式の項目は1つのファイルにいくつでも格納できますが、1つのファイルに格納できるDER項目は1つだけです。また、タイプの異なる複数のPEM項目を1つのファイルに格納することも可能です。結果として、秘密鍵がPEM形式で保持されていれば、証明書チェーンのファイルに追加できるため、SSL_CTX_use_certificate_chain_fileとSSL_CTX_use_PrivateKey_fileの呼び出しに同じファイル名を使用できることになります。この技法は、例5.5で使用されています。PEMとDERについては、第8章で詳しく説明します。

この段階では、証明書情報をピアへ提供する処理だけを解説し、証明書を検証する処理については触れませんでした。検証の問題については、手順2で説明します。

サンプルの拡張

SSLコネクションの作成について解説した内容を反映させて、先ほど示したサンプルアプリケーションを修正してみましょう。ただし、このサンプルもまだ安全ではありません。接続先のピアについて何も検証せず、こちらから認証情報を提供するだけだからです。修正後のクライアントであるclient1.cを、例5.5に示します。太字の行は、追加または変更した行です。

▼例5.5　client1.c

```
 1      #include "common.h"
 2
 3      #define CERTFILE "client.pem"
 4      SSL_CTX *setup_client_ctx(void)
 5      {
 6          SSL_CTX *ctx;
 7
 8          ctx = SSL_CTX_new(SSLv23_method());
 9          if (SSL_CTX_use_certificate_chain_file(ctx, CERTFILE) != 1)
10              int_error("Error loading certificate from file");
11          if (SSL_CTX_use_PrivateKey_file(ctx, CERTFILE, SSL_FILETYPE_PEM) != 1)
12              int_error("Error loading private key from file");
13          return ctx;
```

```c
14        }
15
16        int do_client_loop(SSL *ssl)
17        {
18            int  err, nwritten;
19            char buf[80];
20
21            for (;;)
22            {
23                if (!fgets(buf, sizeof(buf), stdin))
24                    break;
25                for (nwritten = 0;  nwritten < sizeof(buf);  nwritten += err)
26                {
27                    err = SSL_write(ssl, buf + nwritten, strlen(buf) - nwritten);
28                    if (err <= 0)
29                        return 0;
30                }
31            }
32            return 1;
33        }
34
35        int main(int argc, char *argv[])
36        {
37            BIO     *conn;
38            SSL     *ssl;
39            SSL_CTX *ctx;
40
41            init_OpenSSL();
42            seed_prng();
43
44            ctx = setup_client_ctx();
45
46            conn = BIO_new_connect(SERVER ":" PORT);
47            if (!conn)
48                int_error("Error creating connection BIO");
49
50            if (BIO_do_connect(conn) <= 0)
51                int_error("Error connecting to remote machine");
52
53            if (!(ssl = SSL_new(ctx)))
54                int_error("Error creating an SSL context");
55            SSL_set_bio(ssl, conn, conn);
56            if (SSL_connect(ssl) <= 0)
57                int_error("Error connecting SSL object");
58
59            fprintf(stderr, "SSL Connection opened\n");
60            if (do_client_loop(ssl))
61                SSL_shutdown(ssl);
62            else
63                SSL_clear(ssl);
64            fprintf(stderr, "SSL Connection closed\n");
65
66            SSL_free(ssl);
67            SSL_CTX_free(ctx);
68            return 0;
69        }
```

この例では、関数 seed_prng を呼び出しています。この関数は、名前のとおり、OpenSSL の PRNG にシードを渡します。ここでは、この関数の実装については省略し

ます。正しい実装方法については、第4章を参照してください。SSLのセキュリティを維持する上で、PRNGに適切なシードを渡すことは非常に重要です。実際のアプリケーションでは、絶対にこの関数を省略しないでください。

　関数 setup_client_ctx は、前述のとおり、証明書データをサーバに適切に提供するという動作をします。この設定処理では、SSL_CTX_set_default_passwd_cb は呼び出しません。ここでの目的を考えると、OpenSSLのデフォルトのパスフレーズコールバックで十分だからです。このほかに注目すべき点は、エラーチェックが実行されていることだけです。このサンプルでは、何らかの問題が発生した場合にはエラーを出力して終了しますが、話を簡潔にするため、それ以上の堅牢なエラー処理のテクニックは省略してあります。client.pem ファイルの内容の詳細については、以下の『サンプルに必要なファイルの作成』を参照してください。

サンプルに必要なファイルの作成

　ここで使用するサンプルプログラムでは、PEM形式の証明書と鍵を含む複数のファイル名が参照されます。この補足解説では、これらの各ファイルの作成方法について説明します。使用する証明書は、server.pem と client.pem の2つのファイルに格納されることにします。このほか、(信頼できる)ルート証明書を root.pem ファイルに入れて使います。このサンプルの開発を進めていくと、DHパラメータを含む2つのファイル (dh512.pem と dh1024.pem) も必要になります。これらのファイルは、すべて、第2章で説明したコマンドラインツールを使って作成します。

　このコマンドの説明をする前に、まずこの証明書の階層について見てみましょう。前述のとおり、このサンプルで使用する信頼できる証明書は、ルート証明書の1つだけです。この証明書は、すべてのルート証明書がそうであるように、自己署名されています。このルートCAは、ある会社のCAを表しています。このサンプルでは、クライアントとサーバのどちらのピアの証明書も、通信相手の証明書がルートCAによって署名されていることを確認するだけで検証されます。チェーンが長くなっても検証可能であることを説明するために、サーバCAを作成してみることにします。このサーバCAはルートCAによって署名され、さらにこのサーバCAがサーバ識別証明書すべての署名に使用されます。これに対し、クライアント証明書は、ルートCAによって直接署名されます。この階層はいくらでも複雑にすることができますが、ここでは作成方法を示すために、CAを1つだけ介在させることにします。さらに多くの中間ファイルを作成する場合も、ここで説明するのと同じ方法で行います。

次の各サンプルの1行目で実行しているコマンドは、証明書要求を生成するものです。コマンドラインユーティリティでは、要求を作成するときに、要求に含まれるデータフィールドの内容を入力するようユーザに求めます。入力した値は、各サンプルの最後のコマンドを実行すると出力されます。表示されない値は、subjectAltNameフィールドの値です。サーバとクライアントの証明書のcommonNameフィールド、およびsubjectAltNameのdNSNameフィールドには、サーバとクライアントの完全修飾ドメイン名（FQDN）をそれぞれ記述します。dNSNameフィールドのほうは、設定ファイルの証明書拡張領域セクション（usr_certセクション）に、「subjectAltName = DNS:FQDN」と記述することで指定します。設定ファイルのこれ以外の部分は、デフォルトのままにしています。

ルートCAの作成は、以下の方法で行います。

```
$ openssl req -newkey rsa:1024 -sha1 -keyout rootkey.pem -out rootreq.pem
$ openssl x509 -req -in rootreq.pem -sha1 -extfile myopenssl.cnf \
> -extensions v3_ca -signkey rootkey.pem -out rootcert.pem
$ cat rootcert.pem rootkey.pem > root.pem
$ openssl x509 -subject -issuer -noout -in root.pem
subject= /C=US/ST=VA/L=Fairfax/O=Zork.org/CN=Root CA
issuer= /C=US/ST=VA/L=Fairfax/O=Zork.org/CN=Root CA
```

サーバCAの作成とルートCAによる署名は、以下の方法で行います。

```
$ openssl req -newkey rsa:1024 -sha1 -keyout serverCAkey.pem -out \
> serverCAreq.pem
$ openssl x509 -req -in serverCAreq.pem -sha1 -extfile \
> myopenssl.cnf -extensions v3_ca -CA root.pem -CAkey root.pem \
> -CAcreateserial -out serverCAcert.pem

$ cat serverCAcert.pem serverCAkey.pem rootcert.pem > serverCA.pem
$ openssl x509 -subject -issuer -noout -in serverCA.pem
subject= /C=US/ST=VA/L=Fairfax/O=Zork.org/OU=Server Division/CN=Server CA
issuer= /C=US/ST=VA/L=Fairfax/O=Zork.org/CN=Root CA
```

サーバ証明書の作成とサーバCAによる署名は、以下の方法で行います。

```
$ openssl req -newkey rsa:1024 -sha1 -keyout serverkey.pem -out \
> serverreq.pem
$ openssl x509 -req -in serverreq.pem -sha1 -extfile myopenssl.cnf \
> -extensions usr_cert -CA serverCA.pem -CAkey serverCA.pem \
> -CAcreateserial -out servercert.pem
$ cat servercert.pem serverkey.pem serverCAcert.pem rootcert.pem > \
> server.pem
$ openssl x509 -subject -issuer -noout -in server.pem
subject= /C=US/ST=VA/L=Fairfax/O=Zork.org/CN=splat.zork.org
issuer= /C=US/ST=VA/L=Fairfax/O=Zork.org/OU=Server Division/CN=Server CA
```

クライアント証明書の作成とルートCAによる署名は、以下の方法で行います。

```
$ openssl req -newkey rsa:1024 -sha1 -keyout clientkey.pem -out \
> clientreq.pem
$ openssl x509 -req -in clientreq.pem -sha1 -extfile myopenssl.cnf \
>  -extensions usr_cert -CA root.pem -CAkey root.pem \
>  -CAcreateserial -out clientcert.pem
$ cat clientcert.pem clientkey.pem rootcert.pem > client.pem
$ openssl x509 -subject -issuer -noout -in client.pem
subject= /C=US/ST=VA/L=Fairfax/O=Zork.org/CN=shell.zork.org
issuer= /C=US/ST=VA/L=Fairfax/O=Zork.org/CN=Root CA
```

dh512.pemとdh1024.pemの作成は、以下の方法で行います。

```
$ openssl dhparam -check -text -5 512 -out dh512.pem
$ openssl dhparam -check -text -5 1024 -out dh1024.pem
```

53〜57行目では、SSLオブジェクトを生成して、それを接続しています。ここでは、まだ説明していない関数がいくつか使われています。SSL_newでは、新しいSSLオブジェクトを生成するのに、SSL_CTXオブジェクトに対して行った設定をコピーするようにしています。この時点でSSLオブジェクトは、まだ汎用性のある状態です。つまり、SSL Handshakeでサーバとクライアントのどちらの役割にも使えるということです。

まだ指定されていない要素がもう1つ残っています。それは、SSLオブジェクトの通信経路です。SSLオブジェクトには、さまざまな方式のI/O上でSSL関数を実行できるという柔軟性があります。このため、そのオブジェクトで使用するBIOを指定する必要があるのです。これを指定しているのが55行目です。ここではSSL_set_bioを呼び出しています。SSLオブジェクトが、全二重のI/Oの代わりに単方向のI/Oを2種類使って動作できるという堅牢性を持っているため、SSL_set_bioには同じコネクションBIOを2回渡しています。基本的には、読み込み用に使うBIOと書き込み用に使うBIOは、別々に指定する必要があります。このサンプルでは、双方向通信が可能なソケットを使っているので、同じオブジェクトを使用しています。

ここで使用している新しい関数の最後の1つは、SSL_connectです。この関数を呼び出すと、SSLオブジェクトは、I/Oを使ってプロトコルを開始します。具体的には、BIOの反対側にあるアプリケーションとの間で、SSL Handshakeを開始します。この関数は、プロトコルバージョンに互換性がないといった問題があると、エラーを返します。

do_client_loop関数は、SSL未対応のサンプルクライアントとほとんど同じで、引数をBIOからSSLオブジェクトに変更し、BIO_writeをSSL_writeに変更しただけです。また、この関数には戻り値を追加しています。エラーが発生しなければ、SSL_shutdownを呼び出してSSLコネクションを停止できます。エラーが発生した場

合は、SSL_clear を呼び出します。こうすることで、OpenSSL は、エラーが発生したセッションをセッションキャッシュからすべて削除するのです。セッションキャッシュの詳細については、本章で後述します。ここでは、これまでに示したサンプルでセッションキャッシュが無効になっている点にだけ注意してください。

最後に、このサンプルで BIO_free の呼び出しを削除してあることも重要なポイントです。SSL オブジェクトの基盤となる BIO は、SSL_free が自動的に解放してくれます。

例 5.6 に server1.c を示します。これは、SSL サーバを実装しています。ここでも、ピアについては何も検証せず、証明書情報をクライアントに提示するだけなので、まだ安全とはいえません。

▼例 5.6　server1.c

```
1      #include "common.h"
2
3      #define CERTFILE "server.pem"
4      SSL_CTX *setup_server_ctx(void)
5      {
6          SSL_CTX *ctx;
7
8          ctx = SSL_CTX_new(SSLv23_method());
9          if (SSL_CTX_use_certificate_chain_file(ctx, CERTFILE) != 1)
10             int_error("Error loading certificate from file");
11         if (SSL_CTX_use_PrivateKey_file(ctx, CERTFILE, SSL_FILETYPE_PEM) != 1)
12             int_error("Error loading private key from file");
13         return ctx;
14     }
15
16     int do_server_loop(SSL *ssl)
17     {
18         int  err, nread;
19         char buf[80];
20
21         do
22         {
23             for (nread = 0;  nread < sizeof(buf);  nread += err)
24             {
25                 err = SSL_read(ssl, buf + nread, sizeof(buf) - nread);
26                 if (err <= 0)
27                     break;
28             }
29             fwrite(buf, 1, nread, stdout);
30         }
31         while (err > 0);
32         return (SSL_get_shutdown(ssl) & SSL_RECEIVED_SHUTDOWN) ? 1 : 0;
33     }
34
35     void THREAD_CC server_thread(void *arg)
36     {
37         SSL *ssl = (SSL *)arg;
38
39     #ifndef WIN32
40         pthread_detach(pthread_self());
41     #endif
42         if (SSL_accept(ssl) <= 0)
43             int_error("Error accepting SSL connection");
```

```
44          fprintf(stderr, "SSL Connection opened\n");
45          if (do_server_loop(ssl))
46              SSL_shutdown(ssl);
47          else
48              SSL_clear(ssl);
49          fprintf(stderr, "SSL Connection closed\n");
50          SSL_free(ssl);
51
52      ERR_remove_state(0);
53
54      #ifdef WIN32
55          _endthread();
56      #endif
57      }
58
59      int main(int argc, char *argv[])
60      {
61          BIO         *acc, *client;
62          SSL         *ssl;
63          SSL_CTX     *ctx;
64          THREAD_TYPE tid;
65
66          init_OpenSSL();
67          seed_prng();
68
69          ctx = setup_server_ctx();
70
71          acc = BIO_new_accept(PORT);
72          if (!acc)
73              int_error("Error creating server socket");
74
75          if (BIO_do_accept(acc) <= 0)
76              int_error("Error binding server socket");
77
78          for (;;)
79          {
80              if (BIO_do_accept(acc) <= 0)
81                  int_error("Error accepting connection");
82
83              client = BIO_pop(acc);
84              if (!(ssl = SSL_new(ctx)))
85                  int_error("Error creating SSL context");
87              SSL_set_bio(ssl, client, client);
88              THREAD_CREATE(tid, server_thread, ssl);
89          }
90
91          SSL_CTX_free(ctx);
92          BIO_free(acc);
93          return 0;
94      }
```

新しいクライアントプログラムについて説明した後なので、サーバプログラムの変更点も理解しやすいでしょう。これは SSL ネゴシエーションのサーバ側なので、SSL_accept という、先ほどとは異なる関数が呼び出されています。SSL_accept は、SSL Handshake を実行するために、I/O の層で通信を扱う関数です。

do_server_loop 関数では、SSL_get_shutdown を呼び出して、SSL オブジェ

クトのエラー状態を調べます。これは、原則として、クライアントが通常どおり終了したのか、実際にはエラーが発生していたのかを区別するために行います。`SSL_RECEIVED_SHUTDOWN` フラグがセットされていれば、セッションにエラーはなく、キャッシュしても問題ないことになります。つまり、単にコネクションをクリアするだけでなく、`SSL_shutdown` を呼び出すことができるという意味です。サーバプログラムに対するこれ以外の修正は、クライアントプログラムに対して行った修正と同等のものです。

以上で、サンプルアプリケーションを、SSLコネクションに必要なオブジェクトを作成するところまで構築しました。各アプリケーションは、接続先のピアに証明書データを提示します。ただし、受け取った証明書の検証は行いません。次の手順でさらに作業を進め、ピアの証明書の検証についても解説します。

手順2：ピアの認証

SSLを使用するプログラムのセキュリティは、ピアの証明書を正しく検証できないと危殆化します。ここでは、信頼できる証明書や、証明書チェーンの検証、CRLの使用、接続後の検証を行う各種のAPI呼び出しについて解説します。

背景

証明書の検証は複雑です。そこで、この内容について詳しく見ていく前に、その理論を説明しておくことにしましょう。すでに学んだように、証明書とは、CAにより（暗号技術を用いて）署名されたクレデンシャルの集まりです。CA証明書を含む各証明書には、公開鍵が含まれており、それと対になる秘密鍵は証明書の所有者によって秘密に保持されています。証明書の署名処理では、CAの秘密鍵を使用して、新しい証明書に含める公開鍵に署名する作業を行います。したがって、当然、CAの証明書にある公開鍵を使って証明書の署名を検証する処理も行われます。

CAは、ある主体の証明書を作成するのに使用する以外にも、（証明書に署名することによって）その証明書がCAそのものとして機能する許可を、X.509v3の拡張領域を介して与えるのにも使用されます。つまり、あるCAが証明書を介して、特別な目的を持ったCAとして機能することができるということです。このメカニズムを通して、証明書の階層（証明書ツリー）が形成されます。これを理解すれば、ある主体の証明書から、署名された証明書を順にたどり、オリジナルの自己署名ルート証明書まで遡っていけることがわかります。証明書に署名した証明書、それに署名した証明書……という一連の証明書リストのことを、証明書チェーンといいます。

ルートCAが単一の主体の証明書に署名するだけという、単純な例に戻りましょう。この例では、ルートCAを信頼できるという前提で、証明書の署名さえチェックすれば誰でも主体の証明書を検証することができます。このように、この例では主体の証明

書の検証を簡単に処理しますが、この処理を証明書チェーンの検証に拡大する場合は、信頼できるCA証明書またはリストの最後に到達するまで、リスト内の後続の署名を1つずつ検証していく必要があります。信頼できるCAに到達し、かつそこまでの署名がすべて有効なものであれば、その（検証の対象となる）主体の証明書に検証されたことになります。無効な署名が見つかったり、信頼できる証明書に到達しないままチェーンの最後まで行き着いたりした場合は、その主体の証明書は検証されたことにはなりません。

信頼できる証明書の組み込み

前述のように、証明書の真正性を検証するには、検証する側の手元に信頼できるCAのリスト[†4]がなければなりません。したがって、ピアを検証するためには、アプリケーションがこのようなリストを利用できるようにしておかなければなりません。以降ではピアの検証について説明しますが、まずはこの点を説明しましょう。

信頼できるCA証明書のアプリケーションへの組み込みは、`SSL_CTX`オブジェクトに設定を追加することで行います。これには、`SSL_CTX_load_verify_locations`関数を使います。この関数は、ファイルかディレクトリ、またはその両方を指定して、そこにある証明書を組み込みます。

```
int SSL_CTX_load_verify_locations(SSL_CTX *ctx, const char *CAfile,
                                  const char *CApath);
```

- `ctx`
  信頼できるCA証明書を組み込むSSLコンテキストオブジェクトを指定します。
- `CAfile`
  CA証明書がPEM形式で格納されているファイルの名前を指定します。このファイルには複数のCA証明書を含めることができます。
- `CApath`
  CA証明書が格納されているディレクトリの名前を指定します。このディレクトリ内の各ファイルには、CA証明書を1つだけ含めることができます。また、ファイル名は、サブジェクトの名前のハッシュと拡張子「.0」で構成する必要があります。

`SSL_CTX_load_verify_locations`の第2引数と第3引数は、いずれか一方をNULLに指定することはできますが、両方をNULLにすることはできません。この関数は、NULLでないほうの引数に対して処理を実行します。ファイルとディレクトリのどちら

[†監訳注4] 正確には、ピアの証明書を発行しているCAのルート証明書群のことです。

を使用するかによって、証明書を組み込むタイミングが変わります。この違いは重要です。通常のファイルに格納する場合は、`SSL_CTX_load_verify_locations`の呼び出し時にファイルが解析されて、証明書が組み込まれます。一方、ディレクトリに格納する場合は、必要なときだけ、つまり、SSL Handshake中に発生する検証フェーズの間だけ、証明書が組み込まれます。

OpenSSLには、CA証明書が格納されるデフォルトの場所があります。その場所へのパスは、ライブラリをビルドするときに、ビルド時に使用するパラメータに基づいてライブラリにハードコードされます。通常は、OpenSSLディレクトリ（一般的なUNIXシステムでは`/usr/local/openssl`）になっています。デフォルトの証明書ファイルの名前は`cert.pem`ですが、`cert.pem`もこのOpenSSLディレクトリにあります。同様に、デフォルトの証明書ディレクトリの名前は`certs`で、このディレクトリもOpenSSLディレクトリにあります。このデフォルトの場所は、同じマシン上で実行されているすべてのOpenSSLベースのアプリケーションで必要となる、システム全体用のCA証明書を保存する場所として好都合です。デフォルトファイルを使用すると、共通の証明書のコピーをアプリケーションごとに別々に用意する必要がありません。`SSL_CTX_set_default_verify_paths`関数は、これらのデフォルトの場所を、`SSL_CTX`オブジェクトに組み込みます。この関数についても、CA証明書を実際にどのタイミングでロードするかについては、`SSL_CTX_load_verify_locations`と同じルールが適用されます。

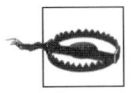

> ある証明書の場所をSSL_CTXオブジェクトに組み込むということは、その証明書を信頼すると宣言していることになります。アプリケーションをマルチユーザシステムで実行する場合は、証明書の場所（SSL_CTXオブジェクトに組み込んだ場所）への書き込み権限を持っているユーザが、アプリケーションの安全性を崩すおそれがあることを肝に銘じてください。デフォルトの検証場所を組み込むという選択をした場合は、特に重要です。例えば、アプリケーションがデフォルトの場所にある証明書を読み込むようになっていると、その場所への正規の権限を持つユーザが別の新しいCA証明書を挿入した場合に、アプリケーションからピアへの接続に際して不適切なCA証明書によって署名された証明書を提示することになってしまいます。

これら2つの関数を使えば、信頼できるCA証明書をSSL_CTXオブジェクトに組み込めますが、CA証明書を組み込んだだけでは、証明書がピアの検証に使用されることはありません。これを可能にする方法の詳細については、次節で説明します。

証明書の検証

証明書の検証には、証明書に施された署名をチェックして、信頼できる主体がその証明書に署名しているか確認する必要があります。証明書の`notBefore`と`notAfter`の

日付の値、信頼情報の設定、目的、失効の状態も確認しなければなりません。証明書の検証は、SSL Handshake 中の SSL_connect または SSL_accept（SSL オブジェクトがクライアントかサーバかによって変わります）の呼び出し時に行われます。

　信頼できる証明書を SSL_CTX オブジェクトに正常に組み込んだ後は、OpenSSL に用意されている関数が、ピアの証明書チェーンを自動的に検証します。証明書チェーンの検証に使用するルーチンは、SSL_CTX_set_cert_verify_callback を呼び出してデフォルトのものから変更することもできますが、署名を検証するデフォルトのルーチンは堅牢で完成度も申し分ないので、ほぼすべての状況において変更はお勧めできません。その代わり、デフォルトの検証で戻される状態をフィルタする別のコールバックを指定して、新しい検証状態を返すことができます。これを実行する関数は SSL_CTX_set_verify です。

　この関数には、検証をフィルタするコールバックを割り当てる以外に、SSL_CTX オブジェクトのコネクションにおける検証の種類を割り当てるという大切な機能があります。より正確には、この関数によって、証明書とその要求を Handshake 中にどのように処理するかを制御することができます。関数の第2引数には、この制御を決定するフラグを指定します。フラグは4種類定義されており、その名称を論理演算子の OR で組み合わせて使用することができます。コンテキストがクライアントモードとサーバモードのどちらで使用されるかによって、これらのフラグの意味は異なります。

- **SSL_VERIFY_NONE**
  コンテキストがサーバモードで使用される場合は、証明書の要求がクライアントに一切送信されず、クライアントは証明書を送信しません。コンテキストがクライアントモードで使用される場合は、サーバから受け取った証明書がすべて検証されますが、検証に失敗しても Handshake を停止しません。このフラグは、ほかのどのフラグとも組み合わせないでください。ほかのフラグはこのフラグより優先されます。このフラグは単独でのみ使用すべきです。

- **SSL_VERIFY_PEER**
  コンテキストがサーバモードで使用される場合は、証明書の要求がクライアントに送信されます。クライアントは要求を無視することもできますが、証明書が送り返された場合にはその証明書は検証されます。検証に失敗した場合、Handshake は即座に停止されます。
  コンテキストがクライアントモードで使用される場合は、サーバが証明書を送信すると、その証明書が検証されます。検証が失敗した場合、Handshake は即座に停止します。サーバが証明書を送信しないのは、匿名モードが使用されている場合だけです。匿名モードはデフォルトで無効になっています。クライアントモードでは、このフラグと組み合わせて指定されるほかのすべてのフラグは無視されます。

- **SSL_VERIFY_FAIL_IF_NO_PEER_CERT**
  コンテキストがサーバモードで使用されていない場合、または SSL_VERIFY_PEER が設定されていない場合、このフラグは無視されます。このフラグを使用すると、クライアントによって証明書が提供されない場合に Handshake が即座に停止します。

- **SSL_VERIFY_CLIENT_ONCE**
  コンテキストがサーバモードで使用されていない場合、または SSL_VERIFY_PEER が設定されていない場合、このフラグは無視されます。このフラグを使用すると、ネゴシエーションが再度行われている場合には、サーバはクライアントに証明書を要求しません。最初の Handshake のときだけは、証明書が要求されます。

SSL_CTX_set_verify の第 3 引数には、検証をフィルタするコールバックへのポインタを指定します。検証の関数は、ピアの証明書チェーンの各レベルごとに呼び出されます。よって、サンプルアプリケーションの場合は、フィルタ関数が各ステップの直後に呼び出されます。この関数の第 1 引数は、検証が成功すると 0 以外の値に、失敗すると 0 になります。第 2 引数は X509_STORE_CTX オブジェクトです。この型のオブジェクトには、証明書の検証に必要な情報が含まれます。また、現在検証の対象となっている証明書、および検証結果を保持します。この関数の戻り値は、証明書が有効かどうかを示す 0、または 0 以外の値になります。

　OpenSSL で使用されるコールバックのほとんどと同様に、この関数にも、第 1 引数の値をそのまま返すというデフォルトの動作が用意されています。サンプルでは、この関数の独自の変更を実装しますが、その場合もこのデフォルトの動作に対処しなければなりません。第 1 引数が実際には 0 であるときに 0 以外の値を返すと、検証されないクライアント証明書が検証されたものとして受け入れられてしまいます。同様に、逆の場合には、有効な証明書が検証に失敗することになります。それなら、独自の変更を実装する意味がないように思えますが、実際はそうではありません。独自に変更した関数を作成することで、検証結果に関する情報をより詳しく取得できるからです。この情報は、検証が失敗した場合に特に重要になります。例えば、ピアが有効期限切れの証明書を提示した場合、検証のコールバックが状態をチェックするように実装されていないと、SSL_connect または SSL_accept の呼び出しで「Handshake に失敗」というエラーコードしか得られません。例 5.7 は、サンプルアプリケーションで使用するために変更を加えた、このコールバックの実装例です。サンプルで使用するには、これを common.c に実装し、common.h でプロトタイプ宣言する必要があります。

▼ **例 5.7　検証コールバック (common.c に実装し common.h でプロトタイプ宣言する)**
```
int verify_callback(int ok, X509_STORE_CTX *store)
{
    char data[256];
```

```
    if (!ok)
    {
        X509 *cert = X509_STORE_CTX_get_current_cert(store);
        int   depth = X509_STORE_CTX_get_error_depth(store);
        int   err = X509_STORE_CTX_get_error(store);

        fprintf(stderr, "-Error with certificate at depth: %i\n", depth);
        X509_NAME_oneline(X509_get_issuer_name(cert), data, 256);
        fprintf(stderr, "  issuer   = %s\n", data);
        X509_NAME_oneline(X509_get_subject_name(cert), data, 256);
        fprintf(stderr, "  subject  = %s\n", data);
        fprintf(stderr, "  err %i:%s\n", err, X509_verify_cert_error_string(err));
    }

    return ok;
}
```

このコールバックでは、エラーの詳細情報をレポートするために、X509 関数ファミリの関数をいくつか使用しています。

SSL_CTX_set_verify は、コンテキストからどの SSL オブジェクトを作成するよりも先に呼び出します。SSL_CTX_set_verify_depth も呼び出す必要があります。この関数は、ピア証明書の階層の深さについて、許容する最大値を設定します。つまり、証明書チェーンが信頼できるかどうかを調べるために検証する、証明書の数を制限します。例えば、深さが 4 に設定されているとき、信頼できる証明書に到達するまでチェーンに 6 つの証明書がある場合は、検証に必要な深さが制限を上回るため、検証に失敗します。この深さは、デフォルトの 9 にしておけば十分過ぎるほどです。証明書チェーンが 9 より多くてピア証明書の検証に失敗することは、ほとんどのアプリケーションではあり得ないはずです。逆に、小規模な証明書チェーンを提示するピアでしかアプリケーションを使用しないことがわかっている場合には、チェーンが長い証明書が検証に成功しないように、値を小さく設定するとよいでしょう。なお、深さを 0 に設定すると、使用するチェーンの長さを無制限にすることができます。

> OpenSSL 0.9.6 より前のバージョンでは、SSL_CTX_set_verify_depth にセキュリティ上の脆弱性が指摘されています。この問題の原因は、検証の内部ルーチンがピアの証明書チェーンの拡張領域を正しくチェックしないことにあります。信頼できるルート CA に到達する限り、CA 以外の証明書を含む証明書チェーンも承認していました。そのため、1 より大きい深さを検証すると、信頼できるルート CA で署名された何者かによって、アプリケーションが攻撃を受けるおそれがありました。この脆弱性の問題は、OpenSSL の新しいバージョンで、CA 認証について X.509v3 フィールドをチェックすることで修正されています。そのため、本書執筆時点では学術的な関心事にすぎなくなっています。

証明書失効リストの組み込み

　SSL セキュリティの大きな問題の 1 つに、証明書失効リスト（CRL）の入手と使用があります。証明書は、その発行元の CA によって失効させられることがあるので、SSL を実装する際には何らかの方法でこれに対処しなければなりません。それには、アプリケーションが CRL ファイルを読み込み、検証の内部プロセスで各証明書が失効していないことを確認できるようにする必要があります。残念ながら、バージョン 0.9.6 の OpenSSL における CRL の機能は不完全です。CRL 情報の利用に必要な機能は、0.9.7 以降の新しいバージョンで完全なものになる予定です。

　本書執筆時点ではこの機能が使用できないので、CRL の使用は今回のサンプルには組み込みません。ただし、新しいバージョンがリリースされたときどうすべきかについて説明しておくことにします。証明書の検証には、CRL のチェックを含めることが何よりも重要であることを覚えておいてください。アプリケーションの開発に新しいバージョンの OpenSSL を使用する場合は、この作業がセキュリティのための必須条件となります。

　SSL インタフェース自体は、CRL の組み込みを直接サポートしていません。基盤となる X509 インタフェースを使用する必要があります。

　SSL_CTX_get_cert_store 関数は、SSL_CTX オブジェクトから内部的な X509_STORE オブジェクトを取得します。X509_STORE オブジェクトには証明書が格納されますが、このオブジェクトを操作することで、検証処理の各種調整を行うことができます。実際には、SSL_CTX_load_verify_locations と SSL_CTX_set_default_paths の両関数が、どちらも同じ X509_STORE オブジェクトに対して関数を呼び出すことで、それぞれの操作を実行します。

```
X509_STORE *SSL_CTX_get_cert_store(SSL_CTX *ctx);
```

　証明書の格納先と連携して追加の検証パラメータを設定したり、CRL データを組み込んだりする方法の詳細については、第 10 章の証明書チェーンの検証に関する説明を参照してください。アプリケーションを実装する際には、第 10 章で紹介する X509_STORE オブジェクトを使用した検証処理を参考にして、CRL と照らし合わせた SSL 証明書検証の正しい方法を習得しておくことを強くお勧めします。この処理では、ファイル検索用のメソッドを介して CRL ファイルを X509_STORE に追加してから、格納先のフラグをセットして、証明書を CRL と照合します。

接続後の確認

　基本的に、OpenSSL でコネクションのピア証明書チェーンを検証するには、SSL_CTX_set_verify と SSL_CTX_set_verify_depth さえあれば十分です。しかし、実際にはこれだけでは済みません。SSL オブジェクトが接続したら、そのコネクションが

持つべき性質を本当に備えているか確認する必要があります。OpenSSL には、悪意のあるピアにだまされていないことを確認するために、接続後の検証ルーチンを作成する関数がいくつか用意されています。この接続後の検証ルーチンは、非常に重要です。なぜなら、ピアから提示された証明書について、SSL プロトコルで正式に要求される証明書検証よりずっと細かい制御ができるからです。

　SSL_get_peer_certificate 関数は、ピアの証明書を含む X509 オブジェクトへのポインタを返します。Handshake が終了し、検証が正しく完了したと思われる場合でも、この関数は使用しなければなりません。その理由を、ピアに証明書が要求されたものの、証明書の提示が必須ではなく、ピアが証明書を提示しなかったケースで考えみましょう。証明書が NULL であってもまったく問題ないので、証明書検証ルーチン（証明書を組み込むルーチンとフィルタするルーチンの両方）はエラーを返しません。このような状況を回避するには、SSL_get_peer_certificate 関数を呼び出して、戻り値が NULL でないかを確認しなければならないのです。この関数が NULL 以外の値を返すと、戻されるオブジェクトの参照カウントがインクリメントされます。メモリリークを防ぐために、このオブジェクトを使い終わったら、X509_free を呼び出して参照カウントをデクリメントしてください。

　今回のサンプルアプリケーションも、ピアの証明書のチェックをチェーンの検証だけで済ませてしまうと、脆弱になってしまいます。例えば、Web をブラウズするアプリケーションを作成するとします。話を簡単にするために、信頼できる CA を 1 つだけ許可するものとしましょう。この場合、同じ CA で署名されている証明書を持つ SSL ピアは、いずれも検証に成功します。ただし、これは安全な状態ではありません。攻撃者がその CA で自分の証明書に署名し、すべてのセッションをのっとろうとした場合に、これでは防ぎようがないからです。このような偽装は、証明書にマシン固有の何らかの情報を追加することによって阻止します。SSL の場合、この情報として、主体の完全修飾ドメイン名（FQDN）が使用されます。また、この情報を DNS 名と呼ぶこともあります。

　X.509v1 の証明書では、FQDN を証明書の subjectName フィールドの commonName フィールドに記述するという方法が一般的でしたが、この方法は新しく作成するアプリケーションにはお勧めできません。X.509v3 では、証明書の拡張領域に、FQDN のほか IP アドレスなどの識別情報も記述できるからです。FQDN は、subjectAltName 拡張領域の dNSName フィールドに記述するのが正しい方法です。

　これらのチェックは、関数 post_connection_check を使用して行うことができます。必ず、先に dNSName フィールドをチェックするようにしましょう。dNSName フィールドに記述がない場合には、commonName フィールドを確認してください。commonName フィールドのチェックは、下位互換性のためだけに行われるので、その心配がない場合は省略しても安全です。サンプルの関数では、拡張領域のフィールドを先に調べて、次に commonName を調べます。サンプルでは、ワイルドカードを使用できる機能を省略しています。RFC 2818 には、証明書に記述する FQDN にワイルドカード

を含めてよいという記述がありますが、この機能を実装してもテキスト処理の問題しか解決しないので、ここでは話を簡潔にするために省略しました。

`SSL_get_verify_result` も、接続後の確認に使う API 関数です。この関数は、検証ルーチンで最後に生成されたエラーコードを返します。エラーが発生しなかった場合には X509_V_OK が返されます。`SSL_get_verify_result` 関数を呼び出して、戻り値が X509_V_OK であることを確認してください。今回は、サンプルアプリケーションを見れば明らかなように、堅牢なエラー処理を省略しています。これは、説明を簡潔にするためで、例えばエラーが発生すると、このプログラムはそのまま終了してしまいます。ほとんどの場合は、アプリケーション固有の方法で、エラーをもっと効果的に処理する必要があります。どのような場合でも、検証結果はチェックすることをお勧めします。この時点で結果が正常でなければ、それまでにどのようなエラー処理が行われたとしても、コネクションを切断しなければなりません。検証結果をチェックすることで、これを確認するようにしてください。

例 5.8 は、今まさに説明したチェックを実行する関数です。この例では、接続しているはずのピアの FQDN が証明書に記述されていることを確認します。クライアントの場合は、サーバが提示している証明書に、サーバのアドレスの FQDN が記述されていることを確認するとよいでしょう。同様にサーバの場合は、クライアントが提示している証明書に、クライアントのアドレスの FQDN が記述されていることを確認します。今回のような場合、クライアント証明書のチェックは非常に限定的なものになります。なぜなら、クライアントはある特定の FQDN を使用するはずであり、また使用を許可する FQDN もその 1 つだけだからです。この関数をサンプルのクライアントとサーバで使用するためには、`common.c` に関数を実装し、`common.h` でプロトタイプ宣言する必要があります。

▼ 例 5.8　接続後の確認を実行する関数 (common.c で実装し common.h でプロトタイプ宣言する)

```c
#ifdef _WIN32
#define strcasecmp(x,y)   stricmp(x,y)
#endif

long post_connection_check(SSL *ssl, char *host)
{
    X509      *cert;
    X509_NAME *subj;
    char      data[256];
    int       extcount;
    int       ok = 0;

    /* SSL_get_peer_certificate の戻り値をチェック。このサンプルプログラムでは NULL
     * を戻す可能性はないので、絶対に必要というわけではない。しかし、このサンプルを修正し
     * て匿名モードを使えるようにしたり、サーバでクライアント証明書を要求しないよう
     * にしたりする場合は、NULL を返すことがあるので、このようなチェックが必要。
     */
    if (!(cert = SSL_get_peer_certificate(ssl)) || !host)
        goto err_occured;
```

```c
        if ((extcount = X509_get_ext_count(cert)) > 0)
        {
            int i;

            for (i = 0;  i < extcount;  i++)
            {
                char                *extstr;
                X509_EXTENSION      *ext;

                ext = X509_get_ext(cert, i);
                extstr = OBJ_nid2sn(OBJ_obj2nid(X509_EXTENSION_get_object(ext)));

                if (!strcmp(extstr, "subjectAltName"))
                {
                    int                     j;
                    unsigned char           *data;
                    STACK_OF(CONF_VALUE)    *val;
                    CONF_VALUE              *nval;
                    X509V3_EXT_METHOD       *meth;

                    if (!(meth = X509V3_EXT_get(ext)))
                        break;
                    data = ext->value->data;

                    val = meth->i2v(meth,
                                meth->d2i(NULL, &data, ext->value->length),
                                NULL);
                    for (j = 0;  j < sk_CONF_VALUE_num(val);  j++)
                    {
                        nval = sk_CONF_VALUE_value(val, j);
                        if (!strcmp(nval->name, "DNS") && !strcmp(nval->value, host))
                        {
                            ok = 1;
                            break;
                        }
                    }
                }
                if (ok)
                    break;
            }
        }

        if (!ok && (subj = X509_get_subject_name(cert)) &&
            X509_NAME_get_text_by_NID(subj, NID_commonName, data, 256) > 0)
        {
            data[255] = 0;
            if (strcasecmp(data, host) != 0)
                goto err_occured;
        }

        X509_free(cert);
        return SSL_get_verify_result(ssl);

err_occured:
        if (cert)
            X509_free(cert);
        return X509_V_ERR_APPLICATION_VERIFICATION;
}
```

上位のレベルから見ると、post_connection_check関数は、ピア証明書の追加チェックを実行するSSL_get_verify_resultのラッパーとして実装されています。この関数は、ピア証明書が提示されていない、または提示された証明書のFQDNが予期されるものと一致しないというエラーを、予約済みのエラーコードX509_V_ERR_APPLICATION_VERIFICATIONにより示します。この関数は、以下の状況でエラーを返します。

- ピア証明書がない
- 第2引数にNULLを指定して呼び出された（照合するFQDNが指定されていない）
- dNSNameフィールドはあるがホストの引数と一致せず、かつcommonNameも（記述はあるが）ホストの引数と一致しない
- SSL_get_verify_resultルーチンでエラーが返された

これらのいずれのエラーも発生しなければ、X509_V_OKという値を戻します。後ほど、この関数を使ってサンプルプログラムをさらに拡張します。

残念ながら、dNSNameをチェックするコードは、あまりわかりやすくありません。X509関数は、拡張領域を利用するために使用します。このとき、subjectAltName拡張領域をすべて検出するのに、特定の拡張領域に特化した解析ルーチンを使って、すべての拡張領域を反復して処理します。subjectAltNameフィールド自体に複数のフィールドが含まれていることもあるので、これらすべてのフィールドについて反復した処理を行って、DNSという短い名前のタグが付いているdNSNameフィールドをすべて検出する必要があります。かなり複雑な処理になるため、この関数をステップごとに見ていきながら動作の説明を行います。第10章で説明する高度なプログラミングテクニックを十分に理解すれば、この関数の実装について理解する助けになるでしょう。

初めに、SSLオブジェクトから単純にピア証明書を取得します。関数X509_get_ext_countが正の値を返した場合は、このピア証明書にX.509v3拡張領域があることがわかります。この場合、すべての拡張領域を反復して処理し、subjectAltNameが存在しないか探します。X509_get_ext関数は、カウンタに基づいて拡張領域を1つ取得します。また、extstrという引数に、拡張領域から取り出した短い名前を保存する必要があります。残念ながら、この作業を行うには関数を3つ使わなければなりません。最も内側の関数でASN1_OBJECTを抽出し、次の関数でNIDを取り込み、最も外側の関数でそのNIDから短い名前をconst char *として取得します。

次に、それとsubjectAltNameという文字列を比較して、その拡張領域が目的のものであるかどうかをチェックします。目的の拡張領域であることが確認できたら、拡張領域からX509V3_EXT_METHODオブジェクトを取り出します。このオブジェクトは、拡張領域内のデータを操作する拡張領域固有の関数のコンテナです。X509_EXTENSION構造体のvalueメンバを介して、操作したいデータに直接アクセスします。d2i関数とi2v関数は、subjectAltName内の未処理データをCONF_VALUEオブジェクトのス

タックに変換するために使用します。これは、subjectAltName内の各種フィールドを反復処理してdNSNameフィールドを検出する操作を簡単にするために必要です。このCONF_VALUEスタックの各メンバをチェックして、dNSNameフィールドのホスト文字列と一致するものがないか調べます。dNSNameフィールドは、拡張領域では、DNSという短い名前で参照されることに注意してください。一致するものが見つかったら、すべての拡張領域に対する反復した処理を中止します。

dNSNameフィールドに一致するものが見つからなかった場合のみ、証明書のcommonNameのチェックに進みます。dNSNameフィールドにもcommonNameにもホストの引数と一致するFQDNがなかった場合は、アプリケーション固有のエラーを示すコードを返すようにします。現実には、特定の1つのFQDNと照合することは望ましくありません。ほとんどの場合、サーバは、接続するクライアントとして受け付け可能なFQDNをすべて含むリスト（ホワイトリスト）を持っているはずです。クライアントの証明書に記述されたFQDNがこのリストに含まれていれば、証明書が受け付けられ、そうでない証明書は拒否されます。

サンプルの拡張

ピアの真正性の検証について説明した内容をサンプルアプリケーションに反映して、アプリケーションがもう一歩安全になるように拡張しましょう。このサンプルでは、verify_callback関数とpost_connection_check関数をcommon.cに追加し、common.hにそのプロトタイプ宣言を追加します。

例5.9は、クライアントアプリケーションのコードを修正したclient2.cです。client1.cから変更されたコードは太字で表示しています。3行目は、信頼できる証明書を格納するファイルを定義します。4行目では、CADIRをNULLに定義しています。これは、ディレクトリではなく通常のファイルを使うからです。ファイルとディレクトリの両方を指定しても構いませんが、ここではディレクトリを使う必要にありません。

▼ 例5.9　client2.c

```
 1      #include "common.h"
 2
 3      #define CAFILE "rootcert.pem"
 4      #define CADIR NULL
 5      #define CERTFILE "client.pem"
 6      SSL_CTX *setup_client_ctx(void)
 7      {
 8          SSL_CTX *ctx;
 9
10          ctx = SSL_CTX_new(SSLv23_method());
11          if (SSL_CTX_load_verify_locations(ctx, CAFILE, CADIR) != 1)
12              int_error("Error loading CA file and/or directory");
13          if (SSL_CTX_set_default_verify_paths(ctx) != 1)
14              int_error("Error loading default CA file and/or directory");
15          if (SSL_CTX_use_certificate_chain_file(ctx, CERTFILE) != 1)
16              int_error("Error loading certificate from file");
17          if (SSL_CTX_use_PrivateKey_file(ctx, CERTFILE, SSL_FILETYPE_PEM) != 1)
```

```
18                 int_error("Error loading private key from file");
19             SSL_CTX_set_verify(ctx, SSL_VERIFY_PEER, verify_callback);
20             SSL_CTX_set_verify_depth(ctx, 4);
21             return ctx;
22         }
23
24         int do_client_loop(SSL *ssl)
25         {
26             int  err, nwritten;
27             char buf[80];
28
29             for (;;)
30             {
31                 if (!fgets(buf, sizeof(buf), stdin))
32                     break;
33                 for (nwritten = 0;  nwritten < sizeof(buf);  nwritten += err)
34                 {
35                     err = SSL_write(ssl, buf + nwritten, strlen(buf) - nwritten);
36                     if (err <= 0)
37                         return 0;
38                 }
39             }
40             return 1;
41         }
42
43         int main(int argc, char *argv[])
44         {
45             BIO     *conn;
46             SSL     *ssl;
47             SSL_CTX *ctx;
48             long    err;
49
50             init_OpenSSL();
51             seed_prng();
52
53             ctx = setup_client_ctx();
54
55             conn = BIO_new_connect(SERVER ":" PORT);
56             if (!conn)
57                 int_error("Error creating connection BIO");
58
59             if (BIO_do_connect(conn) <= 0)
60                 int_error("Error connecting to remote machine");
61
62             ssl = SSL_new(ctx);
63             SSL_set_bio(ssl, conn, conn);
64             if (SSL_connect(ssl) <= 0)
65                 int_error("Error connecting SSL object");
66             if ((err = post_connection_check(ssl, SERVER)) != X509_V_OK)
67             {
68                 fprintf(stderr, "-Error: peer certificate: %s\n",
69                         X509_verify_cert_error_string(err));
70                 int_error("Error checking SSL object after connection");
71             }
72             fprintf(stderr, "SSL Connection opened\n");
73             if (do_client_loop(ssl))
74                 SSL_shutdown(ssl);
75             else
76                 SSL_clear(ssl);
77             fprintf(stderr, "SSL Connection closed\n");
78
79             SSL_free(ssl);
```

```
80          SSL_CTX_free(ctx);
81          return 0;
82      }
```

root.pemから信頼できる証明書を読み込むために、11行目で`SSL_CTX_load_verify_locations`を呼び出し、続いてエラーをチェックしています。このクライアントを実行するシステムのユーザを信頼しているので、`SSL_CTX_set_default_verify_paths`も呼び出して、システムに組み込まれている証明書の格納場所を読み込んでいます。このサンプルでは、デフォルトの場所を読み込まなければならない理由は特にありません。使用例を示すために呼び出しただけです。実際には、アプリケーションを実行するシステムが信頼でき、しかも、アプリケーション自体にこれらの余分な証明書が組み込まれている必要がない限り、デフォルトの場所は読み込まないようにしてください。

信頼できる証明書を読み込んだ後、`SSL_VERIFY_PEER`を検証モードに設定し、コールバックを割り当てます(19行目)。SSLクライアントを実装する場合、検証モードには、常に`SSL_VERIFY_PEER`を含めます。これを含めないと、接続するサーバが正しく認証されているかどうかを確認できません。前節で説明したとおり、`verify_callback`関数は、エラーをより詳細にレポートするだけで、検証の内部処理の動作は変更しません。次の20行目では、検証する証明書チェーンの深さの最大値を4に設定しています。このクライアントサンプルでは、証明書の階層があまり複雑ではないので、深さ4の検証で十分なはずです。以前、PKIのサンプルコードについて解説した補足説明の内容によれば、このクライアントに割り当て可能な深さの最小値は2になります。サーバの証明書はサーバのCAによって署名され、そのCAは、信頼できるルートCAで署名されるからです。

このバージョンのクライアントで最後に注目すべき重要な変更箇所は、66〜71行目です。ここで、例5.8で作成した`post_connection_check`関数を使用しています。この関数を呼び出すことで、接続しているサーバから証明書が提示され、かつ提示された証明書にFQDNとして「splat.zork.org」が記述されているかを確認しているのです。エラーが発生すると、`X509_verify_cert_error_string`を呼び出して、エラーコードを文字列に変換し、コンソールに出力します。

例5.10は、サーバ側のサンプルプログラムの`server2.c`です。ここに追加された変更は、クライアントアプリケーションの変更と同等のものです。

▼例5.10　server2.c
```
1       #include "common.h"
2
3       #define CAFILE "rootcert.pem"
4       #define CADIR NULL
5       #define CERTFILE "server.pem"
6       SSL_CTX *setup_server_ctx(void)
7       {
8           SSL_CTX *ctx;
9
```

```
10      ctx = SSL_CTX_new(SSLv23_method());
11      if (SSL_CTX_load_verify_locations(ctx, CAFILE, CADIR) != 1)
12          int_error("Error loading CA file and/or directory");
13      if (SSL_CTX_set_default_verify_paths(ctx) != 1)
14          int_error("Error loading default CA file and/or directory");
15      if (SSL_CTX_use_certificate_chain_file(ctx, CERTFILE) != 1)
16          int_error("Error loading certificate from file");
17      if (SSL_CTX_use_PrivateKey_file(ctx, CERTFILE, LETYPE_PEM) != 1)
18          int_error("Error loading private key from file");
19      SSL_CTX_set_verify(ctx, SSL_VERIFY_PEER|SSL_VERIFY_FAIL_IF_NO_PEER_CERT,
20                         verify_callback);
21      SSL_CTX_set_verify_depth(ctx, 4);
22      return ctx;
23  }
24
25  int do_server_loop(SSL *ssl)
26  {
27      int  err, nread;
28      char buf[80];
29
30      while (err < 0)
31      {
32          for (nread = 0;  nread < sizeof(buf);  nread += err)
33          {
34              err = SSL_read(ssl, buf + nread, sizeof(buf) - nread);
35              if (err <= 0)
36                  break;
37          }
38          fwrite(buf, 1, nread, stdout);
39      }
40      return (SSL_get_shutdown(ssl) & CEIVED_SHUTDOWN) ? 1 : 0;
41  }
42
43  void THREAD_CC server_thread(void *arg)
44  {
45      SSL *ssl = (SSL *)arg;
46      long err;
47
48  #ifndef WIN32
49      pthread_detach(pthread_self());
50  #endif
51      if (SSL_accept(ssl) <= 0)
52          int_error("Error accepting SSL connection");
53      if ((err = post_connection_check(ssl, CLIENT)) != X509_V_OK)
54      {
55          fprintf(stderr, "-Error: peer certificate: %s\n",
56                  X509_verify_cert_error_string(err));
57          int_error("Error checking SSL object after connection");
58      }
59      fprintf(stderr, "SSL Connection opened\n");
60      if (do_server_loop(ssl))
61          SSL_shutdown(ssl);
62      else
63          SSL_clear(ssl);
64      fprintf(stderr, "SSL Connection closed\n");
65      SSL_free(ssl);
66  ERR_remove_state(0);
67  #ifdef WIN32
68      _endthread();
69  #endif
70  }
71
```

```
72    int main(int argc, char *argv[])
73    {
74        BIO     *acc, *client;
75        SSL     *ssl;
76        SSL_CTX *ctx;
77        THREAD_TYPE tid;
78
79        init_OpenSSL();
80        seed_prng();
81
82        ctx = setup_server_ctx();
83
84        acc = BIO_new_accept(PORT);
85        if (!acc)
86            int_error("Error creating server socket");
87
88        if (BIO_do_accept(acc) <= 0)
89            int_error("Error binding server socket");
90
91        for (;;)
92        {
93            if (BIO_do_accept(acc) <= 0)
94                int_error("Error accepting connection");
95
96            client = BIO_pop(acc);
97            if (!(ssl = SSL_new(ctx)))
98                int_error("Error creating SSL context");
99            SSL_set_accept_state(ssl);
100           SSL_set_bio(ssl, client, client);
101           THREAD_CREATE(tid, server_thread, ssl);
102       }
103
104       SSL_CTX_free(ctx);
105       BIO_free(acc);
106       return 0;
107   }
```

サーバへの変更と、クライアントへの変更がぴったり一致しない箇所が、検証モードの部分に1つだけあります。サーバアプリケーションでは、SSL_VERIFY_PEERの動作がクライアントとは多少異なります。このフラグを設定すると、サーバはクライアントに証明書を要求するようになります。このほかにもSSL_VERIFY_FAIL_IF_NO_PEER_CERTフラグが使用されています。このフラグにより、クライアントが証明書を提示しなければ、サーバはHandshakeに失敗します。

> クライアントからの証明書の提示を必須とするかどうかの選択は、作成するサーバアプリケーションの種類によって異なります。クライアント証明書を必須とすることが絶対に必要とはいえないケースも多く、必須でないのに証明書を要求することは、概してあまり良い方法とはいえません。証明書が要求されると、多くの場合、クライアントは使用する証明書を選択させるプロンプトをユーザに表示するからです。これは特に、Webベースの環境では望ましくありません。特定のコマンドまたはオプションのためだけに証明書を要求するようなケースでは、強制的にネゴシエーションをやり直すようにしたほうがよいでしょう。

SERVERで定義した値をクライアントで使用したり、CLIENTで定義した値をサーバで使用したりしていますが、ここまで簡略化するのは行き過ぎです。多くの場合、特にサーバの場合には、ピアのFQDNを含む文字列がこれほど簡単に利用できることはありません。本来なら、接続しているIPアドレスを検索し、そのIPアドレスを使ってFQDNを検出する必要があるでしょう。説明を簡潔にするために、この処理を省略して名前をハードコードしているだけです。また、ピアの証明書を検証するとき、証明書の所有者がFQDNを持つマシンではなく、人物や組織などである場合もよくあります。このような場合、post_connection_check ルーチンを状況に合わせて変更し、正常に接続できるようにすることが重要です。

この手順2で説明した技法を使用して、ピアの検証と真正性の確認を正しく実行するための使用可能なフレームワークを作成しました。SSL対応アプリケーションを作成するという大仕事も、もう1つ手順を残し、大半は終了したといえるでしょう。

手順3：SSLオプションと暗号スイート

SSLコネクションに関する重要な項目のうち、まだ取り上げていない項目がいくつかあります。例えば、SSLv2は使うべきではないと説明しましたが、ここで作成したサンプルは SSLv23_method を使っています。これは、安全ではないバージョンの使用を可能にする関数です。プロトコルの制限を補うため、OpenSSLには、ほかのSSL実装の既知のバグを何とかして回避する方法が多数用意されています。これらのバグはセキュリティに影響しないとはいえ、うまく対応しておかなければ、アプリケーションの相互運用性が失われる可能性があります。

また、暗号スイートの選択についても十分に説明しておかなければなりません。暗号スイートとは、SSLコネクションが認証、鍵交換、ストリーム暗号化を行うために使う、下位レベルのアルゴリズムの組み合わせです。暗号スイートの選択は重要です。OpenSSLには、互換性のためにサポートしているアルゴリズムもありますが、セキュリティ上の理由から、そうしたアルゴリズムは排除したほうがよいからです。同様に、安全な暗号スイートのなかにも、アプリケーションでコールバックを用意しなければ利用できないものがあります。本節では、これらの処理を適切に行う方法と、最後の手順としてサンプルを拡張する方法について説明します。

SSLオプションの設定

SSL_CTX_set_options 関数を使うと、コンテキストから作成されたSSLコネクションをさらに細かく制御できます。この関数を使って、OpenSSLライブラリに組み込まれている、バグの回避処理が有効にできます。例えば、特定のバージョンのNetscape製品（Netscape-Commerce 1.12）は、鍵の生成に使用するデータを一部切り捨ててしまいます。今回のSSLプログラムでも、このようなバグを持つピアへのコネクションを確

立するためには、バグの回避処理を有効にする必要があります。バグがあることがわかっているピアと通信するプログラムでなければ、このような対処も役に立ちませんが、回避処理を有効にしておいても何も悪いことはありません。バグへの対処は、個別に有効にすることもできますが、SSL_OP_ALLフラグを設定することで、すべての回避処理コードを有効にすることができます。

SSL_CTX_set_verify関数の場合と同じように、この関数の第2引数にはフラグを指定します。ここでも、複数のフラグを論理演算子のORで結合できます。この呼び出しで重要な点は、オプションは一度設定したら解除できないということです。この関数は、第2引数で指定されたオプションを、SSL_CTXオブジェクト内のオプションの組に追加するだけだからです。この関数からは、新しいオプションの組が返されます。

この関数は、バグを持つSSLピア用の回避処理に加えて、SSLコネクションの安全性を強化するのに使用することもできます。SSL_OP_NO_SSLv2というオプションを設定すると、SSLv2プロトコルが使用されなくなります。手順1で説明したように、この機能は非常に有益です。このオプションを使うと、バージョン互換のSSLv23_methodメソッドを利用してSSL_CTXオブジェクトを生成でき、かつ、このコンテキストではSSLv2ピアの使用が許可されなくなります。SSLv3_methodやTLSv1_methodを利用して生成したコンテキストでは、両者ともほかのプロトコルと正しく接続できなくなるため、この機能が有効に活用できます。

サーバ側でのみ使用できるオプションで検討すべきものは、SSL_OP_EPHEMERAL_RSAとSSL_OP_SINGLE_DH_USEの2つです。前者を設定すると、コンテキストオブジェクトでは、鍵交換に一時的RSA鍵の使用を試行します。この処理の詳細についてはこの後で説明しますが、一般にこのオプションはSSL/TLSプロトコルの仕様違反に当たるため、絶対に使用すべきではありません。SSL_OP_SINGLE_DH_USEフラグについては次節で説明します。

一時的鍵

これまで、サンプルのサーバ証明書とクライアント証明書には、どちらもRSA鍵の対を利用してきました。RSAアルゴリズムは、ほとんどの署名と暗号化に使用できるため、SSLではRSAアルゴリズムを使用してバルクデータの暗号化に使う共通鍵の生成に必要な鍵合意を行います。このように、永続的な鍵を使って処理されるような鍵交換のテクニックのことを、長期的鍵 (static key) といいます。これに対し、一過性の鍵を使った鍵交換のことを、一時的鍵 (ephemeral key) といいます。一見すると、一過性の鍵では認証が正しく行われないように思えますが、そうではありません。一時的鍵では、一般に、永続的な鍵を使って署名を検証することにより認証が行われ、一過性の鍵は鍵合意のためだけに使用されます。一時的鍵は、長期的鍵に比べて、主に2つのセキュリティ上の利点があります。

先ほど、本書のサンプルでは、証明書にRSA鍵を使用していると説明しました。今

度は、DSA鍵をベースとした証明書を使用する場合について考えてみましょう。DSAアルゴリズムは、署名のためのメカニズムであり、暗号化のためのものではありません。そのため、SSLコネクションのどちらか一方でDSA鍵しか使用しない場合、このプロトコルで鍵交換を行うことができません。したがって、DSAベースの証明書では長期的鍵を使うことができず、一時的鍵を使ってこれを補う必要が生じます[†5]。

一時的鍵を使うもう1つの利点は、Forward Secrecyが実現できることです。Forward Secrecyとは、仮に第三者が秘密鍵を取得しても、その鍵を使用したそれ以前のセッションや、危殆化された鍵を使用してほかの誰かが作成したそれ以降のセッションを第三者がデコードできない、ということを意味しています[†6]。この性質は、セッションの機密性の保持に一時的鍵を使用することによって実現されます。長期的鍵では、Forward Secrecyは実現されません。これは、鍵交換の機密性(その後の通信ストリームの機密性でもあります)が、秘密鍵にかかっているからです。一時的鍵を使用すると、鍵交換の実行に使用したデータは、鍵交換の後には存在しなくなります。したがって、たとえ秘密鍵が危殆化しても、セッションが盗み見られることはありません。つまり、Forward Secrecyでは、秘密鍵が危殆化しても攻撃者は鍵の所有者になりすますだけで、所有者の機密データにはアクセスできないということです。

以上の2点から、一時的鍵を使用する利点が明らかになったと思います。要するに、DSA証明書の場合はプロトコルの処理が成立するために一時的鍵が必要であり、RSA証明書の場合は一時的鍵によってForward Secrecyが実現するというわけです。SSLで一時的鍵を使用する場合は、基本的に、証明書に埋め込まれた鍵を電子署名にのみ使用し、暗号化に使用してはなりません。こう書くと、このプロトコルに鍵交換の手段がないという欠点があるように思えるかもしれません。OpenSSLでは、鍵交換の手段として、一時的なRSA鍵またはDHという2つの選択肢を用意しています。この2つのうち、一時的RSA鍵はSSL/TLSプロトコルに違反しているので、DHのほうがよく利用されます[†7]。もともと一時的RSA鍵は、暗号技術に関する輸出規制に違反しないために実装されたものです[*1]。今日では、この問題を特に気にする必要がないため、一時的RSA鍵はあまり使われていないようです。また、一時的RSA鍵は、DH鍵を使う場合に比べ、鍵の生成にかなり時間がかかります(DHパラメータが事前に生成されていることが前提です)。

---

*1　かつては輸出規制により、暗号化には弱いRSA鍵を使う必要がありましたが、電子署名には強力な鍵を使用することが認められていました。

†監訳注5　長期鍵を使うスイートもあるため、この記述は間違いだと考えられます。詳しくは『SSL and TLS』(邦訳『マスタリングTCP/IP SSL/TLS編』)などを参照してください。

†監訳注6　原文の説明には、Forward SecrecyだけでなくBackward Secrecyの意味も含まれているようです。ただし、これらの用語の使い方は人によって若干ブレがあるようです。

†監訳注7　この意見は鵜呑みにしないほうがよいでしょう。興味のある方は、上記の『SSL and TLS』に記載があるので参考にしてください。

OpenSSL で一時的 DH（EDH もしくは DHE）を使えるようにするには、サーバ側の SSL_CTX オブジェクトを適切に設定する必要があります。そのためには、DH パラメータを直接用意するか、あるいは、DH パラメータを返すコールバック関数を使います。コンテキスト用の DH パラメータを設定する関数は SSL_CTX_set_tmp_dh で、コールバック関数を設定する関数は SSL_CTX_set_tmp_dh_callback です。コールバック関数によるメカニズムには、DH パラメータを設定する機能も含まれているので、実際のアプリケーションではコールバック関数だけを用意することになります。コールバック関数のシグネチャは、以下のとおりです。

```
DH *tmp_dh_callback(SSL *ssl, int is_export, int keylength);
```

第1引数には、この DH パラメータを使用するコネクションを表す SSL オブジェクトを指定します。第2引数は、輸出規制のある暗号を使用するかどうかを、0 または 0 以外の値で指定します。このコールバックの重要な利点は、第3引数（鍵長）の値によって、提供する機能を変更できることです。返される DH パラメータの鍵長は、この最後の引数の値と等しくなります。以降では、サンプルのサーバアプリケーションを、コールバック関数を使って拡張します。最終的な形に作成されたサーバアプリケーションで、このコールバックの実装を示します。

ここでは、SSL_OP_SINGLE_DH_USE という SSL のオプションについては説明しないでおくことにします。このオプションの効果については、第8章で多少詳しく説明するので、それを参照してください。基本的に、DH パラメータは秘密にされない情報です。これらのパラメータから秘密鍵が生成され、鍵交換に使用されます。このオプションを設定すると、サーバは、新しいコネクションごとに新しい秘密鍵を生成するようになります。要するに、このオプションを設定することでセキュリティが向上しますが、コネクションの作成により多くの処理パワーが消費されるということです。プロセッサの使用量が特に制限されるのでなければ、このオプションを有効にすべきでしょう。

暗号スイートの選択

暗号スイートとは、コネクションの安全を確保するために SSL で使用されるアルゴリズムの組み合わせです。暗号スイートを作成するには、「署名と認証」「鍵交換」「ハッシュ」「暗号化と復号」という4つの機能について、アルゴリズムを用意する必要があります。ただし、アルゴリズムによっては、複数の目的に使用できるものもあります。例えば、RSA は署名と鍵交換の両方に使用できます。

OpenSSL は、SSL コネクションに関しては、さまざまなアルゴリズムと暗号スイートを実装しています。安全なアプリケーションを設計するには、既知のセキュリティ脆弱性を持つアルゴリズムを許可しないようにすることが非常に重要です。

SSL_CTX_set_cipher_list 関数を使用すると、SSL オブジェクトでの使用を許可

する暗号スイートのリストを設定できます。暗号スイートのリストは、特別な形式の文字列で指定します。この文字列は、各アルゴリズム（名）をコロンで区切って記述します。可能な組み合わせの数を考えると、許可できるすべてのアルゴリズムを明示的に指定すれば、かなり煩雑になってしまうでしょう。そこでOpenSSLでは、暗号の組み合わせを表すショートカットとして、このリストで使用できるキーワードをいくつか用意しています。例えば、「ALL」は、利用できるすべての暗号の組み合わせを表すショートカットです。また、「!」という演算子をキーワードの前に付けると、そのキーワードに関連付けられている暗号すべてをリストから除外できます。これらのキーワードを使用して、独自の暗号リストを定義する文字列を作成できます。「+」や「-」などの演算子を使用することもできますが、これらの演算子で暗号を逐一指定していかなくても、安全なリストを指定することはできます。アプリケーションで独自の定義が必要になった場合は、関連するmanpageを参照して文字列を作成するとよいでしょう。

　SSLでは、匿名（DH）モードの使用が許可されています。匿名モードを使用すると、ピアがDHアルゴリズムを使って正しく認証されなくても、SSLコネクションを成功させることができます。ほぼすべての状況で、このような暗号は遮断すべきです。これは「ADH」というキーワードで識別します。正しく認証できない暗号スイートだけでなく、安全性の低いアルゴリズムも遮断する必要があります。「LOW」というキーワードは、輸出規制のない64ビットまたは56ビットの鍵を使う暗号を示します。また、「EXP」というキーワードは、輸出規制のために56ビットまたは40ビットに制限された暗号を示します。最後に、「MD5」のような問題を指摘されているアルゴリズムも遮断する必要があります。

　特殊なキーワードとして、「@STRENGTH」というものも使用できます。これを使用すると、暗号スイートのリストが、強度（鍵長）が強いものから弱いものへと順番に並べ替えられます。このキーワードを指定すると、SSLコネクションは、リストのなかから最も安全なスイートを選択しようと試み、それが駄目なら次に安全なもの……というように、リストを順に追っていきます。このキーワードは、リストの末尾に指定してください。

サンプルの総仕上げ

　SSLのオプション、一時的鍵の使用、暗号スイートの選択について説明した内容を反映して、サンプルをSSLに完全に対応した安全なアプリケーションに仕上げます。クライアント用とサーバ用のコードを示してから、このサンプルで簡略化している箇所についていくつか説明します。

　例5.11は、クライアントアプリケーションの最終版のコードを記述した`client3.c`です。ここでは`setup_client_ctx`関数を変更するだけなので、この関数より後のソースファイルの部分は省略しています。

第5章 SSL/TLS プログラミング

▼ 例5.11 client3.c
```
1    include "common.h"
2
3    #define CIPHER_LIST "ALL:!ADH:!LOW:!EXP:!MD5:@STRENGTH"
4    #define CAFILE "rootcert.pem"
5    #define CADIR NULL
6    #define CERTFILE "client.pem"
7    SSL_CTX *setup_client_ctx(void)
8    {
9        SSL_CTX *ctx;
10
11       ctx = SSL_CTX_new(SSLv23_method());
12       if (SSL_CTX_load_verify_locations(ctx, CAFILE, CADIR) != 1)
13           int_error("Error loading CA file and/or directory');
14       if (SSL_CTX_set_default_verify_paths(ctx) != 1)
15           int_error("Error loading default CA file and/or directory");
16       if (SSL_CTX_use_certificate_chain_file(ctx, CERTFILE) != 1)
17           int_error("Error loading certificate from file");
18       if (SSL_CTX_use_PrivateKey_file(ctx, CERTFILE, SSL_FILETYPE_PEM) != 1)
19           int_error("Error loading private key from file");
20       SSL_CTX_set_verify(ctx, SSL_VERIFY_PEER, verify_callback);
21       SSL_CTX_set_verify_depth(ctx, 4);
22       SSL_CTX_set_options(ctx, SSL_OP_ALL|SSL_OP_NO_SSLv2);
23       if (SSL_CTX_set_cipher_list(ctx, CIPHER_LIST) != 1)
24           int_error("Error setting cipher list (no valid ciphers)");
25       return ctx;
26   }
```

3行目は、前項で説明した暗号リストの定義です。このリストを日本語に翻訳すると、匿名DH暗号、ビット長の短い暗号、輸出規制のある暗号、そしてMD5を含む暗号スイートを除外したすべての暗号スイートを強度順に並べ替えています。

この手順の初めに説明したとおり、22行目の呼び出しですべてのバグ回避処理を有効にし、SSLv2を無効にしています。最後に23～24行目で、暗号リストをSSL_CTXオブジェクトに実際にロードします。

例5.12はサーバです。クライアントよりもかなり大幅に変更を加えていますが、そのほとんどは、SSLコンテキストを設定する関数だけが使用する、新しい関数を追加したものです。クライアントと同様、変更のない部分は省略しています。

▼ 例5.12 server3.c
```
1    #include "common.h"
2
3    DH *dh512 = NULL;
4    DH *dh1024 = NULL;
5
6    void init_dhparams(void)
7    {
8        BIO *bio;
9
10       bio = BIO_new_file("dh512.pem", "r");
11       if (!bio)
12           int_error("Error opening file dh512.pem");
13       dh512 = PEM_read_bio_DHparams(bio, NULL, NULL, NULL);
14       if (!dh512)
```

```
15              int_error("Error reading DH parameters from dh512.pem");
16          BIO_free(bio);
17
18          bio = BIO_new_file("dh1024.pem", "r");
19          if (!bio)
20              int_error("Error opening file dh1024.pem");
21          dh1024 = PEM_read_bio_DHparams(bio, NULL, NULL, NULL);
22          if (!dh1024)
23              int_error("Error reading DH parameters from dh1024.pem");
24          BIO_free(bio);
25      }
26
27      DH *tmp_dh_callback(SSL *ssl, int is_export, int keylength)
28      {
29          DH *ret;
30
31          if (!dh512 || !dh1024)
32              init_dhparams();
33
34          switch (keylength)
35          {
36              case 512:
37                  ret = dh512;
38                  break;
39              case 1024:
40              default: /* 負荷が高過ぎるので、オンザフライでのDHパラメータの生成はしない */
41                  ret = dh1024;
42                  break;
43          }
44          return ret;
45      }
46
47      #define CIPHER_LIST "ALL:!ADH:!LOW:!EXP:!MD5:@STRENGTH"
48      #define CAFILE "rootcert.pem"
49      #define CADIR NULL
50      #define CERTFILE "server.pem"
51      SSL_CTX *setup_server_ctx(void)
52      {
53          SSL_CTX *ctx;
54
55          ctx = SSL_CTX_new(SSLv23_method());
56          if (SSL_CTX_load_verify_locations(ctx, CAFILE, CADIR) != 1)
57              int_error("Error loading CA file and/or directory");
58          if (SSL_CTX_set_default_verify_paths(ctx) != 1)
59              int_error("Error loading default CA file and/or directory");
60          if (SSL_CTX_use_certificate_chain_file(ctx, CERTFILE) != 1)
61              int_error("Error loading certificate from file");
62          if (SSL_CTX_use_PrivateKey_file(ctx, CERTFILE, SSL_FILETYPE_PEM) != 1)
63              int_error("Error loading private key from file");
64          SSL_CTX_set_verify(ctx, SSL_VERIFY_PEER|SSL_VERIFY_FAIL_IF_NO_PEER_CERT,
65                             verify_callback);
66          SSL_CTX_set_verify_depth(ctx, 4);
67          SSL_CTX_set_options(ctx, SSL_OP_ALL | SSL_OP_NO_SSLv2 |
68                              SSL_OP_SINGLE_DH_USE);
69          SSL_CTX_set_tmp_dh_callback(ctx, tmp_dh_callback);
70          if (SSL_CTX_set_cipher_list(ctx, CIPHER_LIST) != 1)
71              int_error("Error setting cipher list (no valid ciphers)");
72          return ctx;
73      }
```

このファイルで最も大きな変更点は、init_dhparamsとtmp_dh_callbackの両関数を追加したことです。init_dhparamsという初期化関数は、dh512.pemとdh1024.pemの各ファイルからDHパラメータを読み込み、グローバル変数に取り込みます。tmp_dh_callbackはコールバック関数で、要求された鍵長に応じて処理を分岐し、512ビットまたは1,024ビットのDHパラメータの組を返すだけです。この関数では、パラメータをオンザフライで生成するような処理は、意図的に実行しないようにしています。処理の負荷があまりにも高過ぎて、そうまでする意味がないからです。

これ以外のサーバに対する変更で、クライアントでは変更しなかった箇所は、69行目でコールバックを設定しているのを除き、SSL_OP_SINGLE_DH_USEでSSLのオプションを指定している部分だけです。前述したように、これによって、DH鍵交換の秘密に相当する部分をクライアントが接続するたびに再計算するようになります。

サンプルに追加すべき処理

このサンプルコードでは、簡略化のために、実際のアプリケーションであれば考慮すべき重要な項目をいくつか省略しています。一番わかりやすいのがエラー処理です。このサンプルは、どのようなエラーが発生してもそのまま終了してしまいます。このサンプルを拡張してエラー処理をより堅牢にする場合、その拡張部分は、ほとんどのアプリケーションで固有のものになるはずです。アプリケーション固有の関数はさまざまなエラーコードを返すかもしれませんが、OpenSSLの関数およびマクロは、一般に成功時には1を返すので、エラー処理の効果的な実装もいたって簡単です。

また、今回作成したサンプルは、相互認証（two way authentication）[8]を行います。クライアントとサーバのアプリケーションを新規に作成する場合も、相互認証は必ず行うほうがよいでしょう。

ただし、ほかのSSLピアと接続するWebサーバのようなアプリケーションを作成する場合は、このサンプルの厳しいセキュリティ要件が必ずしも適切であるとは限らないことを考慮すべきです。例えば、検証場所を読み込む処理の呼び出しと、検証モードを設定する処理の呼び出しと、接続後の検証ルーチンの呼び出しを単純に削除するだけで、サーバによるクライアント認証の部分を完全に削除することができます。ただし、これは最善の方法ではありません。このような互換性を優先させたアプリケーションの作成では、できる限り多くのセキュリティを組み込む必要があります。例えば、検証に関する呼び出しをすべて削除するのではなく、検証場所を読み込む処理は残して、SSLオプションのSSL_VERIFY_PEERを使ってピア証明書を要求することもできます。ただし、SSL_VERIFY_FAIL_IF_NO_PEER_CERTオプションは指定せずに、接続後の検証を変更して、クライアントから証明書が提示された場合には安全性を高度に維持で

---

†監訳注8　ここでの「相互認証」とは、mutual authenticationのことで、各ピアが他方を双方向に認証することです。「cross certificate」を相互認証とする訳もありますが、別の概念です。

きるようにします。一方で、クライアントがサーバに証明書を提示しない場合は、その状況と関連情報をログに記録し、認証されていないコネクションを追跡できるようにするとよいでしょう。

　もう一点、証明書で使う暗号化された秘密鍵に対するパスワードのコールバックも省略されています。ほとんどのサーバアプリケーションで行われているのが、暗号化されないファイルに秘密鍵を保存して、ユーザ入力がなくてもアプリケーションが起動あるいは終了できるようにする方法です。この方法が一般的になったのは、簡単に実装できるという理由からですが、簡単に破られる危険性もあります。このような方法をとる場合には、マシンのユーザが秘密鍵ファイルの読み取り権限を持たないようにすることが不可欠です。もっといえば、このファイルはrootやAdministratorといったユーザが所有して、危殆化される可能性をより少なくするのが理想的です。一方、クライアントアプリケーションでは、ほとんどの場合、ユーザが暗号化のパスフレーズを所有していても問題はありません。

　DSAパラメータは、DHパラメータに変換できます。DSAパラメータを生成するほうが、使用する処理パワーが少なくて済むので、この方法はよく利用されています。この方法で生成されたパラメータは、多くの場合、一時的DHパラメータに使用されます。アルゴリズムの背後にある数学については、深く考える必要はありません。このような場合、常に`SSL_OP_SINGLE_DH_USE`というSSLのオプションを使用するようにしてください。そうしないと、アプリケーションが巧妙な攻撃を受けやすくなってしまいます。

　ここで作成したサンプルプログラムの大きな欠陥は、SSLコネクションにおけるI/Oの扱いにあるでしょう。このサンプルでは、I/Oがブロッキング動作することを前提にしていますが、これでは、ほとんどの場合に、現実のアプリケーションでうまく処理されません。次節では、「SSLコネクションにおける非ブロッキングI/Oについて」という重要なトピックを取り上げます。また、SSLコネクションにおける再ネゴシエーション（確立済みのコネクションの最中にHandshakeの実行を要求すること）と、それがI/Oに及ぼす影響については、これまで深く考察してきませんでした。再ネゴシエーションは、ピアが要求すれば自動的に始まりますが、I/Oのルーチンに、それにより引き起こされる影響に対応できるだけの堅牢性がなければなりません。次節では、まずセッションのキャッシュとサーバのパフォーマンスの関係について説明し、次にI/Oのパラダイムについて詳細に考察します。

5.2　SSLの高度なプログラミング

　OpenSSLでは、これまでに説明したルーチン以外にも、数多くのルーチンを利用することができます。実は、`SSL_CTX`ルーチンの大半に、同じ処理を実行するSSL用のルーチンが存在します。ただし、SSLオブジェクトを作成するコンテキストを操作する

のではなく、SSLオブジェクトを操作します。それはさておき、本節では、SSLセッションのキャッシュ、再ネゴシエーション[†9]の使用、SSLコネクションでの正しい読み取りと書き込み（再ネゴシエーション中も含む）のテクニックについて説明します。

SSLセッションのキャッシュ

SSLセッションは、SSLコネクションとは異なります。Handshakeを実行して作成されるパラメータと暗号化鍵の組をセッションといい、セッションを使用した能動的なやり取りをコネクションといいます。言い換えれば、コネクションとは通信を指し、セッションとはその通信のセットアップに必要なパラメータによって特定される概念です。これを踏まえた上で、SSLセッションのキャッシュを可能にするOpenSSLのルーチンについて見ていきます。

SSLサーバの処理コストの大部分は、クライアントとのコネクションを維持する間ではなく、コネクションをセットアップする間に発生します。このため、セッションをキャッシュすれば、サーバの負荷の削減に救いの手が差しのべられる可能性があります。OpenSSLでは、セッションはSSL_SESSIONオブジェクトとして実装されます。セッションキャッシュを実装する作業の大部分はサーバ側に対して行いますが、パフォーマンスを向上するためには、クライアントでも使用後のセッションを残しておく必要があります。

サーバ側では、コネクションさえ確立すれば、その後必要なのはデータをラベル付けしてセッションをキャッシュすることくらいです。このラベルは、セッションIDコンテキストと呼ばれます。これについては、「サーバ側のSSLセッション」の節（176ページ）で説明します。セッションを確立した後、サーバはタイムアウト値をセッションに割り当てます。この値は、セッションを破棄して別のセッションのネゴシエーションが必要になるまでの時間です。セッションをキャッシュするサーバのデフォルトの動作は、期限切れのセッションを自動的に消去するものです。一方、クライアント側では、サーバからSSL_SESSIONオブジェクトを受け取ったら、このセッションを保存し、別のコネクションの作成が必要になったときに再利用します。例えば、SSL対応のWebサーバから送信された情報をすべて表示するために、Webブラウザでコネクションを何度も作成する必要があるとします。このセッション情報を破棄しないで残しておけば、コネクションごとに新しいセッションのネゴシエーションを行う必要がないので、クライアントが素早く接続できるだけでなく、サーバ側の負荷も削減されます。

前述のとおり、サーバは有効なセッションIDのコンテキストを決定します。クライアントは、キャッシュを行っているサーバに接続を試みる際に、正しい値を1回だけ提

---

†監訳注9　ここでの「再ネゴシエーション」とは、（後述されていますが）再Handshakeのことです。

示します。この値が正しくなければ、通常のHandshakeにより新しいセッションが作成されます。この新しく作成されたセッションをクライアントが保存すれば、その後のコネクションに使える正しいセッションIDのコンテキストを持つことになります。

クライアントとサーバを有効にする方法、タイムアウトの扱い方、古いセッションを消去する方法といったセッションに関する詳細については、この後の各項で説明します。また、サーバ側のメカニズムであるセッションのディスク保存方式についても概説します。

クライアント側のSSLセッション[†10]

コネクションが確立されると、SSL_get_session関数は、そのSSLコネクションで使うパラメータを示すSSL_SESSIONオブジェクトを返します。SSLコネクションでセッションが1つも確立されていない場合、この関数はNULLを返します。確立されていれば、オブジェクトを返します。この関数を呼び出すと、実際にはSSL_get0_sessionまたはSSL_get1_sessionのどちらかが呼び出されます。これら2種類の関数では、SSL_SESSIONオブジェクトの参照カウントを更新するかどうかという点が異なります。SSL_get0_sessionは参照カウントを変更せず、SSL_get1_sessionは参照カウントをインクリメントします。SSL_SESSIONオブジェクトは、非同期的にタイムアウトになることがあるので、一般にはSSL_get1_session関数を使用します。それが起こると、タイムアウトになったオブジェクトが削除され、そのオブジェクトへの無効な参照を保持することになります。したがって、SSL_get1_sessionを使用する場合は、メモリリークを防ぐために、オブジェクトを使い終わったらSSL_SESSION_freeを呼び出す必要があります。

SSL_SESSIONオブジェクトへの参照を保存したら、SSLコネクションとその基盤となるトランスポート（通常はソケット）を閉じることができます。ほとんどの場合、クライアントで同時に多数のSSLセッションが確立されることはありません。したがって、セッションはメモリにキャッシュするのが妥当です。これが当てはまらない場合は、PEM_write_bio_SSL_SESSIONまたはPEM_write_SSL_SESSIONを使って、セッションをディスクに書き込んでも問題ありません。後から、PEM_read_bio_SSL_SESSIONまたはPEM_read_SSL_SESSIONを使って、再度読み込むことができます。これらの関数の構文は、公開鍵オブジェクトの読み込みと書き込みに使う関数と同じです。これについては、第8章の「PEM符号化されたオブジェクトの読み書き」の項を参照してください。

保存されたセッションを再利用するには、SSL_connectを呼び出す前にSSL_set_sessionを呼び出す必要があります。SSL_SESSIONオブジェクトの参照カウントが自動的にインクリメントされるので、後でSSL_SESSION_freeを呼び出さなければなり

[†監訳注10] 『SSL and TLS』（邦訳『マスタリングTCP/IP SSL/TLS編』）の8.11節にもコードと説明があります。興味のある方は参照してください。

ません。セッションを再利用した後は、切断する前にSSL_get1_sessionを呼び出して、キャッシュしたSSL_SESSIONオブジェクトを置き換えるとよいでしょう。これを行うのは、コネクションの最中に再ネゴシエーションが発生することがあるからです。再ネゴシエーションが発生すると、新しくSSL_SESSIONが作成されるので、最も新しいセッションだけを残しておく必要があります（再ネゴシエーションについては後で詳しく説明します）。

　セッションキャッシュを有効にする基本操作を理解したところで、これをクライアントアプリケーションに組み込んだものを簡単に見てみましょう。例5.13は、クライアント側のセッションをキャッシュする擬似コードです。クライアント側の実装の説明はこれで終わりです。次はサーバ側のセッションキャッシュに必要な実装を説明しながら、セッションキャッシュの細部を明らかにします。

▼ 例5.13　クライアント側のキャッシュの擬似コード

```
ssl = SSL_new(ctx)
... sslの基盤となる通信の層を設定する...
... host:portに接続する...
if ( キャッシュにhost:portに対応するセッションが保存されている )
    SSL_set_session(ssl, 保存されたセッション )
    SSL_SESSION_free( 保存されたセッション )
SSL_connect(ssl)
post_connection_check(ssl, host)を呼び出して戻り値を確認する
... 通常のアプリケーションコード...
保存するセッション = SSL_get1_session(ssl)
if ( 保存するセッション != NULL)
    保存セッションをhost:port用としてキャッシュに保存する
SSL_shutdown(ssl)
SSL_free(ssl)
```

サーバ側のSSLセッション[†11]

　すべてのセッションにはセッションIDコンテキストが必要です。サーバ側では、SSL_CTX_set_session_id_contextが呼び出されない限り、セッションキャッシュはデフォルトで無効になったままです。セッションIDコンテキストを使用する目的は、セッションの作成時と同じ用途で再利用されるようにすることにあります。例えば、SSL Webサーバ用に作成されたセッションが、無条件でSSL FTPサーバに使用できるのは望ましくありません。考え方はこれと同じですが、セッションIDコンテキストを使用すると、アプリケーション内のセッションをより細かく制御することもできます。例えば、認証済のクライアントに、認証されていないクライアントとは異なるセッションIDコンテキストを持たせることもできます。コンテキスト自体には、どのようなデータを選択しても構いません。前述の関数を呼び出してコンテキストを設定するとき、第

---

† 監訳注11　『SSL and TLS』（邦訳『マスタリングTCP/IP SSL/TLS編』）のA.2.2節にもコードと説明があります。興味のある方は参照してください。

2引数にコンテキストデータを、第3引数にそのデータの長さを渡します。

セッションIDコンテキストを設定すれば、サーバ側のセッションキャッシュは有効になりますが、それだけではまだ完全に設定されたことにはなりません。セッションには有効期限があります。OpenSSLでは、セッションタイムアウトのデフォルト値は300秒です。これを変更したい場合は、SSL_CTX_set_timeoutを呼び出す必要があります。デフォルトで、サーバは期限切れのセッションを自動的に消去しますが、SSL_CTX_flush_sessionsを手動で呼び出すことが必要になる場合もあります（セッションの自動消去を無効にしている場合など）。

キャッシュに関するサーバの動作を調整する重要な関数の1つに、SSL_CTX_set_session_cache_modeがあります。OpenSSLのほかのモードを設定する関数と同様に、この関数でも、フラグを論理演算子のORで結合してモードを設定します。このフラグの1つがSSL_SESS_CACHE_NO_AUTO_CLEARです。このフラグは、期限切れになったセッションの自動消去を無効にします。これは、プロセッサの使用が大幅に制限されるサーバでは便利です。自動消去を有効にしていると、予期せず遅延が発生することがあります。これを無効にして、（サイクルを解放の処理に利用できるときに）手動で消去ルーチンを呼び出すようにすれば、パフォーマンスを向上させることができます。また、SSL_SESS_CACHE_NO_INTERNAL_LOOKUPというフラグもセットできます。ここまでは、メモリ内部に保存されたセッションキャッシュを検索する話だけでしたが、次節では、ディスク上のセッションキャッシュ方式について概説します。

コネクションの再ネゴシエーションも併用すると、セッションキャッシュはさらに巧妙になります。キャッシュサーバを実装するときは、つまずきそうな問題をあらかじめ認識しておくことが必要です。こうした問題についても、この後の再ネゴシエーションの項で、再ネゴシエーションに関連する処理についてもう少し説明した後、いくつか取り上げることにします。

ディスク保存方式のセッションキャッシュフレームワーク

OpenSSLのセッションキャッシュ機能には、セッションを外部のキャッシュと同期する3つのコールバックが含まれており、これらのコールバック関数を設定するためのAPI呼び出しも含まれています。OpenSSLのほかのコールバックと同様に、これら3つの関数は、コールバック関数へのポインタを設定するために使用されます。いずれの関数でも、第1引数はSSL_CTXオブジェクト、第2引数はコールバック関数へのポインタです。

SSL_CTX_sess_set_new_cbによって設定されるコールバックは、SSL_CTXオブジェクトから新しいSSL_SESSIONが作成されるたびに呼び出されます。このコールバックにより、新しいセッションを外部のコンテナに追加できるようになります。このコールバックが0を返した場合は、セッションオブジェクトはキャッシュされません。0以外の値を返した場合は、セッションをキャッシュできます。

```
int new_session_cb(SSL *ctx, SSL_SESSION *session);
```

- ctx
  SSLコネクションのコネクションオブジェクトを指定します。
- session
  新しく作成されるセッションオブジェクトを指定します。

SSL_CTX_sess_set_remove_cbで設定するコールバックは、SSL_SESSIONが破棄されるときに呼び出されます。これは、セッションオブジェクトが無効になるか期限切れになって破棄されるとき、その直前に呼び出されます。

```
void remove_session_cb(SSL_CTX *ctx, SSL_SESSION *session);
```

- ctx
  セッションを破棄するSSL_CTXオブジェクトを指定します。
- session
  無効または期限切れになったために間もなく破棄されるセッションオブジェクトを指定します。

SSL_CTX_sess_set_get_cb関数は、キャッシュを取得するコールバックを設定するときに使用します。この関数で割り当てるコールバックは、セッション再開が要求されたときに、指定のセッションが内部キャッシュに見つからないと呼び出されます。言い換えれば、このコールバックは、一致するセッションを見つけるために外部キャッシュに問い合わせるためのものです。

```
SSL_SESSION *get_session_cb(SSL *ctx, unsigned char *id,
                            int len, int *ref);
```

- ctx
  SSLコネクションのコネクションオブジェクトを指定します。
- id
  ピアから要求されているセッションIDを指定します。セッションIDとセッションIDコンテキストはまったく違うものであることに注意してください。コンテキストは、セッションのグループをアプリケーションに固有の方法で分類するもので、セッションIDはピアごとの識別子です。
- len
  セッションIDの長さを指定します。セッションIDは任意の文字列なので、必ず

しも NULL で終わっているとは限りません。したがって、セッション ID の長さも指定する必要があります。

- ref
  コールバックから返される出力です。返されるセッションオブジェクトの参照カウントをインクリメントするかどうかをコールバックで指定するために使用します。オブジェクトの参照カウントをインクリメントするときは 0 以外の値が、そうでないときは 0 が返されます。

例 5.14 に示すキャッシュメカニズムに必要な機能のなかには、簡単に実装できるものもあります。セッションの保存先にファイルを使用するので、ファイルシステムに備わっているロックメカニズムを利用できるからです。鍵をディスクに書き込むには、マクロ PEM_write_bio_SSL_SESSION を使用できますが、このマクロでは暗号化ができません。SSL_SESSION オブジェクトには、ネゴシエーションされた共有秘密が格納されています。したがって、複数の SSL_SESSION オブジェクトを連続して書き込むときには、それぞれの内容を保護する必要があることに注意してください。代わりに、このマクロのベースとなっている PEM_ASN1_write_bio 関数を直接呼び出すこともできます。アプリケーションによっては、安全なディレクトリを使用してセッションを暗号化せずに書き込むだけで十分な場合もありますが、一般には（メモリ内の鍵を使って）暗号化を行うほうがずっと安全です。

▼ 例 5.14　セッションの外部キャッシュのフレームワーク

```
new_session_cb()
{
    セッション ID に応じた名前のファイルのロックを取得する
    セッション ID に応じた名前のファイルを開く
    SSL_SESSION オブジェクトを暗号化してファイルに書き込む
    ロックを解放する
}

remove_session_cb()
{
    セッション ID に応じた名前のファイルのロックを取得する
    セッション ID に応じた名前のファイルを削除する
    ロックを解放する
}

get_session_cb()
{
    第 2 引数のセッション ID に応じた名前のファイルのロックを確保する
    ファイルの内容を読み込み、復号して、新しい SSL_SESSION オブジェクトを作成する
    ロックを解放する
    第 4 引数の参照カウンタの整数値を 0 に設定する
    新しいセッションオブジェクトを返す
}
```

このフレームワークを実際に実装すれば、セッションキャッシュに使える強力なメカニズムとなります。ファイルシステムを利用すれば、キャッシュがメモリ容量による制

限を受けることはありません。また、このようにディスク上で扱う方法は、セッション
キャッシュに複数のプロセスからアクセスできるので、メモリ内にキャッシュする方法
よりも簡単です。

SSL コネクションにおける I/O

　SSL コネクションを作成するのは、転送データを安全にやり取りしたいからです。これまでは、SSL コネクションを安全なものにすることに焦点を絞って説明してきましたが、データがどのように転送されるかについては説明を控えていました。ここまでのサンプルの I/O 処理では、クライアントだけが SSL コネクションに書き込みを行い、サーバだけが SSL コネクションから読み込むという方法でうまくごまかせたのですが、現実のアプリケーションはこのように単純なモデルでは動作しません。読み込みと書き込みの実行に使用してきた SSL_read と SSL_write の呼び出しは、システムコールの read と write に非常によく似ているため、I/O の部分は SSL 対応でないアプリケーションと大差ないように思えるかもしれません。しかし、決してそうではありません。

　OpenSSL で正しく I/O を扱うには、たくさんの細かい部分について理解する必要があります。まず、SSL_read と SSL_write について、かなり詳しく説明します。この 2 つを理解したら、次に、SSL コネクションにおけるブロッキング I/O と非ブロッキング I/O の相違点を取り上げて解説します。本章を読み終える頃には、OpenSSL の I/O に潜む落とし穴について理解しているはずです。そして、現実のアプリケーションを実装するとき、サンプルで示したよりずっと複雑な I/O のパラダイムが必要になったとしても、そうした落とし穴を回避することができるでしょう。

読み込みと書き込みの関数

　サンプルでは、I/O 関数である SSL_read と SSL_write を SSL コネクションに対して使用していましたが、この 2 つの関数についてはまだ何も説明していません。これらの関数の引数は、システムコールの read や write と似ています。システムコールとの違いは、戻り値にあります。表 5.2 に、戻り値の詳細な分類を示します。

▼ 表 5.2　SSL_read と SSL_write の戻り値

戻り値	説明
> 0	正常終了。要求されたデータの読み込みまたは書き込みが行われた。戻り値はそのバイト数
0	異常終了。SSL コネクションでエラーが発生したか、呼び出し時に基盤となる I/O が処理を実行できなかったため呼び出しが失敗した
< 0	異常終了。SSL コネクションでエラーが発生したか、失敗した呼び出しを再試行する前にアプリケーションで別の関数を実行する必要がある

これらの戻り値が役に立たないわけではないのですが、もっと詳しい情報がなければ、実際にどのようなエラーが発生したのかを知ることができません。OpenSSLには、SSLのI/O関数の戻り値を受け取って、何が発生したのかに応じて異なる値を返すSSL_get_error関数があります。

この関数は、I/Oルーチンの戻り値、SSLオブジェクト、および現在のスレッドのエラーキューを調べ、呼び出しがどのような影響をもたらしたのか判断します。OpenSSLの内部エラーはスレッドごとに保存されるので、エラーを調べる関数は、対象となるI/O呼び出しと同じスレッドから呼び出す必要があります。堅牢なアプリケーションを作成するには、すべてのI/O処理においてSSL_get_errorを使用し、詳しいエラー状況を必ず調べる必要があります。SSL_connectやSSL_acceptなどの関数も、I/O処理に含まれることに注意してください。

SSL_get_errorの戻り値にはさまざまなものがあります。ここで作成するアプリケーションでは、これらの条件の一部を対処可能にした上で、妥当なデフォルトの動作、すなわち、SSLコネクションのシャットダウンという処理も用意しておく必要があります。表5.3に、常に対処可能にしておく必要のある戻り値を示します。

▼ 表5.3 SSL_get_errorの一般的な戻り値

戻り値	説明
SSL_ERROR_NONE	I/O呼び出しでエラーが発生していない
SSL_ERROR_ZERO_RETURN	SSLセッションが閉じているために処理が失敗した。接続の媒体はまだ開いている可能性がある
SSL_ERROR_WANT_READ	処理を完了できなかった。通信が読み込みの要求に応じることができない。このエラーコードが戻された場合は、呼び出しを再試行する必要がある
SSL_ERROR_WANT_WRITE	処理を完了できなかった。通信が書き込み要求に応じることができない。このエラーコードが戻された場合は、呼び出しを再試行する必要がある

表5.3の最初のエラーコードであるSSL_ERROR_NONEには簡単に対処できます。SSL_ERROR_ZERO_RETURNを受け取ると、SSLコネクションが閉じていることがわかるので、アプリケーション固有の方法で対処する必要があります。SSL_ERROR_WANT_READとSSL_ERROR_WANT_WRITEの場合は、I/O操作を再試行する必要があります。これについては、この後で詳しく説明します。SSL_get_errorのこれ以外の戻り値は、エラーと見なします。

I/O関数の呼び出しを適切に実装するには、これらのさまざまな戻り値を調べる必要があります。例5.15にサンプルコードを示します。SSL_ERROR_WANT_READとSSL_ERROR_WANT_WRITEの処理は省略しています。それらの正しい対処方法は、アプリケーションがブロッキングI/Oと非ブロッキングI/Oのどちらを使用するかによっ

て異なるからです。適切な対処方法については、後で詳しく説明します。このサンプルの目的は、I/O呼び出しを堅牢にする方法を示すテンプレートを紹介することにあります。switch文を使って、対処したいすべての条件と、それ以外のすべて（エラー）を処理します。前述のように、このほかの値が返される可能性もあります。これらについては、例えば固有のエラーメッセージを出力するなどの方法で対処するとよいでしょう。

▼例5.15　I/O呼び出しのサンプルテンプレート
```
code = SSL_read(ssl, buf + offset, size - offset);
switch (SSL_get_error(ssl, code))
{
    case SSL_ERROR_NONE:
        /* オフセット値を更新 */
        offset += code;
        break;
    case SSL_ERROR_ZERO_RETURN:
        /* SSLコネクションのクローズ */
        do_cleanup(ssl);
        break;
    case SSL_ERROR_WANT_READ:
        /* アプリケーション固有の方法でSSL_readを再試行 */
        break;
    case SSL_ERROR_WANT_WRITE:
        /* アプリケーション固有の方法でSSL_writeを再試行 */
        break;
    default:
        /* エラー。コネクションをシャットダウン */
        shutdown_connection(ssl);
}
```

一般にブロッキングI/Oを使用すると、失敗した呼び出しを再試行する煩雑さを軽減することができます。しかし、SSLでは違います。コネクションをブロッキングした上でSSL_readやSSL_writeを呼び出しても、再試行が必要になる場合があります。

ブロッキングI/O[†12]

ブロッキングI/Oとは、1つの処理が完了するかエラーが発生するまで、ほかの処理が待機するようなI/Oです。したがって、一般には、ブロッキングI/OでI/O呼び出しを再試行する必要はありません。1つの呼び出しが失敗した場合、それは通信路が使えなくなったなどの通信路エラーを意味するからです。しかし、OpenSSLを使用したブロッキングI/Oはそうではありません。SSLコネクションには、その下で機能するI/Oの層があり、実際のデータ転送はこのI/Oの層で一方から他方へと処理されます。SSLコネクションがブロッキングの性質を持つかどうかは、その下で機能する層に依存します。例えば、ソケット上でSSLコネクションを作成した場合、ソケットがブロッ

---

†監訳注12　『SSL and TLS』(邦訳『マスタリングTCP/IP SSL/TLS編』)の8.7節にもコードと説明があります。興味のある方は参照してください。

キングを行わないのなら、そのSSLコネクションがブロッキングを行うことはありません。この性質は、コネクションを確立した後から変更することも可能です。まず、そのコネクションの下で機能している層の性質を変更し、その後、新しいパラダイムで適切なSSL I/O関数をすべて処理します。

概念上は、SSL_readがピアからデータを読み込み、SSL_writeがピアにデータを書き込みますが、実際には、SSL_readの呼び出しによって下位で機能するI/O層にデータが書き込まれたり、SSL_writeの呼び出しで読み込まれたりすることでしょう。これは、通常、再ネゴシエーションの最中に発生します。再ネゴシエーションは、いつ起こるかわかりません。このため、ブロッキングI/Oの層を使用している間に、再ネゴシエーションよって予期しない結果が生じることもあります。すなわち、I/O呼び出しの再試行が必要になることがあるのです。したがって、これに対処できるように実装する必要があります。

ブロッキング呼び出しを正しく処理するには、SSL_ERROR_WANT_READまたはSSL_ERROR_WANT_WRITEを受け取ったときに、SSLのI/O処理を再試行する必要があります。この2つのエラーの名前は混同しやすいので注意してください。いずれも、読み込みまたは書き込みが可能になるまでSSLコネクションが待機しなければならないことを示していますが、どちらを受け取ったとしても、エラーの原因となった処理を再試行する必要があります。例えば、SSL_readでSSL_ERROR_WANT_WRITEエラーが発生した場合でも、SSL_writeではなくSSL_readを再試行しなければなりません。1つのI/O呼び出しで起こり得るエラーについては、多少時間がかかっても理解してください。わかりにくいかもしれませんが、実際には、SSL_readの呼び出しでエラーSSL_ERROR_WANT_WRITEが返される可能性もあります。再ネゴシエーションは、いつでも発生し得るからです。

ブロッキング呼び出しの実装は、多くの面で非ブロッキング呼び出しの実装とよく似ています。再試行用のループが必要になる点は同じです。ただし、ブロッキング呼び出しでは、poll/selectと同様に、下位の層でI/Oが可能かどうかを調べる必要はないという点が異なります。ただ、この後で示すサンプルには、ブロッキング呼び出しを実現するループは例示しません。もっと簡単な方法を紹介します。

SSL_CTX_set_mode関数、またはSSLオブジェクト用の同等の関数であるSSL_set_modeを使用して、SSLコネクションのI/O動作の一部を設定できます。第2引数には、論理演算子のORで結合した定義済みのプロパティの組を指定します。SSL_MODE_AUTO_RETRYはそうしたモードの1つです。このモードを、ブロッキングを行うSSLオブジェクト（またはオブジェクトを生成するコンテキスト）に設定すると、全I/O処理ですべての読み込みが自動的に再試行され、戻り値が返るまでにすべての再ネゴシエーションが完了します。

このオプションを使用すると、readやwriteといったシステムコールによる通常のブロッキングI/Oと同じくらい簡単に、I/Oを実装することができます。通常は、SSL

オブジェクトを作成する前に、`SSL_CTX` オブジェクトにこのオプションを設定するようにしてください。後から SSL オブジェクト自体にこのオプションを設定することもできますが、その場合は、このオブジェクトで最初に I/O ルーチンを呼び出す前にオプションを設定するのがベストです。

このオプションを使わず、ループを作成してブロッキング I/O を実装するのであれば、落とし穴に注意する必要があります。この落とし穴は、関数呼び出しの再試行における特別な要件を理解していれば回避できます。これについては、非ブロッキング I/O の項で詳しく解説します。

非ブロッキング I/O [13]

非ブロッキング I/O では、I/O 呼び出しは一切ブロックされません。下位の層で要求を処理できない場合、待機しないで即座に要件をレポートします。前にも少し触れましたが、これによって I/O ルーチンはさらに複雑になります。

非ブロッキングの SSL I/O 呼び出しでは、失敗した理由が返りますが、その状態が解消されたかどうかはアプリケーションで調べなければわかりません。これが、実装が複雑になる原因です。例えば、`SSL_read` の呼び出しで `SSL_ERROR_WANT_READ` を返すことがあります。これは、アプリケーションに対して、下位の I/O 層が読み込み要求に応じられる状態になったら SSL 呼び出しを再試行できる、と通知するものです。それでも、アプリケーションの I/O ループでは、一般に読み込みと書き込みの両方を要求する必要があります。I/O ループで解決すべき問題は、SSL の I/O 関数を呼び出して再試行が必要になったとき、最初の呼び出しが成功するまでほかの I/O 呼び出しを行ってはいけない、ということです。

アプリケーションで I/O ルーチンを正しく実装するロジックには、特に入出力源が複数ある場合は細かな注意点がいくつもあるので、ここで詳しいサンプルを見てみることにしましょう。例 5.16 は、`data_transfer` 関数のコードです。この関数は、引数として 2 つの SSL オブジェクトを受け取ります。これらの SSL オブジェクトには、2 つの異なるピアへのコネクションが含まれるものとします。`data_transfer` 関数は、あるコネクション（A）からデータを読み込み、別のコネクション（B）にそのデータを書き込みます。また同時に、B からデータを読み込み、A に書き込みます。

▼ 例 5.16　非ブロッキング I/O のループのサンプル

```
1     #include <openssl/ssl.h>
2     #include <openssl/err.h>
3     #include <string.h>
4
5     #define BUF_SIZE 80
6
```

[†] 監訳注13　『SSL and TLS』(邦訳『マスタリング TCP/IP SSL/TLS 編』)の 8.9 節にもコードと説明があります。興味のある方は参照してください。

```c
 7      void data_transfer(SSL *A, SSL *B)
 8      {
 9          /* バッファとその長さを表すパラメータ */
10          unsigned char A2B[BUF_SIZE];
11          unsigned char B2A[BUF_SIZE];
12          unsigned int A2B_len = 0;
13          unsigned int B2A_len = 0;
14          /* 書き込みデータがあることを示すフラグ */
15          unsigned int have_data_A2B = 0;
16          unsigned int have_data_B2A = 0;
17          /* I/Oの状態をポーリングし、check_availability( )関数により設定されるフラグ */
18          unsigned int can_read_A = 0;
19          unsigned int can_read_B = 0;
20          unsigned int can_write_A = 0;
21          unsigned int can_write_B = 0;
22          /* ブロッキングする理由の組み合わせを示すフラグ */
23          unsigned int read_waiton_write_A = 0;
24          unsigned int read_waiton_write_B = 0;
25          unsigned int read_waiton_read_A = 0;
26          unsigned int read_waiton_read_B = 0;
27          unsigned int write_waiton_write_A = 0;
28          unsigned int write_waiton_write_B = 0;
29          unsigned int write_waiton_read_A = 0;
30          unsigned int write_waiton_read_B = 0;
31          /* I/O動作の戻り値を保存するパラメータ */
32          int code;
33
34          /* 個々の非ブロッキングSSLオブジェクトの背後で下位のI/O層を作成 */
35          set_nonblocking(A);
36          set_nonblocking(B);
37          SSL_set_mode(A, SSL_MODE_ENABLE_PARTIAL_WRITE|
38                          SSL_MODE_ACCEPT_MOVING_WRITE_BUFFER);
39          SSL_set_mode(B, SSL_MODE_ENABLE_PARTIAL_WRITE|
40                          SSL_MODE_ACCEPT_MOVING_WRITE_BUFFER);
41
42          for (;;)
43          {
44              /* I/Oが利用可能かを調べてフラグを立てる */
45              check_availability(A, &can_read_A, &can_write_A,
46                                 B, &can_read_B, &can_write_B);
47
48              /* 次のif文でAのデータを読み込む。以下のすべての条件が真の場合に
49               * 処理を実行する
50               * 1. Aに書き込みをしている途中ではない
51               * 2. AからBへのバッファに余地がある
52               * 3. 読み込みできるようにブロッキングしているかどうかにかかわら
53               *    ず、直前の読み込みを完了するために書き込みをする必要があっ
54               *    てAが書き込み可能か、あるいは、Aが読み込み可能
55               */
56              if (!(write_waiton_read_A || write_waiton_write_A) &&
57                  (A2B_len != BUF_SIZE) &&
58                  (can_read_A || (can_write_A && read_waiton_write_A)))
59              {
60                  /* I/O呼び出しの戻り値から設定するのでフラグを
61                   * クリアする
62                   */
63                  read_waiton_read_A = 0;
64                  read_waiton_write_A = 0;
65
66                  /* 現在の位置以降のバッファに読み込み */
67                  code = SSL_read(A, A2B + A2B_len, BUF_SIZE - A2B_len);
```

```
 68                    switch (SSL_get_error(A, code))
 69                    {
 70                        case SSL_ERROR_NONE:
 71                            /* エラーが起きなければ、長さを更新し、
 72                             * 「データあり」のフラグを確認する
 73                             */
 74                            A2B_len += code;
 75                            have_data_A2B = 1;
 76                            break;
 77                        case SSL_ERROR_ZERO_RETURN:
 78                            /* コネクションをクローズ */
 79                            goto end;
 80                        case SSL_ERROR_WANT_READ:
 81                            /* Aが読み込み可能になったら、読み込みを
 82                             * 再試行
 83                             */
 84                            read_waiton_read_A = 1;
 85                            break;
 86                        case SSL_ERROR_WANT_WRITE:
 87                            /* Aが書き込み可能になったら、読み込みを
 88                             * 再試行
 89                             */
 90                            read_waiton_write_A = 1;
 91                            break;
 92                        default:
 93                            /* エラー */
 94                            goto err;
 95                    }
 96                }
 97
 98                /* 次のif文は、AとBが逆になるだけで、
 99                 * 前のif文とだいたい同じ
100                 */
101                if (!(write_waiton_read_B || write_waiton_write_B) &&
102                    (B2A_len != BUF_SIZE) &&
103                    (can_read_B || (can_write_B && read_waiton_write_B)))
104                {
105                    read_waiton_read_B = 0;
106                    read_waiton_write_B = 0;
107
108                    code = SSL_read(B, B2A + B2A_len, BUF_SIZE - B2A_len);
109                    switch (SSL_get_error(B, code))
110                    {
111                        case SSL_ERROR_NONE:
112                            B2A_len += code;
113                            have_data_B2A = 1;
114                            break;
115                        case SSL_ERROR_ZERO_RETURN:
116                            goto end;
117                        case SSL_ERROR_WANT_READ:
118                            read_waiton_read_B = 1;
119                            break;
120                        case SSL_ERROR_WANT_WRITE:
121                            read_waiton_write_B = 1;
122                            break;
123                        default:
124                            goto err;
125                    }
126                }
127
128                /* 次のif文はAにデータを書き込む。
```

```
129                 * 以下の条件がすべて真の場合に処理を実行する
130                 *1．Aから読み込みをしている途中ではない
131                 *2．AからBへのバッファにデータがある
132                 *3．書き込みできるようにブロッキングしているかどうかにかかわら
133                 *   ず、直前にブロックされた書き込みを完了するために読み込む必
134                 *   要がありAが今は読み込み可能か、あるいは、Aが書き込み可能
135                 */
136             if (!(read_waiton_write_A || read_waiton_read_A) &&
137                 have_data_B2A &&
138                 (can_write_A || (can_read_A && write_waiton_read_A)))
139             {
140                 /* フラグをクリア */
141                 write_waiton_read_A = 0;
142                 write_waiton_write_A = 0;
143
144                 /* バッファの先頭から書き込みを開始 */
145                 code = SSL_write(A, B2A, B2A_len);
146                 switch (SSL_get_error(A, code))
147                 {
148                     case SSL_ERROR_NONE:
149                         /* エラーが起こらなかったら、BからAへのバッファの長
150                          * さを、書き込みしたバイト数だけ短くする。
151                          * バッファが空だったら、「データあり」フラグを0に
152                          * する。空でなければ、データをバッファの先頭に移動する。
153                          *
154                          */
155                         B2A_len -= code;
156                         if (!B2A_len)
157                             have_data_B2A = 0;
158                         else
159                             memmove(B2A, B2A + code, B2A_len);
160                         break;
161                     case SSL_ERROR_ZERO_RETURN:
162                         /* コネクションをクローズ */
163                         goto end;
164                     case SSL_ERROR_WANT_READ:
165                         /* Aが読み込み可能になったら書き込みを再試行
166                          * する必要がある
167                          */
168                         write_waiton_read_A = 1;
169                         break;
170                     case SSL_ERROR_WANT_WRITE:
171                         /* Aが書き込み可能になったら、書き込みを再試行する
172                          * 必要がある
173                          */
174                         write_waiton_write_A = 1;
175                         break;
176                     default:
177                         /* エラー */
178                         goto err;
179                 }
180             }
181
182             /* 次のif文は、AとBが逆になるだけで、
183              * 前のif文とだいたい同じ
184              */
185             if (!(read_waiton_write_B || read_waiton_read_B) &&
186                 have_data_A2B &&
187                 (can_write_B || (can_read_B && write_waiton_read_B)))
188             {
189                 write_waiton_read_B = 0;
```

```
190                     write_waiton_write_B = 0;
191
192                     code = SSL_write(B, A2B, A2B_len);
193                     switch (SSL_get_error(B, code))
194                     {
195                         case SSL_ERROR_NONE:
196                             A2B_len -= code;
197                             if (!A2B_len)
198                                 have_data_A2B = 0;
199                             else
200                                 memmove(A2B, A2B + code, A2B_len);
201                             break;
202                         case SSL_ERROR_ZERO_RETURN:
203                             /* コネクションをクローズ */
204                             goto end;
205                         case SSL_ERROR_WANT_READ:
206                             write_waiton_read_B = 1;
207                             break;
208                         case SSL_ERROR_WANT_WRITE:
209                             write_waiton_write_B = 1;
210                             break;
211                         default:
212                             /* エラー */
213                             goto err;
214                     }
215             }
216         }
217
218     err:
219         /* エラーのとき、終了する前にエラー内容を書き出す */
220         fprintf(stderr, "Error(s) occured\n");
221         ERR_print_errors_fp(stderr);
222     end:
223         /* コネクションをクローズし、ブロッキングモードに戻す */
224         set_blocking(A);
225         set_blocking(B);
226         SSL_shutdown(A);
227         SSL_shutdown(B);
228     }
```

このサンプルコードはかなり長いので、いくつかに分割して、このような実装に至った理由を説明していきます。ここでは、A2BとB2Aという2つのバッファを用意して、それぞれ、Aから読み込んでBに書き込むデータと、Bから読み込んでAに書き込むデータを保持するために使用しています。それぞれのバッファにおいて、その長さを表すパラメータ（A2B_lenとB2A_len）は、0に初期化されます。この関数全体を通して、この2つのパラメータは、接続相手のバッファに含まれるデータのバイト数を保持します。ここで注目すべき重要な点は、バッファ内の位置を示すオフセットパラメータは使用しないということです。書き込むデータは、常にバッファの先頭に入るようにします。

フラグも3組宣言しています。1組目のフラグ（have_data_A2Bとhave_data_B2A）は、バッファにデータが入っているかどうかを示します。この2つのパラメータは省略しても構いません。関数全体を通して、これらのパラメータが0になるのは、対応するバッファ長のパラメータが0のときだけだからです。このパラメータは、コードを理解

しやすくするために使用しているものです。2組目の`can_read_A`や`can_write_B`などは、利用可能か否かを示すフラグです。指定のオブジェクトで指定の処理を実行できることを示します。つまり、コネクションがブロックを必要とせずに処理を実行できるかどうかを示します。3番目の組は、ブロッキングのフラグです。これらのフラグのいずれかが設定されている場合、ある特定の種類のI/O処理を実行するのに、コネクションが別の種類のI/O処理に利用できなければならないことを示します。例えば、`write_waiton_read_B`が設定された場合、Bに対して直前に実行した書き込み処理は、Bで読み込みが可能になった後で再試行される必要があることを示します。

このサンプルでは、例5.16のコードに定義を示していない関数が3つ使用されています。その1つが`set_nonblocking`です。この関数は、唯一の引数として、SSLオブジェクトを受け取ります。また、プラットフォーム固有の方法で、SSLオブジェクトの下位にあるI/O層を非ブロッキング状態に設定できるように実装する必要があります。同様に、`set_blocking`では、コネクションをブロッキング状態に設定する必要があります。プラットフォームに固有な関数の3つ目は、`check_availability`です。この関数の役割は、AとBの下位層のI/Oの状態をチェックすることと、それを表すパラメータを正しく設定することです。この関数は、処理を戻す前に、少なくとも1つのパラメータが設定されるまで待機します。いずれかのコネクションで何らかの処理が可能な状態になるまで、I/O処理は何も実行できません。これら3つの関数は簡単に実装できます。例えば、UNIXシステムでソケットベースのSSLオブジェクトを使用する場合、`set_nonblocking`と`set_blocking`は`fcntl`システムコールを使って実装でき、`check_availability`関数は`fd_set`データ構造体と`select`システムコールを使って実装できます。

`SSL_set_mode`の呼び出しでは、まだ説明していない2つのモードが設定されます。通常、`SSL_write`の呼び出しは、非ブロッキングI/Oであっても、バッファ内のデータがすべて書き込まれるまでは正常終了しません。したがって、大量のデータの書き込みを要求する呼び出しでは、成功するまでに、たくさんの再試行要求が返される可能性があります。この動作は望ましくありません。この関数には、読み込みルーチンと書き込みルーチンを織り交ぜて処理させたいのですが、1つの呼び出しであまりにも長く再試行をしていると、そのコネクションからそれ以上データを読み込めなくなるため、処理を効率的に実行できなくなるからです。この問題をある程度解決するために、`SSL_MODE_ENABLE_PARTIAL_WRITE`というフラグを使ってライブラリにモードを指示し、書き込みが部分的にしか完了していない場合にも成功と見なすことができるようにします。こうすれば、この関数で複数の書き込み処理を正常に実行できるようになり、次の書き込みを呼び出す間に、より多くのデータを読み込むことができるようになります。SSLは、通信路でメッセージを完全に送信するという前提で構築されています。そのため、要求されたデータの一部しか実際に送信されなかった場合には、呼び出しを再試行しなければならなくなります。このとき、再試行されるすべての処理は、エラー

を発生させた最初の呼び出しとまったく同じ引数を指定して呼び出す必要があります。この振る舞いはあまり有り難くありません。SSL_writeの呼び出しで再試行が必要になったとき、書き込みバッファに後からデータを追加することはできないからです。このような性質は、SSL_MODE_ACCEPT_MOVING_WRITE_BUFFERフラグを使用して部分的に変更することができます。このフラグを設定すると、パラメータに異なるバッファとバッファ長を指定して書き込み操作を再試行できます。この場合、新しいバッファにも最初のデータを書き込まなければなりません。このサンプルでは同じバッファを使用していますが、このモードを有効にして、書き込みの再試行を試みる際にエラーが発生せず、バッファの最後まで読み込み続けることができるようにしています。

この関数には、42～216行目にメインループがあります。このループは、56～96行目、101～126行目、136～180行目、185～215行目の4つの部分に分けることができます。これらは条件付きブロックで、それぞれ、Aからのデータ読み込み、Bからのデータ読み込み、Aへのデータ書き込み、Bへのデータ書き込みに対応しています。よく見ると、1つ目と2つ目のブロック、3つ目と4つ目のブロックは、同じような処理を行っていることがわかります。

読み込みが安全に行えるかどうかを確認する必要がありますが、これはif文に定義した条件で行っています。まず、コネクションの書き込みブロッキングフラグを調べて、読み込み操作の途中でないことを確認しています（!(write_waiton_read_... || write_waiton_write_...)）。また、バッファに余地があることも確認する必要があります（..._len != BUF_SIZE）。これらの条件のほか、読み込み関数を適切なタイミングで呼び出しているかも確認します。つまり、失敗した読み込みを再試行するために、コネクションが書き込み用に使用可能になるのを待っている最中か（can_write_... && read_waiton_write_...）、または、単純に読み込むデータがある場合（can_read_...）でなければなりません。これらの条件をすべて満たしていれば、読み込みを行うことができます。ただし、これを実行する前に、読み込み処理用のブロッキングフラグをリセットし、その後でI/O呼び出しを実行してエラーコードをチェックしてください。このI/O呼び出し自体がSSLライブラリに指示し、保存済みのバイト数をオフセットとしてバッファにデータを書き込むようにします。この呼び出しが成功したら、長さカウンタを更新し、have_data_...フラグが設定されているかどうかを確認します。SSL_ERROR_WANT_READまたはSSL_ERROR_WANT_WRITEによって再試行が必要であることが示された場合は、ブロッキングフラグを正しく設定して再試行を処理します。エラーが発生した場合、または、SSLコネクションの終了が検出された場合は、I/Oループを中断します。

読み込み処理と同様、書き込み処理もif文で条件をチェックすることによって保護しています。これらの条件では、読み込み処理の途中ではないことを確認します（!(read_waiton_write_... || read_waiton_read_...)）。次に、バッファにデータがあることを確認します（have_data_...）。最後に、書き込みが可能であることを確

認します。つまり、書き込み操作を再試行しようとしてコネクションが読み込み用に使用可能になるのを待っている最中か (`can_read_...` && `write_waiton_read_...`)、または、コネクションが書き込み用に使用可能であるか (`can_write_...`) を確認する必要があります。書き込みを行う前に、ブロッキングフラグを 0 にします。書き込み処理は、常にバッファの先頭から試行されます。エラーが発生しなければ、書き込みの終わったデータをバッファから押し出すために、バッファ内で先に進み書き込みを続けます。書き込みが終わったときにバッファが空になっていたら、`have_data_...` フラグを 0 にします。読み込み処理と同様、再試行が必要との指示があったら、対応するブロッキングフラグを設定して続行します。エラーが発生した場合、または SSL コネクションが閉じている場合は、I/O ループを中断してください。

　以上のように、読み込みと書き込みを実行するパラダイムをループ内で組み合わせれば、非ブロッキング通信を効率的に行うことができます。例えば、B への書き込みが不可能な場合、バッファがいっぱいになるまでは A からのデータをバッファし続けますが、その後は B への書き込みが可能になるまで待機することになります。この関数で示した基本形を拡張すれば、アプリケーションの非ブロッキング I/O におけるさまざまな要件を可能にすることができます。

SSL の再ネゴシエーション

　SSL の再ネゴシエーションとは、基本的に、コネクションの最中に SSL Handshake を行うことです。これにより、クライアントのクレデンシャルが再評価され、新しいセッションが作成されます。先ほど、プログラムの実装において、再ネゴシエーションが (I/O など) いくつかの面に影響を及ぼすことについて説明しましたが、再ネゴシエーションが重要である理由についてはまだ説明していません。

　再ネゴシエーションでは新しいセッションが作成されるので、セッション鍵が置き換えられます。長時間維持される SSL コネクション、または大量のデータを転送する SSL コネクションでは、セッション鍵は定期的に置き換えたほうが安全です。一般に、セッション鍵は、存続時間が長くなるほど鍵が危殆化する可能性も高くなります。再ネゴシエーションして、大量のデータがたった 1 つの鍵で暗号化されることのないように、セッション鍵を置き換えることができます。

　SSL の再ネゴシエーションは、アプリケーションが通常のデータ転送を行っている最中に発生させることができます。新しい Handshake が完了したら、双方で使用する鍵を新しいものに切り替えます。SSL コネクションで再ネゴシエーションを要求するための関数は `SSL_renegotiate` です。

　この関数は、呼び出し時に新しい Handshake を実際に行うものではありません。再ネゴシエーション要求をピアに送信するためのフラグを設定します。再ネゴシエーション要求は、その SSL コネクションで次に I/O 関数が呼び出されたときに送信されます。

ここでの重要なポイントとして、ピアはコネクションの再ネゴシエーションを行わないようにも選択できることに注意してください。ピアが要求に応えずにデータ転送を続行することを選択した場合には、再ネゴシエーションは発生しません。要求側では、ネゴシエーションの結果をチェックしなければ、ネゴシエーションが実際に行われたかわからないのです。このことは、OpenSSL 以外の SSL 実装に接続するアプリケーションを作成する場合には特に重要です。

再ネゴシエーションは明示的に行うこともできます。つまり、要求を送信したら、新しい Handshake が正常に完了するまでアプリケーションがデータを送信も受信もしないようにすることができます。これは、長時間のコネクションでセッション鍵をリフレッシュするのに適切な方法でもありますが、もう1つ重要な役割を果たすこともあります。それは、サーバ側でのクライアント認証をより優れたものにするという目的です。例えば、前述のサーバのサンプルでは、有効なクライアント証明書が提示されなければ最初のコネクションを確立することができませんでした。これは、条件としては厳し過ぎます。なぜなら、接続時にクライアントの意図はわからないからです。

これについて、クライアントがSSLを介してサーバに接続し、コマンドを送信するという、単純なプロトコルを例にして考えてみましょう。これらのコマンドのうち、一部は管理者用に予約することにします。誰でもサーバに接続して通常のコマンドを実行でき、管理者だけに予約コマンドの実行を許可するように作成したい場合、すべてのユーザに対して接続時に証明書の提示を要求すれば、クライアントに片っ端から証明書を発行し、しかも管理者には特別な証明書を発行しなければならなくなります。これでは、たちまち大変な作業になるでしょう。代わりに、サーバを2つ実行し、1つを一般ユーザ用、もう1つを管理者用にする方法もあります。しかし、これもリソースを余分に消費するという点で、最適な解決策とはいえません。

再ネゴシエーションを利用すれば、この作業を簡単にすることができます。まず、誰でも証明書なしで接続できるようにします。クライアントは、接続した後、コマンドを送信します。それが予約コマンドであれば、クライアントに対してより厳しい要件を設定し、再ネゴシエーションを実行する必要があります。クライアントが再ネゴシエーションに成功した場合にコマンドを受け付け、失敗した場合にはそのコマンドを却下するようにします。こうすれば、証明書は管理者に発行するだけで済みます。この方法は、前述の2つの方法より明らかに優れています。クライアントの意図をまず判断した上で、必要であれば要件を厳しく設定して認証することができるからです。

再ネゴシエーションの実装

前述のとおり、受動的な再ネゴシエーション (つまり、アプリケーションの I/O の際に Handshake が発生するもの) を行うことができるのは、`SSL_renegotiate` だけです。一般に、I/O の最中に Handshake が発生しても、アプリケーションは問題なく動

作します。むしろ、Handshake が実際に行われたかどうかを確認することが重要です。残念ながら、OpenSSL バージョン 0.9.6 でこれを実行するのは簡単ではありません。実は、このバージョンでは、再ネゴシエーションが多くの面できちんと機能していないのです。ただし、次のバージョン 0.9.7 ではかなり改善される予定です。これらの変更点については次節で説明します。

バージョン 0.9.6 では、再ネゴシエーション要求がピアで無視されたかどうかを調べる方法がないので、常に明示的な再ネゴシエーションを使用しなければなりません。これは、クライアントのクレデンシャルを再ネゴシエーションする場合にも問題になります。しかし、ここでは要求が無視されていないかを調べる方法に焦点を当てて説明したいので、この問題を、セッション鍵のリフレッシュのために再ネゴシエーションを行う処理の一部として説明します（こちらのほうがはるかに一般的です）。例 5.17 は、サーバから強制的に再ネゴシエーションを実行するコードの一部です（まだ不完全です）。

▼例 5.17　サーバから強制的に再ネゴシエーションを実行するサンプルコード
```
/* ここまで、SSL コネクションでエラーが起きていないものとする */
set_blocking(ssl); /* すでにブロッキングされていれば不要 */
SSL_renegotiate(ssl);
SSL_do_handshake(ssl);
if (ssl->state != SSL_ST_OK)
    int_error("Failed to send renegotiation request");
ssl->state |= SSL_ST_ACCEPT;
SSL_do_handshake(ssl);
if (ssl->state != SSL_ST_OK)
    int_error("Failed to complete renegotiation");
/* 再ネゴシエーションが完了 */
```

このサンプルでは、先ほど説明した関数をいくつか使用しています。必要以上に複雑にならないように、SSL オブジェクトはブロッキングに設定し、失敗した I/O 呼び出しを再試行しなくて済むようにします。SSL_renegotiate を呼び出すと、要求がピアに送信されます。SSL_do_handshake 関数は、サーバオブジェクトには accept 関数を、クライアントオブジェクトには connect 関数を呼び出す汎用ルーチンです。最初の SSL_do_handshake では、要求を送信したら呼び出しが返されます。この後、SSL コネクションがエラーを受け取っていないかチェックする必要があります。これには、返された状態が SSL_ST_OK であることを確認しています。この時点で Handshake 関数をもう一度呼び出すと、ピアが再ネゴシエーションを行わないことを選択した場合、この関数は何もしないで返ってきます。これは、SSL/TLS プロトコルでは要求を無視することが認められているからです。これが、再ネゴシエーションを行う理由でもあります。再ネゴシエーションが完了しないと処理を続行できないので、サーバオブジェクトの SSL_ST_ACCEPT の状態を手動で設定します。これにより、その次の呼び出しが SSL_do_handshake を実行し、処理を続行する前に強制的に Handshake を行うようになります。

言うまでもありませんが、このようなやり方で再ネゴシエーションを行うと、SSLオブジェクトの内部パラメータを手動で設定しなければならないため、すっきりとした手法とはいえません。しかし残念ながら、再ネゴシエーションを強制的に行うには、これよりほかに方法がないのです。ただし、このサンプルコードは未完成です。セッションキャッシュを思い出してください。セッションキャッシュでは、クライアントは以前に作成したセッションを再開し、Handshakeを省略することができます。これは、クライアントからより厳しいクレデンシャルを収集したい場合に、きわめて深刻な問題になる可能性があります。クライアントは、あまり厳しくないクレデンシャルで有効なセッションをすでに取得してしまっているからです。セッションキャッシュを行うサーバからコネクションの再ネゴシエーションを試行するときは、クライアントがそれ以前にネゴシエーションされたセッションを提示するだけでHandshakeを省略したりしないよう、特に注意が必要です。このようなセッションを見分けるには、セッションIDコンテキストを変更する必要があります。セッションIDコンテキストの役目は、クライアントが確立するセッションを目的別に区別することでした。このコンテキストの値を変更するには、SSL_set_session_id_context関数を使用します。この関数は、SSLオブジェクトが対象であることを除けば、前述したSSL_CTX向けのものとまったく同じ動作をします。セッションIDコンテキストの変更は、再ネゴシエーションを開始する前に行ってください。

再ネゴシエーションの間に、より厳しい要件を設定してクライアントを検証する処理について、細かい部分をまだ説明していませんでした。これを行うには、SSL_set_verify関数に新しい検証フラグを渡して呼び出します。例5.18は、再ネゴシエーションを効率化するために、例5.17のコードの前後に追加すべきコードの一部です。このコードは、キャッシュを行うサーバで、クライアント認証をより確実に行いたい場合に参考にしてください。サーバでキャッシュを行わない場合には、セッションIDコンテキストの設定を行う呼び出しは必要ありません。

▼例5.18　より厳しい条件でのクライアント認証の要求、およびセッションの区別を可能にするための、再ネゴシエーションを強制的に実行させるコード

```
/* ctxは、オプションのパラメータがすべて設定されたSSL_CTXオブジェクト */
int normal_user = 1;
int admin_user = 2;
SSL_CTX_set_session_id_context(ctx, &normal_user, sizeof(int));
/* ctxの残りの設定を行い、SSLオブジェクトを生成して接続する */
/* 通常のSSL I/Oとアプリケーションコードはここに入る */
/* クライアントをアップグレードしたい場合は、以下のコードを含める */
SSL_set_verify(ssl, SSL_VERIFY_PEER | SSL_VERIFY_FAIL_IF_NO_PEER_CERT,
               verify_callback);
SSL_set_session_id_context(ssl, &admin_user, sizeof(int));
/* 例5.17のコードがここに入り、新しいセッションが作成される */
post_connection_check(ssl, host);
/* すべてエラーなしに処理されたら、クライアントを正しく認証できる */
```

例5.18のコードは、前述のクライアント認証へのアップグレード問題に対する解決策といえるものです。セッションIDコンテキストを`admin_user`に変更することで、事前に管理者権限を持ったクライアント（ユーザ）だけがコネクションを再開でき、それ以外のユーザは再開できないようにします。この方法は、再開されたセッションを権限を持つセッションと取り違えないようにするのに有効です。また、SSLオブジェクトの検証オプションを明示的に設定することによって、再ネゴシエーションでクライアントに証明書の提示を強制し、提示されなければ失敗するようにしています。再ネゴシエーションが完了したら、接続後の確認の関数を呼び出します。接続後の確認の関数は、アプリケーション固有の要件を満たすように調整が必要な場合もあります。

0.9.7での再ネゴシエーション

バージョン0.9.7で予定されている再ネゴシエーションは、バージョン0.9.6よりも、機能性と簡潔性の両面で優れています。新しく追加された`SSL_renegotiate_pending`関数が、要求が送信されてもHandshakeが完了しない場合には0以外の値を返し、Handshakeが完了すると0を返します。この関数を使用すれば、0.9.6での再ネゴシエーションでお粗末だった部分がほとんど解消されます。強制的な再ネゴシエーションを説明する前に、まず受動的な再ネゴシエーションについて少し説明します。

クライアント認証を強力にするためではなく、セッション鍵を変更するために行う再ネゴシエーションは、ほとんどのアプリケーションで、転送される（データの）バイト数がしきい値となって開始されます。言い換えれば、コネクションで一定のバイト数が転送されたときに、再ネゴシエーションが行われます。新しい機能が導入されたことにより、上限のバイト数に到達した時点で単純に`SSL_renegotiate`を呼び出し、その後は`SSL_renegotiate_pending`の値を定期的に確認して再ネゴシエーションが完了したかどうかを調べればよいようになりました。この方法なら、要求後にHandshakeが一定時間以内に完了しないと失敗するようなプログラムを作成できます。

さらにバージョン0.9.7では、問題の解決に役立つ新しいSSLオプションとして、`SSL_OP_NO_SESSION_RESUMPTION_ON_RENEGOTIATION`が追加されました。`SSL_CTX_set_options`を呼び出してこのオプションを設定すると、セッションIDコンテキストに関係なく、再ネゴシエーションを要求する際に、クライアントがセッションを再開することを自動的に禁止できます。セッション鍵のリフレッシュが目的であれば、このオプションは非常に有効です。

クライアント認証のための強制的な再ネゴシエーションも、この2つの機能の追加によって、格段にすっきりと行えるようになります。`SSL_renegotiate`を呼び出してフラグを設定し、`SSL_do_handshake`を1回呼び出して要求を送出する、という方法が可能になりました。SSLオブジェクトの内部状態を設定しなくても、`SSL_do_handshake`を呼び出してプログラムでタイムアウトにするか、`SSL_renegotiate_pending`が0

を返すまで待機することが可能です。`SSL_renegotiate_pending`が0を返した場合は、再ネゴシエーションは正常に完了しています。理想的には、クライアント認証のために再ネゴシエーションを行う場合は、やはりセッションIDコンテキストを変更するようにして、新しいSSLオプションは設定しないほうが望ましいでしょう。そうすれば、認証されたユーザが認証されたセッションを再開でき、毎回Handshakeをすべて実行する必要がなくなります。

その他の注意事項

　ここでは、サーバ側で再ネゴシエーションを実装する場合に限定して説明を行いました。一般に、このような方法でアプリケーションを作成するのは、セッションキャッシュがサーバ主導で行われ、サーバはほぼ確実にクレデンシャルを提示するからです。これに対し、あまり一般的ではありませんが、クライアントが再ネゴシエーションを要求したり強制したりすることもあります。この場合も、サーバで使用した方法論を応用して適用してください。以上の説明で、再ネゴシエーションが発生する理由と、特定の処理で再ネゴシエーションが必要になる理由について理解できたはずです。SSLアプリケーションを実装する場合には、再ネゴシエーションを強制し、その再ネゴシエーションにおいてクライアントがコネクションの継続のために証明書の提示を強制されるというパラダイムもよく利用されます。本節で説明したように、再ネゴシエーション以外の方法でこれを行うことは、汎用性のある解決策と呼ぶにはあまりにも困難な場合が少なくありません。

　もう1つ、重要なポイントをまだ説明していませんでした。それは、アプリケーションでは再ネゴシエーションの要求に対してどのように対応すればよいかという問題です。幸い、これはすべてOpenSSLライブラリが処理してくれます。I/O操作が複雑だったのを思い出してください。さまざまな種類の再試行をすべて処理しなければならないのは、再ネゴシエーションの要求をいつ受け取るかわからないからです。SSLコネクションで再ネゴシエーションが要求されると、実装では自動的に要求が処理され、新しいセッションを生成するための新しいHandshakeが行われます。

● Symmetric Cryptography ●

第6章

共通鍵暗号化方式

　ここまでの章では、SSLを使ってTCP/IP接続の安全を確保するために、OpenSSLのプログラミングインタフェースを使用する方法について説明してきました。SSLは、広範な用途に利用できる優れたプロトコルですが、状況によっては使用に適さないこともあります。例えば、暗号化されたデータをディスクやCookieに格納するのにSSLを使用することはできません。また、（現行のSSLでは）UDP通信を暗号化するのも不可能です。こういった場合には、共通鍵暗号化方式に関連したOpenSSL APIを使う必要があります。

　気になっている読者も多いでしょうが、本書では、暗号技術に関する要素技術をそのまま適用するのではなく、適切であれば必ずSSLを使用して自作アプリケーションの安全を確保するよう、再三強調してきました。このことを繰り返し言及するのは、暗号技術に関する要素技術を安全でない方法で適用してしまうケースがあまりにも多いからです。暗号プロトコルを専門とする設計者でさえ、これらの要素技術からプロトコルを作成するのに四苦八苦しているのです。このことは、暗号技術の分野において相互レビューが非常に重要である理由の1つでもあります。

　仮に、本章の内容を参照して実際にプログラムを作成することがあるとすれば、SSLでは不可能な処理（データを長期間格納するなど）を作成する必要がある場合でしょう。ここまで忠告しても、おそらく自作のネットワークプロトコルを設計したいと考える読者が後を絶たないはずです。「自分もその一人だ」という読者は、安全とされているプロトコルや、さらに（可能であれば）そのプロトコルの既存の実装を利用できないものか、是非もう一度検討してみてください。とはいっても、本章では、基本的なAPIの使用法について説明します。あくまでも各自の責任において、安全な方法で使用するようにしてください。

6.1　共通鍵暗号化方式の基礎

　共通鍵暗号化方式については第1章でも簡単に説明しましたが、本章の内容を理解するために必要な背景知識として、ここでいくつか補足しておくことにします。本書は暗号化に関する包括的な教科書としての利用を想定していません。その目的には『Applied Cryptography』(Bruce Schneier著、John Wiley & Sons、邦訳『暗号技術大全』(山形浩生 訳、ソフトバンクパブリッシング)などの書籍をお勧めします。このため、暗号化の内部的な仕組みなど、開発の際に考慮する必要のないトピックについては説明を省略しています。どのトピックに関するものでも、ほかに数多くの書籍があります。

ブロック暗号とストリーム暗号

　各種の共通鍵暗号化方式のなかでも、安全と見なされていて、かつ一般的なあらゆる用途に使えるのは、ブロック暗号とストリーム暗号の2つだけです。これまで最もよく利用されてきたのはブロック暗号です。ブロック暗号では、データを固定長のブロックに分割し、各ブロックを別々に暗号化します。その際に利用される暗号アルゴリズムは、入力に対して可逆な関数です。平文の長さが暗号のブロック長の倍数になるように、はみ出したデータにはパディングを追加することになっています。ストリーム暗号は、基本的には擬似乱数生成器にすぎません。シードを鍵として使用し、「鍵ストリーム」と呼ばれる無作為なビットのストリームを生成します。データを暗号化するには、平文を持ってきて、単純に鍵ストリームとのXORを計算します。ストリーム暗号の利用自体にはパディングは必要ありません。ただし、通常はビット単位ではなくバイト単位で処理するように実装されるため、バイトの区切りに合わない場合はパディングが追加されます。

　ブロック暗号はストリーム暗号よりも研究が進んでおり、非常に優れたものであれば、ストリーム暗号よりもはるかに堅実な解決策として利用できます。一方で、ストリーム暗号には、ブロック暗号よりもはるかに高速であるという特徴があります。例えば、本書執筆時点で最も有名なストリーム暗号であるRC4は、最も高速なブロック暗号とされるBlowfishの4倍、非常に堅実な選択肢とされている3DESと比べると15倍もの速さで動作します[†1]。AESは3DESよりも速く、また鍵長が長いことから、より確実に安全を保護できます。しかし、一般にBlowfishよりは処理に時間がかかります。

　ブロック暗号もストリーム暗号も、セキュリティを完璧に確保できるわけではありません。「通信の当事者がアルゴリズムを適切に使用している限り、攻撃者は絶対にメッ

---

†監訳注1　この結果は、当然ながら、マシンのスペックなどの実行環境に依存するので、あくまでも目安だと考えてください。ぜひ、`openssl speed`コマンドで実際に確認してみてください。

セージを復号できない」と言い切れる保証はないのです。どの暗号技術にしても、鍵長が安全性を確保するのに重要な要因となります。攻撃者は、ブルートフォース攻撃（brute-force attack）を仕掛けることで、メッセージが正しく解読されるまで考えられる鍵を片っ端から試してみることができるのです。鍵長が十分に長ければ、それだけ攻撃にも時間がかかるため、確率的には実行不可能になります。

この2つの暗号技術に関して、ブルートフォース攻撃より悩ましい攻撃はないのですが、いい加減に使用すると頭を悩ませることになる問題がそれぞれ存在します。ストリーム暗号では、暗号文が1ビット欠けると、復号後の平文も1ビット欠けてしまいます。したがって、ストリーム暗号にデータ完全性のチェックを追加する必要があるのは言うまでもありません。これには、MAC（Message Authentication Code：メッセージ認証コード）をお勧めします（第8章を参照）。

一方、ブロック暗号をそのまま使用すると、入力されたデータブロックが常に同じ方法で暗号化されるため、データストリームのパターンを効果的に隠すことができません。攻撃者は、既知の平文ブロックと対応する既知の暗号文のブロックを辞書にためておき、実際のメッセージの解読に利用することができます。また、ある暗号文ブロックを別のブロックと入れ替えることも簡単で、その成功率はかなり高いものです。これらの問題をある程度解決できるような暗号化の利用方法もあります。これについては次節で紹介します。なお、データを実際に改竄する攻撃は、MACを使用して阻止することができます。

よく似た問題ですが、ストリーム暗号にはもっと重大な問題があります。ある特定の鍵で暗号化を開始したら、その鍵ストリームに対して、新しいデータを生成し続けなければなりません。そうでなければ、新しい鍵を作成して交換する必要があります。同じ鍵を使って暗号化を再開すると、ストリーム暗号の安全性は事実上失われることになります。同じ鍵を二度と使わないようにすれば、この問題は解決します。システムを再起動した後でも、同じ鍵を使用してはなりません。

ブロック暗号の基本的なモード

OpenSSLは、ブロック暗号に共通して利用できる4種類のモードを実装しています。これらのモードは、ライブラリに含まれるすべてのブロック暗号で使用することができます。ただし、DESXは例外で、1つのモードだけで動作するように定義されています。

- **ECB（Electronic Code Book）モード**
  基本となる動作モードです。平文のブロックを1つ受け取り、暗号文のブロックを1つ出力して暗号化を行います。データストリームは複数のブロックに分割され、それぞれが個別に処理されます。このモードでは、暗号のブロック長の倍数に合わない長さのメッセージに対し、通常はパディングが行われます（バージョ

ン 0.9.7 よりも前の OpenSSL ではパディングは省略できません）。このため、暗号文のブロックは平文よりも長くなることがあります。また、先にも述べたように、このモードは辞書攻撃に対して非常に脆弱です。ECB モードを安全に使用するのは非常に困難なので、ほとんどの場合、このモードを選択することは望ましくありません。このモードを使用した場合の危険性について完璧に理解していない限り、あらゆる状況において絶対に使用しないことをお勧めします。ほかの3つのモードを選ばずに ECB を使用することの最大のメリットは、メッセージを並列処理で暗号化できる点です。しかし、これは ECB を使う理由としては不十分です。ほかにも、カウンタモードという、暗号化を並列処理できるモードがあるからです。これについては本章で後ほど説明します。

- **CBC (Cipher Block Chaining)モード**
  あるブロックの暗号文と、その次のブロックの平文とで XOR を取ることにより、ECB における辞書攻撃の問題を本質的に解決します。暗号文の各ブロックは独立しないので、並列処理は不可能です。CBC でも、一般にパディングが行われます。この意味では、やはりブロックベースのモードといえます。

  CBC モードを使用して、複数のデータストリームを暗号化することもできます。ただし、各データストリームの先頭が同じシーケンスで始まっている場合には、辞書攻撃を受ける可能性があります。このため、初期化ベクタ（IV：Initialization Vector）というデータブロックをセットして、平文の最初のブロックを暗号化する前に、そのブロックと初期化ベクタとの XOR を取れるようになっています。IV の値を秘密にしておく必要はありませんが、無作為な値でなければなりません。暗号文を正しく復号するためには、IV を参照できるようにしておく必要があります。

- **CFB (Cipher Feedback)モード**
  ブロック暗号をストリーム暗号のように実行する方法の1つです。ただし、平文をブロックとして受け取らなければ暗号化を開始できません。このモードでは、大半のストリーム暗号に比べて、データを操作されるような攻撃の危険性は低くなります。CBC モードと同様に、CFB モードでも IV を使用できます。このモードの IV には、CBC モードの IV よりも重要な意味があります。2つのデータストリームが同じ鍵で暗号化されている場合、IV にも同じものを使用すれば、この2つのストリームが解読される可能性もあるからです。実際に CFB モードを使用する場合は、同じ鍵を再利用することは避けてください。

- **OFB (Output Feedback)モード**
  ブロック暗号をストリーム暗号のように実行する方法の1つです。OFB モードは、CFB モードよりも本来のストリーム暗号に近い仕組みで機能します。ただ、そのために、ストリーム暗号が狙われるのと同じ種類のビットフリップ攻撃に対して、

より脆弱になります(通常、MACを使用していれば問題になりません)。OFBモードには、処理の大部分をオフラインで行うことができるという決定的な特徴があります。つまり、暗号化するデータが存在すらしていないうちから、(CPUサイクルに余裕のある間に)鍵ストリームを生成することができるのです。その場合でも、単純に平文と鍵ストリームとのXORを取ります。OpenSSLは、鍵ストリームの事前生成を直接はサポートしていません。OFBモードでもIVを使用できます。CBCモードと同様、同じ鍵を使って複数のデータストリームを暗号化するのは避けてください。いつも同じIVを使う場合は特に気を付けてください。

6.2　EVP APIを使用した暗号化

OpenSSLに用意されている共通鍵暗号化方式のAPIは膨大です。暗号化と復号に使う関数のセットが、暗号化方式ごとに用意されているからです。ただし、OpenSSLには、1つですべての共通鍵暗号化方式のアルゴリズムへのインタフェースとして利用できるAPIもあります。それがEVPインタフェースです。EVPインタフェースは、`openssl/evp.h`をインクルードすることで利用できます。EVP APIは、OpenSSLがエクスポートするすべての暗号化方式へのインタフェースとして機能します。EVPインタフェースを使用するには、よく使用される各種暗号化方式への参照を取得する方法について理解しておく必要があります。OpenSSLは、暗号化方式をデータオブジェクトとして表現し、プログラマが意識しない方法で読み込みます。よって、特定の暗号化方式が必要になったときも、その暗号化方式に関連するオブジェクトへの参照を要求するだけで使用できます。これには2つの方法があります。その1つは、それぞれの暗号化方式の各モードに用意されたメソッドを使用する方法です。このメソッドは、暗号オブジェクトを必要に応じてメモリに読み込みます。例えば、次のコードでは、Blowfish暗号化方式のCBCモードのオブジェクトへの参照を取得できます。

```
EVP_CIPHER *c = EVP_bf_cbc();
```

もう1つは、`EVP_get_cipherbyname`関数を利用する方法です。この関数では、暗号化方式名の文字列を受け取り、適切な暗号オブジェクトを返します。あるいは、一致する暗号化方式が見つからない場合は`NULL`を返します。この関数は、事前に読み込まれている暗号化方式名でしか利用できません。`OpenSSL_add_all_ciphers`を呼び出しておけば、すべての共通鍵暗号を読み込めます。この関数は引数を取りません。`OpenSSL_add_all_algorithms`を使っても同じことができますが、共通鍵暗号化方式以外の(暗号技術に関する)アルゴリズムも読み込むことになります。これらの関数を使用すると、すべての暗号方式が実行時に実行可能ファイルにリンクされるた

め、あまり望ましくありません。この負荷を省くため、これらの関数は使用せず、使用したい暗号化方式だけを自分で選んで追加するようにしてください。使いそうな暗号化方式を少数だけまとめて追加し、動的な情報に基づいて名前で検索したい場合は、`EVP_add_cipher`を次の例のように実行します。

```
EVP_add_cipher(EVP_bf_cbc());
```

利用できる暗号化方式

OpenSSLでは、大半のニーズを満たす数々のアルゴリズムの実装が利用できます。唯一重要なものが欠けているとすれば、一部のバージョンでAES（Advanced Encryption Standard）が実装されていないことです。AESは比較的新しく、0.9.7のリリースで待望されていたサポートが実現しました。

OpenSSLは、実際の暗号アルゴリズムを提供するのに加え、データを何もしないで引き渡すNull暗号化方式もサポートしています。この暗号化方式を利用するには、`EVP_enc_null`を使います。Null暗号化方式は、主にEVPインタフェースのテストに使用するものなので、実働システムでの使用は避けてください。

AES

AES（Advanced Encryption Standard）は、新しい暗号化方式で、しばしばRijndaelとも呼ばれます。OpenSSLでは、バージョン0.9.7以降でしか利用できません。AESはブロック暗号で、128、192、256ビットの鍵とブロック長をサポートします。残念ながら、本書執筆時点では、AESのCFBとOFBモードはOpenSSLでサポートされていません[†2]。表6.1に詳細を示します。

▼表6.1　AES暗号の参照（OpenSSL 0.9.7のみ）

暗号モード	鍵/ブロック長	各暗号オブジェクトのEVP呼び出し	暗号化方式の検索に使う文字列
ECB	128ビット	EVP_aes_128_ecb( )	aes-128-ecb
CBC	128ビット	EVP_aes_128_cbc( )	aes-128-cbc
ECB	192ビット	EVP_aes_192_ecb( )	aes-192-ecb
CBC	192ビット	EVP_aes_192_cbc( )	aes-192-cbc
ECB	256ビット	EVP_aes_256_ecb( )	aes-256-ecb
CBC	256ビット	EVP_aes_256_cbc( )	aes-256-cbc

[†監訳注2] バージョン0.9.7から、OFBとCFBもサポートされています。ただし、初期のバージョンにはバグがあるため、最新バージョンを使うようにしてください。

Blowfish

Blowfish は、『Applied Cryptography』(邦訳『暗号技術大全』(山形浩生 訳、ソフトバンクパブリッシング))の著者として有名な Bruce Schneier 氏が設計したブロック暗号です。このアルゴリズムの持つ安全性は、強度にかなりの余裕があります。また、OpenSSL で利用できるブロック暗号のなかでは最速です。Blowfish の鍵長は可変(最長 448 ビット)ですが、通常は 128 ビットの鍵が使用されます。ブロック長は 64 ビット固定です。この暗号化方式の最大の欠点は、鍵の設定に時間がかかることです。したがって、短いデータの暗号化に数多くの鍵を使用するような場合は、Blowfish を選択するのは賢明ではありません。詳細は表 6.2 を参照してください。

▼ 表 6.2 Blowfish 暗号の参照

暗号モード	暗号オブジェクトの EVP 呼び出し	暗号化方式の検索に使う文字列
ECB	EVP_bf_ecb()	bf-ecb
CBC	EVP_bf_cbc()	bf-cbc
CFB	EVP_bf_cfb()	bf-cfb
OFB	EVP_bf_ofb()	bf-ofb

CAST5

CAST5 は Carlisle Adams と Stafford Tavares によって作成されました。このアルゴリズムも、可変長の鍵と 64 ビットのブロックを使用します。CAST5 の仕様には、5 〜 16 バイトまでの鍵長を使用できるとあります(つまり、40 ビット〜 128 ビットの鍵ということになります。なお、鍵長は 8 ビットの倍数でなければなりません)。OpenSSL のデフォルトでは 128 ビットの鍵を使います。CAST は高速です。また、弱点とされているような特徴もありません。詳細は表 6.3 を参照してください。

▼ 表 6.3 CAST5 暗号の参照

暗号モード	暗号オブジェクトの EVP 呼び出し	暗号化方式の検索に使う文字列
ECB	EVP_cast_ecb()	cast-ecb
CBC	EVP_cast_cbc()	cast-cbc
CFB	EVP_cast_cfb()	cast-cfb
OFB	EVP_cast_ofb()	cast-ofb

DES

DES (Data Encryption Standard) では、64 ビット固定のブロックと 64 ビット固定の鍵を使います。各 8 ビット目はパリティビットに使用するため、強度は最大で 56 ビットになります。最近では、パリティビットが完全に無視される場合がほとんどです。DES は、1970 年代中頃に登場し、間違いなく最も広範に研究しつくされた共通鍵暗号

化方式です。ブルートフォースよりも手強い攻撃は見つかっていませんが、この攻撃は非常に現実性の高いものです。(本書執筆時点で)極端に小さいと考えられる56ビットの鍵空間が使用されているからです。その上、セキュリティ強度を高めたDESの改良版を除けば、OpenSSLがサポートするなかでは最も低速な暗号です。既存のシステムでサポートが必要でもない限り、改良版でないDESは選ばないほうがよいでしょう。詳細は表6.4を参照してください。

▼表6.4　標準DESの参照

暗号モード	暗号オブジェクトのEVP呼び出し	暗号化方式の検索に使う文字列
ECB	EVP_des_ecb()	des-ecb
CBC	EVP_des_cbc()	des-cbc
CFB	EVP_des_cfb()	des-cfb
OFB	EVP_des_ofb()	des-ofb

DESX

DESXは、ブルートフォース攻撃への耐久性を備えたDESの改良版です。64ビットの鍵素材をさらに1つ使用して、DESの入力および出力データを目立たなくします。この鍵素材を単純かつ効果的な手法で使用することで、従来のDESと比べて速度の低下を少なく抑えながら、ブルートフォース攻撃への耐性をはるかに強化した暗号化方式となっています。実際、DESXでのブルートフォース攻撃は、かなりの数の平文が入手できなければ実現不可能です。攻撃者が2^{60}組の平文／暗号文を入手する可能性があるようなら、DESXがブルートフォース以外の方法で攻撃されるおそれもありますが、通常はそれほど心配する必要はありません。DESXはCBCモードでのみ動作します。

処理速度が重視される場合、また暗号処理用のアクセラレータの利用を選択できる場合は、DESXはかなり有効です。このようなハードウェアの大半がDESをサポートするからです(DES専用というものが多いくらいです)。DESXは、標準DESのアクセラレータで高速化できます。それでもやはり、安全性では3DESにかなわないので、実行される処理の量が許容できる範囲であれば3DESのほうが望ましいでしょう。詳細は表6.5を参照してください。

▼表6.5　DESXの参照

暗号モード	暗号オブジェクトのEVP呼び出し	暗号化方式の検索に使う文字列
CBC	EVP_desx_cbc()	desx

3DES

3DESは、DESの改良版のうちで最も有力な暗号です。DESがこの四半世紀の間に広範に調査されたこともあって、おそらく最も堅実な共通鍵暗号となっています。最も

時間のかかるアルゴリズムでもありますが、ハードウェアアクセラレータを活用することができます。3DESの暗号化は、次のように実行されます。まず、DESを使ってデータを暗号化した後、暗号文を2つ目の鍵で復号し、さらにそのデータをもう一度暗号化します。二度目の暗号化には、最初の鍵を使う（2つの鍵を使う3DES）こともあれば、3つ目の鍵を使う（3つの鍵を使う3DES）こともあります。3つの鍵を使う3DESのほうが、2つの鍵を使う3DESよりも安全で速度も変わらないので、どのような場合でも3つの鍵を使うほうを選択すべきでしょう。唯一の欠点は、追加分の鍵素材を格納するために必要なビット数が増えることです。詳細は表6.6を参照してください。

▼表6.6　3DESの参照

暗号モード	暗号オブジェクトのEVP呼び出し	暗号化方式の検索に使う文字列
ECB（3鍵）	EVP_des_ede3()	des-ede3
CBC（3鍵）	EVP_des_ede3_cbc()	des-ede3-cbc
CFB（3鍵）	EVP_des_ede3_cfb()	des-ede3-cfb
OFB（3鍵）	EVP_des_ede3_ofb()	des-ede3-ofb
ECB（2鍵）	EVP_des_ede()	des-ede
CBC（2鍵）	EVP_des_ede_cbc()	des-ede-cbc
CFB（2鍵）	EVP_des_ede_cfb()	des-ede-cfb
OFB（2鍵）	EVP_des_ede_ofb()	des-ede-ofb

IDEA

　IDEAは、128ビットの鍵と64ビットのブロックを使用する、オールラウンドな優れたブロック暗号です。高速に動作し、しかも強力であることが広く認められています。重大な欠点は、米国とヨーロッパで特許により保護されていることです。それでも、非営利目的で使用するのであれば、料金を支払う必要はありません。

　IDEAは、登場から10年が経過し、かなりの量の調査が行われました。Bruce Schneierも、著書『Applied Cryptography』（邦訳『暗号技術大全』（山形浩生 訳、ソフトバンクパブリッシング））のなかで、このアルゴリズムを高く評価しています。IDEAは、PGPで使用されるのが一般的です。詳細は表6.7を参照してください。

▼表6.7　IDEAの参照

暗号モード	暗号オブジェクトのEVP呼び出し	暗号化方式の検索に使う文字列
ECB	EVP_idea_ecb()	idea-ecb
CBC	EVP_idea_cbc()	idea-cbc
CFB	EVP_idea_cfb()	idea-cfb
OFB	EVP_idea_ofb()	idea-ofb

RC2

RC2アルゴリズムは、RSAの研究部門が開発したブロック暗号です。最大128バイトまでの可変長の鍵をサポートします。OpenSSLの実装では、デフォルトで16バイト（128ビット）の鍵長を使用しています。また、鍵の「有効強度」を設定するためのパラメータが追加されています。つまり、128ビットの鍵があるとすると、40ビット分のセキュリティしか提供しないように強度を制限できるのです。このパラメータは、絶対に使用しないよう忠告しておきます。

RC2は効果的で、重大な弱点は何も公開されていません。ただし、このアルゴリズムは（特にDESやAESと比べて）それほど多くの調査が実施されたわけではありません。詳細は表6.8を参照してください。

▼表6.8　RC2の参照

暗号モード	暗号オブジェクトのEVP呼び出し	暗号の検索に使う文字列
ECB	EVP_rc2_ecb()	rc2-ecb
CBC	EVP_rc2_cbc()	rc2-cbc
CFB	EVP_rc2_cfb()	rc2-cfb
OFB	EVP_rc2_ofb()	rc2-ofb

RC4

RC4は、最大256バイトの可変長の鍵を使用するストリーム暗号です。以前は企業秘密とされていましたが、本書執筆時点では、リバースエンジニアリング結果が公開されたり、サードパーティによる実装が提供されたりして、広く利用されるようになりました。商用の製品にRC4を使用すると、たとえ裁判に勝てる見込みがなくても、RSAセキュリティ社から法的に訴えられる可能性があります。RC4という名前も登録商標なので、使用する前にRSAセキュリティ社に連絡する必要があります。

RC4はストリーム暗号であり、OpenSSLで利用できるブロック暗号に比べて驚くほど高速に動作します。間違いなく、本書執筆時点でOpenSSLに実装されているなかでは最も高速なアルゴリズムです。また、RC4は評価の高いアルゴリズムでもあります。このような理由により、RC4は、40ビットという安全でない鍵を主に使用するにもかかわらず、SSLで広く利用されていることもあって圧倒的な支持を集めています。

RC4を使いこなすのは容易ではありません。暗号アルゴリズム自体は優れているのですが、鍵の設定方法にいくつか問題があるため、使用する際には注意が必要です。RSAセキュリティ社では、具体的に、このアルゴリズムの使用時に次の2つの手順のうちいずれかを実行することを推奨しています。

1. **鍵素材は必ずハッシュしてから使用すること**

    この解決策を必要とする最も顕著な状況は、RC4で鍵を頻繁に生成し直す場合

です。一般に、頻繁に鍵を再生成する場合は、ベースとなる鍵を使用して、それにカウンタを連結させる方法が利用されます。しかし、RC4ではこの方法は望ましくないとされています。鍵素材とカウンタを合わせて一緒にハッシュするという方法で鍵を生成すれば、この脆弱性を取り除くことができます。なお、鍵素材を必ずハッシュしてから使うという方法は、アプリケーションでどの暗号化方式を使用するかにかかわらず、一般に推奨したい手法です。

2. **生成した鍵ストリームの先頭の256バイトを削除してから使用すること**

   これには、256バイトの無作為なデータを暗号化し、その結果を破棄するという方法が簡単です。

また、先にも述べたとおり、RC4を補完する目的でMACを使用し、データの完全性を保護することは特に重要です。RC4については、表6.9を参照してください。

▼ 表6.9 RC4の参照

鍵長	暗号オブジェクトのEVP呼び出し	暗号化方式の検索に使う文字列
40ビット	EVP_rc4_40()	rc4-40
128ビット	EVP_rc4()	rc4

RC5

RC5も、RSAセキュリティ社が開発したブロック暗号です。RC5という名称は登録商標です。また、アルゴリズムは特許で保護されています。どのようなアプリケーションであれ、このアルゴリズムを使用する場合には、必ず事前にRSAセキュリティ社の許可を得る必要があります。

RC5は、高速で評価も高く、しかも高度なカスタマイズが可能という、興味深い暗号化方式です。RC5の仕様では、64または128ビットのブロックを選択でき、最大255バイトまでの長さの鍵が使用可能で、暗号のラウンド数として任意の回数を選択できることになっています。しかし、OpenSSLの実装では、64ビットのブロックを使用し、ラウンド数は8、12、16のいずれかを選ぶように制限されています（デフォルトは12回）。RC5については、表6.10を参照してください。

▼ 表6.10 RC5の参照

暗号モード	鍵長（ビット）	ラウンド数	暗号オブジェクトのEVP呼び出し	暗号化方式の検索に使う文字列
ECB	128	12	EVP_rc5_32_16_12_ecb()	rc5-ecb
CBC	128	12	EVP_rc5_32_16_12_cbc()	rc5-cbc
CFB	128	12	EVP_rc5_32_16_12_cfb()	rc5-cfb
OFB	128	12	EVP_rc5_32_16_12_ofb()	rc5-ofb

なお、現状では、RC5のデフォルト以外のパラメータには、EVP呼び出しでも名前による暗号化方式検索でもアクセスすることができません。これには、まずデフォルトのRC5暗号オブジェクトを正しいモードで参照してから、ほかの関数を呼び出してパラメータを設定する必要があります。詳しくは次節で説明します。

共通鍵暗号の初期化

暗号化や復号を行う前に、まず暗号コンテキストの割り当てと初期化を行う必要があります。暗号コンテキストとは、ある期間に渡ってデータを暗号化または復号するために、関連するすべての状態を追跡するための情報を保持しておくデータ構造体です。例えば、複数のデータストリームをCBCモードで暗号化する場合、各ストリームに関連付けられた鍵と、CBCモードで隣接するメッセージの処理に必要となる内部状態を、暗号コンテキストによって追跡します。ブロックベースの暗号モードで暗号化する場合は、このコンテキストオブジェクトに、追加データが到着するか明示的にフラッシュされるまで、ブロック長に満たないデータをバッファします（この時点で、データには必要に応じてパディングが追加されます[*1]）。

汎用の暗号コンテキストの型は、`EVP_CIPHER_CTX`です。このコンテキストを初期化するには、オブジェクトの割り当てが動的か静的かにかかわらず、`EVP_CIPHER_CTX_init`を呼び出してください。次はその例です。

```
EVP_CIPHER_CTX *x = (EVP_CIPHER_CTX *)malloc(sizeof(EVP_CIPHER_CTX));
EVP_CIPHER_CTX_init(x);
```

コンテキストオブジェクトを割り当てて初期化したら、暗号コンテキストを設定します。通常は、この時点で、コンテキストを暗号化と復号のどちらに使用するかを判断することになります。両方に使えるようコンテキストを設定することも可能ですが、そうするとECB以外のすべてのモードでうまく機能しない可能性があります。複数の処理が重なった場合に、やり取りの同期が乱れるような状況が簡単に発生し得るからです。基本的に、暗号（処理）の内部状態は、通信の双方で常に同期している必要があります。双方の当事者がデータを同時に送信すると、おそらく両者は、受信したデータを間違った状態情報を使って復号しようとするでしょう。

暗号コンテキストを設定する際には、暗号化と復号のどちらに使うかを選択する以外に、以下の作業も必要になります。

[*1] もちろん、これはパディングが有効になっている場合だけです。

1. 使用する暗号化方式の種類と、どのモードで使うかを選択します。このために、EVP_CIPHER オブジェクトを初期化関数に渡します。
2. 処理に使用する鍵を設定します。鍵は、バイト列の配列として初期化関数に渡します。
3. IV を指定します（IV を使用するモードの場合）。指定がない場合はデフォルトの IV が使用されます。
4. OpenSSL のエンジンが使える場合は、ハードウェアアクセラレータ（使用可能な場合）を使用するかどうか指定できます。使用するのであれば、そのハードウェアのサポートを確認した上で、使用するエンジンを事前に指定しておく必要があります。エンジンに NULL を指定した場合、OpenSSL にデフォルトのソフトウェア実装を使用するように伝えたことになります。バージョン 0.9.7 では、この機能はライブラリの中の適切な場所に含められる予定です。

暗号化用の暗号コンテキストの設定には、EVP_EncryptInit メソッドを使うのがよいでしょう。復号には EVP_DecryptInit を使ってください。この 2 つのメソッドは、同じシグネチャで、4 つの引数を受け取ります。

```
int EVP_EncryptInit(EVP_CIPHER_CTX *ctx, const EVP_CIPHER *type,
                    unsigned char *key, unsigned char *iv);

int EVP_DecryptInit(EVP_CIPHER_CTX *ctx, const EVP_CIPHER *type,
                    unsigned char *key, unsigned char *iv);
```

- ctx
  EVP 暗号コンテキストのオブジェクトを指定します。
- type
  使用する暗号の種類を指定します。
- key
  暗号化/復号に使用する鍵を指定します。
- iv
  使用する IV を指定します。

エンジンが利用できるパッケージの場合は、機能拡張された EVP_EncryptInit_ex と EVP_DecryptInit_ex の API を使用するとよいでしょう。この 2 つには、引数 key の前に 5 番目の引数が挿入されており、使用するエンジンへのポインタを指定できます。アクセラレータを使用しない場合は、この引数に NULL を指定する必要があります。

バージョン 0.9.7 の OpenSSL では、これらの拡張版 API を呼び出すことが推奨されるでしょう。エンジンを使用する場合は、多数の呼び出しがエラーになる可能性があるので、エラーコードをチェックするようにしてください。この後紹介する例ではエンジン API を使用しないので、これらの呼び出しは行いません。

それでは、Blowfish を 128 ビットの鍵で使用して、CBC モードで暗号化する場合の例を使って考えてみましょう。CBC モードでは IV を使用します。IV は、必ず 1 ブロックに相当する長さ（この例では 8 バイト）になります。ここでは、OpenSSL の PRNG を使用して鍵を無作為に生成します。ただし、生成した鍵を配布する処理は、この例に実際には含まれていません。現時点では、鍵の配布は、ディスクを物理的に交換するか、鍵を電話で読み上げるといった方法で、オフラインで行うものと仮定します（鍵の交換プロトコルについては第 8 章で説明します）。そのため、鍵を標準出力に 16 進形式で出力することにしますが、実際のアプリケーションでは、これはあまり望ましい方法ではないことに注意してください。例 6.1 にコードを示します。

▼ 例 6.1　Blowfish の CBC モードでの暗号化の準備

```
#include <openssl/evp.h>

void select_random_key(char *key, int b)
{
    int i;

    RAND_bytes(key, b);
    for (i = 0;  i < b - 1;  i++)
        printf("%02X:", key[i]);
    printf("%02X\n", key[b - 1]);
}

void select_random_iv(char *iv, int b)
{
    RAND_pseudo_bytes(iv, b);
}

int setup_for_encryption(void)
{
    EVP_CIPHER_CTX ctx;
    char          key[EVP_MAX_KEY_LENGTH];
    char          iv[EVP_MAX_IV_LENGTH];

    if (!seed_prng())
        return 0;
    select_random_key(key, EVP_MAX_KEY_LENGTH);
    select_random_iv(iv, EVP_MAX_IV_LENGTH);
    EVP_EncryptInit(&ctx, EVP_bf_cbc(), key, iv);
    return 1;
}
```

第 4 章で seed_prng 関数の実装例を複数紹介したことを思い出してください。PRNG に安全なシードが渡されなかった場合、seed_prng 関数は 0 を返します。この設定用の関数では、そのような場合にエラーのステータスを返すようになっています。

したがって、RAND_pseudo_bytes を呼び出す際に、その戻り値をチェックする必要はありません。あるいは、じかにエントロピーを使用するという方法もあります。詳しくは第4章を参照してください。

もう1つ重要なポイントとして、データを復号する側のユーザは、ここで作成したのと同じ IV を使用して、自分の暗号コンテキストを初期化しなければならないことに注意してください。IV を平文のまま渡しても問題ありませんが、おそらく、受信者が改竄を検出できるように MAC を作成しておく必要があります。IV に NULL を渡した場合は、0 で埋められた配列が使用されます。なお、IV は、ECB を除くすべてのモードで使用します。ECB モードでも IV を渡すことは可能ですが、ブロック暗号はその IV を無視します。

復号の設定は、一般には暗号化よりも簡単です。使用する鍵と IV がわかっているからです。例 6.2 に、例 6.1 と同じ構成で復号を行う場合の設定方法を示します。

▼ 例 6.2　Blowfish の CBC モードでの復号準備

```
#include <openssl/evp.h>

void setup_for_decryption(char *key, char *iv)
{
    EVP_CIPHER_CTX ctx;

    EVP_DecryptInit(&ctx, EVP_bf_cbc(), key, iv);
}
```

この後に続けて EVP_EncryptInit や EVP_DecryptInit を呼び出す場合は、引数 type を NULL に設定した上で、NULL 以外の任意の引数の値を変更することになります。引数 type を NULL に設定していないと、コンテキストが完全に初期化し直されてしまいます。また、この2つの関数を最初に呼び出す際、鍵と IV の両方に NULL を設定しておいて、後から別々に設定することもできます。これは、暗号化方式を指定した後で、鍵長をデフォルトの値から変更するような場合に必要です。もちろん、暗号化を開始する前には、少なくとも有効な鍵を渡す必要があります。

鍵長その他のオプションの指定

多くの暗号が可変長の鍵を受け取ります。鍵長は、初期化後に EVP_CIPHER_CTX_set_key_length を呼び出して、簡単に設定することができます。例えば、Blowfish の鍵長を 64 ビットに設定するには、以下のようにします。

```
EVP_EncryptInit(&ctx, EVP_bf_ecb(), NULL, NULL);
EVP_CIPHER_CTX_set_key_length(&ctx, 8);
EVP_EncryptInit(&ctx, NULL, key, NULL);
```

この例では、鍵長を指定した次の行における2度目のEVP_EncryptInit呼び出しで、鍵が設定されます。

この関数を使用する場合は、その暗号化方式で有効な値が鍵長として設定されていることを確認してください。

暗号オブジェクトのデフォルトの鍵長をチェックしたい場合は、EVP_CIPHER_key_lengthを呼び出すとよいでしょう。例えば、次のようにすると、Blowfishのデフォルトの鍵長が表示されます。

```
printf("%d\n", EVP_CIPHER_key_length(EVP_bf_ecb()));
```

あるいは、暗号コンテキストで使用している鍵長を確認することもできます。

```
printf("%d\n", EVP_CIPHER_CTX_key_length(&ctx));
```

そのほかの暗号パラメータに関しては、EVP_CIPHER_CTX_ctrlという汎用の関数を呼び出すことができます。本書執筆時点で、この関数を呼び出して実行できるのは、RC2で有効な鍵長またはRC5で使用するラウンド回数の、設定または問い合わせだけです。

```
int EVP_CIPHER_CTX_ctrl(EVP_CIPHER_CTX *ctx, int type,
                        int arg, void *ptr);
```

- ctx
  暗号コンテキストのオブジェクトを指定します。
- type
  実行する操作を以下の定数の中から指定します。
    - EVP_CTRL_GET_RC2_KEY_BITS
    - EVP_CTRL_SET_RC2_KEY_BITS
    - EVP_CTRL_GET_RC5_ROUNDS
    - EVP_CTRL_SET_RC5_ROUNDS
- arg
  設定する数値です。適切な値を指定してください。適切でない値は無視されます。
- ptr
  整数へのポインタを指定します。有効な数値を問い合わせる際に使います。

例えば、RC2の暗号コンテキストに有効鍵長のビット数を問い合わせ、結果をkbというパラメータに格納するには、次のようにします。

```
EVP_CIPHER_CTX_ctrl(&ctx, EVP_CTRL_GET_RC2_KEY_BITS, 0, &kb);
```

また、RC2 の鍵に 64 ビットという有効鍵長をセットするには、次のようにします。

```
EVP_CIPHER_CTX_ctrl(&ctx, EVP_CTRL_SET_RC2_KEY_BITS, 64, NULL);
```

RC5 のラウンド回数を設定または問い合わせる場合も、同じ方法で使用します。先ほど説明したように、OpenSSL では、RC5 のラウンド回数として 8、12、16 のいずれかしか選択できません。

このほかに、あれば便利そうに思えるのが、パディングを使用するかどうかを暗号コンテキストに設定するためのオプションです。パディングを使用しなければ、暗号文の長さは常に平文と同じになります。その代わり、暗号化されるデータの長さは、ブロック長の倍数にぴったり一致しなければなりません。パディングを使用すれば、データのバイト数に関係なく暗号化できますが、平文よりも最大で 1 ブロック分長い暗号文が出力される可能性があります。残念ながら、バージョン 0.9.6c までの OpenSSL では、パディングを無効にすることができません。バージョン 0.9.7 ではこれが可能になり、`EVP_CIPHER_CTX_set_padding` と呼ばれる関数が追加されます。この関数は、暗号コンテキストへのポインタと、ブール値 (0 ならパディング無効、1 なら有効) を表現する整数を受け取ります。

暗号化

暗号コンテキストが初期化できたら、Update と Final という 2 つの処理を、EVP インタフェースを使って実行します。暗号化するデータがある場合は、暗号文の出力先へのポインタと一緒に、そのデータを Update 処理を実行する関数に渡します。その結果、暗号文が出力される場合もありますが、そうでない場合もあります。1 つ以上のデータブロックが暗号化できれば暗号化は実行されますが、ブロックに満たないデータはバッファに入れられ、次回の Update 処理の関数の呼び出しか、あるいは Final 処理を実行する関数の呼び出しの際に処理されます。Final 処理の関数を呼び出すと、はみ出したデータにパディングが追加されて暗号化されます。データがはみ出していなければ、1 ブロック分のパディングが暗号化されます[*2]。Update 処理の関数と同じく、Final 処理の関数においても、出力データの格納先を伝える必要があります。

[*2] 不思議に思った読者のために、標準のパディングの仕組み (PKCS: Public Key Cryptography Standards) について説明します。n バイトパディングする必要がある場合は、パディングの各バイトの値には n を使います。例えば、1 バイトだけパディングする場合は (16 進表現で) 0x01 を、8 バイトパディングする場合は 0x0808080808080808 を入れます。このようにして、パディングされた平文の最後のバイトを見ればパディングの終わりが間違いなく計算できるようにしているのです。

Update処理の関数としては、EVP_EncryptUpdateを使います。

```
int EVP_EncryptUpdate(EVP_CIPHER_CTX *ctx, unsigned char *out, int *outl,
                      unsigned char *in, int inl);
```

- ctx
  使用する暗号コンテキストを指定します。
- out
  暗号化されたデータを受け取るためのバッファを指定します。
- outl
  暗号化データのバッファに書き込まれたバイト数を受け取るためのパラメータです。
- in
  暗号化されるデータを格納するためのバッファを指定します。
- inl
  入力データのバッファに含まれているバイト数を指定します。

ブロックベースの暗号モード（ECBまたはCBC）を使用する場合、書き込まれる出力データの量は、内部でのバッファリングやパディングの影響で、入力データより長くなったり短くなったりします。仮に、8バイト（64ビット）のブロックを使う暗号を使用するとすれば、出力データは入力データよりも最大で7バイト小さくなるか、あるいは7バイト長くなる可能性があります[*3]。鍵を1つだけ使って順繰りに暗号化し、データのパケットを生成するのであれば、このことは記憶の片隅にいれておくだけでも構いません。しかし、バッファを用いて暗号化する場合は、オーバーフローを起こさないように、出力バッファを入力バッファより1ブロック分だけ長くしておく必要があります（この追加ブロックにパディングが埋められていくことになります）。あるいは、関数にどれだけの量のデータを入力すればどれだけのデータが出力されるか、自分で正確に計算しながら処理を行うという方法もあります。

Final処理の関数としてはEVP_EncryptFinalを使います。

```
int EVP_EncryptFinal(EVP_CIPHER_CTX *ctx, unsigned char *out,
                     int *outl);
```

---

*3　実際には、本書監訳時点の実装では出力データが入力データよりも6バイトまでしか長くならないように制限されています。しかし、それでも注意が必要なことに変わりはありません。

- ctx
  使用する暗号コンテキストを指定します。
- out
  暗号化されたデータを受け取るためのバッファを指定します。
- outl
  暗号化データのバッファに書き込まれたバイト数を受け取るためのパラメータです。

バージョン0.9.6では、この関数は必ずデータを出力します。ただし、0.9.7では、パディングが無効になっていれば出力バッファに何も書き込まれません。このような場合、バッファにデータが何もないという理由で関数がエラーを返します。また、バージョン0.9.7には EVP_EncryptFinal_ex 関数が追加されています。この関数は、コンテキストが EVP_EncryptInit_ex で初期化されている場合に使用されます。

例6.3に、初期化済みのEVP暗号コンテキスト、暗号文を入れるバッファ、バッファ長、そして整数へのポインタを受け取る関数の実装を示します。この関数は、パラメータを受け取ると、データを一度に100バイトずつ暗号化し、ヒープに割り当てられたバッファに入れます。このバッファが関数の戻り値になります。出力された暗号文の長さは、第4引数で指定されたアドレスに戻されます。

▼ 例6.3　平文を一度に100バイトずつ暗号化

```
#include <openssl/evp.h>

char *encrypt_example(EVP_CIPHER_CTX *ctx, char *data, int inl, int *rb)
{
    char *ret;
    int  i, tmp, ol;

    ol = 0;
    ret = (char *)malloc(inl + EVP_CIPHER_CTX_block_size(ctx));
    for (i = 0;  i < inl / 100;  i++)
    {
        EVP_EncryptUpdate(ctx, &ret[ol], &tmp, &data[ol], 100);
        ol += tmp;
    }
    if (inl % 100)
    {
        EVP_EncryptUpdate(ctx, &ret[ol], &tmp, &data[ol], inl%100);
        ol += tmp;
    }
    EVP_EncryptFinal(ctx, &ret[ol], &tmp);
    *rb = ol + tmp;
    return ret;
}
```

ブロック長は、EVP_CIPHER_CTX_block_size を呼び出して設定します。ストリーム暗号、または、CFBやOFB暗号モードを使用する場合には、パディングが行われな

いため、ブロック長を設定する必要はありません。つまり、暗号化データを必要に応じて出力できるため、平文をバッファに入れる必要がないのです[*4]。

先の例は、暗号化による出力をすべて1つのバッファに入れてから暗号文を処理するような場合には、うまく機能します。しかし、暗号文を順繰りに処理しなければならない場合には、あまりうまく機能しません。例えば、データをブロックごとにできるだけ早く送信する必要があり、すべてのデータが処理されるのを待っていられない場合もあるでしょう。例6.4は、このような状況に対する解決策を示しています。暗号化するデータは、必要に応じてincremental_encryptに送られます。送信すべきデータがある場合、incremental_encryptはincremental_sendを呼び出します。incremental_sendはスタブ関数で、その時点で暗号化済みのブロックをネットワークに送り出すことができます。暗号化対象のデータがincremental_encryptにすべて渡されると、incremental_finishが呼び出されます。

▼ 例6.4　インクリメンタルな暗号化の実行

```
#include <openssl/evp.h>

/* 実際に書き込まれたバイト数を返す */
int incremental_encrypt(EVP_CIPHER_CTX *ctx, char *data, int inl)
{
    char *buf;
    int   ol;
    int   bl = EVP_CIPHER_CTX_block_size(ctx);

    /* ブロック長 - 1まで、文字列をバッファする
     * その長さを入力の長さに加え、ブロック数で割れば、
     * 出力されるブロックの最大数を決定できる
     */
    buf = (char *)malloc((inl + bl - 1) / bl * bl);
    EVP_EncryptUpdate(ctx, buf, &ol, data, inl);
    if (ol)
        incremental_send(buf, ol);
    /* incremental_sendを保存する場合はコピーしておくこと */
    free(buf);
    return ol;
}

/* 書き込まれたバイト数を返す */
int incremental_finish(EVP_CIPHER_CTX *ctx)
{
    char *buf;
    int   ol;

    buf = (char *)malloc(EVP_CIPHER_CTX_block_size(ctx));
    EVP_EncryptFinal(ctx, buf, &ol);
    if (ol)
        incremental_send(buf, ol);
    free(buf);
    return ol;
}
```

[*4] 厳密には、これはCFBモードには当てはまりません。CFBモードでは、最初のブロックがバッファに入る可能性もあるからです。

なお、`EVP_EncryptFinal`によって書き込まれるバイト数は、64ビットのブロックを使用し、パディングを有効にしている場合には必ず8になります。

復号

復号APIは、暗号化APIによく似ています。暗号コンテキストを初期化した後、`EVP_DecryptUpdate`と`EVP_DecryptFinal`の2つのメソッドを呼び出して使用します。`EVP_DecryptUpdate`には、データをいくらでも渡すことができます。

ブロックベースのモード（ECBまたはCBC）の場合、ブロックの一部を渡すこともできますが、`EVP_DecryptUpdate`はブロック全体が渡されなければ出力しません。ブロックに満たないテキストは、追加データを受け取って処理できるようになるまで、あるいは`EVP_DecryptFinal`が呼び出されるまで、コンテキストに格納されます。さらに、コンテキストにキャッシュされた暗号文と新たな暗号文の合計が、ブロックの総計にぴったり一致した場合は、最後のブロックは出力されず、コンテキストに保持されたままになります。CFBやOFBモード、またはストリーム暗号を使う場合は、パディングが行われないので、出力される暗号文は平文と同じ長さになります。

ブロックベースのモードを使う場合、`EVP_DecryptFinal`では、最後のブロックのパディングが正しい形式で追加されているかをまずチェックし、正しくなければ関数が0を返してエラーを通知します。正しければ、残ったデータをすべてバッファに入れ、第2引数として渡します。また、入力されたバイト数は、第3引数（参照パラメータ）に書き込みます。このほかのモードでは、この関数は何もしません。

例6.5は、暗号化されたテキストのブロックを復号し、動的に割り当てられたバッファに入れて返すという簡単な関数です。この関数は、復号を順繰りに行うことを前提にしています。よって、ブロックベースのモードを使用する場合は、`EVP_DecryptFinal`を呼び出す必要があります。もちろん、この関数にコンテキストを渡す前には、必ず`EVP_DecryptInit`を呼び出す必要があります。

▼例6.5　暗号文の復号

```
char *decrypt_example(EVP_CIPHER_CTX *ctx, char *ct, int inl)
{
/* NULL 終端記号を非 NULL 終端 ASCII 記号にしてあるという仮定の元に平文にする
 * そうでなければ、NULL が無視される可能性がある
 */
char *pt = (char *)malloc(inl + EVP_CIPHER_CTX_block_size(ctx) + 1);
int ol;
EVP_DecryptUpdate(ctx, pt, &ol, ct, inl);
if (!ol)  /* 復号するブロックがなくなったとき */
{
free(pt);
return NULL;
}
pt[ol] = 0;
return pt;
}
```

暗号化の場合と同様、暗号のブロック長の設定は、厳密にはブロックベースの暗号モードを使用する場合しか必要ありません。

次に例6.6を見てみましょう。これは、上記の関数と、ここまでの説明で登場した例を使用したコードです。15バイトの文字列をBlowfishのCBCモードで暗号化し、それを2ヵ所でdecrypt_exampleに渡しています。EVP_MAX_BLOCK_LENGTHというマクロを使用している点に注意してください。このマクロは、0.9.7以降のバージョンにしか含まれていません。それよりも前のバージョンのOpenSSLを使用する場合は、このマクロの値を64（0.9.6cまでで選択可能な最大のブロック長）に定義してください。

▼例6.6　暗号化と復号の関数の使用例

```
int main(int argc, char *argv[])
{
    EVP_CIPHER_CTX ctx;
    char          key[EVP_MAX_KEY_LENGTH];
    char          iv[EVP_MAX_IV_LENGTH];
    char          *ct, *out;
    char          final[EVP_MAX_BLOCK_LENGTH];
    char          str[] = "123456789abcdef";
    int           i;

    if (!seed_prng())
    {
        printf("Fatal Error!  Unable to seed the PRNG!\n");
        abort();
    }

    select_random_key(key, EVP_MAX_KEY_LENGTH);
    select_random_iv(iv, EVP_MAX_IV_LENGTH);

    EVP_EncryptInit(&ctx, EVP_bf_cbc(), key, iv);
    ct = encrypt_example(&ctx, str, strlen(str), &i);
    printf("Ciphertext is %d bytes.\n", i);

    EVP_DecryptInit(&ctx, EVP_bf_cbc(), key, iv);
    out = decrypt_example(&ctx, ct, 8);
    printf("Decrypted: >>%s<<\n", out);
    out = decrypt_example(&ctx, ct + 8, 8);
    printf("Decrypted: >>%s<<\n", out);
    if (!EVP_DecryptFinal(&ctx, final, &i))
    {
        printf("Padding incorrect.\n");
        abort();
    }
    final[i] = 0;
    printf("Decrypted: >>%s<<\n", final);
}
```

この例を実行して、復号した平文を最初に出力しようとすると、復号関数に1ブロック分のデータを入力しているにもかかわらず何も出力されないことがわかります。つまり、続きのデータを入力して、初めて8バイトを渡していることになるのです。これは、暗号化関数がブロックと同じ長さまでデータをパディングするためです。2つ目のブ

ロックを受け取った時点で1ブロックが出力され、2つ目のブロックはその次のデータを受け取るか、または`EVP_DecryptFinal`を呼び出すまで保持されます。

この例で暗号をRC4に変更すると、コンパイルはされるものの、少し間違って出力されるようになります。パディングが行われないために、暗号化されるテキストの長さが、16バイトではなく15バイトになってしまうのです。このため、復号関数に暗号文を16バイト渡すと、不要なブロックを復号することになります。`decrypt_example`の2回目の呼び出しで第3引数を7に変更すれば、この問題は解決します。

カウンタモードでのUDP通信の処理

暗号化にECBモードが適しているというケースは、まずあり得ません。Schneierは、ほかの鍵を暗号化する場合や、データが短いかランダムな場合などであれば推奨できるとしていますが、このアドバイスが当てはまるのは、鍵長が暗号のブロック長と同じか、それよりも小さい場合だけです。その上、データの処理と並行して完全性のチェックも行いたい場合は、ECBではやはり不適切です。

このほかにECBの使用を検討する状況があるとすれば、UDP接続を介して送信されるデータグラムの暗号化という場面が考えられます。UDPの問題は、パケットが間違った順番で送られてきたり、あるいは完全に破棄されるパケットがあることです。ECBを除くすべての基本的な暗号モードでは、データストリームの順番が入れ替わっていない信頼性のある通信が要求されるのです。

UDP通信の処理なら、CBCモードのほうがずっと適しています。1つの鍵ですべてのデータを暗号化できるからです。ただし、各パケットを無作為に選択されたIVで初期化し、それが暗号化データと一緒に送信される場合があります。

カウンタモードは、UDP通信の暗号化に、CBCよりも少しだけ適しています。カウンタモードがストリーム暗号をシミュレートするOFBなどのモードよりも有利である理由の1つは、本質的にデータの欠落をカバーできることです。つまり、パケットを送信するたびに、カウンタの現在の状態を平文で渡すことができるからです。カウンタモードには、このほかにも並列処理が可能という大きな利点があります。並列処理は、ECB以外のどのデフォルトモードでもサポートされていません（CBCをベースにした方法でもパケットレベルで処理を並列化できますが、単一パケット内でデータを並列処理することは不可能です）。OFBモードには、処理の大半をオフラインで実行できるという、ほかのモードにはない特徴があります。このため、暗号化するデータが存在すらしていないうち（CPUサイクルに余裕のあるうち）から、鍵ストリームを生成することができます。

また、カウンタモードであれば、基本的にデータストリーム内部の入れ替わりや欠落に対応することができます。このため、ファイルを暗号化して、さらにその暗号化データに無作為にアクセスすることが可能です。しかも理論的には、UDPを暗号化する際の問題点を、パケットごとに鍵を作り直すことなく解決できるはずです。OpenSSLの

バージョン0.9.6のライブラリには制限があるため、これを実現することは困難ですが、バージョン0.9.7でこの問題は解決されるでしょう。

OpenSSLは、本書執筆時点でカウンタモードをサポートしていませんが、簡単に実装することができます。カウンタモードは、事実上ブロック暗号をストリーム暗号のように使用するものです。平文の各ブロックに対して、ブロックとちょうど同じ長さのカウンタを暗号化し、それと対応する平文のブロックとのXORを取ります。その後、カウンタを何らかの方法でインクリメントします。カウンタを1ずつインクリメントしても、あるいはPRNGを使ってカウンタをインクリメントしても構いません。PRNGが暗号論的に安全である必要もありません。ただし、取り得る値が一周するまで同じ値が繰り返さないようにしなければなりません。

必要なら、攻撃者にカウンタを見られないようにすることもできます。例えば、合意された鍵のほかに、同じ長さの秘密情報をもう1つ共有します。その上で、シーケンス番号を各パケットと一緒に平文で送信してください。パケット内の最初のデータブロックの暗号化に使うカウンタを生成するには、2つ目の共有秘密とシーケンス番号を連結し、それをハッシュします。ハッシュの方法については第7章で説明します。

カウンタモードは、カウンタを連続的に作成し、それをECBモードで一度に1ブロックずつ暗号化するという方法で簡単に実装することができます。UDPでは、各パケットにブロックが複数含まれることもありますが、カウンタは1つのパケットに対して1つしか送信する必要はありません。なぜなら、受信側はそのカウンタに基づいて、後続のブロックのカウンタ値を計算できるはずだからです。

例6.7に、カウンタモードの実装例を示します。このコードは、ECBモードであればどの暗号でも機能します。関数は、counter_encrypt_or_decryptの1つしかありません。カウンタモードでは、暗号化と復号がまったく同じだからです。

```
int counter_encrypt_or_decrypt(EVP_CIPHER_CTX *ctx, char *pt,
                char *ct, int len, unsigned char *counter);
```

- ctx
  使用する暗号コンテキストを指定します。
- pt
  暗号化・復号されるデータが入っているバッファを指定します。
- ct
  暗号化・復号されたデータを入れるバッファを指定します。
- len
  入力バッファ（pt）から受け取って処理するバイト数を指定します。
- counter
  カウンタを指定します。

この例では、カウンタ長は使用する暗号のブロック長と同じでなければなりません（値を指定するために暗号のブロック長を問い合わせています）。暗号のブロック長は、通常は32ビットより長いので、カウンタは符号なしのバイト配列で表現するのがベストです。この関数は、ブロックを処理する際に、カウンタを適切に更新しています。カウンタのインクリメントには、左端のバイトから単純にインクリメントしていって、一周したらその右隣のバイトをインクリメントするという方法を採用しています。非常に重要なことですが、鍵を変えずにカウンタの値を再利用することは絶対にしないでください。これは、マシンを再起動した後でも同じです。万が一、カウンタを再利用することがある場合は、必ず鍵を変えるようにしてください。

この関数は、暗号がECBモードでないと判断すると-1を返します（このモードの使用は、カウンタモードを実装するために必須になります。ここでは、一般的な利用に際してECBモードを推奨しているわけではありません）。ECBかどうかは、`EVP_CIPHER_CTX_mode` を呼び出して判断します。この関数から返される数値が、定数 `EVP_CIPH_ECB_MODE` と等しくなければ、暗号の初期化が不適切であったことがわかります。本書のWebサイトにあるドキュメントに、有効なモードの定数が一覧で示してあるので、参照してください。

例6.7のコードを使用するには、MACを使用してデータの完全性を保護する処理を追加する必要があることに注意してください。これについては第7章で説明します。

▼ 例6.7　カウンタモードを使用した暗号化と復号

```
int counter_encrypt_or_decrypt(EVP_CIPHER_CTX *ctx, char *pt, char *ct, int len,
unsigned char *counter)
{
int i, j, where = 0, num, bl = EVP_CIPHER_CTX_block_size(ctx);
char encr_ctrs[len + bl]; /* 暗号化されたカウンタ */
if (EVP_CIPHER_CTX_mode(ctx) != EVP_CIPH_ECB_MODE)
return -1;
/* (非整列データを扱うのに) ECBモードかどうか */
for (i = 0; i <= len / bl; i++)
{
/* 現在のカウンタ値を暗号化 */
EVP_EncryptUpdate(ctx, &encr_ctrs[where], &num, counter, bl);
where += num;
/* カウンタをインクリメントする。文字列からなる配列であることに注意 */
for (j = 0; j < bl / sizeof(char); j++)
{
if (++counter[j])
break;
}
}
/* 鍵ストリームと最初のバッファを XOR する
 * その結果を2番目のバッファに入れる
 */
for (i = 0; i < len; i++)
ct[i] = pt[i] ^ encr_ctrs[i];
return 1; /* 成功 */
}
```

先にも説明したように、この例では、カウンタの状態を維持することが必要になります。ここで示した方法のほかに、`COUNTER_CTX` データ型を作成して、ベースとなる暗号コンテキストとカウンタの現在の状態を格納できるようにするという方法もあります。ただし、こうすると API の抽象化のレベルが下がるため、使用時にカウンタを明示的にリセットしなければならないような状況に陥りやすくなります（UDP 通信を処理していて同期が取れなくなった場合など）。

6.3　そのほかの注意事項

本節では、EVP API を使用して暗号化と復号を実行する方法について説明しました。基本的な例をいくつか紹介しましたが、どれも（通信においては）実用的な例とはいえません。その主な理由は、共通鍵暗号化を MAC なしで使用することが望ましくないからです。攻撃者がデータの読み取りアクセス権を持っているのなら、書き込みアクセス権も同時に入手するおそれがあることを考慮しなければなりません。暗号化と MAC を使用した実用的な例は第 7 章で紹介します。

MAC を使用する際には、独自の鍵を用意し（つまり、暗号化鍵を使って MAC を作成してはなりません）、その鍵を使ってすべてのデータを検証するようにしてください。これは、平文のまま送信されたものも含みます。特に、カウンタモードを使用する場合は、カウンタの値を必ずデータに含めて MAC を計算するようにしてください。

さらに、暗号技術をベースとしたプロトコルを設計する場合には、すべてのデータが決して平文のままやり取りされることのないようにしてください。どうしても平文でやり取りする必要があるデータには、必ず MAC を作成する必要があります。特に、鍵交換の前にプロトコルのネゴシエーションを平文で行う場合は、ネゴシエーションの各メッセージのペイロードに MAC を作成して、鍵を合意した後に双方でネゴシエーションを検証できるようにすることが必要です。例えば、クライアントがサーバに接続して、その直後に X というプロトコルのバージョン 2 で通信したいと要求し、その後サーバから安全性に欠けるバージョン 1 でなければ通信できないという応答を受信したとします。実は、これが通信の中間にいる何者か（man-in-the-middle）の仕業で、サーバにはクライアントがバージョン 1 での通信を要求していると伝えて、サーバからの応答を捏造しているかもしれません。クライアントもサーバもこれに気付かず、安全でないバージョンのプロトコルで通信を行う危険があります。

もう 1 つ、プロトコルがフォールトトラレントであるように設計することも重要です。特に、MAC を使用してメッセージを検証する場合は、不正なメッセージに対するしっかりとしたエラー処理を受信側で用意する必要があります。このようなケースでプロトコルにエラーが発生すると、いとも簡単に DoS 攻撃を仕掛けられてしまうでしょう。

最後に、辞書攻撃や再送といった種類の攻撃に対しても、各自で対策を考える必要があります。例えば、各メッセージの先頭にシーケンス番号を追加するという方法もその1つです。あるいは、ユーザや接続ごとに一意な情報を、各メッセージの先頭付近に付加する方法もあります。

● Hashes and MACs ●

第7章

ハッシュとMAC

　前章では、OpenSSLの暗号ライブラリのうち最も重要な部分、すなわち共通鍵暗号化について説明しました。本章では、まずハッシュアルゴリズム（一般にはメッセージダイジェストアルゴリズムあるいは一方向ハッシュ関数とも呼ばれます）のAPIについて取り上げます。その後、OpenSSLにおけるメッセージ認証コード（MAC：Message Authentication Code）のインタフェースについても説明します。MACは、共通鍵を用いたハッシュのことだと考えればよいでしょう。

7.1　ハッシュとMACの概要

　ハッシュとMACの基本的な概念については、第1章で解説しました。ここでは、これらの暗号化の原理を自作のアプリケーションに取り入れるにあたり、理解すべき重要な性質について説明します。第6章でも述べたように、本書では、アプリケーションを開発する際に必要な最小限の予備知識しか提供しません。より詳しい予備知識が必要な場合や、本章で紹介するアルゴリズムの中身について詳しく知りたい場合は、暗号技術について包括的に概説したBruce Schneierの『Applied Cryptography』（邦訳『暗号技術大全』（山形浩生 訳、ソフトバンクパブリッシング））などを参照してください。

　一方向ハッシュは、任意のバイナリデータを入力として受け取り、固定長のバイナリ文字列（ハッシュ値やメッセージダイジェストとも呼ばれます）を出力として生成します。同じメッセージを同一のハッシュ関数に渡すと、必ず同じ結果が出力されます。メッセージダイジェストには、いくつかの重要な性質が求められます。まず、元の入力データを調べる手がかりとなるような情報が、ダイジェスト値に含まれているべきではあり

ません。この条件を満たすためには、入力データを1ビット変更しただけで、ダイジェスト値の多数（平均して半分程度）のビットが変化する必要があります。次に、メッセージを作成してハッシュを計算したときに、別のメッセージと同じハッシュ値になる可能性がきわめて小さくなければなりません。それから、同じハッシュ値を導出するメッセージを2つ考え出すことも難しくなければなりません。

あるハッシュ関数によってどれくらいの安全性が確保されるかは、同じハッシュ値を生成する2つのメッセージを見つけ出すのがどれだけ難しいかを基準にすることができます。一般に、十分に評価されているハッシュ関数をnビットのダイジェスト長で用いた場合の安全性は、やはり十分に評価されている共通鍵暗号を、その半分のビット数で用いた場合と同じ程度だとされています。例えば、ダイジェスト長が160ビットのSHA1は、鍵長が80ビットのRC5と同じくらい、攻撃への耐性があります。使い道にもよりますが、これらのアルゴリズムが提供する安全性の強度の測定には、ビット長を基準にできるわけです。

ハッシュ関数を使えばセキュリティを確保できる、と信じている人も多いようです。しかし、過信すべきではありません。例えば、ソフトウェアのリリースには、そのパッケージのMD5ダイジェストが付属するのが一般的です（MD5は有名なハッシュ関数）。このダイジェストは、チェックサムとして使用されます。つまり、ソフトウェアをダウンロードする際にMD5ダイジェストも一緒に入手し、ダウンロードしたソフトウェアのダイジェストを自分で計算して、2つのダイジェストが一致すれば、ダウンロードしたソフトウェアが書き換えられていないと確信できるのです。

残念なことに、この手法は簡単な方法で攻撃できます。攻撃者がソフトウェアパッケージXの配布データのコピーを改竄し、パッケージYを作成したとしましょう。攻撃者がサーバに入り込んでXをYに置き換えることができるなら、間違いなく、チェックサム（XのMD5）を別のもの（YのMD5）に置き換えることも簡単にできるでしょう。ダウンロードしたチェックサムをユーザが検証しても、これには気付きようがありません。また、攻撃者が実際にサーバにアクセスしなくても、ネットワークを横取りすれば、XをYに、また、XのMD5をYのMD5に、それぞれ置き換えることができます。

この問題の根本的な原因は、シナリオのなかに秘密情報が何も存在しないことです。この種のシナリオなら、電子署名を使用したほうがはるかに効果的です。電子署名は誰にでも検証できますが、正しい秘密鍵を持つ人でなければ生成できません（第8章を参照）。

セキュリティを目的として使う場合、ハッシュ関数だけでは役に立たないことがほとんどです。例外として重要なのが、パスワードの保管です。これは、パスワード本体を格納せず、パスワードのハッシュだけを格納するという使い方です。パスワードのデータベースが盗まれた場合に備えて、ハッシュ値は、通常「ソルト（salt）」という既知の値と組み合わせて格納されています。ユーザがログインを試行すると、入力されたパスワードのハッシュが計算され、パスワードのデータベースに格納されている値と比較

されます。入力されたパスワードが正しければ、2つのハッシュが一致します。

　しかし、このシナリオでさえ、信頼できるデータソースから信頼できる経路を介して認証情報を収集するのでなければ、セキュリティは確保されません。クライアントがハッシュを計算し、暗号化せずにネットワークに送出すれば、攻撃者はハッシュを捕捉して、その後でデータを再送しログインすることができます。さらには、サーバがハッシュ値を計算する場合でも、クライアントがパスワードをネットワークに平文のまま送出すれば、攻撃者は転送中のパスワードを捕捉できてしまいます。

　ハッシュの一般的な用途として、ほかの暗号化の処理で使用される場合があります。電子署名であれば、入力データをハッシュし、そのハッシュ値を秘密鍵で暗号化する、という手法が一般的です。こうすれば、大量の入力データを公開鍵方式で暗号化するよりもはるかに効率的です。また、暗号化鍵などのデータに対し、パターンを探る手がかりをすべて取り除くためにもよく利用されます。例えば、RC4の鍵を作成する際には、鍵素材を直接使用するのではなく、ハッシュしてから使用すべきです。

　もう1つ、暗号化データのメッセージ完全性を確認するためにもハッシュが使用されます。この場合は、メッセージのハッシュがメッセージそのものと一緒に暗号化されます。これは、MACの原始的な形態といえます。一般に、MACでは、通常のハッシュ関数が利用されています。MACアルゴリズムでは、秘密鍵を保護するために、秘密鍵のデータからハッシュ値が生成されます。正しい秘密鍵を持つ人だけがハッシュ値を生成でき、秘密鍵を持つ人だけがハッシュ値を認証できるのです。

　MACの利点の1つは、暗号化なしでも完全性が提供できることです。また、非常に優れたMACには、使用するハッシュアルゴリズムの強度について十分な条件が整えば、証明可能な安全性に関する性質を持ち得るという利点もあります。つい先ほど例に挙げたMD5のアルゴリズムには、この2つの利点はありません。

　ほかの暗号技術の原理と同様に、自分でMACアルゴリズムを作成するのは、たとえ簡単そうに思えたとしてもやめておくべきです。証明可能な優れたアルゴリズムが多数存在し（本書執筆時点でOpenSSLで利用できる唯一のMACであるHMACもその1つです）、それを利用すればよいのですから、わざわざリスクを背負う必要はないでしょう。

7.2　EVP APIを使用したハッシュ化

　共通鍵暗号化方式とまったく同じですが、OpenSSLの暗号ライブラリには、提供するハッシュアルゴリズムごとにAPIが用意されています。また、これらのアルゴリズムに対する単一の簡単なインタフェースとして、EVP APIを利用することもできます。共通鍵暗号化とまったく同様に、初期化、Update処理（コンテキストにテキストを追加）、Final処理という3つの処理を呼び出すことで、メッセージダイジェストを生成します。

初期化の際には、使用するアルゴリズムを指定しなければなりません。本書執筆時点で、OpenSSLでは、MDC2、MD2、MD4、MD5、SHA1、RIPEMD-160という6種類のアルゴリズムを利用できます。ただし、最初の4つはダイジェストの長さが128ビットしかないので、過去のアプリケーションをサポートするのでなければ使用しないほうがよいでしょう。また、MD4は、既知の攻撃がある破られたアルゴリズムとして広く認識されています。SHA1はRIPEMD-160よりもよく利用され、処理も高速ですが、RIPEMD-160のほうがやや安全であると考えられています。

　各ダイジェストに対し、アルゴリズムのインスタンスを返す関数が少なくとも1つ用意されています。アルゴリズムを名前で検索する場合は、`OpenSSL_add_all_digests`と`EVP_get_digestbyname`を呼び出し、該当する識別子を渡します。どちらを呼び出す場合も、`EVP_MD`型のデータ構造体でアルゴリズムを表します。表7.1にOpenSSLがサポートするすべてのメッセージダイジェストアルゴリズムを示します。この表には、アルゴリズムへの参照を取得するためのEVP呼び出しと、検索に使うダイジェストの名前、および出力されるダイジェストの長さが記載されています。

▼表7.1　メッセージダイジェストとEVPインタフェース

ハッシュアルゴリズム	EVP_MDを取得するEVP呼び出し	検索用文字列	ダイジェストの長さ（ビット）
MD2	EVP_md2()	md2	128
MD4	EVP_md4()	md4	128
MD5	EVP_md5()	md5	128
MDC2	EVP_mdc2()	mdc2	128
SHA1	EVP_sha1() EVP_dss1()	sha1 dss1	160
RIPEMD-160	EVP_ripemd160()	ripemd	160

　MDC2は、ブロック暗号をハッシュ関数に変えるために組み立てられたアルゴリズムです。通常、DES以外では使用されないので、OpenSSLではDESとの組み合わせがハードコードされています。SHA1とDSS1は、基本的には同じアルゴリズムです。唯一の違いは、電子署名においてSHA1がRSA鍵で使用されるのに対し、DSS1がDSA鍵で使用されることです。

　`EVP_DigestInit`関数は、コンテキストオブジェクトを初期化します。ハッシュ計算の前には、この関数を呼び出す必要があります。

```
void EVP_DigestInit(EVP_MD_CTX *ctx, const EVP_MD *type);
```

- ctx
  初期化するコンテキストオブジェクトを指定します。

- type
  使用するメッセージダイジェストアルゴリズムのコンテキストを指定します。この値は、しばしば、表7.1にあるEVP呼び出しのいずれかを使って取得されます。

OpenSSLのエンジンパッケージや、バージョン0.9.7には、EVP_DigestInit_exという名前の関数が含まれており、その利用が推奨されています。EVP_DigestInit_exでは、第3引数にエンジンオブジェクトへのポインタを指定することができます。第3引数でNULLを渡すと、(デフォルトの)ソフトウェア実装を指定したことになります。戻り値も整数で成功(0以外)または失敗(0)を示すように変更されています。処理が失敗することもあるので、関数からの戻り値は必ずチェックするようにしてください。

EVP_DigestUpdate関数は、ハッシュ計算にデータを含めるために使用します。この関数を繰り返し呼び出す場合、1つのバッファに収まるよりも多くのデータが渡される可能性があります。例えば、大量のデータのハッシュを計算するのであれば、データを何バイトかの小さな単位に分割し、ファイル全体をメモリにロードせずに済むようにするのが妥当です。

```
void EVP_DigestFinal(EVP_MD_CTX *ctx, unsigned char *hash,
                     unsigned int *len);
```

- ctx
  ハッシュ計算に使用するコンテキストオブジェクトを指定します。
- buf
  ハッシュ計算を行うデータを格納したバッファを指定します。
- len
  バッファに格納されているバイト数を指定します。

ハッシュしたすべてのデータをEVP_DigestUpdateに渡したら、出力されるハッシュ値をEVP_DigestFinalを使って取得します。

```
void EVP_DigestFinal(EVP_MD_CTX *ctx, unsigned char *hash,
                     unsigned int *len);
```

- ctx
  ハッシュ計算に使用するコンテキストオブジェクトを指定します。
- hash
  ハッシュ値を入れるバッファを指定します。そのバッファ長は、少なくともEVP_MAX_MD_SIZEバイト必要です。

- len
  ハッシュ値のバッファに入れたバイト数を受け取る整数へのポインタを指定します。この値が必要ない場合は、この引数にNULLを指定することもできます。

EVP_DigestFinal_exの引数もEVP_DigestFinalとまったく同じです。ただし、EVP_DigestFinal_exは、EVP_DigestInit_exと組み合わせて使用するように注意してください。EVP_DigestFinalまたはEVP_DigestFinal_exを呼び出すと、それまで使用していたコンテキストが無効になるため、もう一度使用するには、EVP_DigestInitまたはEVP_DigestInit_exを使って初期化し直さなければなりません。特に、EVP_DigestFinal_ex関数は失敗する可能性があることに注意してください。

例7.1に示すのは、メッセージダイジェストの処理を実行できるオールインワンの関数です。この関数には、使用するアルゴリズムの名前、ハッシュするデータのバッファ、このバッファから受け取るデータ量を表す符号なし整数、そして整数へのポインタを渡します。第4引数のポインタが示す整数には、バッファに出力されるダイジェストの長さが入ります。この値が必要ない場合はNULLを指定することもできます。ダイジェスト値は、関数によって内部的に割り当てられ、結果として戻されます。指定したアルゴリズムが見つからないなど、何らかのエラーが発生した場合にはNULLを返します。

▼例7.1 EVP APIを使用したハッシュ値の計算
```
unsigned char *simple_digest(char *alg, char *buf, unsigned int len, int
*olen)
{
    const EVP_MD   *m;
    EVP_MD_CTX     ctx;
    unsigned char *ret;

    OpenSSL_add_all_digests();
    if (!(m = EVP_get_digestbyname(alg)))
        return NULL;
    if (!(ret = (unsigned char *)malloc(EVP_MAX_MD_SIZE)))
        return NULL;
    EVP_DigestInit(&ctx, m);
    EVP_DigestUpdate(&ctx, buf, len);
    EVP_DigestFinal(&ctx, ret, olen);
    return ret;
}
```

メッセージダイジェストはバイナリデータなので、直接出力させることはできません。一般に、メッセージダイジェストを出力する必要がある場合には、16進表現で出力させます。例7.2に示す関数は、printfを使って、任意のバイナリ文字列を16進表現で一度に1バイトずつ出力するものです。文字列と、文字列の長さを指定する整数をパラメータとして受け取ります。

▼ 例7.2　16進表現でのハッシュ値の出力
```
void print_hex(unsigned char *bs, unsigned int n)
{
    int i;

    for (i = 0;  i < n;  i++)
        printf("%02x", bs[i]);
}
```

例7.3のコードは、多数のUNIXシステムに見られるmd5コマンドに類似した、sha1コマンドを実装したものです。コマンドラインから指定されたファイルのSHA1ダイジェストを計算します。このコマンドを引数なしで呼び出すと、標準入力がハッシュされます。なお、openssl sha1コマンドを実行しても同じ結果が得られます（第2章を参照）。

▼ 例7.3　ファイルのSHA1ハッシュの計算
```
#define READSIZE 1024

/* エラーしたら0、成功したらファイルの中身を返す */
unsigned char *read_file(FILE *f, int *len)
{
    unsigned char *buf = NULL, *last = NULL;
    unsigned char inbuf[READSIZE];
    int tot, n;

    tot = 0;
    for (;;)
    {
        n = fread(inbuf, sizeof(unsigned char), READSIZE, f);
        if (n > 0)
        {
            last = buf;
            buf = (unsigned char *)malloc(tot + n);
            memcpy(buf, last, tot);
            memcpy(&buf[tot], inbuf, n);
            if (last)
                free(last);
            tot += n;
            if (feof(f) > 0)
            {
                *len = tot;
                return buf;
            }
        }
        else
        {
            if (buf)
                free(buf);
            break;
        }
    }
    return NULL;
}

/* エラーしたらNULL、成功したらハッシュ値を返す */
```

```c
unsigned char *process_file(FILE *f, unsigned int *olen)
{
    int         filelen;
    unsigned char *ret, *contents = read_file(f, &filelen);

    if (!contents)
        return NULL;
    ret = simple_digest("sha1", contents, filelen, olen);
    free(contents);
    return ret;
}

/* 失敗したら0、成功したら1を返す */
int process_stdin(void)
{
    unsigned int  olen;
    unsigned char *digest = process_file(stdin, &olen);

    if (!digest)
        return 0;
    print_hex(digest, olen);
    printf("\n");
    return 1;
}

/* 失敗したら0、成功したら1を返す */
int process_file_by_name(char *fname)
{
    FILE          *f = fopen(fname, "rb");
    unsigned int  olen;
    unsigned char *digest;

    if (!f)
    {
        perror(fname);
        return 0;
    }
    digest = process_file(f, &olen);
    if (!digest)
    {
        perror(fname);
        fclose(f);
        return 0;
    }
    fclose(f);
    printf("SHA1(%s)= ", fname);
    print_hex(digest, olen);
    printf("\n");
    return 1;
}

int main(int argc, char *argv[])
{
    int i;

    if (argc == 1)
    {
        if (!process_stdin())
            perror("stdin");
    }
    else
    {
```

```
        for (i = 1;   i < argc;   i++)
            process_file_by_name(argv[i]);
    }
}
```

7.3　MACの使用

　OpenSSLライブラリで提供されるMACの実装は、HMACの1種類だけです。このため、MAC用のEVPインタフェースはありません。MACの対象となるすべてのデータがメモリ内で一度に利用できる場合（MACを順繰りに計算する必要がない場合など）は、HMACという関数（openssl/hmac.hヘッダのインクルードが必要）を一度呼び出すだけで、後の処理はすべて面倒をみてくれます。

```
unsigned char *HMAC(const EVP_MD *type, const void *key, int keylen,
                    const unsigned char *data, int datalen,
                    unsigned char *hash, unsigned int *hashlen);
```

- type
  使用するメッセージダイジェストを指定します。ダイジェストの一覧と、適切なEVP_MDオブジェクトを取得するための関数については、表7.1を参照してください。
- key
  使用する鍵を格納しておくバッファを指定します。
- keylen
  鍵用のバッファで、鍵にどれくらいのバイト数を使うかを指定します。
- data
  HMACで計算されるデータを格納するバッファを指定します。
- datalen
  データのバッファにおいて、使用するバイト数を指定します。
- hash
  計算されたメッセージダイジェストを入れるバッファを指定します。このバッファは、少なくともEVP_MAX_MD_SIZEのバイト数と同じ長さでなければなりません。
- hashlen
  ハッシュのバッファに入れられたデータのバイト数を受け取る整数へのポインタを指定します。このバイト数を知る必要がない場合は、この引数にNULLを指定することもできます。

HMAC関数を呼び出した際の戻り値は、ハッシュのバッファへのポインタになります。出力バッファ、すなわちhash（変数）にはNULLを指定することもできますが、絶対に避けてください。出力バッファが指定されないと、内部のグローバルバッファが使用されますが、このバッファを使用するとスレッドセーフではなくなってしまいます。

使用する鍵の鍵長はいくつでも構いませんが、共通鍵暗号化に使う鍵と同じくらいの長さ（できれば80ビット以上）にすることをお勧めします。ただし、暗号化に使うのと同じ鍵をMACにも使用するのは避けるべきです。MAC用に2つ目の鍵を生成し、（通信相手と）交換するようにしてください。

HMAC関数を呼び出してファイルのMACを作成する方法を、例7.4に示します。ファイルはコマンドラインから指定し、ハードコードされた鍵とSHA1ダイジェストアルゴリズムを使用しています。当然ながら、実際のアプリケーションでは、必ず暗号論的に強い鍵を選択する必要があります（第6章のselect_random_key関数を参照）。どのような状況においても、暗号化とMACに同じ鍵を使用することは避けてください。

▼例7.4　HMAC関数を使用したMACの計算

```
/* 警告：この鍵は、あくまでもサンプル。
 * 絶対にこの鍵は使用せず、無作為なものを生成すること。
 */
static const char key[16] = { 0xff, 0xee, 0xdd, 0xcc, 0xbb, 0xaa, 0x99, 0x88,
                              0x77, 0x66, 0x55, 0x44, 0x33, 0x22, 0x11, 0x00 };

/* 失敗したら0、成功したら1を返す */
int HMAC_file_and_print(unsigned char *fname)
{
    FILE            *f = fopen(fname, "rb");
    unsigned char *contents;
    unsigned char result[EVP_MAX_MD_SIZE];
    unsigned int   flen, dlen;

    if (!f)
        return 0;
    contents = read_file(f, &flen);
    fclose(f);
    if (!contents)
        return 0;

    HMAC(EVP_sha1(), key, sizeof(key), contents, flen, result, &dlen);

    printf("HMAC(%s, ", fname);
    print_hex(key, sizeof(key));
    printf(")= ");
    print_hex(result, dlen);
    printf("\n");

    return 1;
}
```

MACデータの検証は簡単です。ハッシュ値を再度計算して、その値と転送されてきたハッシュ値とを比較するだけです。両者が一致する場合、メッセージに転送中に改竄

されていないはずです。例7.5にバイト単位で比較を行う簡単な関数を示します。

▼ 例7.5　バイナリの比較関数
```c
/* 同じ値だったら0、違う値であれば-1を返す */
int binary_cmp(unsigned char *s1, unsigned int len1,
               unsigned char *s2, unsigned int len2)
{
    int i, c, x;

    if (len1 != len2)
        return -1;

    c = len1 / sizeof(x);
    for (i = 0;  i < c;  i++)
    {
        if (*(unsigned long *)(s1 + (i * sizeof(x))) !=
            *(unsigned long *)(s2 + (i * sizeof(x))))
        {
            return -1;
        }
    }
    for (i = c * sizeof(x);  i < len1;  i++)
    {
        if (s1[i] != s2[i])
            return -1;
    }

    return 0;
}
```

データを順繰りに認証する必要がある場合は、HMAC APIのメソッドを利用することができます。これらのメソッドは、EVPメッセージダイジェストのAPIとほとんど同じ要領で使えます（鍵に関するパラメータが追加されています）。

ただし、OpenSSLのバージョン0.9.7で大きく変更された点があります。HMACコンテキストを使用する前に、`HMAC_CTX_init`にコンテキストを渡して明示的に0で埋めることが必要になったのです。この関数は、0.9.7以前のバージョンのライブラリには存在しません。なぜなら、ドキュメントに記載はありませんが、`HMAC_Init`がこの初期化を実行していたからです。初期化できたら、`HMAC_Init`（バージョン0.9.7では`HMAC_Init_ex`）を呼び出してください。HMACコンテキストが、`HMAC_Update`と`HMAC_Final`で使えるように正しく初期化されます。

```c
void HMAC_Init(HMAC_CTX *ctx, const void *key, int keylen,
               const EVP_MD *type);
```

- `ctx`
  初期化するHMACコンテキストオブジェクトを指定します。

- key
  使用する鍵を格納しておくバッファを指定します。
- keylen
  鍵のバッファ内で、有効と見なすバイト数を指定します。
- type
  使用するメッセージダイジェストオブジェクトを指定します。この引数に指定可能な値を返す関数については、表7.1を参照してください。

HMACコンテキストを初期化したら、それを使ってMACの計算を実行できます。EVP APIと同様、データはHMAC_Update関数に順繰りに渡されます。

```
void HMAC_Update(HMAC_CTX *ctx, const unsigned char *data, int len);
```

- ctx
  MACの計算に使用するHMACコンテキストオブジェクトを指定します。
- data
  MACを作成するデータを格納するバッファを指定します。
- len
  データのバッファ内で、有効と見なすバイト数を指定します。

HMAC_Updateには、すべてのデータを一度に渡しても構いませんが、この関数を必要な回数だけ呼び出し、そのたびにデータを順繰りに渡していくこともできます。HMAC_Updateを使って、MACの対象となるすべてのデータをHMACコンテキストに渡したら、HMAC_Finalを呼び出します。この関数は、MACを計算してハッシュを返します。

```
void HMAC_Final(HMAC_CTX *ctx, unsigned char *hash, unsigned int *len);
```

- ctx
  MACの計算に使用するHMACコンテキストオブジェクトを指定します。
- hash
  出力されたハッシュ値を受け取るバッファを指定します。このバッファのサイズには、少なくともEVP_MAX_MD_SIZEのバイト数が必要です。
- len
  出力バッファに書き込まれたハッシュのバイト数を受け取る整数へのポインタを指定します。この値が必要ない場合は、この引数にNULLを指定することができます。

HMAC_Finalを呼び出した後は、HMAC_cleanupを使ってコンテキストをクリーンアップするか、または再利用できるように初期化し直す必要があります。言い換えれば、HMAC_Finalを呼び出した後、そのHMACコンテキストオブジェクトを初期化し直さずに、そのままHMAC_UpdateやHMAC_Finalの呼び出しに使用することはできません。HMACコンテキストを使い終わったら、必ずHMAC_cleanupを呼び出してコンテキストオブジェクトを完全に破棄し、使用していた可能性のあるリソースをすべて解放する必要があります。HMAC_cleanupは引数を1つしか受け取りません。つまり、破棄するコンテキストオブジェクトです。例7.6に、HMAC_Init、HMAC_Update、HMAC_Finalを使用したMACの計算方法を例示します。

▼ 例7.6　HMAC_Init、HMAC_Update、HMAC_Finalを使用したMACの計算

```c
/* 警告：この鍵は、あくまでもサンプル。
 * 絶対にこの鍵は使用せず、無作為なものを生成すること。
 */
static const char key[16] = { 0xff, 0xee, 0xdd, 0xcc, 0xbb, 0xaa, 0x99, 0x88,
                              0x77, 0x66, 0x55, 0x44, 0x33, 0x22, 0x11, 0x00 };

/* 失敗したら0、成功したら1を返す */
int HMAC_file_and_print(unsigned char *fname)
{
    FILE            *f = fopen(fname, "rb");
    unsigned char   *contents;
    unsigned char   result[EVP_MAX_MD_SIZE];
    unsigned int    flen, dlen;
    HMAC_CTX        ctx;

    if (!f)
        return 0;
    contents = read_file(f, &flen);
    fclose(f);
    if (!contents)
        return 0;

    HMAC_Init(&ctx, key, sizeof(key), EVP_sha1());
    HMAC_Update(&ctx, contents, flen);
    HMAC_Final(&ctx, result, &dlen);
    HMAC_cleanup(&ctx);

    printf("HMAC(%s, ", fname);
    print_hex(key, sizeof(key));
    printf(")= ");
    print_hex(result, dlen);
    printf("\n");

    return 1;
}
```

そのほかのMAC

OpenSSLが直接サポートするのはHMACだけですが、そのほかの種類のMACのなかにも、簡単に実装できるものがいくつかあります。とりわけ、ブロック暗号をベー

スとするMACのなかに、実に簡単で、かつ有用なものがいくつかあります。HMACがこれほどまでに有力である理由の大部分は、ベースとなる暗号の原理に一方向ハッシュを使用していることにあります。強力な暗号技術の輸出が規制されていた頃には、一方向ハッシュが優先的に使用されました。純粋な一方向関数であれば、規制の対象には一切ならなかったからです。

しかし、ブロック暗号をベースとするMACにも、喉から手が出るほど使いたい理由があります。第一に、ハッシュ処理を2度実行しなければならないHMACよりも、処理が高速であることが挙げられます。第二に、コード全体の長さを小さく抑えたい場合には、ブロック暗号のコードを再利用できるという点が有利になるはずです（アルゴリズムを特に追加しなければ、ハッシュ関数を使うかどうかにもよりません）。この利点は、暗号技術をハードウェアに組み込む場合には特に魅力的です。

HMACは、証明可能な安全性に関する性質を持ちますが、これはCBC-MAC、UMAC、XCBC-MACなど、多くの暗号ベースのMACでも同様です。どのMACにおいても、安全性の裏付けは、ベースとなる暗号の原理における安全性の条件に依存します。例えば、HMACを安全と見なすためには、基礎の部分に使うハッシュアルゴリズムが安全であることが条件となり、UMACやXCBC-MACを安全と見なすためには、基礎の部分にあるブロック暗号が安全であることが条件となります。安全性の条件を最小限に抑えておくのは賢明なことです。例えば、ブロック暗号とハッシュ関数を使用する場合、そのどちらかが破られると、おそらくシステム全体が破られてしまうでしょう。システム全体のセキュリティは、最も脆弱な部分のレベルにまで下がってしまうものだからです。

CBC-MACには、確実に特許の制限がありません。おそらく、XCBC-MACとXOR-MACにも制限はないでしょう。UMACがベースとなった理論的な仕組みのなかには、実は特許で保護されているものがあるかもしれません。使用する際は注意してください。

CBC-MAC

CBC-MACは、ブロック暗号をベースとする最も単純なMACです。基本的に、処理の対象となるメッセージは、ブロック暗号を使ってCBCモードで暗号化されます。認証する値は、暗号文の最後のブロックか、またはその一部になります。このMACが安全であるためには、ベースとなるブロック暗号が安全で、かつ1つの鍵で一定の長さ（パディングが追加された後の長さ。ブロック長に合わないメッセージにはパディングが必要になります）のメッセージしか処理しないことが条件となります。

CBC-MACの主な制限は、並列処理が不可能なことです。ギガビットネットワークでもない限り、この制限が大きな問題になることはありません。問題点にもう1つあります。ブロック暗号をベースとするすべてのMACに該当することですが、認証用の鍵と結果の値さえあれば、同じMAC値を導出するメッセージの作成が誰にでも可能だということです。この問題が重大な欠点とされることは、通常はありません。しかし、自

分の設計するシステムでこういった点が気がかりになるようであれば、HMACを使ったほうがよいでしょう。

MACのなかには、ブロック暗号ではなく圧縮関数（compression function）と一緒に使った場合に、証明可能な安全性に関した性質を持つものが少なくありません。例えば、XMCCなどのXOR-MACは、ベースとなる暗号の原理としてMD5を用いて使用するのが一般的です。こうすることにより、可逆性にかかわる問題が解決しやすくなるのです。

例7.7にCBC-MACの実装に利用するヘッダファイルを紹介します。これには、cbcmac.hというファイル名を付けます。

▼例7.7 cbcmac.h
```
#ifndef CBC_MAC_H__
#define CBC_MAC_H__

#include <openssl/evp.h>
#include <stdlib.h>

#define CBCMAC_MAX_BYTES 64

typedef struct CBCMAC_CTX_st
{
    EVP_CIPHER_CTX  cctx;
    char            cbcstate[CBCMAC_MAX_BYTES];
    char            workspace[CBCMAC_MAX_BYTES];
    short           worklen;
} CBCMAC_CTX;

int CBCMAC_Init(CBCMAC_CTX *mctx, EVP_CIPHER *c, const unsigned char *k);
int CBCMAC_Update(CBCMAC_CTX *mctx, const char *data, int len);
int CBCMAC_Final(CBCMAC_CTX *mctx, unsigned char *out, int *outl);
int CBCMAC(EVP_CIPHER *c, const char *key, int key_len,
       unsigned char *str, int sz, unsigned char *out, int *outlen);

#endif
```

この例のAPIは、HMACのAPIとよく似ています。当然ですが、コンテキストのデータ型は違います。また、ユーザはメッセージダイジェストオブジェクトではなく、ブロック暗号オブジェクトを渡すよう定義されています。CBC-MACを使用するにもかかわらず、ブロック暗号がECBモードでなければならない点に注意してください。その理由は、この例のコードが暗号化されたブロックを保存せず、CBCモードそのものを実装しているからです。また、ブロック暗号をそのままCBCモードで動作させると、メッセージがパディングを必要とする場合に互換性が維持できなくなります。PKCSによるブロック暗号のパディング方法は、CBC-MAC標準のパディングとは異なるからです。この例では、ECBモードを使用しながらも、より安全なモードで動作するように実装しているというわけです。一般的なケースでもECBモードを使うのが望ましいと言いたいのではありません。

CBC-MAC の API と HMAC の API には、もう1つ違いがあります。CBC-MAC では、ニーザが鍵の鍵長を明示的に渡す必要がないことです。選択された暗号に対応するバイト数を単純に読み取るように実装します。

なお、CBC-MAC を使用する際には、AES を使用することをお勧めします。ただし、OpenSSL 0.9.7 以降のバージョンに限ります。

例 7.8 に CBC-MAC の実装例を示します。

▼ 例 7.8 cbcmac.c

```c
#include "cbcmac.h"

int CBCMAC_Init(CBCMAC_CTX *mctx, EVP_CIPHER *c, const unsigned char *k)
{
    int i, bl;

    EVP_EncryptInit(&(mctx->cctx), c, (unsigned char *)k, 0);
    if (EVP_CIPHER_CTX_mode(&(mctx->cctx)) != EVP_CIPH_ECB_MODE)
        return -1;
    mctx->worklen = 0;
    bl = EVP_CIPHER_CTX_block_size(&(mctx->cctx));
    for (i = 0;  i < bl;  i++)
        mctx->cbcstate[i] = 0;
    return 0;
}

/* 最後のブロックの扱いのために、CBC モードを実装する
 * 動的なメモリ割り当てを避ける
 */
int CBCMAC_Update(CBCMAC_CTX *mctx, const char *data, int len)
{
    int bl, i, n = 0, outl;

    bl = EVP_CIPHER_CTX_block_size(&(mctx->cctx));

    if (mctx->worklen)
    {
        n = bl - mctx->worklen;
        if (n > len) /* ブロックに至らないとき、残りを埋める */
        {
            for (i = 0;  i < len;  i++)
                mctx->workspace[mctx->worklen + i] = data[i];
            mctx->worklen += len;
            return 0;
        }
        else
        {
            for (i = 0;  i < n;  i++)
                mctx->workspace[mctx->worklen + i] = data[i] ^ mctx->cbcstate[i];
            EVP_EncryptUpdate(&(mctx->cctx), mctx->cbcstate, &outl,
                        mctx->workspace, bl);
        }
    }
    while (n < len)
    {
        for (i = 0;  i < bl;  i++)
            mctx->workspace[i] = data[n + i] ^ mctx->cbcstate[i];
        n = n + bl;
```

```c
            EVP_EncryptUpdate(&(mctx->cctx), mctx->cbcstate, &outl,
                              mctx->workspace, bl);
    }
    mctx->worklen = len - n;
    for (i = 0;  i < mctx->worklen;  i++)
        mctx->workspace[i] = data[n + i];
    return 0;
}

int CBCMAC_Final(CBCMAC_CTX *mctx, unsigned char *out, int *outl)
{
    int i, bl = EVP_CIPHER_CTX_block_size(&(mctx->cctx));

    /* 必要であればNULLバイト列を使ってパディング
     * x ^ 0 = x なので、実際にはCBCの状態をコピーすればよい
     */
    if (mctx->worklen)
    {
        for (i = mctx->worklen;  i < bl;  i++)
            mctx->workspace[i] = mctx->cbcstate[i];
        EVP_EncryptUpdate(&(mctx->cctx), out, outl, mctx->workspace, bl);
    }
    else
    {
        for (i = 0;  i < bl;  i++)
            out[i] = mctx->cbcstate[i];
        *outl = bl;
    }
    return 0;
}

int CBCMAC(EVP_CIPHER *c, const char *key, int key_len, unsigned char *str,
     int sz, unsigned char *out, int *outlen)
{
    CBCMAC_CTX x;
    int        e;

    if ((e = CBCMAC_Init(&x, c, key)))
        return e;
    if ((e = CBCMAC_Update(&x, str, sz)))
        return e;
    return CBCMAC_Final(&x, out, outlen);
}
```

XCBC-MAC

　BlackとRogawayは、CBC-MACを修正し、長さの異なるメッセージを1つの鍵で処理できるように開発しました。これがXCBC-MACです。基本的な考え方は、最後のブロックを暗号化するところまでは通常どおりCBC-MACを実行し、最後のブロックの暗号化を実行する前に、2つの補助的な鍵のうちの1つと「平文」とのXORを取る（2つの鍵はメッセージの長さに応じて使い分けます）、というものです。このMACは、CBC-MACにXOR処理を1回追加しただけなので、格別に処理が遅くなるわけではありません。例7.9にXCBC-MACを例示します。

▼例7.9 xcbcmac.h
```
#ifndef XCBC_MAC_H__
#define XCBC_MAC_H__

#include <openssl/evp.h>
#include <stdlib.h>

#define XCBC_MAX_BYTES    32

typedef struct XCMAC_CTX_st
{
    EVP_CIPHER_CTX  cctx;
    char            dk1[XCBC_MAX_BYTES];
    char            dk2[XCBC_MAX_BYTES];
    char            dk3[XCBC_MAX_BYTES];
    char            cbcstate[XCBC_MAX_BYTES];
    char            workspace[XCBC_MAX_BYTES];
    short           worklen;
    short           started;
} XCMAC_CTX;

int XCMAC_Init(XCMAC_CTX *mctx, EVP_CIPHER *c, const unsigned char *k);
int XCMAC_Update(XCMAC_CTX *mctx, const char *data, int len);
int XCMAC_Final(XCMAC_CTX *mctx, unsigned char *out, int *outl);
int XCMAC(EVP_CIPHER *c, const char *key, unsigned char *str, int sz,
          unsigned char *out, int *outlen);

#endif
```

例7.9は、XCBC-MAC用のAPIを示しています。この実装を例7.10に示します。この例のAPIは、コンテキストの型が違う点を除けば、先ほどのCBC-MAC APIとまったく同じです。

XCBC-MACは鍵を3つ使用しますが、それらは、(XCBC-MACプログラムで) 1つのマスター鍵から生成したものです。鍵の生成は、3つの固定値をマスター鍵で暗号化することにより行い、1つの値から1つの鍵が生成されます。この暗号化の出力データは、それぞれ暗号のブロック長と同じ長さになります。2つ目と3つ目の鍵に関しては、データブロックとのXORを取るのに使うだけなので、この鍵長で問題ありません。しかし、1つ目の鍵を生成するのに、ブロック1つ分の長さでは足りないこともあります。ブロック暗号では、ブロック長よりも長い鍵を必要とする場合があるからです。

これまでに、XCBC-MACと呼べる実装例を一度だけ目にしたことがありますが、AESが128ビットの鍵と128ビットのブロックで使用されていました。したがって、当然、このような問題は起こりません。XCBC-MACに関するオリジナルの説明では、この問題を高レベルで解決する方法が記述されています。その基本的な方法は、データを必要なだけ生成できるまで、マスター鍵を使ってより多くの暗号化を実行する、というものです。これで、あとは暗号化のたびに一意な平文を使う必要があるという問題だけが残ります。次に紹介する実装であれば、ブロックと鍵の長さが同じというケースと、鍵長がブロック長の2倍であるという、よくあるケースに対応できます。それ以外のブロック暗号を使おうとすると、エラーが返されます。この実装を、ブロックと鍵の長さ

が異なるものを使って実行したとき、これ以外の実装と相互運用させる際の互換性は保証できません。

▼例7.10 xcbcmac.c

```
#include "xcbcmac.h"

/* 以下はRogawayが推奨しているもの */
static char g1[XCBC_MAX_BYTES] =
{
    0x01, 0x01, 0x01, 0x01, 0x01, 0x01, 0x01, 0x01, 0x01, 0x01, 0x01, 0x01, 0x01,
    0x01, 0x01, 0x01, 0x01, 0x01, 0x01, 0x01, 0x01, 0x01, 0x01, 0x01, 0x01, 0x01,
    0x01, 0x01, 0x01, 0x01, 0x01, 0x01
};

static char g2[XCBC_MAX_BYTES] =
{
    0x02, 0x02, 0x02, 0x02, 0x02, 0x02, 0x02, 0x02, 0x02, 0x02, 0x02, 0x02, 0x02,
    0x02, 0x02, 0x02, 0x02, 0x02, 0x02, 0x02, 0x02, 0x02, 0x02, 0x02, 0x02, 0x02,
    0x02, 0x02, 0x02, 0x02, 0x02, 0x02
};

static char g3[XCBC_MAX_BYTES] =
{
    0x03, 0x03, 0x03, 0x03, 0x03, 0x03, 0x03, 0x03, 0x03, 0x03, 0x03, 0x03, 0x03,
    0x03, 0x03, 0x03, 0x03, 0x03, 0x03, 0x03, 0x03, 0x03, 0x03, 0x03, 0x03, 0x03,
    0x03, 0x03, 0x03, 0x03, 0x03, 0x03
};

/* ブロックの長さが鍵長の半分だった場合に、
 * 2番目の鍵の半分を生成するときに必要な追加のテキスト
 */
static char g4[XCBC_MAX_BYTES] =
{
    0x04, 0x04, 0x04, 0x04, 0x04, 0x04, 0x04, 0x04, 0x04, 0x04, 0x04, 0x04, 0x04,
    0x04, 0x04, 0x04, 0x04, 0x04, 0x04, 0x04, 0x04, 0x04, 0x04, 0x04, 0x04, 0x04,
    0x04, 0x04, 0x04, 0x04, 0x04, 0x04
};

int XCMAC_Init(XCMAC_CTX *mctx, EVP_CIPHER *c, const unsigned char *k)
{
    EVP_CIPHER_CTX tctx;
    int            i, outl, bl, kl;

    EVP_EncryptInit(&tctx, c, (unsigned char *)k, 0);

    kl = EVP_CIPHER_CTX_key_length(&tctx);
    bl = EVP_CIPHER_CTX_block_size(&tctx);

    if (kl != bl && bl * 2 != kl)
        return -1;
    EVP_EncryptUpdate(&tctx, mctx->dk1, &outl, g1, bl);

    if (kl != bl)
        EVP_EncryptUpdate(&tctx, &(mctx->dk1[bl]), &outl, g4, bl);
    EVP_EncryptUpdate(&tctx, mctx->dk2, &outl, g2, bl);
    EVP_EncryptUpdate(&tctx, mctx->dk3, &outl, g3, bl);

    EVP_EncryptInit(&(mctx->cctx), c, mctx->dk1, 0);
```

```c
        if (EVP_CIPHER_CTX_mode(&(mctx->cctx)) != EVP_CIPH_ECB_MODE)
            return -2;

        mctx->worklen = 0;
        mctx->started = 0;
        for (i = 0;  i < bl;  i++)
            mctx->cbcstate[i] = 0;
        return 0;
    }

    int XCMAC_Update(XCMAC_CTX *mctx, const char *data, int len)
    {
        int bl, i, n = 0, outl;

        if (!len)
            return 0;

        bl = EVP_CIPHER_CTX_block_size(&(mctx->cctx));
        for (i = 0;  i < len;  i++)
        {
            if (!mctx->worklen && mctx->started)
                EVP_EncryptUpdate(&(mctx->cctx), mctx->cbcstate, &outl,
                                  mctx->workspace, bl);
            else
                mctx->started = 1;
            mctx->workspace[mctx->worklen] = data[n++] ^ mctx->cbcstate[mctx->worklen];
            mctx->worklen++;
            mctx->worklen %= bl;
        }
        return 0;
    }

    int XCMAC_Final(XCMAC_CTX *mctx, unsigned char *out, int *outl)
    {
        int i, bl = EVP_CIPHER_CTX_block_size(&(mctx->cctx));

        if (!mctx->started)
            return -1;
        if (mctx->worklen)
        {
            /* パディングし、K2 と XOR を取ってから暗号化 */
            mctx->workspace[mctx->worklen] = 0x90 ^ mctx->cbcstate[mctx->worklen];
            for (i = mctx->worklen + 1;  i < bl;  i++)
                mctx->workspace[i] = mctx->cbcstate[mctx->worklen]; /* ^ 0 */
            for (i = 0;  i < bl;  i++)
                mctx->workspace[i] ^= mctx->dk2[i];
        }
        else
        {
            /* K3 と XOR を取ってから暗号化 */
            for (i = 0;  i < bl;  i++)
                mctx->workspace[i] ^= mctx->dk3[i];
        }
        EVP_EncryptUpdate(&(mctx->cctx), out, outl, mctx->workspace, bl);
        return 0;
    }

    int XCMAC(EVP_CIPHER *c, const char *key, unsigned char *str, int sz,
        unsigned char *out, int *outlen)
    {
        XCMAC_CTX x;
```

```
    int     e;

    if ((e = XCMAC_Init(&x, c, key)))
        return e;
    if ((e = XCMAC_Update(&x, str, sz)))
        return e;
    return XCMAC_Final(&x, out, outlen);
}
```

なお、このXCBC-MACの実装のパディング手法は、CBC-MACで使用されるもの（最初にブロック長に達するまでNULLバイトでパディングします）とは異なります。この例で使用したのは、XCBC-MACアルゴリズムの開発者が推奨している手法（これ以外の実装でも使われているものです）で、パディングの最初のビットを除くすべてのビットが0で埋められます。最初のビットには1がセットされます。

XOR-MAC

XOR MACは、ブロック暗号をベースとし、高度な並列処理が可能という特徴を持つため、ギガビットネットワークでの通信に適しています。並列処理の可能性を考慮しなくてよいなら、本章で解説したそのほかのMACを使用するべきでしょう。

XOR-MACと呼べるものは2種類あります。そのうち、使用されているのを見かけたことがあるのは、XMACCの1つだけです。XMACCは、カウンタモードの暗号化を使用します。本書のWebサイト[†1]に、このアルゴリズムの実装を手順を追って紹介しているので、参考にしてください。

UMAC

UMACは、ユニバーサル関数という数学的概念をベースにした、かなり高速なMACです。このアルゴリズムの下位で使用されている暗号が安全であれば、UMACも安全であると証明できます。UMACで並列処理を行うのは不可能ですが、最新のハイエンドプロセッサで実行すれば、500メガバイト以上のデータを1秒間で処理することができます。

IETFのIPsecワーキンググループは、UMACを標準として採用することを検討中です。しかし、知的財産権の問題が生じる可能性があるため、採用は頓挫しています。UMACの開発者たちは、このアルゴリズムの知的財産権にかかわる自分たちの特許権をすべて放棄していますが、本書の執筆時点で、ベースとなる原理の一部が特許で保護されている可能性があり、かなりの注意が必要です。実際そうであることが判明した場合は、UMACの使用にライセンス料の支払いが必要になるかもしれません。このアルゴリズムを使用する場合は特許の行方に注意し、ライセンス料を支払いたくなければ別のものに切り替えるのが懸命でしょう。この話題について新しい情報を入手したら、本書のWebサイトに掲載しておくようにします。

[†監訳注1] 本書監訳時点では、該当するコンテンツはありませんでした。

UMACに関する詳細やリファレンスコードについては、UMACのホームページ（`http://www.cs.ucdavis.edu/~rogaway/umac/`）を参照してください。

7.4　HTTP Cookie の安全性確保

それでは、共通鍵暗号化方式とMACについてこれまでに解説した内容を踏まえ、実際のアプリケーションを見てみることにしましょう。具体的には、サーバ側のアプリケーションからHTTPを介してユーザのWebブラウザにCookieをセットする例を紹介します。WebのCookieは、サーバからのレスポンスとしてクライアントに送信されるMIMEヘッダに値をセットする、という方法で実装します。クライアントがCookieを受け入れた場合は、Cookieの値がクライアントによって設定され、サーバに戻されます。これを、指定された条件に一致するたびに実行します。

1つのMIMEヘッダは、ヘッダ名に続いて、コロンとスペース、その後にヘッダの値、という構成になります。ヘッダの値は、ヘッダ名に応じて形式が変わります。この例で使用するヘッダは2つだけです。1つはSet-Cookieヘッダで、Webページを提供する際にクライアントに送信されるものです。もう1つはCookieヘッダで、これはユーザがCookieを利用するサイトをブラウズしたときに、クライアントからサーバへ渡されます。

自分のサイトにおけるユーザの活動状況を、何らかの履歴情報として追跡したいという例を考えてみましょう。まず、ユーザのマシンにCookieを置き、履歴情報を格納します。これを平文で行うのであれば、送信されるMIMEヘッダは次のようになります。

```
Set-Cookie: history=231337+13457;path=/
```

`path`変数には、Cookieのソースとなるドメインのルートページが指定されています。Cookieは、`path`変数に指定されたルートの下にあるページが要求された場合にだけ送信されます。このように指定すれば、クライアントは同じドメインにあるすべてのページに対して、このCookieを返すことになります。ここでの目的に合わせて、Ccokieは永続性を持たないように作成されます。つまり、ユーザがブラウザを終了すると、Cookieは削除されます。

しかしながら、この方法のままではユーザがCookieの中身を見たり書き換えたりすることができ、あまり好ましくありません。このため、暗号化された履歴情報を記述するCookieと、履歴情報のMACを記述するCookieの2つを格納することにします。サーバは、Cookieを設定する際に符号化などを行い、Cookieが戻ってくるたびに復号と検証を実行します。サーバは、暗号化に使う鍵をほかのどの主体とも共有しません。こうすることによって、データが最初にサーバから送出された後、読み取られたり書き換え

られたりしていないことを確認できるようにするのです。

　MACとしては、暗号文に対して作成したものを使用しても、あるいは平文に対するものを使用しても、それほど重要な問題にはなりません。両者の最も大きな違いは、MACが暗号文に対して作成されていれば、第三者がMAC鍵を使用することによって、実際のメッセージを読むことができない場合でも、その完全性を認証できるということです。これがまったく必要ない、また、MAC鍵が盗まれる可能性もまったくないという場合は、平文からMACを作成してください。あるいは、MACを平文と連結して、すべて暗号化してしまっても構いません。

　MACと暗号化を一緒に使用する場合は、注意すべき重要なポイントがあります。それは、暗号化とMACに決して同じ鍵を使用してはならないということです。実際、次に示す例でも、平文からMACを作成するのに1つ目の鍵を使い、平文を暗号化するのに2つ目の鍵を使っています。結果は、それぞれのCookieに記述して送信されます。この1つ目のCookieをencrypted-historyと呼び、2つ目のCookieをhistory-macと呼びます。

　ここで問題となるのが、Cookieヘッダ内では限られた文字の集合しか使用できないにもかかわらず、この例の暗号アルゴリズムではデータが必ずバイナリで出力されてしまうという点です。この問題に対処するため、バイナリデータをBase64形式に符号化することにします。Base64形式は、アルファベットの大文字、小文字、数字、およびいくつかの句読記号を使ってデータを表現します。Base64で符号化すると、データの長さは、やむを得ずかなり増加することになります。Base64符号化には、ここでの目的に合わせて、EVP関数である **EVP_EncodeBlock** を使用するのがよいでしょう。

　例7.11に、これらのCookieをセットするための、サーバ側のプログラムの一部を示します。このコードは、グローバルなMAC鍵やグローバルな暗号化鍵などの状態情報を維持するために、1つのサーバプロセスが持続的に稼働していることが前提となっています。この例ではCookie全体がMIME形式で生成されますが、Cookieを実際のメッセージに書き込むことはしません。

▼ 例7.11　データを暗号化してCookieに格納する
```
#include <stdio.h>
#include <string.h>
#include <openssl/evp.h>
#include <openssl/hmac.h>

#define MAC_KEY_LEN 16

static char bf_key[EVP_MAX_KEY_LENGTH];
static char iv[EVP_MAX_BLOCK_LENGTH] = {0,};  /* OpenSSL 0.9.6c 以前のバージョン
                                               * では、EVP_MAX_BLOCK_LENGTH
                                               * を 64 に #define
                                               */
static char mac_key[MAC_KEY_LEN];
```

```c
/* Base64 符号化用のヘルパー関数 */
unsigned char *base64_encode(unsigned char *buf, unsigned int len)
{
    unsigned char *ret;
    unsigned int  b64_len;

    /* 元データと Base64 データの比は、3:4
     * 整数を 3 で割り、4 をかけた値を NULL で終端
     */
    b64_len = (((len + 2) / 3) * 4) + 1;
    ret = (unsigned char *)malloc(b64_len);
    EVP_EncodeBlock(ret, buf, len);
    ret[b64_len - 1] = 0;
    return ret;
}

void init_keys(void)
{
    RAND_pseudo_bytes(bf_key, EVP_MAX_KEY_LENGTH);
    RAND_pseudo_bytes(mac_key, MAC_KEY_LEN);
}

static unsigned char *encrypt_input(unsigned char *inp, int *len)
{
    EVP_CIPHER_CTX ctx;
    unsigned char  *res = (unsigned char *)malloc(strlen(inp) +
                                            EVP_MAX_BLOCK_LENGTH);
    unsigned int   tlen;

    EVP_EncryptInit(&ctx, EVP_bf_cbc(), bf_key, iv);
    EVP_EncryptUpdate(&ctx, res, &tlen, inp, strlen(inp));
    *len = tlen;
    EVP_EncryptFinal(&ctx, &res[tlen], &tlen);
    *len += tlen;
    return res;
}

static char *fmt = "Set-Cookie: encrypted-history=%s;path=/\r\n"
                  "Set-Cookie: history-mac=%s;path=/\r\n";

char *create_cookies(char *hist)
{
    unsigned int   ctlen;   /* 暗号文のバイナリでの長さ */
    unsigned int   maclen;  /* HMAC 出力のバイナリでの長さ */
    unsigned char rawmac[EVP_MAX_MD_SIZE];
    unsigned char *buf, *ct, *b64_hist, *b64_mac;

    /* あらゆる面で十分な余地がある． */
    buf = (unsigned char *)malloc(strlen(fmt) + (strlen(hist) * 4) / 3 + 1 +
                                  (EVP_MAX_MD_SIZE * 4) / 3 + 1);
    ct = encrypt_input(hist, &ctlen);
    HMAC(EVP_sha1(), mac_key, MAC_KEY_LEN, hist, strlen(hist), rawmac, &maclen);

    b64_hist = base64_encode(ct, ctlen);
    b64_mac  = base64_encode(rawmac, maclen);
    sprintf(buf, fmt, b64_hist, b64_mac);

    free(b64_mac);
    free(b64_hist);
    return buf;
}
```

`init_keys`関数は、起動時に一度呼び出されます。鍵は、サーバが再起動されるまで有効です。`create_cookies`関数は、履歴の文字列を入力データとして受け取り、正しくフォーマットされBase64符号化されたテキストが格納された文字列を動的に割り当てます。この文字列が、`create_cookies`の結果として返されます。サーバは、暗号に128ビットのBlowfishをCBCモードで使用し、MACにはHMAC-SHA1を使用します。

例7.12にCookieのデータを受け取り、Base64を復元して、暗号文を復号し、その結果を認証する方法を紹介します。`decrypt_and_auth`関数は、Base64で符号化されたままの文字列（Cookie全体ではなく、履歴の文字列を暗号化したものとMACです。話を簡単にするため、関連データは解析済みであると仮定します）と、符号なし整数（復号した結果の長さを書き込みます）へのポインタを受け取ります。MACを再度計算して、関数から返されたMACと比較します。この関数は、処理が成功した場合には復号された値を返し、エラーの場合にはNULLを返します。

▼ 例7.12　Cookieに格納されたデータの復号
```
unsigned char *base64_decode(unsigned char *bbuf, unsigned int *len)
{
    unsigned char *ret;
    unsigned int  bin_len;

    /* 整数を4で割り、3を掛けたバイナリ値。したがってNULLではない */
    bin_len = (((strlen(bbuf) + 3) / 4) * 3);
    ret = (unsigned char *)malloc(bin_len);
    *len = EVP_DecodeBlock(ret, bbuf, strlen(bbuf));
    return ret;
}

static unsigned char *decrypt_history(unsigned char *ctext, int len)
{
    EVP_CIPHER_CTX ctx;
    unsigned int   tlen, tlen2;
    unsigned char  *res = (unsigned char *)malloc(len + 1);

    EVP_DecryptInit(&ctx, EVP_bf_cbc(), bf_key, iv);
    EVP_DecryptUpdate(&ctx, res, &tlen, ctext, len);
    EVP_DecryptFinal(&ctx, &res[tlen], &tlen2);
    res[tlen + tlen2] = 0;
    return res;
}

unsigned char *decrypt_and_auth(unsigned char *b64_hist, unsigned char *b64_mac)
{
    unsigned char *ctext, *mac1, *res, mac2[EVP_MAX_MD_SIZE];
    unsigned int  mac1len, mac2len, ctextlen;

    if (!(ctext = base64_decode(b64_hist, &ctextlen)))
        return NULL;
    if (!(mac1 = base64_decode(b64_mac, &mac1len)))
    {
        free(ctext);
        return NULL;
```

```
        }

        res = decrypt_history(ctext, ctextlen);
        HMAC(EVP_sha1(), mac_key, MAC_KEY_LEN, res, strlen(hist), mac2, &mac2len);
        if (binary_cmp(mac1, mac1len, mac2, mac2len))
        {
            free(res);
            res = NULL;
        }

        free(mac1);
        free(ctext);

        return res;
    }
```

　なお、このプログラムをCookieの暗号化に使用する場合は、暗号化を行うすべての テキストの先頭にユーザIDと(できれば)シーケンス番号を付加し、復号時にそれらを チェックする必要があります。これには、再送攻撃や辞書攻撃を防ぐ効果があります。

● Public Key Algorithms ●

第8章

公開鍵アルゴリズム

　SSLを用いて安全性を確保するために使用されるアルゴリズムは、ここまでの各章でほとんどすべて取り上げてきました。まだ説明していないものの1つに、公開鍵暗号化方式のアルゴリズムがあります。公開鍵暗号化方式のアルゴリズムは、SSL、S/MIME、PGPに不可欠な要素技術です。

　公開鍵暗号化方式には、鍵交換（鍵合意）、電子署名、暗号化といった用途があります。アルゴリズムの種類によって、どの用途に使えるかが決まります。OpenSSLでは、広く利用されている3つの公開鍵アルゴリズムがサポートされています。DH（Diffie Hellman）、DSA（Digital Signature Algorithm）、RSA（考案者であるRivest、Shamir、Adlemanの3人の頭文字）の3つです。注意しなければならないのは、これら3つのアルゴリズムは使いまわしがきかない点です。DHは、鍵交換（鍵合意）には使えますが、電子署名や暗号化には使えません。DSAは、電子署名には使えますが、鍵交換や暗号化には使えません。RSAは、鍵交換、電子署名、暗号化のいずれにも使えます。

　これらの公開鍵暗号化方式は、計算コストのかかる方式です。この方式の強みは鍵の長さにあり、通常は非常に大きな数が使われます。その副作用として、公開鍵暗号化方式が絡む処理は時間がかかるのです。このため、公開鍵暗号化方式は、メッセージダイジェストや共通鍵暗号化方式など、暗号技術に関するほかのアルゴリズムと組み合わせて使う場合がほとんどです。

　重要なのは、公開鍵暗号化方式をどんな場合に使うのか、暗号技術に関するほかのアルゴリズムと安全に組み合わせるにはどうするのか、という点を理解することです。本章では、まず、公開鍵暗号化方式を使うのがふさわしい場合とそうでない場合について解説します。その後で、OpenSSLでサポートされている3つのアルゴリズムについて、1つずつ取り上げていきます。各アルゴリズムで可能なことと不可能なことを明ら

かにし、アルゴリズム（を実装したもの）の機能に低レベルのインタフェースからアクセスする方法を例示します。また、これらのアルゴリズムを組み合わせ、互いに補完して使う方法についても述べます。最後に、第6章と第7章で解説したEVPインタフェースを再び取り上げ、このインタフェースを公開鍵暗号化のアルゴリズム用に使う方法を解説します。自分のニーズに合っているのなら、この方法を使うのがお勧めです。

8.1　公開鍵暗号化方式の用途

　何人かのメンバで構成されるグループがあるとします。そのメンバ間で互いにメッセージをやり取りするために、安全な通信システムを確立したいとしましょう。共通鍵暗号化方式を使えば、この目的にかなったシステムを簡単に考え出すことができます。グループのメンバ全員で鍵を1つ決めておき、お互いにやり取りするメッセージの暗号化にその鍵を使うことにすればよいのです。このシステムでは、グループのメンバ以外はメッセージを扱えなくなることから、データの機密性（confidentiality）が実現されます。しかし、重大な欠点もいくつかあります。例えば、AliceがBobに送るメッセージは、Charlieにも読めてしまいます。しかもCharlieには、メッセージを偽造してグループ内の誰か別のメンバからのメッセージであるかのように見せかけることも、さらには、メンバの誰かが送ったメッセージを改竄することさえ可能です。

　メッセージの偽造や改竄の脅威をなくすためには、メッセージの完全性を認証および検証する何らかの手段を用意する必要があります。それと同時に、もっときめ細かな暗号化を実現して、グループ内のメンバ間でメッセージを内密にやり取りできるようにする必要があります。共通鍵暗号化方式でこの問題を解決するには、各ユーザがほかのユーザとの間で、それぞれ固有の鍵を共有することになります。例えば、Alice、Bob、Charlieという3人のメンバで構成されるグループなら、Aliceは2つの鍵を持つことになります。1つはAliceとBobとで共有する鍵、もう1つはAliceとCharlieとで共有する鍵です。Aliceは、BobかCharlieのどちらか一方からメッセージを受け取ったら、しかるべき鍵でメッセージを復号します。そして、きちんと復号できたなら、正しい送信者だと認証できたことになります。この方法であれば、AliceからBobに送られるメッセージを、Charlieが偽造もしくは改竄することは不可能です。Charlieは、AliceとBobが共有する鍵を持っていないからです。

　この方法で、最初の問題は一件落着しますが、新たな問題がいくつか生じてしまいます。なかでも特に深刻なのは、この新しいシステムの拡張性が悪い点です。Alice、Bob、Charlieのグループに、新しいメンバのDaveが加わったら、Daveは、ほかの3人との間で、それぞれ異なる鍵を共有しなければなりません。メンバ数がnのグループに新たなメンバが加わるたびに、$n-1$個の鍵を追加する必要があります。メンバ数が

100のグループでは、全部で4,950もの異なる鍵が必要になります。また、仮にBobのコンピュータが不正侵入を受け、彼の持つ鍵がすべて危殆化したらどうなるでしょうか。Bobがグループ内の各メンバとやり取りするためには、新たに鍵を生成し直さなければなりません。さらに、このシステムでは、否認防止 (non-repudiation) が実現されていないという問題もあります。否認防止とは、通信に参加した当事者のいずれかが、後でその通信への関与を否定するという事態を防ぐことです。例えば、AliceがBobからメッセージを受け取り、そのメッセージはAliceとBobが共有する鍵を使って暗号化されていたとします。しかし、Bobは、そんなメッセージは送っていないと主張するかもしれません。そのメッセージはAliceが偽造して自ら暗号化したものだ、と主張するかもしれないのです。否認防止が実現されれば、そのような言い逃れは不可能であることを保証できます。

　公開鍵暗号化方式を使うと、これらの問題がそれぞれ解決できます。ただし、公開鍵暗号化方式だけで解決できるわけではありません。メッセージダイジェストおよび共通鍵暗号化方式と適切に組み合わせる必要があります。公開鍵暗号化方式は、拡張性がそれなりに高いことに加え、オンラインでの鍵のネゴシエーション、通信の認証、データの完全性、否認防止、などが実現できます。これらの性質が必要な場合は、常に公開鍵暗号化方式による解決を検討すべきです。

　ただし、公開鍵暗号化方式は、暗号にかかわるすべての問題を解決してくれる魔法の杖ではありません。公開鍵アルゴリズムを使わないほうが適切で明快なことも十分あり得ます。一例として、第7章で取り上げたHTTP Cookieの保存が挙げられます。第7章では、(通信) データのMACを用いた完全性を実現するために、共通鍵暗号化方式 (対称暗号方式) を使ってHTTP Cookieを暗号化しました。この例で必要だったのは、情報を誰かとやり取りすることではなく、詮索や改竄を試みる者から保護することだけでした。このような状況では、第7章で使ったアルゴリズムが適切だったといえます。それだけで目的の成果を実現できたからです。もし公開鍵暗号化方式を使っていたら、秘密鍵と公開鍵だけでなく、共通鍵暗号化方式とメッセージダイジェストも必要になったはずです。公開鍵暗号化方式を使うことで、無駄に複雑さが増すばかりか、サーバに必要とされる処理能力も増大していたことでしょう。

　公開鍵暗号化方式でセキュリティを確保するためには、暗号技術に関するその他のアルゴリズムにも依存することになります。それらのアルゴリズムだけで、公開鍵暗号化方式がなくてもセキュリティを実現できるならば、公開鍵暗号化方式を使うべきではありません。当たり前のことに聞こえるかもしれませんが、公開鍵暗号化方式を、暗号技術に関するすべてのニーズに対応できる唯一絶対のソリューションであるかのように考えている未熟なプログラマは、非常に多いのです。現実の大半の状況では、往々にして公開鍵暗号化方式では過剰です。目的の処理に見合った最適な手法を選ぶことが肝心です。

8.2 DH

DHアルゴリズムは、最初に考え出された公開鍵アルゴリズムです。1976年にWhitfield DiffieとMartin Hellmanの2人によって考案されました。安全でない通信路を介して通信の当事者同士が鍵を合意できるようにする、シンプルなアルゴリズムです。別の言い方をすれば、共有秘密を作成できるアルゴリズムということです。そのプロセスは、一般に「鍵交換(key exchange)」と呼ばれることもありますが、DHでは「鍵合意(key agreement)」という、より限定した表現をします。

DHの主たる用途は、共有秘密のネゴシエーションです。アルゴリズムそのものは認証にも対応できますが、OpenSSLには、このアルゴリズムを認証に使うための高レベルなインタフェースは含まれていないので、必要であればアプリケーション側で実装する必要があります。このため、DHアルゴリズムを使用するOpenSSLアプリケーションの大半は、認証用の別のアルゴリズムを併用しています。ここでは、主に鍵合意という観点からDHについて解説します。このアルゴリズムを使った認証について興味のある読者は、RFC 2631を参照してください。

DHでは、共通鍵暗号アルゴリズムの鍵として適した共有秘密を作成できることが保証されています。認証を実現する方法は、認証が適切に付与されたDHを使うか、ほかのアルゴリズム(DSAなど)を使用するかのいずれかです。こうした何らかの方法で認証を組み込んでおかないと、man-in-the-middle攻撃を受ける可能性があります。DHに関連するこの種の攻撃の詳細については、本節で追い追い解説していきます。

基礎知識

OpenSSLで提供されているDHの低レベルインタフェースは、DH型の構造体と、その構造体に対して処理を行う一連の関数により構成されています。DH構造体および一連の関数は、ヘッダファイル openssl/dh.h をインクルードすることで使えるようになります。DH構造体には、数多くのデータメンバが含まれています。その大半は本書にはほとんど(あるいはまったく)無関係ですが、重要なメンバが4つあります。次に示すDH構造体の定義は、その4つのメンバだけを抜粋したものです。

```
typedef struct dh_st
{
    BIGNUM *p;
    BIGNUM *g;
    BIGNUM *pub_key;
    BIGNUM *priv_key;
} DH;
```

pとgという2つのメンバは、DHパラメータと呼ばれるものです。DHアルゴリズ

ムを使って共有秘密を作成する両当事者間では、このパラメータを共有しておく必要があります。これらは公開値なので、攻撃を企てる者に知られても害はありません。つまり、あらかじめ当事者間で合意しておくか、あるいは安全ではない媒体を介して交換することが可能です。一般には、一方の当事者が両パラメータを生成し、それを相手と共有する、という方法がとられます。

(構造体の) メンバ p は、無作為に生成される素数です。一時的な鍵の場合は、p の長さは 512 ビット以上にするのが一般的です。一方、長期的な鍵の場合は、1,024 ビット以上にするのが適切です。これらの鍵長は、第 5 章で解説した一時的鍵と長期的鍵の考え方にも通じます。p として使われる素数は、$(p-1)/2$ も素数となるように生成されます。この条件を満たす素数は「安全な素数」と呼ばれています。一方、(構造体の) メンバ g は「生成元」とも呼ばれ、1 よりは大きく、かつさほど大きくない値にします。OpenSSL は、この値が 2 か 5 のいずれかの場合に最適に動作します。値 2 は、パフォーマンス上の理由から使われることがあります。ただし、鍵の生成が速くなるほど攻撃者がアルゴリズムを破るのも速くなる、ということは念頭に入れておきましょう。普通は値 5 を使います。

p と g という 2 つの公開される DH パラメータ値を使って、通信の両当事者は、それぞれ値の大きな整数を無作為に選択します。これがメンバ priv_key (秘密鍵) になります。priv_key メンバからはメンバ pub_key (公開鍵) の値が算出され、このメンバ pub_key が通信相手と共有されます。重要なのは、相手と共有するのはメンバ pub_key の値だけという点です。priv_key メンバの値は共有してはなりません。

自分の priv_key の値と、通信相手の pub_key の値を使って、双方はそれぞれ個別に、同じ共有秘密を算出することができます。算出した共有秘密は、共通鍵暗号化方式の鍵として使うのに適したものです。通信相手との一連のやり取りは、すべて安全でない媒体を介して行っても問題ありません。DH パラメータと鍵の交換を攻撃者に傍受されたとしても、攻撃者には共有秘密を割り出すことができないからです。

DH パラメータの生成と交換

DH では、鍵交換に関与する両当事者が同じ DH パラメータを使って公開鍵を生成するものと規定されています。つまり、あらかじめ合意した DH パラメータを通信の開始前に交換しておくか、鍵交換の一環として DH パラメータを生成および交換するか、そのいずれかを行う必要があります。どちらの方法にせよ、まず一方の当事者が DH パラメータを生成し、それを相手に渡すことになります。あるいは、第三者が生成した DH パラメータを当事者双方に渡すという方法も、ひょっとすると可能かもしれません。ここからは、DH パラメータの生成は鍵交換のプロセスの一環として行うものと想定して話を進めていきます。ただし、この方法が望ましくない場合も多々あります。DH パラメータの生成には多大な時間を要することがあるからです。

鍵交換に参加する当事者は、まず、両者が使う DH パラメータの生成をどちら側が行うかについて合意する必要があります。クライアント / サーバの場合には、サーバが DH パラメータを生成するのが一般的です。たいていは、サーバが起動時に DH パラメータを生成するか、すでに生成済みの DH パラメータが保存されているファイルから DH パラメータを取り出してきて、接続してくる各クライアントに対して同じ DH パラメータを使う形がとられます。あるいは、クライアントとサーバの双方のアプリケーションに、同じ DH パラメータのコピーを組み込んでおくという方法もよく使われています。

OpenSSL には、`DH_generate_parameters` という関数が用意されています。新しい p と g の値で初期化された DH オブジェクトを新規作成する関数です。生成される DH パラメータは p だけです。g の値は、OpenSSL が無作為に選ぶのではなく、関数の呼び出し側が指定する必要があります。g は、1 よりも大きく、かつさほど大きくない値とする必要があり、通常は 2 か 5 のいずれかを使用します。

```
DH *DH_generate_parameters(int prime_len, int generator,
                           void (*callback)(int, int, void *),
                           void *cb_arg);
```

- prime_len
  生成する素数の長さをビットで指定します。
- generator
  g として使用する値を指定します。一般に、この引数には `DH_GENERATOR_2` または `DH_GENERATOR_5` のいずれかを指定します。
- callback
  素数を生成するプロセスが進行している間に進行状況を通知する関数を呼び出す場合、その関数のポインタを指定します。このコールバックは、第 4 章で解説した `BN_generate_prime` 関数で使用したものと同じです。実際、この引数で指定したコールバック関数への呼び出しを実行するのは、`BN_generate_prime` 関数なのです。コールバックが必要ない場合は、この引数に `NULL` を指定することができます。
- cb_arg
  アプリケーション固有のデータへのポインタを指定します。OpenSSL では、この値自体はいかなる目的にも使用しません。指定されたコールバック関数へ渡す引数としてのみ使います。

`DH_generate_parameters` 関数を単独で使うのは危険です。この関数には、生成した素数の妥当性を検証する機能が備わってはいるものの、DH アルゴリズムでの使用

に適さない素数を生成する可能性もゼロではないからです。このため、必ず`DH_check`関数を使用して、生成された素数が適切であることを確認するようにしましょう。

```
int DH_check(DH *dh, int *codes);
```

- dh
  検証対象のDHパラメータを含むDHオブジェクトを指定します。
- codes
  整数を指定します。`DH_check`の処理が成功した場合、この整数にビットマスクとしてチェック結果を返します。

　関数の戻り値は、生成された素数の妥当性とは関係ないエラーが発生した場合は0、そのほかの場合は0以外です。関数が成功した場合は、DHパラメータが使用に適したものであるかどうかを表すビットマスクが`codes`に返されます。どのビットも立っていない場合は、そのDHパラメータは使用に適しているものと判断できます。一方、以下のいずれかのビットが立っている場合は、そのDHパラメータは使用に適していない可能性があります。たいていは、そのDHパラメータを捨てて、新しいDHパラメータを生成するのが得策です。

- `DH_CHECK_P_NOT_PRIME`
  このビットが立っている場合、生成された素数が実際には素数ではないことを意味します。通常、`DH_generate_parameters`関数を使って生成したDHパラメータの場合は、このビットが立つことはないはずです。ディスクから取り出したり通信相手から受け取ったりしたDHパラメータの場合は、このビットが立つ可能性があります。
- `DH_CHECK_P_NOT_SAFE_PRIME`
  このビットが立っている場合、生成された素数は安全ではないことを意味します。つまり、$(p-1)/2$が素数ではないということです。`DH_CHECK_P_NOT_PRIME`ビットと同じで、`DH_generate_parameters`関数を使って生成したDHパラメータの場合は、このビットが立つことはないはずです。ディスクから取り出したり通信相手から受け取ったりしたDHパラメータの場合は、このビットが立つ可能性があります。
- `DH_NOT_SUITABLE_GENERATOR`
  このビットが立っている場合、生成された素数と指定した生成元とを組み合わせて使うのは適切ではないことを意味します。この場合は、必ずしもDHパラメータを捨てて生成し直す必要はありません。代わりに、生成元を変更してチェックし直すこともできます。

- **DH_UNABLE_TO_CHECK_GENERATOR**
  このビットが立っている場合、標準以外の生成元が使われているため、この素数と生成元が使用に適しているかどうかを`DH_check`関数でチェックできないことを意味します。標準以外の生成元を意図的に設定した場合は、このビットが立っているのを無視して、安全かどうかを自分で判断してください。

DHパラメータの生成が済んだら、通信相手にそのパラメータを送ることができます。データの送信方法の詳細は、転送に使う媒体によって変わってきます。TCP接続を介してパラメータを送る場合は、当然ながらBIGNUM関数の`BN_bn2bin`および`BN_bin2bn`が(変換方法の)候補となります。

DHパラメータを生成する側は、`DH_generate_parameters`関数を呼び出してDHオブジェクトを取得します。パラメータを受け取る側もDHオブジェクトを取得しなければなりませんが、これには`DH_new`関数を使います。この関数により、新しいDHオブジェクトの取得と初期化が実行されます。そして、通信相手から受け取ったパラメータは、しかるべきBIGNUM関数を使って、DHオブジェクトのデータメンバであるpとgに直接代入できます。

使用済みのDHオブジェクトは、確実に破棄する必要があります。その際には`DH_free`関数を呼び出します。この関数の引数は1つだけで、`DH_generate_parameters`関数または`DH_new`関数から返されたポインタを渡します。

共有秘密の算出

パラメータの生成が完了し、当事者双方の手に渡ったら、次に両者は鍵の対を生成して、互いの公開鍵を交換する必要があります。秘密鍵は一切共有してはならないという点を忘れないでください。公開鍵の交換が済んだら、両者は個別に共有秘密を算出できます。その処理はアルゴリズムに任せることができます。認証を付加されたDHでは、鍵合意の直後だけでなく、その後も継続して公開鍵と秘密鍵の対を使用することが可能でしょう。一般に、DHを利用する場合は、それを標的とした特別な種類の攻撃に警戒する必要があります。この攻撃については、本節の最後に解説します。

OpenSSLでは、公開鍵と秘密鍵の生成用の関数として、`DH_generate_key`関数が用意されています。引数は1つだけで、DHパラメータpとgが入っているDHオブジェクトを指定します。鍵の生成に成功した場合、戻り値は0以外です。エラーが発生した場合、戻り値は0です。

鍵をきちんと生成できたら、次に、当事者双方が互いの公開鍵を交換しなければなりません。公開鍵の値(DHオブジェクトの`pub_key`データメンバ)を交換する方法は、使用している媒体によって詳細が異なります。しかし、確立されたTCP接続上で通信を

行う一般的なケースでは、先ほどと同様に、BN_bn2bin関数およびBN_bin2bn関数が使えます。

DHパラメータと公開鍵の交換が終わったら、当事者双方は、自分の秘密鍵と相手の公開鍵を使って共有秘密を算出できます。これには、DH_compute_key関数を使います。

```
int DH_compute_key(unsigned char *secret, BIGNUM *pub_key, DH *dh);
```

- secret
  共有秘密が格納されるバッファです。領域の確保は呼び出し側が行う必要があり、共有秘密を格納できる十分な長さが用意できなければなりません。共有秘密の格納に必要なバイト数は、DH_size関数を呼び出して確認できます。この関数は、DHオブジェクトを1つだけ引数に持ちます。
- pub_key
  通信相手の公開鍵を指定します。
- dh
  DHパラメータと自分の秘密鍵が入っているDHオブジェクトを指定します。

共有秘密の算出が済んだら、それ以降、DHオブジェクトは不要です（共有秘密の生成と交換をほかにも行う場合は別です）。用済みのDHオブジェクトは、DH_free関数を使って安全に破棄できます。

DHは、小さな部分群（small-subgroup）攻撃という攻撃の標的となる場合があります。この攻撃によって、通信相手の秘密鍵の値をブルートフォース攻撃で求めるのに必要な演算の複雑度が減らされてしまいます。要するに、小さな部分群攻撃の標的になると、秘密鍵を割り出されるおそれがあるということです。DHを小さな部分群攻撃から守る方法はいくつかあります。最も簡単なのは、一時的鍵を使う方法です。両当事者が一時的鍵を使用し、かつ認証には別の手法を使うようにすれば、小さな部分群攻撃は防げます。ただし、常にこの対策が可能とは限りません。その主な理由は、演算コストがかかるからです。一方、長期的鍵を使う場合は、相手から受け取った公開鍵に対して簡単な演算チェックを行うことで、この種の攻撃が実行可能かどうかを確認できます。鍵が次の2つのチェックを両方ともパスしたら、攻撃は不可能であり、その鍵を使用しても安全です。1つ目のチェックでは、渡された鍵が1より大きく、かつパラメータ p の値より小さいことを確認します。2つ目のチェックでは、$y^q \bmod p$ を計算します。ここで、y はチェック対象の鍵であり、q は p とは別の大きな素数です。この演算結果が1の場合、鍵は安全です。1以外の場合、安全ではありません。パラメータ q は、OpenSSLによっては生成されないものの、DH構造体には場所が用意されています。q を生成するためのアルゴリズムはRFC 2631に記述されています。これ以外の対処法に興味のある読者や、この攻撃について詳しく知りたい読者は、RFC 2785を参照してください。

実際の用途

　DHの解説に入る際に、「このプロトコルは鍵合意と認証を実現できる」と述べました。しかし、このプロトコルの認証機能を使うことは、あまり一般的ではありません。このため、DHと組み合わせたほかのアルゴリズムにより認証を実現する方法がよくとられます。認証を正しく行わないと、man-in-the-middle 攻撃を受ける脅威があります。man-in-the-middle 攻撃を実行する攻撃者は、通信しようとしている2つのホストの中間に位置し、すべてのメッセージを傍受します。例えば、AliceとBobがDHを使って共有秘密を作成しようとしているとしましょう。そしてCharlieが、AliceからBobへのメッセージも、BobからAliceへのメッセージも、1つ残らず傍受しているとします。Charlieには、この位置から、Aliceとの間で何かしらの鍵（K_{AC}）に合意し、Bobとの間では別の鍵（K_{CB}）に合意することができます。Charlieは、Aliceからメッセージを受け取ったら、Aliceとの間でネゴシエーションした鍵（K_{AC}）を使ってメッセージを復号し、その内容を読みます。そして、Bobとの間でネゴシエーションした鍵（K_{CB}）を使ってメッセージを暗号化し、それをBobに送ります。AliceとBobは、互いに暗号化で保護された通信を行っていると思い込んでいるはずです。Charlieによって盗聴されていること、もっとひどい場合には、メッセージの改竄や偽造メッセージの挿入が行われていたり、メッセージを捨てられたりしている可能性があることなど、2人にはまったく気付かないでしょう。

　この問題を払拭するために、DHは、必ずほかの認証方法（たいていは別のアルゴリズムを使った認証）と組み合わせて使うようにします。具体的には、DHの鍵合意に使う公開値が入ったメッセージを認証する方法が実現可能です。これには電子署名が使えます。通信の両当事者が、やり取りを開始する前に、まず電子署名に使う公開鍵を交換した上で公開値に署名してから送信する、という方法です。詳細については次節で解説します。

8.3　DSA

　DSAは、NIST（National Institute for Standards and Testing）とNSA（National Security Agency）によって開発されました。最初に提案されたのは1991年で、そこからかなりの議論を経て1994年にようやく標準となりました。「Digital Signature Algorithm」という名称からわかるように、DSAアルゴリズムは電子署名の計算用に設計されています。ほかの用途には使えません。DSA単体では、鍵交換や暗号化は提供できないのです。

　ユーザは、自分の持つ秘密鍵を使って、任意のデータに対する電子署名を計算できます。そして、その秘密鍵と対になる公開鍵を持っている人は誰でも、その電子署名を

検証することが可能です。このアルゴリズムは、SHA（Secure Hash Algorithm）と組み合わせることで機能します。基本的には次のような手順です。まず、署名対象のデータのハッシュを計算した上で、データ自体ではなくそのハッシュの電子署名を計算します。その上で、その電子署名の計算に使われた秘密鍵と対になる公開鍵を使って、電子署名の基になったデータのハッシュをその署名から取得することができます。電子署名を検証する側は、このハッシュと、データそのものから計算したハッシュとを比較します。両者が一致した場合は、データは本物だと見なせます。一致しなかった場合は、送信元で電子署名されたデータとは異なるということになります。

電子署名は、データの完全性を検証するのに有効で、破損や改竄が加わっていないことが確認できます。また、否認防止も実現できます。電子署名の計算に使われた秘密鍵を利用できるのは、その本人しかいないはずだからです。電子署名を、DHなどの鍵交換アルゴリズムと組み合わせた場合の有効性も明らかです。鍵交換を行っている当事者双方が、自分の持つ公開鍵が確かに通信相手本人のものだと信用できる場合には、電子署名によって man-in-the-middle 攻撃を防ぐことができます。

基礎知識

OpenSSLで提供されているDSAの低レベルインタフェースは、DHのものと似ており、`DSA`型の構造体と、その構造体を対象に処理を行う一連の関数で構成されています。`DSA`構造体および一連の関数は、ヘッダファイル `openssl/dsa.h` をインクルードすると利用できるようになります。DSA構造体自体には、データメンバが数多く含まれており、その大半は本書にはほとんど（あるいはまったく）無関係なものですが、重要なメンバが5つあります。次に示す`DSA`構造体の定義は、その5つのメンバだけを抜粋したものです。

```
typedef struct dsa_st
{
    BIGNUM *p;
    BIGNUM *q;
    BIGNUM *g;
    BIGNUM *pub_key;
    BIGNUM *priv_key;
} DSA;
```

p、q、gの各メンバは、DSAパラメータと呼ばれ、鍵の対を生成する前に生成しておく必要がある公開値です。これらは公開値なので、攻撃を企てる者に知られても何の害もありません。同じパラメータを使って複数の鍵を生成しても、安全性は保たれます。実際、RFC 2459[†1]では、証明書のDSAパラメータを発行者の証明書から継承できる

---

† 監訳注1 　本書監訳時点では、RFC 3280です。

方法が定められています。DSA パラメータ継承を使うと、証明書が小さくなるだけでなく、DSA パラメータを共有することができます。

メンバ p は、無作為に生成される素数です。RFC の最初の標準化提案 (proposed standard) では、この素数の長さは 512 ビットに固定されていました。しかし批判の声が多かったため、後に 512〜1,024 ビットの範囲を認めるように変更されました。ただし、64 ビットの倍数の長さでなければなりません。OpenSSL では、1,024 ビットという上限は課せられていないものの、それ以上の長さの素数を使うのは良い考えではありません。多くのプログラムでは、そのような大きな素数から得た鍵を使用できない可能性があるからです。メンバ q は、(p-1) の素因数です。また、q の値の長さは、ちょうど 160 ビットでなければなりません。メンバ g の値は、p や q と同様に、無作為に選ばれた整数を使って、ある数値演算により求められた結果です。

p、q、g という 3 つの公開される DSA パラメータを使って、公開鍵と秘密鍵を算出することができます。これらの鍵の算出に使った公開される DSA パラメータは、電子署名の生成および検証の際にも必要となります。したがって、公開鍵と一緒にこれらのパラメータも交換しておかないと、公開鍵は役に立ちません。秘密鍵のほうは、もちろん配布してはなりません。

DSA パラメータと鍵の生成

DSA でも、DH と同様に、鍵を作成する前に DSA パラメータの生成が必要です。DSA パラメータを一組生成すれば、そこから数多くの鍵を作成することができます。とはいえ、同じ DSA パラメータから生成した鍵を持つ者同士しかやり取りできないというわけではありません。やり取りするためには、公開鍵と一緒に、DSA パラメータもすべて交換する必要があるということです。

DSA パラメータを生成するためのインタフェースは、DH パラメータを生成するためのインタフェースと似ています。具体的には、`DSA_generate_parameters` という関数を使って、新しい p、q、g の値で初期化された DSA オブジェクトを新規に生成することができます。DSA パラメータは、DH パラメータより複雑な手順で生成されます。しかし、特に鍵長が長い場合は、DH よりもはるかに高速に生成することができます。

```
DSA * DSA_generate_parameters(int bits, unsigned char *seed,
        int seed_len, int *counter_ret, unsigned long*h_ret,
        void (*callback)(int, int, void*), void *cb_arg);;
```

- bits
 生成する素数の長さをビットで指定します。標準で認められている最大長は 1,024 ビットだという点は忘れないでください。

- seed

  オプションの引数です。素数を探し出す出発点を決めるためのデータが入ったバッファを指定します。この引数には NULL を指定することも可能で、通常はそうすべきです。

- seed_len

  seed 引数のバッファに含まれているバイト数を指定します。seed 引数に NULL を指定した場合は、この引数には 0 を指定しなければなりません。

- counter_ret

  オプションの引数です。要件を満たす素数 p と q を見つけるまでに、この関数が実行した繰り返し処理の回数が返ってきます。この引数には NULL を指定しても構いません。

- h_ret

  オプションの引数です。h の値を見つけるまでに関数が実行した繰り返し処理の回数が返ります（h は g の計算に使われる乱数）。この引数には NULL を指定しても構いません。

- callback

  素数生成プロセスの進行中に、その進行状況を通知するために呼び出される関数のポインタを指定します。このコールバックは、第 4 章で解説した BN_generate_prime 関数で使用したのと同一のものです。コールバックが必要ない場合は、この引数に NULL を指定することができます。

- cb_arg

  アプリケーション固有のデータへのポインタを指定します。OpenSSL は、この値自体はいかなる目的にも使用しません。指定されたコールバック関数へ引数として渡されます。

DSA パラメータの生成が済むと、鍵の対を生成することができます。OpenSSL では、そのための関数として DSA_generate_key が用意されています。引数は 1 つだけで、DSA パラメータ p、q、g が入っている DSA オブジェクトを指定します。鍵の生成に成功した場合、戻り値は 0 以外です。エラーが発生した場合、戻り値は 0 です。生成された公開鍵と秘密鍵は、引数で渡した DSA オブジェクトのメンバ pub_key とメンバ priv_key にそれぞれ格納されます。

鍵の対の生成が済んだら、それらの鍵を使って、電子署名の作成や検証を行うことができます。この処理を行うには、当然ながら、DSA パラメータと鍵が入っている DSA オブジェクトがメモリ内になければなりません。さらに、その DSA オブジェクトが不要になった時点で、オブジェクトを破棄すべきです。その際には、DSA_free 関数を呼び出します。この関数には、引数として DSA オブジェクトを 1 つ渡します。

署名と検証

電子署名は、署名対象のデータのメッセージダイジェスト（ハッシュ）に対して計算する必要があります。DSAの標準では、その際に使うメッセージダイジェストアルゴリズムはSHA1と定められています。このアルゴリズムの出力は、DSAのパラメータ q と同じ長さです。これは偶然の一致ではありません。実のところ、DSAアルゴリズムでは、パラメータ q より長いデータの電子署名を計算することはできません。

OpenSSLには、電子署名を求めるための低レベルインタフェースが用意されています。このインタフェースを用いると、DSAを使って任意のデータを署名することができます。つまり、OpenSSLでは、署名対象のメッセージダイジェストにSHA1を使うという要件には従わなくても済むということです。それどころか、署名の対象は、メッセージダイジェストであるということさえ強制されていません。しかし、署名および検証の際には、この低レベルインタフェースは使用しないことを強くお勧めします。代わりに、本章の後半で解説するEVPインタフェースを使うようにしましょう。ただし、念のため、DSA署名を作成および検証するための3つの低レベルインタフェースについて、簡単に触れておくことにします。

電子署名の計算では、プロセッサに多大な負荷がかかる可能性があります。このためOpenSSLには、署名の一部を前もって計算するための関数が用意されています。この関数では、実際の署名対象のデータは必要ありません。

```
int DSA_sign_setup(DSA *dsa, BN_CTX *ctx, BIGNUM **kinvp,
                   BIGNUM **rp);
```

- `dsa`
  署名に使うDSAパラメータと秘密鍵が入っているDSAオブジェクトを指定します。
- `ctx`
  オプションの引数です。計算に使うBIGNUMコンテキストを指定します。この引数にNULLを指定した場合は、一時的なコンテキストが内部で作成されて使用されます。
- `kinvp`
  領域が動的に確保されたBIGNUMを受け取る引数です。その中には、計算された $kinv$ の値が入ってきます。この値は、署名時に使用されるよう、DSAオブジェクトのkinvメンバに設定することができます。
- `rp`
  領域が動的に確保されたBIGNUMを受け取る引数です。このBIGNUMの中には、計算された r の値が入ってきます。この値は、署名時に使用されるよう、DSAオブジェクトのrメンバに設定することができます。

署名に使う *kinv* と *r* の値を前もって計算する際には、注意が必要です。これらの値は、両方とも DSA オブジェクトに入れる必要があります。どちらか一方のみを入れておくと、もう一方が使用しているメモリがリークします。また、これらの値は再利用できません。署名用の関数によって破棄されます。前もって計算したこれらの値をどこかに待避しておいて、複数のデータの署名に使い回したいという誘惑に駆られるかもしれませんが、それをしてはなりません。DSA 署名で不可欠な要素の 1 つに、160 ビットの乱数 k（厳密には「パラメータ q と同じ長さの乱数 k」。パラメータ q は常に 160 ビットであるべきです）があります。同じ k の値を複数回使うと、攻撃者に秘密鍵を見出されてしまう可能性があります。

DSA アルゴリズムを使って実際に電子署名を計算するには、DSA_sign という関数を使います。*kinv* と *r* の値を前もって計算していない場合は、この関数によって計算されます。

```
int DSA_sign(int type, const unsigned char *dgst, int len,
             unsigned char *sigret, unsigned int *siglen, DSA *dsa);
```

- type
  この引数は、RSA の署名関数と体裁を合わせるためだけにあるもので、DSA 署名では無視されます。

- dgst
  署名対象のデータが入ったバッファを指定します。このデータは、必ず SHA1 ハッシュとすべきです。

- len
  dgst バッファに入っているバイト数を指定します。これは、常にメッセージダイジェストの長さにすべきですが、パラメータ q（160 ビット、つまり 20 バイトと決まっています）より長くてはなりません。

- sigret
  署名を受け取るバッファです。署名を格納できる十分な長さがなければなりません。このバッファの長さの最小値は、DSA_size 関数を使って求めることができます。DSA_size 関数は、署名に使っている DSA オブジェクトを指定する引数を 1 つだけ取ります。

- siglen
  sigret バッファに格納された署名のバイト数を受け取る引数です。この引数には NULL を指定できません。

- dsa
  データバッファの中身を署名するのに使う DSA オブジェクトを指定します。

署名の検証には、DSA_signに似たDSA_verify関数を使います。

```
int DSA_verify(int type, const unsigned char *dgst, int len,
               unsigned char *sigbuf, int siglen, DSA *dsa);
```

- type
  この引数は、RSAの署名関数と体裁を合わせるためだけにあるもので、DSA署名の検証では無視されます。
- dgst
  データのメッセージダイジェストを指定します。このメッセージダイジェストは、DSA_verify関数を呼び出す前に、データから求めておく必要があります。このダイジェストが、署名から求まるダイジェストと比較されます。
- len
  dgstバッファに含まれているバイト数を指定します。
- sigbuf
  検証対象の署名を指定します。
- siglen
  sigbufバッファに含まれているバイト数を指定します。
- dsa
  署名の検証に使うDSAオブジェクトを指定します。

実際の用途

　DSAには、鍵合意の仕組みが備わっていません。共有秘密の作成は不可能です。一方、共有秘密を作成できるアルゴリズムとしては、DHがあります。このため、「双方向の認証（相互認証）」を実現する場合は、DHとDSAを組み合わせたプロトコルを使うのが一般的です。

　まず、クライアントとサーバの双方が公開鍵と秘密鍵の対をそれぞれ持っており、安全な通信を始める前にその公開鍵を（オフラインで）交換できる状態を確立する必要があります。加えて、DHの鍵合意パラメータを両者が了解しているという前提も必要です。これらの前提は、それほど突飛なものではありません。あるプロトコルでは、例えば、両当事者がDH公開鍵と秘密鍵を算出するところから処理が始まるでしょう。それから、データを未認証のまま相手に送るのではなく、そのDH公開鍵が含まれているメッセージに対して双方が自分のDSA秘密鍵で署名します。その後、署名したメッセージを相手に送ります。

　この署名の意義は、そのDH公開鍵が確かに通信相手からのものであることを双方

が確認できる点です。これを確認できるのは、クライアントとサーバのそれぞれの秘密鍵を持っているのが、当のクライアントおよびサーバだけだからです。両者が、受け取ったDH公開鍵の署名をそれぞれ検証できれば、man-in-the-middle攻撃を受けていないことが確信できます。両当事者が、それぞれ別個に相手を検証するので、以上のプロセスを相互認証（two-way authentication）といいます。

8.4 RSA

RSAは、電子署名と（データ）暗号化の両方を行うことができる最初の公開鍵アルゴリズムで、1977年に考案されました。RSAは、特許を取得していたにも関わらず、公開鍵アルゴリズムとして事実上の業界標準となりました。公開鍵暗号化方式を使用した製品を出荷しているほとんどすべての企業が、この技術の使用権を取得したのです。この特許は、米国内のみのもので、2000年9月20日にその期限が切れました。

RSAも、ほかの公開鍵アルゴリズムと同様に、公開鍵と秘密鍵の対を使用します。このアルゴリズムのベースになっている数学は、簡単に理解できるものですが、ここでは触れないことにします。このアルゴリズムを詳しく解説している書籍はほかにたくさんあるからです。このアルゴリズムの強さは、非常に大きな数を因数分解するのが困難であるという事実によるものです。そのことだけ理解していれば、本書の目的では十分です。25年に及ぶ膨大な暗号解析を経ても、このアルゴリズムはいまだに破られていません。

基礎知識

OpenSSLで提供されているRSAの低レベルインタフェースは、DHやDSAのものと同様に、RSA型の構造体と、その構造体を対象に処理を行う一連の関数で構成されています。RSA構造体および一連の関数は、ヘッダファイル openssl/rsa.h をインクルードすると利用できるようになります。RSA構造体そのものには数多くのデータメンバが含まれており、その大半は本書にはほとんど（あるいはまったく）無関係なものですが、重要なメンバが5つあります。次に示すRSA構造体の定義は、その5つのメンバだけを抜粋したものです。

```
typedef struct rsa_st
{
    BIGNUM *p;
    BIGNUM *q;
    BIGNUM *n;
    BIGNUM *e;
    BIGNUM *d;
} RSA;
```

メンバpとqは、いずれも無作為に選ばれた大きな素数です。この2つの数を掛け合わせて得られるのがnで、法（モジュロ）と呼ばれています。nは公開される値です。RSAの強度は、具体的には、この法nのビット長です。秘密鍵の算出が済んだら、pとqは破棄しても構いませんが、値を明らかにしてはなりません。ただし、pとqの値を捨てずに取っておくほうが得策です。これらの値を利用できると、秘密鍵の処理の効率が上がるからです。

メンバeは、公開指数とも呼ばれ、$(p-1)(q-1)$とeとが互いに素になるような無作為に生成された整数とします。2つの数が「互いに素」であるとは、1以外の公約数を持たないということです。これら2つの数自体は、素数でなくても構いません。公開指数は、通常は小さな数で、実際には3か65,537（フェルマー素数 $F4$ と呼ばれる数）のどちらかが使われます。また、dの値は、e、p、qを使って計算されます。

メンバnとeの組が公開鍵、メンバdが秘密鍵となります。

鍵の生成

RSAアルゴリズムでは、鍵の生成に（DSAパラメータのような）パラメータは必要ありません。このため、鍵生成は単純な処理となります。OpenSSLには、新しいRSA鍵の対を生成するための関数が1つ用意されています。この関数により、新しい鍵の対で初期化された RSA オブジェクトが新規作成されます。

```
RSA *RSA_generate_key(int num, unsigned long e,
                      void (*callback)(int, int, void *), void *cb_arg);
```

- num
  法（モジュロ）のビット数を指定します。適切な安全性を確保するためには、（現時点では）最低でも1,024ビットとする必要があり、できれば2,048ビットとすることをお勧めします。

- e
  公開指数として使う値を指定します。OpenSSLはこの値を無作為に生成しないため、関数の呼び出し側が指定する必要があります。ここには自分の好きな数を指定することができますが、`RSA_3`か`RSA_F4`のいずれかの定数を指定することをお勧めします。

- callback
  素数生成プロセスの進行中に、その進行状況を通知するために呼び出される関数のポインタを指定します。このコールバックは、第4章で解説した`BN_generate_prime`関数で使用したのと同一のものです。コールバックが必要ない場合は、この引数に NULL を指定することができます。

- cb_arg

  アプリケーション固有のデータへのポインタを指定します。OpenSSLでは、この値をいかなる目的にも使用しません。指定されたコールバック関数へ渡す引数としてのみ使います。

RSA_generate_key関数で鍵の生成が済んだら、RSA_check_key関数を呼び出して、その鍵が実際に使用可能かどうかを確認してください。RSA_check_key関数では、引数として、チェックするRSAオブジェクトを1つだけ指定します。このRSAオブジェクトは、p、q、n、e、dの各メンバの値を含め、中身がすべて埋められていなければなりません。RSA_check_key関数の戻り値が0の場合は、鍵に問題があるので再生成するほうがよい、という意味です。戻り値が1の場合は、すべてのテストに合格した使用に適した鍵である、という意味です。戻り値が-1の場合は、テストの実行時にエラーが発生したことを示します。

使用済みのRSA鍵は、RSA_free関数を使って破棄すべきです。RSA_free関数には、引数として、RSAオブジェクトを1つだけ指定します。

データの暗号化・鍵交換・鍵配送

鍵の生成について説明したので、次に、これらの鍵のさまざまな利用法について見ていくことにしましょう。RSAアルゴリズムでは暗号化が可能なので、機密性が実現できます。公開鍵で暗号化されたデータは、それに対応する秘密鍵を持つ主体だけが復号できます。

これらの処理について掘り下げていく前に、まず「目くらまし(blinding)」について述べておく必要があります。RSAの処理で秘密鍵が絡むものは、どれもタイミング攻撃を受ける可能性があります。RSAの処理を、データを入れて結果を受け取るブラックボックスと考えると、攻撃者は、さまざまな処理の完了に要する時間を計ることで、鍵のもとになっている情報を割り出すことができるのです。目くらましとは、要するに、処理に要する時間と秘密鍵の値との間に、いかなる相関関係もなくなるように実装を調整することを意味します。

RSA_blinding_onという関数を使って、RSAオブジェクトの目くらましを有効にすることができます。この関数の第1引数に、目くらましの対象とするRSAオブジェクトを指定します。目くらましを有効にすると、そのオブジェクトに関する処理で秘密鍵が絡むものすべてが、タイミング攻撃から保護されます。第2引数はオプションで、BN_CTXオブジェクトを指定します。この引数にはNULLを指定しても構いません。また、同種の関数でRSA_blinding_offというものもあります。引数で渡したRSAオブジェクトの目くらましを無効にする関数です。秘密鍵に対して任意の処理を行えるシステム(例えばデータに自動的に署名するシステムなど)を設計する際には、秘密鍵の安全

を守るために、目くらましを有効にすることが重要です。

RSA では、公開鍵で暗号化し、それに対応する秘密鍵で復号するのがごく一般的です。OpenSSL では、これらの処理を実行する関数として、`RSA_public_encrypt` および `RSA_private_decrypt` が用意されています。また RSA では、秘密鍵で暗号化し、それに対応する公開鍵で復号することも可能です。これらの処理を実行する関数としては、`RSA_private_encrypt` および `RSA_public_decrypt` が用意されています。これらの関数は、非常に低レベルで署名を実装したいと考えている開発者向けのものです。一般には、使用を避けるほうがよいでしょう。4つの関数の戻り値は、いずれも、暗号化または復号されたバイト数（パディングを含む）です。また、エラーが発生した場合の戻り値は -1 です。

```
int RSA_public_encrypt(int flen, unsigned char *from, unsigned char *to,
                       RSA *rsa, int padding);
```

- flen
  バッファに入っている暗号化対象データのバイト数を指定します。
- from
  暗号化対象のデータが入っているバッファを指定します。
- to
  暗号化されたデータが格納されるバッファです。暗号化されたデータが最長になった場合でも格納できるだけの十分な長さが必要です。必要なバッファ長は、`RSA_size` 関数で取得できます。`RSA_size` 関数には、暗号化に使用している RSA オブジェクトを引数として1つ指定します。
- rsa
  暗号化に使う公開鍵が入っている RSA オブジェクトを指定します。
- padding
  パディングが必要な場合に、OpenSSL が対応する組み込みパディングの種類のうち、どれを使うかを指定します。

```
int RSA_private_decrypt(int flen, unsigned char *from, unsigned char *to,
                        RSA *rsa, int padding);
```

- flen
  バッファに入っている復号対象データのバイト数を指定します。
- from
  復号対象のデータが入っているバッファを指定します。

- to

  復号されたデータが格納されるバッファです。復号されたデータが最長になった場合でも格納できるだけの十分な長さが必要です。必要なバッファ長は、RSA_size関数で取得できます。RSA_size関数には、復号に使っているRSAオブジェクトを指定する引数を1つ指定します。

- rsa

  復号に使う秘密鍵が入っているRSAオブジェクトを指定します。

- padding

  OpenSSLが、データを暗号化する際に、対応する組み込みパディングのタイプのうちどれを使ったかを指定します。復号の際に指定するパディングは、暗号化で使ったパディングと同じものでなければなりません。

RSAでは、暗号化対象のデータが適切に成型されていなくてはならないという要件があります。データがこの要件を満たしていない場合は、パディングが必要です。OpenSSLは、RSAでの暗号化用として、以下の種類のパディングに対応しています。

- RSA_PKCS1_PADDING

  この種類のパディングを使用する場合、暗号化するデータの長さはRSA_size(rsa) - 11より小さくなければなりません。これは古いパディング手法であり、本書執筆時点ではRSA_PKCS1_OAEP_PADDINGに取って代わられています。RSA_PKCS1_PADDINGは、古いアプリケーションとの互換性のためだけに使うようにしましょう。

- RSA_PKCS1_OAEP_PADDING

  この種類のパディングを使用する場合、暗号化するデータの長さはRSA_size(rsa) - 41より小さくなければなりません。新しいアプリケーションすべてにおいて、このパディングを使用することをお勧めします。

- RSA_SSLV23_PADDING

  この種類のパディングは、RSA_PKCS1_PADDINGにSSL固有の修正を加えたものです。通常、このパディングを使うことはめったにありません。

- RSA_NO_PADDING

  このパディングを指定した場合、暗号化関数による自動パディングは無効化され、関数を呼び出す側がパディングを行うものと想定されます。この場合、暗号化対象のデータは、ちょうどRSA_size(rsa)バイトでなければなりません。

署名と検証

RSAで、ひとまとまりのデータに対して電子署名を計算する際には、DSAと同様に、まずデータをハッシュしてダイジェスト値を取得します。そして、そのダイジェスト値と署名者の秘密鍵を、署名プロセスに対する入力として使用します。検証の際には、同じハッシュ（アルゴリズム）でダイジェスト値を得て、そのダイジェスト値、署名の値、および署名者の公開鍵を使用して検証を行います。

```
int RSA_sign(int type, unsigned char *m, unsigned int m_len,
             unsigned char *sigret, unsigned int *siglen, RSA *rsa);
```

- type
  署名対象のデータに対するハッシュを求めるのに使用するメッセージダイジェストアルゴリズムを指定します。SHA1の場合は`NID_sha1`を、RIPEMD-160の場合は`NID_ripemd160`を、MD5の場合は`NID_md5`を、それぞれ指定します。
- m
  署名対象のデータが入っているバッファを指定します。
- m_len
  データバッファに入っているデータのうち、署名の対象とする分のバイト数を指定します。
- sigret
  署名を受け取るバッファです。署名が最長になった場合でも格納できるだけの十分な長さが必要です。必要なバッファ長は、`RSA_size`関数を使って求めることができます。`RSA_size`関数には、引数として、署名に使用しているRSAオブジェクトを1つ指定します。
- siglen
  署名のバッファに格納されたバイト数を受け取る引数です。この引数にNULLを指定してはなりません。
- rsa
  データの署名に使う秘密鍵が入っているRSAオブジェクトを指定します。

これを見てわかるように、関数のシグネチャは、DSAの署名関数とまったく同じです。ただし、引数の解釈のされ方は異なります。署名の検証用の関数についても同様です。

```
int RSA_verify(int type, unsigned char *m, unsigned int m_len,
               unsigned char *sigbuf, unsigned int siglen, RSA *rsa);
```

- type
  検証対象のデータに対するハッシュを求めるのに使用したメッセージダイジェストアルゴリズムを指定します。ここで指定するアルゴリズムは、検証する署名の計算に使ったのと同じものでなければなりません。

- m
  検証の対象となるデータ、つまり署名されたデータが格納されているバッファを指定します。

- m_len
  データバッファに格納されているデータのうち、処理の対象とする分のバイト数を指定します。

- sigbuf
  検証する署名が入っているバッファを指定します。

- siglen
  署名のバッファに含まれているバイト数を指定します。

- rsa
  署名の検証に使う公開鍵が入っているRSAオブジェクトを指定します。

実際の用途

RSAだけを使ったシステムの機密性の確保を検討したくなるかもしれません。実は、それはあまり名案ではありません。理由はさまざまですが、なかでも特に重要なのは、RSAは共通鍵暗号化方式に比べて処理に非常に時間がかかるということです。RSA鍵だけでは、一度にわずかな量のデータしか暗号化できません。こうしたことから、RSAのデータ暗号化機能は、鍵交換に用いるのが最適です。RSAを使って鍵交換を実現する方法はいくつかあります[†2]

- **一方向に認証される鍵配送**
  クライアントは、無作為にセッション鍵を選択し、それをサーバの公開鍵で暗号化した上で、サーバに送ります。サーバは、受け取ったメッセージを復号して、セッション鍵を取り出します。そして、DHと同様に、このセッション鍵という共有秘密を共通鍵暗号化方式に使うという方法です。このプロトコルは、実際にはDHよりもわずかながら優れています。単方向認証が実現されているからです。クラ

[†監訳注2] 以下の3つの方式は、参考程度と考えてください。暗号化と署名を単純に組み合わせるだけでは、「安全性」を確保できるとは限りません。

イアントがサーバを認証できる理由は、暗号化して送ったセッション鍵を復号できるのはそのサーバ以外にはあり得ないからです。この仕組みにより、ある人の公開鍵を持っている人は、その人宛てに暗号化したメッセージを作成することができます。その作成の時点では、相手との直接の通信は一切不要です。

- **双方向に認証される鍵配送**

    クライアントが踏む手順は、基本的に先のプロトコルと同じです。ただし、メッセージをサーバに送る前に、そのメッセージに署名するという点が異なります。こうするとサーバは、クライアントの公開鍵を使って署名を検証できるため、クライアントを認証できます。その上でセッション鍵を取り出します。また、クライアントもサーバを認証できます。クライアントが暗号化して送ったセッション鍵を復号できるのは、そのサーバ以外にはあり得ないからです。

- **双方向に認証される鍵合意**

    クライアントとサーバの双方とも、セッション鍵生成のもとになる数値を無作為に選択し、通信相手の公開鍵で暗号化します。そして、自分の秘密鍵で署名した上で相手に送ります。双方がこのようにして署名するため、互いに相手を認証できます。そして、双方とも、自分自身と通信相手のそれぞれの無作為な数値を手にすることになります。双方が、この2つの数を用いて、共有秘密（セッション鍵）を得ます。2つの数を組み合わせる方法としては、排他的論理和（XOR）を取るか、または、2つをつなげたものをハッシュするのが一般的です。

以上、安全なプロトコルの設計に必要な理論を表面的にざっと眺めてきましたが、独自のプロトコルを設計しようなどとは絶対に考えないでください。誤りのない万全なプロトコルを設計するのは、きわめて困難です。学術的な目的以外では、いかなる場合においても、SSLやTLSのようによく知られていて安全性が立証されているプロトコルを使用することを強くお勧めします。

8.5 公開鍵用の EVP インタフェース

第6章と第7章で、OpenSSLのEVPインタフェースについて解説しました。メッセージダイジェストと共通鍵暗号化方式に使用できる、高レベルに抽象化された層です。当然、本章で解説した公開鍵アルゴリズムにも、EVPインタフェースが使えるものがあります。具体的には、DSAとRSAの2つに対して、EVPインタフェースが使えます。電子署名のための関数群と、データの暗号化のための関数群が、それぞれ用意されています。それぞれの関数の仕組みは、第6章および第7章で解説したものとよく似ています。

2つのEVP関数群では、**EVP_PKEY**というオブジェクトを使います。これは、公開鍵

または秘密鍵を保持するためのオブジェクトです。つまり、EVP_PKEYオブジェクトは、DSAオブジェクトまたはRSAオブジェクトのどちらかを格納するコンテナにすぎません。実は、EVP_PKEYオブジェクトにはDHオブジェクトも格納できるのですが、DHは鍵合意にしか使えないため、EVPインタフェースではDHオブジェクトを利用できません。この点を念頭に置いて、ここからはDSA鍵とRSA鍵に焦点を絞って解説していきます。

EVP_PKEYオブジェクトの作成にはEVP_PKEY_new関数を使います。その戻り値は、処理に成功した場合は新しいEVP_PKEYオブジェクト、エラーが発生した場合はNULLです。また、EVP_PKEYオブジェクトを破棄する際には、EVP_PKEY_free関数を使います。EVP_PKEY_free関数の引数としては、破棄するEVP_PKEYオブジェクトを1つだけ渡します。新規に作成した時点では、EVP_PKEYオブジェクトは単なる空のコンテナにすぎず、当然ながらそのままではあまり役に立ちません。

EVP_PKEYオブジェクトにDSAまたはRSAの鍵オブジェクトを割り当てるのには、EVP_PKEY_assign_DSA関数またはEVP_PKEY_assign_RSA関数を使います。どちらの関数も、引数を2つ取ります。第1引数は割り当て対象のEVP_PKEYオブジェクト、第2引数はそこに割り当てる鍵オブジェクトです。EVP_PKEYオブジェクトに鍵オブジェクトを割り当てると、その鍵オブジェクトは、当該のEVP_PKEYオブジェクトに「所有」されたことになります。つまり、鍵オブジェクトの破棄はEVP_PKEYオブジェクトが責任を持って行ってくれるということです。EVP_PKEYオブジェクトに割り当てた鍵オブジェクトは、自分では破棄しないようにしましょう。また、1つのEVP_PKEYに格納できる鍵オブジェクトは1つだけです。複数の鍵オブジェクトを割り当てようとすると、最後に割り当てたものが格納され、それ以前に割り当てたオブジェクトはすべて破棄されます。

また、EVP_PKEYオブジェクトにDSAオブジェクトまたはRSAオブジェクトを割り当てるのには、EVP_PKEY_set1_DSA関数またはEVP_PKEY_set1_RSA関数を使うこともできます。これらの関数のシグネチャは、先ほどのEVP_PKEY_assign_DSAおよびEVP_PKEY_assign_RSAとまったく同じです。先ほどと違うのは、EVP_PKEYオブジェクトに割り当てた鍵オブジェクトがEVP_PKEYオブジェクトに所有されないという点です。代わりに、鍵オブジェクトの参照カウントが割り当てられた時点で+1（インクリメント）され、先ほどの関数なら破棄される時点で-1（デクリメント）されます。

また、EVP_PKEYオブジェクトが保持する鍵オブジェクトへのポインタを取得することもできます。鍵オブジェクトの種類がDSAとRSAのどちらであるかがわかっていれば、それに応じて、EVP_PKEY_get1_DSA関数またはEVP_PKEY_get1_RSA関数を使います。これらの関数を呼び出すと、返ってきた鍵オブジェクトの参照カウントが+1されるので、オブジェクトを使い終わったら、DSA_freeまたはRSA_freeのどちらか適切なほうを必ず呼び出す必要があります。また、EVP_PKEYオブジェクトに格納されている鍵オブジェクトの型が不明な場合には、EVP_PKEY_type関数を使って判別できます。その戻り値は、EVP_PKEY_DSAかEVP_PKEY_RSAのいずれかです。

署名と検証

EVPインタフェースには、DSA鍵またはRSA鍵を使って電子署名を作成および検証するための方法が用意されています。電子署名の作成には秘密鍵が必要です。また、電子署名の検証には、その署名の作成に使われた秘密鍵と対になる公開鍵が必要です。あるデータに対して作成された電子署名を検証するためには、それと同じデータが必要です。

EVPインタフェースを使って電子署名を作成する際、最初に行うのは、第6章で解説したコンテキストオブジェクトである`EVP_MD_CTX`オブジェクトの初期化です。`EVP_MD_CTX`オブジェクトは、や`malloc`や`new`を使って動的に確保することも、グローバル変数またはローカル変数として静的に確保することもできます。どちらの場合も、`EVP_SignInit`を呼び出してオブジェクトを初期化する必要があります。

```
int EVP_SignInit(EVP_MD_CTX *ctx, const EVP_MD *type);
```

- ctx
  初期化する`EVP_MD_CTX`オブジェクトを指定します。
- type
  ハッシュの計算に使うアルゴリズムを指定します。実際に署名の対象となるのは、データ自体ではなく、そのハッシュです。ここでは、`EVP_DigestInit`を呼び出すときと同様に、アルゴリズムを指定します。署名に使うのがRSA鍵の場合は、`EVP_md2`、`EVP_md4`、`EVP_md5`、`EVP_sha1`、`EVP_mdc2`、`EVP_ripemd160`のなかから選択できます。DSA鍵の場合は、指定できるのは`EVP_dss1`だけです。

OpenSSLの「エンジン（engine）」リリースおよびバージョン0.9.7では、`EVP_SignInit`関数は非推奨となっており、代わりに`EVP_SignInit_ex`を使うことになっています。`EVP_SignInit_ex`関数には第3引数が追加されていて、初期化済みのエンジンオブジェクトへのポインタを指定します。ここには`NULL`を指定することもできます。その場合は、デフォルトのソフトウェア実装が使われます。

コンテキストオブジェクトの初期化が済んだら、次に署名対象のデータをその中に追加する必要があります。それには`EVP_SignUpdate`関数を使います。この関数は、データをすべて追加し終えるまで、必要な回数だけ繰り返して呼び出します。この関数は`EVP_DigestUpdate`とまったく同じように機能します。実のところ、`EVP_SignUpdate`関数は、`EVP_DigestUpdate`関数を呼び出すだけの（プリプロセッサ）マクロとして実装されています。

```
int EVP_SignUpdate(EVP_MD_CTX *ctx, const void *buf, unsigned int len);
```

- ctx

  使用するコンテキストを指定します。`EVP_SignInit` または `EVP_SignInit_ex` による初期化が済んでいる必要があります。

- buf

  署名対象のデータが入っているバッファを指定します。同じコンテキストに対して `EVP_SignUpdate` を呼び出すたびに、このバッファに指定したデータが、それまでの呼び出しで指定したデータに結合されます。

- len

  データバッファに含まれているデータのバイト数を指定します。

署名対象のデータをコンテキストにすべて追加し終わったら、署名を計算できます。それには、`EVP_SignFinal` 関数を呼び出します。この関数を呼び出したら、それ以降はそのコンテキストが有効ではなくなるので、同じコンテキストを別の署名の作成に使い回したい場合は、`EVP_SignInit` か `EVP_SignInit_ex` を使って初期化し直す必要があります。なお、「コンテキストが有効ではなくなる」というのは、動的に確保したコンテキストオブジェクトが解放されるという意味ではないので注意してください。OpenSSL には、そのコンテキストオブジェクトが動的に確保されたものか否かを知るすべがないので、メモリをきちんと解放するのは呼び出し側の役目です。

```
int EVP_SignFinal(EVP_MD_CTX *ctx, unsigned char *sig,
                  unsigned int *siglen, EVP_PKEY *pkey);
```

- ctx

  署名対象のデータが入っている、初期化済みのコンテキストを指定します。

- sig

  署名を受け取るバッファです。署名が最長になった場合でも格納できるだけの十分な長さが必要です。必要なバッファ長は、`EVP_PKEY_size` 関数を使って判断できます。`EVP_PKEY_size` 関数には、引数として、署名の計算に使う EVP_PKEY オブジェクトを1つ指定します。

- siglen

  署名のバッファに書き込まれたバイト数を受け取るための引数です。バイト数を知る必要がない場合でも、この引数に NULL を指定してはなりません。通常、この値は、`EVP_PKEY_size` 関数の戻り値とします。

- pkey

  署名の計算に使う EVP_PKEY オブジェクトを指定します。その中には、DSA または RSA のいずれかの秘密鍵が入っていなければなりません。

EVP_SignFinal関数の戻り値は、署名の計算時にエラーが発生した場合は0、署名の計算に成功した場合は0以外です。

署名の検証は、署名の作成と同様に簡単です。署名を計算するための一連の関数と、署名を検証するための一連の関数は、名前以外は同様です。署名を検証する前に、まずEVP_VerifyInit関数を呼び出して、コンテキストを初期化する必要があります。OpenSSLのエンジンリリースおよびバージョン0.9.7では、EVP_VerifyInit関数は非推奨となり、EVP_VerifyInit_ex関数に置き代わっています。EVP_VerifyInit_ex関数では、第3引数にエンジンオブジェクトを指定する必要があります。また、そこにNULLを指定すると、デフォルトのソフトウェア実装が使われます。

```
int EVP_VerifyInit(EVP_MD_CTX *ctx, const EVP_MD *type);
```

- ctx
  初期化するコンテキストオブジェクトを指定します。
- type
  使用するメッセージダイジェストアルゴリズムを指定します。検証に使うメッセージダイジェストアルゴリズムは、対象の署名の作成に使われたものと同じでなければなりません。

コンテキストの初期化が済んだら、EVP_VerifyUpdate関数を必要な回数だけ呼び出して、署名の作成に使われたすべてのデータをコンテキストに追加します。署名の検証に使うデータは、署名の作成に使われたデータと同じでなければなりません。署名の作成に使われたデータとオリジナルデータが一致しない場合、検証は失敗します。当然ながら、これこそが電子署名の肝心な部分です。つまり、データが損なわれていないことと、いかなる形の改竄も加えられていないことを検証するのです。

```
int EVP_VerifyUpdate(EVP_MD_CTX *ctx, const void *buf,
                     unsigned int len);
```

- ctx
  EVP_VerifyInit関数またはEVP_VerifyInit_ex関数で初期化したコンテキストオブジェクトを指定します。
- buf
  検証対象のデータが入っているバッファを指定します。
- len
  データバッファに含まれているバイト数を指定します。

EVP_VerifyUpdate関数を使ってすべてのデータをコンテキストに渡したら、EVP_VerifyFinal関数を呼び出して、署名の検証そのものを実行します。EVP_VerifyFinal関数のシグネチャはEVP_SignFinal関数と同じですが、引数と戻り値の意味は異なります。

```
int EVP_VerifyFinal(EVP_MD_CTX *ctx, unsigned char *sigbuf,
                    unsigned int siglen, EVP_PKEY *pkey);
```

- ctx
  署名対象のデータが入っている、初期化済みのコンテキストを指定します。
- sigbuf
  検証する署名が入っているバッファを指定します。
- siglen
  署名のバッファに含まれているバイト数を指定します。
- pkey
  署名の検証に使うEVP_PKEYオブジェクトを指定します。その中には、DSAまたはRSAのいずれかの公開鍵が入っていなければなりません。また、その公開鍵は、署名の作成に使われた秘密鍵と対になるものでなければなりません。

署名の検証でエラーが発生した場合、EVP_VerifyFinalの戻り値は-1です。署名がデータに合致しない場合、戻り値は0です。署名が適正な場合、戻り値は1です。

暗号化と復号

EVPインタフェースには、RSA鍵を使ってデータをエンベロープするためのインタフェースも用意されています。エンベロープとは、RSAを使ってひとまとまりのデータを暗号化するプロセスで、通常は受信者に対してデータを安全に送るために行われます。一見、RSAを使ってデータすべてを暗号化することと同じに思えるかもしれませんが、実際はそうではありません。公開鍵アルゴリズムは、大量のデータの暗号化には不向きです。このためエンベロープでは、送信側がまず無作為な鍵（セッション鍵といいます）を作成し、それを目的の受信者の公開鍵で暗号化する必要があります。そして、実際のデータそのものは、そのセッション鍵を使って共通鍵暗号化方式で暗号化します。このプロセスの実装が不正確だと、プログラムにバグや脆弱性が紛れ込む原因となることがあります。これを避けるためにOpenSSLでは、EVPインタフェースに、エンベロープ暗号化/復号インタフェースと呼ばれる機能が備わっており、細かな部分まですべて適正に処理してくれます。

EVPインタフェースのデータ暗号化の機能の1つに、同じデータを複数の公開鍵で暗号化するというものがあります。セッション鍵は1つだけ生成され、指定した複数の公開鍵それぞれで暗号化されます。それを受け取った受信者は、自分が持つ秘密鍵でセッション鍵を復号できるため、データを復号できます。この機能のサポートは、コンテキストの初期化関数の中にすべて含まれています。つまり、複数の受信者向けに暗号化するためのインタフェースは、単一の受信者向けに暗号化するインタフェースと同じです。

EVPインタフェースを利用して実行する、公開鍵を使ったデータ暗号化のことを、シーリングと呼びます。任意の量のデータを暗号化することを目的として、`EVP_SealInit`、`EVP_SealUpdate`、`EVP_SealFinal`という一連の関数が用意されています。これらの関数それぞれについて、状態を保持するためのコンテキストオブジェクトである`EVP_CIPHER_CTX`オブジェクトが必要となります。このオブジェクトの確保は、動的な方法でも静的な方法でも構いませんが、使用前に初期化しなければなりません。コンテキストオブジェクトの初期化は、`EVP_SealInit`関数で行います。この関数は、これまでに登場したEVPのコンテキスト初期化関数とは違って、OpenSSLのエンジンリリースでもバージョン0.9.7でも非推奨になっていません。

```
int EVP_SealInit(EVP_CIPHER_CTX *ctx, EVP_CIPHER *type,
                 unsigned char **ek, int *ekl, unsigned char *iv,
                 EVP_PKEY **pubk, int npubk);
```

- ctx
  初期化するコンテキストオブジェクトを指定します。

- type
  実際の暗号化に使う共通鍵暗号化方式を指定します。OpenSSLがサポートする共通鍵暗号化方式およびその亜種は非常にたくさんあるので、指定可能なオプションすべてをここに掲載するのは控えます。OpenSSLがサポートする暗号の詳細と、引数として適したオプション一覧については、第6章を参照してください。

- ek
  バッファの配列を指定します。この配列には、暗号化用として指定する公開鍵の数と同じだけの要素が確保されていなければなりません。配列の各要素はバッファで、暗号化されたセッション鍵を格納できるだけの十分な長さがなければなりません。各バッファに必要な長さは、`EVP_PKEY_size`関数を使って判別できます。この関数の引数は1つだけで、各バッファの`EVP_PKEY`オブジェクトを指定します。

- ekl
  各公開鍵で実際に暗号化された鍵長を受け取る配列です。この配列も、暗号化用として指定する公開鍵の数と同じだけの要素が確保されていなければなりません。
- iv
  使用する初期化ベクタ（IV）が入ったバッファを指定します。NULL 以外を指定する場合、このバッファの長さは、EVP_MAX_IV_LENGTH 定数で定められているバイト数以上にする必要があります。IV は、すべての暗号で必要なわけではありません。IV が不要な暗号の場合は、この引数に NULL を指定できます。
- pubk
  無作為に生成されたセッション鍵の暗号化に使う公開鍵の配列を指定します。配列の各要素は EVP_PKEY オブジェクトとし、そのオブジェクトの中に RSA 公開鍵が入っている必要があります。
- npubk
  pubk 配列に格納されている公開鍵の数を指定します。また、ek および ekl の両配列に必要な要素数もこの引数で決まります。

例 8.1 に EVP_SealInit 呼び出しの例を示します。

▼ 例 8.1　EVP_SealInit の呼び出し
```
ek = (unsigned char **)malloc(sizeof(unsigned char *) * npubk);
ekl = (int *)malloc(sizeof(int) * npubk);
pubk = (EVP_PKEY **)malloc(sizeof(EVP_PKEY *) * npubk);

for (i = 0;  i < npubk;   i++)
{
    pubk[i] = EVP_PKEY_new();
    EVP_PKEY_set1_RSA(pubk[i], rsakey[i]);
    ek[i] = (unsigned char *)malloc(EVP_PKEY_size(pubk[i]));
}

EVP_SealInit(ctx, type, ek, ekl, iv, pubk, npubk);
```

初期化の実行が済んだら、シーリングの残りの作業は、共通鍵暗号化方式での暗号化（第 6 章で解説したもの）と非常によく似ています。実のところ、使用する関数名が異なる以外はまったく同じです。セッション鍵を生成して、それを各受信者の公開鍵で暗号化する処理は、EVP_SealInit 関数が実行してくれます。また、選択した共通鍵暗号化方式を使って実際のデータを暗号化するようにコンテキストを準備するという処理も実行してくれます。

```
int EVP_SealUpdate(EVP_CIPHER_CTX *ctx, unsigned char *out, int *outl,
                   unsigned char *in, int inl);
```

- ctx
  EVP_SealInitでの初期化が済んでいるコンテキストを指定します。
- out
  暗号化されたデータを受け取るバッファです。このバッファの長さの計算方法の詳細については第6章を参照してください。
- outl
  暗号化されたデータのバッファに書き込まれたバイト数を受け取るための引数です。
- in
  暗号化の対象となるデータが格納されているバッファを指定します。
- inl
  inバッファに含まれているバイト数を指定します。

EVP_SealUpdate関数を使って暗号化対象のデータを追加したら、EVP_SealFinal関数を呼び出して、その作業を完了する必要があります。これにより、必要なパディングがあれば実行され、また暗号化されたデータの残りがある場合は出力バッファに書き込まれます。EVP_SealFinal関数を呼び出した後で、同じコンテキストを再利用したい場合は、改めてEVP_SealInit関数を呼び出さなければなりません。

```
int EVP_SealFinal(EVP_CIPHER_CTX *ctx, unsigned char *out, int *outl);
```

- ctx
  EVP_SealInitでの初期化が済んでいるコンテキストを指定します。EVP_SealUpdateによるデータの暗号化に使ったコンテキストです。
- out
  暗号化されたデータが最後に残っている場合に受け取るためのバッファです。
- outl
  outバッファに書き込まれたバイト数を受け取るための引数です。

シーリングのプロセスが完了したら、暗号化に使用したセッション鍵、IVがある場合はIV、暗号化されたデータの一式を、すべて受信側に送らなければなりません。そうしないと、受信者側でデータをきちんと復号できません。これを受けて受信者側では、EVPインタフェースを使ってデータを開封（復号）できます。

復号に際してコンテキストを初期化するには、EVP_OpenInit関数を使います。この関数も、EVP_SealInitと同様に、OpenSSLのエンジンリリースでもバージョン0.9.7でも非推奨になっていません。

```
int EVP_OpenInit(EVP_CIPHER_CTX *ctx, EVP_CIPHER *type, unsigned char *ek,
                 int ekl, unsigned char *iv, EVP_PKEY *pkey);
```

- ctx
  初期化するコンテキストオブジェクトを指定します。
- type
  データの復号に使う共通鍵暗号化方式を指定します。データの暗号化に使われたのと同じ暗号化方式とする必要があります。
- ek
  公開鍵で暗号化されたセッション鍵が含まれているバッファを指定します。
- ekl
  暗号化されたセッション鍵のバッファに含まれているバイト数を指定します。
- iv
  共通鍵暗号化方式でデータの暗号化の際に使ったIVが含まれているバッファを指定します。
- pkey
  RSA秘密鍵が含まれているEVP_PKEYオブジェクトを指定します。セッション鍵の復号には、この秘密鍵が使われます。

コンテキストを初期化すると、セッション鍵が復号され、指定された共通鍵暗号化方式を使ってデータを復号する準備が行われます。そこから先の作業は、共通鍵暗号化方式で暗号化されたデータの復号とよく似ています。つまり、EVP_DecryptUpdate関数やEVP_DecryptFinal関数に似た、EVP_OpenUpdate関数やEVP_OpenFinal関数を使用します。それぞれ、名前以外は同様の関数です。

```
int EVP_OpenUpdate(EVP_CIPHER_CTX *ctx, unsigned char *out, int *outl,
                   unsigned char *in, int inl);
```

- ctx
  データの復号に使う初期化済みのコンテキストを指定します。
- out
  復号されたデータの書き込み先となるバッファを指定します。入力バッファと同じ長さでなければなりません。
- outl
  outバッファに書き込まれたバイト数を受け取るための引数です。

- in
  復号対象のデータが含まれているバッファを指定します。
- inl
  inバッファに含まれているバイト数を指定します。

復号対象のデータをすべてEVP_OpenUpdate関数に渡し終えたら、EVP_OpenFinal関数を呼び出して、処理を完了する必要があります。第6章の暗号の解説で述べたように、ブロック暗号を使用している場合、復号されたデータの最後のブロックは、EVP_DecryptFinal関数（ここではEVP_OpenFinal関数）を呼び出さないと出力バッファに書き込まれません。EVP_OpenFinal関数を呼び出した後で、同じコンテキストを再利用したい場合は、EVP_OpenInit関数を改めて呼び出さなければなりません。

```
int EVP_OpenFinal(EVP_CIPHER_CTX *ctx, unsigned char *out, int *outl);
```

- ctx
  復号を完了するコンテキストを指定します。
- out
  復号されたデータの書き込み先となるバッファを指定します。
- outl
  outバッファに書き込まれたバイト数を受け取るための引数です。

8.6 オブジェクトの符号化と復元

生成した鍵の対をずっとメモリに保持したままにしておいても、あまり有益ではありません。生成した鍵の対をファイルに保存するのが望ましいことも多々ありますが、ファイルに保存した鍵の対は、そのファイルからきちんと読み出せなければなりません。これを実現する方法の1つは、ここまでに解説してきたさまざまなオブジェクトのデータメンバを、自分で設計した独自の形式で保存するというものです。この方法でも確かにうまくいきますが、ほかのソフトウェアからその鍵の対を使いたくても互換性がない、という大きな欠点があります。

幸いにもOpenSSLでは、鍵の対の保存と交換のために、2種類の標準的な形式がサポートされています。1つは、DER（Distinguished Encoding Rules）と呼ばれるバイナリ形式です。この形式のファイルは、バイナリファイルでの使用やネットワーク接続を介した転送に適していますが、すべての状況に最適というわけではありません。特に、電子メールなど、テキストベースの通信には適しません。もう1つは、PEM（Privacy

Enhanced Mail）と呼ばれる形式で、RFC 1421〜1424で定義されています。PEMのデータはBase64で符号化されており、符号化前にデータを暗号化できる機能もあります。

ここでは、DERとPEMの両符号化の詳細について深入りはしませんが、それぞれの性質についてある程度知っておく必要があります。両者の最大の違いは、今述べたように、DERはバイナリベースでPEMはテキストベースだということです。これが一因となって、1つのファイルに保存できるオブジェクトの数には差があります。すなわち、DER形式のオブジェクトは1つのファイルに1つしか保存できないのに対し、PEMオブジェクトは1つのファイルに複数保存できます。一般に、データをディスクに書き込む必要がある場合は、PEMを使うようにすべきです。しかし、サードパーティ製のアプリケーションの中には、DER形式のオブジェクトしか扱えないものが数多くあります。ファイルに保存されているオブジェクトについては、コマンドラインユーティリティを使って、オブジェクトの形式の大半を変換することができます。

DER形式のオブジェクトの読み書き

OpenSSLの多くの種類のオブジェクトには、そのオブジェクトをDER形式に変換したものをバッファに書き込むための関数が用意されています。いずれの関数も、シグネチャは同様で、第1引数が当該オブジェクト、第2引数がバッファとなっています。戻り値はバッファに書き込まれたバイト数です。バッファにNULLを指定した場合は、本来ならバッファに書き込まれたはずのバイト数が返されます。また、バッファを指定した場合、そのポインタは書き込まれた末尾のバイトの次のバイトに進められます。このおかげで、複数のDERオブジェクトを同じバッファに書き込むのが簡単になっています。

```
int i2d_OBJNAME[†3](OBJTYPE *obj, unsigned char **pp);
```

これを見るとわかるように、第2引数はバッファのポインタとして指定されています。こうなっているのは、データを書き込んだ後でポインタを進められるようにするためです。例8.2は、この種の関数の使用例を示したものです。動的に確保したバッファにRSA公開鍵を書き込んでいます。このDER_encode_RSA_public関数は、動的に確保したバッファ（DER形式の鍵を格納したもの）を戻り値として返し、そのバッファ長を第2引数で指定しています。

---

† 監訳注3　以下でOBJNAMEと表記されている部分は、各オブジェクトを示します。各オブジェクトについては表8.1を参照してください。

▼ 例 8.2 RSA 公開鍵を DER 符号化
```
unsigned char *DER_encode_RSA_public(RSA *rsa, int *len)
{
    unsigned char *buf, *next;

    *len = i2d_RSAPublicKey(rsa, NULL);
    buf = next = (unsigned char *)malloc(*len);
    i2d_RSAPublicKey(rsa, &next);
    return buf;
}
```

また、DER 形式のオブジェクトをバッファから読み込んで、しかるべきオブジェクトとしてメモリ内に作成するための関数も、同様にそれぞれのオブジェクト用に用意されています。こちらも、関数のシグネチャはどれも似通っています。第 1 引数はバッファから取得したデータを入れるオブジェクト、第 2 引数はそれを特定するポインタです。第 3 引数には、バッファに含まれているデータのバイト数を指定します。オブジェクトの作成には、ここで指定したバイト数分のデータが使われます。

OBJTYPE *d2i_**OBJNAME**(**OBJTYPE** **obj, unsigned char **pp, long length);

第 1 引数に NULL を指定した場合は、適切な型のオブジェクトが新規に作成され、バッファから取り出したデータでその中身が埋められます。第 1 引数に NULL へのポインタを指定した場合は、適切な型のオブジェクトが新規作成されて中身が埋められるところまでは同様ですが、引数のポインタが更新され、その新規作成されたオブジェクトを受け取ることができます。また、第 1 引数に既存のオブジェクトへのポインタを指定した場合は、バッファから取り出したデータで、既存オブジェクトの中身が埋められます。いずれの場合も、関数の戻り値は、中身が埋められたオブジェクトです。また、データの復元でエラーが発生した場合は NULL が返ります。例 8.3 は、DER 形式の RSA 公開鍵を復元する例です。

▼ 例 8.3 DER 形式の RSA 公開鍵の復元
```
RSA *DER_decode_RSA_public(unsigned char *buf, long len)
{
    RSA *rsa;

    rsa = d2i_RSAPublicKey(NULL, &buf, len);
    return rsa;
}
```

d2i_PublicKey と d2i_PrivateKey という 2 つの関数は、ほかのものとはシグネチャが異なります。これらの関数の第 1 引数には、符号化されてバッファに入っている鍵の種類が DH、DSA、RSA のどれであるかを表す整数を指定します。ここには、鍵の種類に応じて、EVP_PKEY_DH、EVP_PKEY_DSA、EVP_PKEY_RSA のいずれかの定数を指定しなければなりません。なお、これらの関数の第 2 引数以降は、先ほど解説

した関数の第1引数以降が、そのまま1つずつ後ろにずれた形になっています。また、`d2i_AutoPrivateKey`という関数も用意されています。この関数では、バッファに入っている秘密鍵の種類をOpenSSLに推測させることができます。表8.1は、DER形式を扱う関数の一部を抜粋したものです。

▼表8.1　DER形式の公開鍵オブジェクトを読み書きするための関数

オブジェクトの種類	OpenSSLでのオブジェクト型	DER形式で書き込むための関数	DER形式を読み込むための関数
DHパラメータ	DH	`i2d_DHparams`	`d2i_DHparams`
DSAパラメータ	DSA	`i2d_DSAparams`	`d2i_DSAparams`
DSA公開鍵	DSA	`i2d_DSAPublicKey`	`d2i_DSAPublicKey`
DSA秘密鍵	DSA	`i2d_DSAPrivateKey`	`d2i_DSAPrivateKey`
RSA公開鍵	RSA	`i2d_RSAPublicKey`	`d2i_RSAPublicKey`
RSA秘密鍵	RSA	`i2d_RSAPrivateKey`	`d2i_RSAPrivateKey`
EVP_PKEY公開鍵	EVP_PKEY	`i2d_PublicKey`	`d2i_PublicKey`
EVP_PKEY秘密鍵	EVP_PKEY	`i2d_PrivateKey`	`d2i_PrivateKey`
EVP_PKEY秘密鍵	EVP_PKEY	N/A	`d2i_AutoPrivateKey`

　上で解説した2種類の関数を使うと、フラットなメモリに対してオブジェクトを読み書きすることができますが、ファイルやBIOに対する読み書きは、依然として自分で行わなければなりません。OpenSSLには、ファイルやストリームへの読み書きを処理する関数およびマクロが用意されており、この処理を手助けしてくれます。ファイルまたはBIOに対してDER形式を読み書きするための関数の名前は、表8.1に示した関数名を少し変えただけのものです。具体的には、表8.1の関数名の末尾に「`_fp`」または「`_bio`」と付加すれば、ファイルまたはBIOに対して読み書きを行う関数の名前になります。例えば、`i2d_DSAparams_bio`関数は、DER形式のDSAパラメータオブジェクトを、指定したBIOに書き込みます。ファイルおよびBIOに対する読み書き用のインタフェース関数は、`openssl/x509.h`というヘッダファイルで定義されています。

　この例外が3つあります。1つ目の例外として、`i2d_PublicKey`関数および`d2i_PublicKey`関数には、ファイルやBIOに対応した関数がありません。2つ目に、`d2i_AutoPrivateKey`関数には、「`_fp`」や「`_bio`」と付いた関数はありません。3つ目に、`d2i_PrivateKey_fp`関数および`d2i_PrivateKey_bio`関数は、いずれも、動作としては`d2i_AutoPrivateKey_fp`および`d2i_AutoPrivateKey_bio`と呼ぶほうがふさわしいものです。

　DER形式のオブジェクトをBIOやファイルに書き込む関数の第1引数には、関数の種類に応じて、BIOオブジェクトまたは`FILE`オブジェクトを指定します。第2引数は、BIOまたはファイルに書き込む、DER形式のオブジェクトです。また、これらの関数の戻り値は、エラーが発生した場合は0、処理に成功した場合は0以外です。

一方、DER形式のデータを読み込む関数でも、第1引数には、関数の種類に応じてBIOオブジェクトまたはFILEオブジェクトを指定します。第2引数は、読み込む対象の型のオブジェクトへのポインタです。この引数は、「_bio」および「_fp」の付いていない関数の第1引数とまったく同様に扱われます。つまり、NULLを指定した場合やNULLへのポインタを指定した場合は、適切な型のオブジェクトが新規に作成されます。それ以外の場合は、指定したオブジェクトの中身が埋められます。これらの関数の戻り値は、エラーが発生した場合はNULL、それ以外の場合は中身が埋められたオブジェクトです。例8.4に具体例を示します。

▼例8.4　DER形式のオブジェクトをBIOおよびファイル用関数を使って読み書きする例

```
BIO *bio = BIO_new(BIO_s_memory());
RSA *rsa = RSA_generate_key(1024, RSA_F4, NULL, NULL);
i2d_RSAPrivateKey_bio(bio, rsa);

FILE *fp = fopen("rsakey.der", "rb");
RSA *rsa = NULL;
d2i_RSAPrivateKey_fp(fp, &rsa);
```

PEM形式のオブジェクトの読み書き

　DER形式で読み書きできるオブジェクトは、PEM形式でも読み書き可能です。PEM形式での読み書きのインタフェースは、DER形式におけるインタフェースと若干異なります。まず、対応しているのがBIOまたはファイルに対する読み書きだという点が違います。DER形式のものと違って、メモリバッファへの読み書きには対応していないのです。しかし結局のところ、これはたいした制約ではありません。メモリBIOを使えばこと足りるからです。関数の宣言は、すべてヘッダファイルopenssl/pem.hに含まれています。

　公開鍵および（DHやDSAなど）パラメータを書き込むための関数は、基本的なシグネチャはどれも同じです。BIOに書き込む関数では、第1引数にBIOオブジェクト、第2引数に当該の型のオブジェクトを指定します。ファイルに書き込む関数では、第1引数にFILEオブジェクト、第2引数に当該の型のオブジェクトを指定します。戻り値は、BIOオブジェクトとFILEオブジェクトのどちらに書き込む関数かに関わらず、エラーが発生した場合は0、処理に成功した場合は0以外です。

　一方、秘密鍵を書き込むための関数はもう少し複雑です。PEM形式では、符号化および書き込みを行う前に暗号化を施すことが可能だからです。各関数では、書き込み先のBIOオブジェクトまたはFILEオブジェクト、書き込む対象のオブジェクト、パスワードコールバック関数、共通鍵暗号化方式の情報を指定する必要があります。

```
int PEM_write_OBJNAME(FILE *fp, OBJTYPE *obj, const EVP_CIPHER *enc,
                      unsigned char *kstr, int klen,
                      pem_password_cb callback, void *cb_arg);
```

- fp

  書き込み先のファイルを指定します。

- obj

  書き込む対象のデータが含まれているオブジェクトを指定します。指定できるのは、DSA、EVP_PKEY、RSA のいずれかの型のオブジェクトです。

- enc

  オプションの引数です。鍵データの暗号化に使う共通鍵暗号化方式を指定します。OpenSSL がサポートする共通鍵暗号化方式のオブジェクトならどれでも指定できます。指定可能なオプションの一覧については第 6 章を参照してください。この引数に NULL を指定した場合は、鍵データは暗号化されないままで書き込まれ、これ以降の引数は無視されます。

- kstr

  オプションの引数です。暗号化に使うパスワードまたはパスフレーズが入ったバッファを指定します。この引数に NULL 以外を指定した場合は、パスワードコールバック関数は無視され、このバッファの中身が使われます。

- klen

  kstr バッファに含まれているバイト数を指定します。

- callback

  鍵データの暗号化に使うパスワードまたはパスフレーズを取得するためのコールバック関数を指定します。この関数のシグネチャは後述します。

- cb_arg

  コールバック関数に渡すアプリケーション固有のデータを指定します。コールバック関数と kstr バッファの両方に NULL を指定した場合は、この cb_arg 引数は C の NULL 終端文字列と同じ形式として解釈され、鍵データを暗号化するためのパスワードまたはパスフレーズとして使われます。さらに、この cb_arg 引数にも NULL を指定した場合は、デフォルトのパスワードコールバック関数が使われます。デフォルトのパスワードコールバック関数では、ユーザにパスワードまたはパスフレーズを入力するよう求めます。

BIO オブジェクトへの書き込みに使う関数も、シグネチャはほぼ同じで、FILE オブジェクトではなく BIO オブジェクトを指定するという点だけが違います。これら秘密鍵を書き込む関数の戻り値は、公開鍵やパラメータを書き込む関数と同じで、エラーが発生した場合は 0、それ以外の場合は 0 以外です。なお、パスワードコールバック関数を使用する場合、そのシグネチャは次のとおりです。

```
typedef int (*pem_password_cb)(char *buf, int len, int rwflag,
          void *cb_arg);
```

- buf
  パスワードまたはパスフレーズを書き込むバッファです。
- len
  パスワードバッファの長さです。
- rwflag
  パスワードまたはパスフレーズがPEM形式のデータの暗号化または復号に使われるかどうかを表します。PEM形式のデータの書き込みの場合、この引数は0以外となります。PEM形式のデータの読み込みの場合、この引数は0となります。
- cb_arg
  アプリケーション固有のデータです。パスワードコールバック関数が呼び出される契機となった関数から渡されたものです。

公開鍵、秘密鍵、およびパラメータを読み込むための関数は、いずれもシグネチャは同様です。それぞれ、読み込み元のBIOオブジェクトまたはFILEオブジェクト、読み込んだデータで中身を埋めるオブジェクト、およびパスワードコールバック関数を指定する必要があります。

```
OBJTYPE *PEM_read_OBJNAME(FILE *fp, OBJTYPE **obj,
                          pem_password_cb callback,
                          void *cb_arg);
```

- fp
  読み込み元のファイルを指定します。
- obj
  読み込んだデータで中身を埋めるオブジェクトを指定します。NULLを指定した場合は、適切な型のオブジェクトが新規作成され、中身が埋められます。NULLへのポインタを指定した場合も、適切な型のオブジェクトが新規作成され、中身が埋められるまでは同じです。加えて、その新規オブジェクトへのポインタを、この引数で受け取ることができます。
- callback
  パスワードまたはパスフレーズが必要な場合に、それを取得するためのコールバック関数を指定します。パスワードまたはパスフレーズが必要なのは、読み込むPEM形式のデータが暗号化されている場合のみです。通常は、暗号化されているのは秘密鍵のみです。この引数にはNULLを指定することができます。

- **cb_arg**
  コールバック関数に渡すアプリケーション固有のデータを指定します。コールバック関数に NULL を指定した場合は、この引数は C の NULL 終端文字列と同じ形式として解釈され、使用するパスワードまたはパスフレーズが入っているものとして扱われます。コールバックと、この引数の両方に NULL を指定した場合は、デフォルトのパスワードコールバック関数が使われます。

BIO オブジェクトからの読み込みに使う関数も、シグネチャはほぼ同じで、FILE オブジェクトではなく BIO オブジェクトを指定するという点だけが違います。読み込み関数の戻り値は、読み込んだデータで中身が埋められたオブジェクトへのポインタです。また、PEM 形式のデータを読み込む際にエラーが発生した場合の戻り値は、NULL です。表 8.2 を参照してください。

▼ 表 8.2　PEM 形式の公開鍵オブジェクトを読み書きするための関数

オブジェクトの種類	OpenSSL でのオブジェクト型	PEM 形式で書き込むための関数	PEM 形式を読み込むための関数
DH パラメータ	DH	PEM_write_DHparams PEM_write_bio_DHparams	PEM_read_DHparams PEM_read_bio_DHparams
DSA パラメータ	DSA	PEM_write_DSAparams PEM_write_bio_DSAparams	PEM_read_DSAparams PEM_read_bio_DSAparams
DSA 公開鍵	DSA	PEM_write_DSA_PUBKEY PEM_write_bio_DSA_PUBKEY	PEM_read_DSA_PUBKEY PEM_read_bio_DSA_PUBKEY
DSA 秘密鍵	DSA	PEM_write_DSAPrivateKey PEM_write_bio_DSAPrivateKey	PEM_read_DSAPrivateKey PEM_read_bio_DSAPrivateKey
RSA 公開鍵	RSA	PEM_write_RSA_PUBKEY PEM_write_bio_RSA_PUBKEY	PEM_read_RSA_PUBKEY PEM_read_bio_RSA_PUBKEY
RSA 秘密鍵	RSA	PEM_write_RSAPrivateKey PEM_write_bio_RSAPrivateKey	PEM_read_RSAPrivateKey PEM_read_bio_RSAPrivateKey
EVP_PKEY 公開鍵	EVP_PKEY	PEM_write_PUBKEY PEM_write_bio_PUBKEY	PEM_read_PUBKEY PEM_read_bio_PUBKEY
EVP_PKEY 秘密鍵	EVP_PKEY	PEM_write_PrivateKey PEM_write_bio_PrivateKey	PEM_read_PrivateKey PEM_read_bio_PrivateKey

● OpenSSL in Other Languages ●

第9章

他言語でOpenSSLを使うには

　ここまでは、Cでプログラミングするという前提で話を進めてきましたが、OpenSSLを利用するのに必ずしもCを使わなければならないわけではありません。Java、Perl、PHP、Pythonなど、ほかの数多くの言語でも、その言語用のバインディングが用意されています。惜しむらくは、筆者がこれまで目にしたものに、CのAPIと同じ完成度に至っているものはありませんでした。とはいえ、比較的よく利用されていて、特に支持を集めている言語用のバインディングについては、いくつか取り上げておきます。

　本章の最初の節では、Perl用のモジュールであるNet::SSLeayについて解説します。広く利用されているモジュールであり、高い人気と完成度を誇っています。なお、Net::SSLeayとCrypt::SSLeayを混同しないよう気を付けてください。Crypt::SSLeayは、LWPパッケージ（Perlで広く使われているWWWインタフェースライブラリ）にHTTPSのサポートを追加するだけのものです。Net::SSLeayとは違って、OpenSSLへのインタフェースを追加するものではありません。本章の2番目の節では、Python用のM2Cryptoについて解説します。こちらも広く利用されていて、人気と完成度の高いモジュール群です。本章の3番目の節では、PHPの4.0.4以降のバージョンに実装されている、実験的なOpenSSL拡張について簡単に解説します。

　本章では、解説の対象となる言語およびその付属ツールに関する知識を前提にして話を進めていきます。モジュールのインストール手順や、言語そのものの基本的な使い方については解説しません。本章の目的は明確です。すなわち、モジュールの使い方を示して、読者が自分のプログラムでOpenSSLを使うきっかけを提供することです。

9.1 Perl用のNet::SSLeay

　Net::SSLeayは、Perlで利用できるなかでは最も完成度の高いOpenSSLモジュールです。開発およびメンテナンスはSampo Kellomäki（sampo@symlabs.com）が行っており、http://www.symlabs.com/Net_SSLeay[†1]からダウンロードできます。また、多くのPerlモジュールと同様に、CPANからも入手が可能です。ただ、あいにくインストールはそれほど簡単ではありません。モジュールに付属している解説をよく読み、手順を理解してからインストールを実行してください。

　Net::SSLeayという名前からもわかるように、このモジュールのルーツは、かつてのSSLeayライブラリにあります。SSLeayライブラリは、もともとEric Youngが開発したもので、OpenSSLはこのSSLeayをベースに構築されています。SSLeayがOpenSSLに進化したのは数年前のことで、Net::SSLeayでは、1999年初頭以降、それ以前のバージョンのSSLeayをサポートしていません。本書の執筆時点では、Net::SSLeayの最新バージョンは1.13[†2]で、OpenSSL 0.9.6c以降が必要です。

　Net::SSLeayモジュールには、かなりの数のスクリプトが付属しています。これらのスクリプトは、モジュールの基本機能の使い方を知るためのサンプルとしても利用できます。Net::SSLeayモジュールは、OpenSSLライブラリの数多くの低レベル関数に対するPerlバインディングを提供するものです。また、低レベルでの使用を想定したユーティリティ関数も数多く含まれています。さらに、OpenSSLにかかわる一般的な処理の実行に使うことができる高レベルな関数も、いくつか含まれています。例えば、Webから安全にファイルを取得する処理や、CGIスクリプトに対して安全にデータをポストする処理などです。

　このモジュールには、わずかながらもドキュメントが含まれています。具体的には、エクスポートされている関数を一覧にまとめ、それぞれに1行分の簡潔な説明が付いたクイックリファレンスファイルです。また、メインのPerlモジュールファイルであるSSLeay.pmには、このモジュールがOpenSSLのバインディングに追加する関数をperldoc形式でまとめたドキュメントが含まれています。これら以外に、OpenSSLのバインディングに関するドキュメントはまったく用意されていません。実際、作者からも、詳細についてはOpenSSLのドキュメントおよびソースコードを参照するように指示されています。

[†監訳注1] 本書監訳時点では、http://mercnet.pt/Net_SSLeay/ もしくは http://search.cpan.org/~sampo/ を参照してください。

[†監訳注2] 本書監訳時点では、1.25となっています。

Net::SSLeay の変数

　Net::SSLeay では、モジュールの動作の制御に使えるグローバル変数がいくつかエクスポートされます。そのなかには、プログラムのデバッグ時にのみ役立つ変数もあるものの、大半は、OpenSSL 自体の動作や、このモジュールが提供する一部のユーティリティ関数の動作をよりきめ細かく制御するためのものです。

- $linux_debug

  モジュールを Linux システム上で使用する場合にのみ設定すべき変数です。この変数を 0 以外の値に設定すると、/proc/(pid)/stat が表示されます。

- $trace

  この変数は、高レベルなユーティリティ関数を使用する際に、どの程度のトレース情報を通知するか設定するものです。主にデバッグ用なので、本番稼働用のプログラムでは、通常は 0 に設定しておきましょう（0 にしておけば何も通知されません）。この変数に設定できるのは、0～4 のいずれかの値です。0 は何も通知されず、1 はエラーのみ通知、2 は暗号に関する情報を通知、3 は進行状況を通知、4 は送受信されたデータを含めてすべてを通知、という意味です。

- $slowly

  この変数は、sslcat というユーティリティ関数で使用されます。sslcat 関数がデータを送信してから送信側のコネクションを切断するまでの間に、何秒間スリープするかを制御するものです。デフォルト値は 0 です。つまり、まったくスリープしません。しかし、サーバによっては、この遅延が必要になることがあります（そうしなければ送られたデータをすべて読み込みきれない事態が生じてしまうような場合です）。

- $ssl_version

  この変数は、高レベルなユーティリティ関数を使用する際の SSL プロトコルのバージョンを設定するためのものです。デフォルトでは 0 に設定されています。値 0 は、バージョンを SSLv2、SSLv3、または TLSv1 のなかから推測せよ、という意味です。0 以外で設定できる値としては、2、3、10 があります。値 2 は SSLv2、値 3 は SSLv3、値 10 は TLSv1 という意味です。

- $random_device

  この変数には、OpenSSL の PRNG に渡すシードとして使用するファイル名を指定します。この変数のデフォルト設定は /dev/urandom ですが、すべての OS にそのようなデバイスがあるとは限りません。このデバイスを持たないシステムの場合は、エントロピーを提供するサードパーティ製のプログラム（例えば EGADS）の使用を検討しましょう。/dev/random があるシステムの場合は、そ

れを使用するという手もあります。ただし /dev/random は、十分な無作為性が得られない場合にはブロックすることがあります。PRNG に適切なシードを渡すことの重要性については、第 4 章を参照してください。

- $how_random
  $random_device 変数のファイルからどれだけのエントロピーを収集するかを、ビット単位で指定する変数です。デフォルト値は 512 ビットです。この値を変更する場合には、必ず十分なエントロピーを得るようにしましょう。ただし、あまり多く取得し過ぎないようにしてください。特に、/dev/random をエントロピーの取得元として使う場合は、十分なエントロピーが得られるまでブロックする可能性があるため、特に注意が必要です。

Net::SSLeay のエラー処理

OpenSSL には、エラー状態に対処するための関数が数多くありますが、Net::SSLeay には、これらの関数の Perl バインディングに加えて、以下の 3 つのユーティリティ関数が用意されています。

- print_errs($msg)
  OpenSSL の ERR_get_error() 関数の最後の呼び出し以降に発生したすべての OpenSSL エラーをリストとして取りまとめて、その文字列を返します。この文字列では、各エラーは復帰改行文字で区切られており、各エラーの前には、引数として渡したメッセージ（文字列）が付加されています。さらに、$trace 変数を 0 以外の値に設定している場合は、Perl の warn 関数経由で、エラーが標準エラー出力に出力されます。

- die_if_ssl_error($msg)
  OpenSSL のエラーが発生している場合に、die 関数を使ってプログラムを直ちに終了させます。その際、引数で指定したメッセージが die 関数に渡されます。エラーが発生しているかどうかの判別は、単純に print_errs 関数の呼び出しにより行われます。print_errs 関数からエラーが返って来た場合は、プログラムが終了されます。

- die_now($msg)
  die 関数を使ってプログラムを直ちに終了させる関数です。その際、引数で指定したメッセージが die 関数に渡されます。$trace 変数が 0 以外の値に設定されている場合は、エラーを標準エラー出力に出力するよう、die 関数の呼び出し前に print_errs 関数が呼び出されます。

Net::SSLeay のユーティリティ関数

Net::SSLeay には、OpenSSL を簡単に使えるようにするための高レベルのユーティリティ関数が数多く用意されています。その大半は、OpenSSL の低レベルな関数をいくつか取りまとめたラッパーです。また、このモジュールには、それら個々の低レベル関数のバインディングも備わっています。そのほか、HTTPS プロトコルのラッパーとなる関数もいくつか用意されています。

- `make_headers(@headers)`
  連想配列を変換して、HTTP サーバにそのまま送信できる形式の文字列に変える関数です。その連想配列のキーと値は、ヘッダの識別子とそれに対応する値、という対になっている必要があります。この関数は、基本的に、対になるキーと値をコロンで連結し、さらにすべての対を復帰文字および改行文字でつなぎ合わせるという処理を行います。そして、得られた文字列を関数の戻り値として返します。

- `make_form(@data)`
  フォームデータが格納された連想配列を変換して、CGI スクリプトに送信できる形式の文字列に変換する関数です。連想配列のキーと値は、フィールド名とそれに対応する値という対になっている必要があります。これらの値は、特殊文字や予約文字を URL 内で使用する場合の規則に従って符号化されます。この関数は、基本的に、対になるキーと値を等号 (=) で連結し、さらにすべての対をアンパサンド (&) でつなぎ合わせるという処理を行います。そして、得られた文字列を関数の戻り値として返します。

- `get_https($site, $port, $path, $headers, $content, $mime_type, $crt_path, $key_path)`
- `head_https($site, $port, $path, $headers, $content, $mime_type, $crt_path, $key_path)`
- `post_https($site, $port, $path, $headers, $content, $mime_type, $crt_path, $key_path)`
- `put_https($site, $port, $path, $headers, $content, $mime_type, $crt_path, $key_path)`
  これら 4 つのよく似た関数は、まとめて説明します。いずれも同じ引数を持ち、関数名に対応する HTTP リクエスト (つまり GET、HEAD、POST、PUT) をそれぞれ実行します。引数については、4 つの関数がいずれもすべての引数を必要とするわけではありません。多くの場合、指定しなくても特に問題ありません。いずれの関数も、HTTPS プロトコルを使って、SSL を利用した安全な接続を確立します。これらの関数には、URL をそのまま渡すのではなく、URL を構成する個々

の要素に切り分けて、それぞれ（対応する）別個の引数として渡すようにしましょう。そうすれば、これらの関数が引数をURLとして組み立てて接続を確立し、指定されたデータを使って要求された処理を実行して、サーバから戻ってきたデータをプログラムに返す、という処理を実行してくれます。なお、これらの関数は、実際の証明書の検証は一切実行しません。この点は重要なので覚えておいてください。つまり、これらの関数で実現されるのは、能動的でない盗聴攻撃（パッシブ攻撃）に対する保護だけです。

第1引数 $site には、接続したいホストのホスト名またはIPアドレスを指定します。第2引数 $port には、接続先のポートを指定します。HTTPSプロトコルでは、デフォルトは443番のポートです。第3引数 $path にはページへのパスを指定し、さらにURLの一部として渡したい変数がある場合は、それらも指定します。要するに、URLの残りの部分を指定するということです。

リクエストに含めたいヘッダがある場合には、第4引数 $headers にそれを指定します。連想配列の内容を基にヘッダ情報の文字列を組み立てるのには、make_headers 関数が使えます。なお、HostヘッダおよびAcceptヘッダという2つの標準ヘッダは、Net::SSLeayがデフォルトでリクエストに含めるので、この引数で明示的に指定する必要はありません。第5引数 $content は、put_https 関数および post_https 関数でのみ使用します。この引数では、サーバに送るデータを指定します。post_https 関数の場合は、サーバに送るデータの入った連想配列を基にデータ文字列を組み立てるのに、make_form 関数が使えます。第6引数 $mime_type には、$content 引数で指定したデータのMIMEタイプを指定します。MIMEタイプを指定しなかった場合は、application/x-www-form-urlencoded がデフォルトで使われます。

残る2つの引数である $crt_path および $key_path は、接続を確立する際に使用するクライアントの証明書およびRSA秘密鍵のパスとファイル名を指定するためのオプションの引数です。なお、トランザクションで秘密鍵を使用するよう指定した場合、もしその鍵が暗号化されていると、コンソールでその鍵のパスフレーズを入力するように求められます。証明書ファイルと鍵ファイルは、PEM形式でなければなりません。PEM形式なので、両方を1つのファイルに含めることも可能です。

これら4つの関数の戻り値は、いずれも、トランザクションの結果が入った配列です。エラーが発生した場合は、戻り値の配列には要素が2つしかありません。1つ目の要素は undef、2つ目の要素は発生したエラーを表す文字列です。一方、トランザクションが成功した場合は、戻り値の配列には3つの要素が含まれています。1つ目の要素はページを構成するデータ、2つ目の要素はサーバの応答コード、3つ目の要素はサーバから返されたヘッダです。ヘッダは連想配列の形で返されます。

- sslcat($host, $port, $content, $crt_path, $key_path)
  この関数は、SSL で保護されたコネクションを別のホストとの間で確立し、何らかのデータを送って応答が返るのを待ち、受け取った応答を呼び出し元のプログラムに返す、という処理を行います。第 1 引数 $host には接続先のホスト名または IP アドレスを、第 2 引数 $port には接続先のポート番号を、それぞれ指定します。第 3 引数 $content には、リモートホストに送りたいデータを指定します。
  第 4 引数 $crt_path および第 5 引数 $key_path は、SSL コネクションを確立する際に使用するクライアントの証明書および RSA 秘密鍵のパスとファイル名を指定するためのオプションの引数です。なお、鍵を使用するよう指定した場合、もしその鍵が暗号化されていると、コンソールで鍵のパスフレーズを入力するように求められます。
  この関数の戻り値は、エラーが発生した場合は undef、それ以外の場合はリモートホストから返ってきたデータです。また、戻り値として配列を受け取るように関数を呼び出した場合は、戻り値の配列の第 1 要素はリモートホストから受け取ったデータ、第 2 要素はエラーが発生した場合にそのエラー情報が含まれる文字列となります。

- randomize($seed_file, $seed_string, $egd_path)
  OpenSSL の PRNG にシードを渡すのに使うユーティリティ関数です。第 1 引数には、シードファイルとして使うファイル名を指定します。第 2 引数には、シードとして使う文字列を指定します。第 3 引数には、EGD プロトコルでやり取りできるサーバ (エントロピーを得るためのサーバ) に対応付けられている UNIX ドメインソケットの名前を指定します。この引数が未定義の場合、使用するソケットの名前は環境変数 EGD_PATH から取得されます。さらに、$random_device 変数でデバイスが指定してあり、かつそのデバイスが存在する場合には、RAND_load_file 関数を使ってその情報が OpenSSL に渡されます。randomize 関数には戻り値はありません。

- set_cert_and_key($ctx, $cert_file, $key_file)
  SSL コンテキストに使う証明書と鍵を指定するためのユーティリティ関数です。3 つの引数はすべて必須です。なお、$key_file で指定した RSA 鍵が暗号化されている場合、コンソールでパスフレーズの入力を求められます。この関数の戻り値は、エラーが発生した場合は 0、そのほかの場合は 0 以外です。

- ssl_read_all($ssl, $howmuch)
  $ssl 引数で指定した SSL コネクションから、$howmuch 引数で指定したバイト数分のデータを読み込む関数です。この関数は、指定したバイト数分のデータを読み終えるか、EOF に達するまで、処理を戻しません。この関数の戻り値は、読み込んだデータです。また、戻り値として配列を受け取るよう指定して呼び出し

た場合、戻り値の配列の第1要素には読み込んだデータ、第2要素にはエラーが発生した際にエラー情報が含まれる文字列が入ります。

- `ssl_read_CRLF($ssl, $max)`
  $ssl引数で指定したSSLコネクションから、復帰文字および改行文字に達するまでデータを読み込む関数です。また、$max引数で最大バイト数を指定した場合は、復帰文字および改行文字に達しなくても、そのバイト数に達した時点で読み込みを終えます。最大バイト数に達する前に復帰文字および改行文字に達して読み込みを終えた場合は、それらの復帰文字および改行文字も受信データに含まれます。この関数の戻り値は、読み込んだデータです。

- `ssl_read_until($ssl, $delimiter, $max)`
  $ssl引数で指定したSSLコネクションから、指定のデリミタに達するまでデータを読み込む関数です。また、$max引数で最長のバイト数を指定した場合は、デリミタに達しなくても、そのバイト数に達した時点で読み込みを終えます。デリミタを指定しなかった場合は、$/が定義されているかどうかに応じて、$/または改行文字がデリミタとして使われます。デリミタに達して読み込みを終えた場合は、返されるデータにはそのデリミタも含まれます。この関数の戻り値は、読み込んだデータです。

- `ssl_write_all($ssl, $data)`
  $data引数で指定したデータを、$ssl引数で指定したSSLコネクションに書き込む関数です。すべてのデータを書き終えるまでは、呼び出し元に処理は戻りません。書き込むデータは、参照として渡されることもあります。この関数の戻り値は、書き込まれたバイト数です。また、戻り値として配列を受け取るようにこの関数を呼び出した場合は、戻り値の配列の第1要素は書き込んだデータ、第2要素はエラーが発生した場合にそのエラー情報が含まれる文字列となります。

- `ssl_write_CRLF($ssl, $data)`
  この関数は、`ssl_write_all`関数の単純なラッパーで、`ssl_write_all`関数を使ってデータの後ろに復帰文字と改行文字を書き込むという処理が追加されているだけのものです。この関数の戻り値は、書き込まれた全バイト数です。復帰文字と改行文字も全バイト数に含まれます。

Net::SSLeayの低レベルバインディング

OpenSSLが公開APIとしてエクスポートしているすべての関数について、Net::SSLeayモジュールにバインディングが用意されているわけではありません。それでも、かなりの数が揃っています。特によく使われる関数のバインディングはもちろん、それ以外の関数も、必要に応じて各方面から追加されてきています。ここでは、用意さ

れているバインディングを網羅したリストは割愛します。Net::SSLeay パッケージに含まれているリストを参照してください。目当ての関数が見当たらない場合は、自力で追加するか、あるいは Net::SSLeay の開発者に連絡してみるとよいでしょう。

　OpenSSL の Perl バインディングは、対応する C の関数とそっくりで、特に引数と戻り値は、どちらの関数でも同一になっています。一方、両者が異なる点もあります。最大の違いは、OpenSSL における C の関数では関数名の先頭に「SSL_」という接頭辞が付いているのに対し、Perl バインディングではそれが付いていないという点です。代わりに、名前の先頭に「`Net::SSLeay::`」が付きます。これにより、目的の関数や定数を利用できるようになります。なお、OpenSSL の C ライブラリで関数名の先頭が「SSL_」となっていないものについては、Perl でも同じ名前を使います。

　Perl バインディングと OpenSSL における C の関数とでは同じ引数を取ると説明しましたが、これに当てはまらない関数もあります。なかでも重要なのは、read 関数と write 関数の 2 つです。これらは、`SSL_read` 関数と `SSL_write` 関数の Perl バインディングです。もっとも、関数に渡すデータ型の処理については、Perl バインディングの read 関数と write 関数のほうが気が利いています。例えば write 関数は、書き込むべきバイト数を自動的に判断します。

　コールバックについては、Net::SSLeay ではほとんど実装されていません。実装されているコールバックは 1 つだけで、しかも重大な制約があります。このコールバックは、証明書の検証に使うものです。制約とは、すべての SSL コンテキスト、セッション、およびコネクションの全体を通して 1 つのコールバックしか使えないことです。クライアントアプリケーションなら、大半はこの制約が問題になることはないでしょう。しかし、サーバアプリケーションでは、この制約は重大な問題になります。

　最後に指摘しておきたいのは、Net::SSLeay はスレッドに対応していないという点です。Perl のスレッドがまだ実験的なものである点を考慮すれば、Net::SSLeay がスレッドに対応していないのも当然といえるでしょう。Perl が完全にスレッドに対応するようになれば、この点が大きな問題になるかもしれません。ただ、今のところは、Net::SSLeay を使って SSL 対応のアプリケーションを Perl で設計および実装する際に頭の片隅に入れておけばいいでしょう。

9.2　Python 用の M2Crypto

　Python で OpenSSL を使う手法はいくつかありますが、M2Crypto が最も広く使われていて、最も充実しており、当然ながら最も完成度の高い手法です。開発およびメンテナンスは、Ng Pheng Siong（ngps@post1.com）が行っています。Web サイトは http://sandbox.rulemaker.net/ngps/m2 です。M2Crypto は SWIG を必要とします。SWIG は http://swig.sourceforge.net から入手可能です。本書の執筆時点で

は、M2Crypto の最新版はバージョン 0.06[†3] で、OpenSSL 0.9.6 以降および SWIG 1.3.6 が必要です。UNIX および Windows 上で、Python の 1.5.2、2.0、2.1 の各バージョンでテストされ、きちんと動作することが確認されています。

　M2Crypto は、登場してからまだ 1 年しか経っていませんが、Python 用の OpenSSL バインディングとして最も完成度が高いものです。残念なのは、ドキュメントがかなり不足している点です。ただ、幸いなことに、配布物の中には相当数のサンプルが入っています。また、一連の単体テスト用のスクリプトも含まれており、モジュールの使い方を知る優れた例として活用できます。M2Crypto には、OpenSSL の C ライブラリ関数の低レベルなバインディングが数多く備わっているだけでなく、高レベルのクラスも用意されています。高レベルのクラスを使うことで、はるかに明解なインタフェースで SSL を利用できます。

低レベルバインディング

　M2Crypto では、OpenSSL における非常に多くの C ライブラリ関数が直接バインディングされています。それ以外にも利用できる OpenSSL 関数がたくさんありますが、M2Crypto では少し違う名前でラップされており、引数も若干異なる場合があります。こうしたラッパーの多くは、舞台裏で、Python からその関数を使いやすくしたり、Python でスムーズに処理をしたりするために必要な追加処理を行っています。OpenSSL の低レベルバインディングをプログラムで利用できるようにするためには、次のステートメントを指定します。

```
from M2Crypto import m2
```

　OpenSSL における C の関数は、通常、大文字と小文字を組み合わせた名前が付いています。これに対し、M2Crypto の低レベル関数の名前は、小文字のみで付けられています。例えば、OpenSSL における C の関数で **SSL_CTX_new** という名前のものは、Python では **m2.ssl_ctx_new** となります。用意されている低レベルバインディングの一覧表は、ここには掲載しません。M2Crypto パッケージに含まれているリストを参照してください。

　低レベルバインディングをプログラムで使うことは推奨しません。せめて、高レベルのクラスと組み合わせて使うようにしましょう。その理由は、低レベルバインディングをきちんと機能させるためには、その準備として、Python から追加的な SSL のサブシステムを呼び出す必要があることが多いからです。例えば、BIO 機能を利用するためには、内部的な M2Crypto 関数である **m2.bio_init** を呼び出しておかなければなりま

---

† 監訳注3　本書監訳時点では、0.13 となっています。

せん。一方、高レベルのクラスを使えば、こうした呼び出しを自動的に行ってくれます。また、通常は、必要に応じてクラスを自由に拡張できます。

高レベルクラス

　M2Cryptoには、自作のプログラムで使用できる高レベルのクラスが十分に用意されています。低レベルバインディングより高レベルクラスの使用を推奨する理由は、いくつかあります。その最大の理由は、前の節で述べたとおりです。M2Cryptoがバージョンアップを重ねて成熟するにつれて、その内部構造が変更される可能性もあります。その結果、プログラムが動作しなくなってしまうかもしれません。2つ目の理由は、Pythonは本質的にオブジェクト指向言語なのに、OpenSSLの低レベルインタフェースはまったくオブジェクト指向ではないことです。3つ目の理由は、OpenSSLのCライブラリ関数を使うのが煩雑なことです。高レベルクラスを使えば、はるかに簡明なインタフェースでOpenSSLの機能を利用することができます。

　高レベルクラスの全体は、いくつかのサブモジュールに分かれており、すべてM2Cryptoモジュールからインポートすることができます。OpenSSLにおけるCのAPIを構成する関数がさまざまにグループ分けされており、それを利用できるというわけです。なかには、まだ開発作業が進行中のものもいくつかありますが、特によく使われるSSLの機能はすでに利用できるようになっています。

M2Crypto.SSL

```
from M2Crypto import SSL
```

　このSSLモジュールに含まれているのは、OpenSSLのCライブラリへの最も基本的なインタフェースを提供するいくつかのクラスです。そのなかには、`Context`、`Connection`、`Session`、`SSLServer`、`ForkingSSLServer`、`ThreadingSSLServer`が含まれています。1つ目の`Context`は、Cにおけるインタフェースである`SSL_CTX`オブジェクトのラッパーです。OpenSSLのコネクション指向のすべてのサービスにおいて、処理対象のコンテキストが必要となります。

　コンテキストを作成する際には、そのコンテキストがサポートするプロトコルのバージョンを指定する必要があります。いったん作成したコンテキストのプロトコルを後から変更することはできません。`Context`クラスのコンストラクタには、使用するプロトコルを指定するためのオプションのパラメータがあります。プロトコルとして指定できるのは、`sslv2`、`sslv3`、`tlsv1`、`sslv23`のいずれかです。プロトコルを指定しなかった場合のデフォルトは`sslv23`です。これは、最初のHandshakeの際にSSLv2、SSLv3、TLSv1のいずれかをネゴシエーションせよ、という意味です。第1章で述べた

ように、自作のアプリケーションではv2をサポートしないようにしましょう。

コンテキストオブジェクトの作成が済んだら、それを使ってSSLコネクションを確立することができます。Contextクラスには、コンテキストが持つさまざまな属性（OpenSSL自体でサポートされている属性）を設定および取得するためのメソッドが数多く用意されています。可能な処理には、証明書と秘密鍵の割り当て、CA証明書の読み込み、通信相手の証明書が受け入れ可能かどうかを判断するための条件の指定、などがあります。

Connectionクラスは、クライアントとサーバの両方のコネクションの確立や、そのコネクションを介した双方向でのデータのやり取りを、OpenSSLとソケットを組み合わせて実現するものです。このクラスは、ユーティリティオブジェクトのようなもので、ソケットを準備してSSLコネクションを確立するという手間のかかる処理をすべて実行してくれます。必要なのは、Contextオブジェクトを作成して、必要に応じてその準備を行うことだけです。例えば、TLSv1をプロトコルに使ってコネクションを確立する場合には、コードは次のようになります。

```
from M2Crypto import SSL

ctx = SSL.Context('tlsv1')
conn = SSL.Connection(ctx)
conn.connect(('127.0.0.1', '443'))
```

Sessionクラスは、通常は自分で作成するものではありません。Sessionオブジェクトを取得する方法は2つあります。1つは、既存のConnectionオブジェクトのget_sessionメソッドを呼び出すという方法です。もう1つは、ファイルに保存されているセッションをSSL.load_sessionで読み込むという方法です。取得したSessionオブジェクトをファイルにダンプするには、そのオブジェクトのwrite_bioメソッドが使えます。

残りの3つのクラス、すなわちSSLServer、ForkingSSLServer、ThreadingSSLServerの各クラスは、PythonのSocketServerモジュールに含まれているTCPServerクラスのSSL版です。使い方はどちらも同じです。ただし、こちらの3つのクラスのコンストラクタには引数が1つ追加されており、そこにContextオブジェクトを指定する必要があります。もちろん、そのContextオブジェクトを作成して必要に応じて準備する作業は、自分で行っておかなければなりません。

M2Crypto.BIO

```
from M2Crypto import BIO
```

BIOモジュールは、OpenSSLのBIO関数へのインタフェースクラスを提供しま

す。BIOクラス自体は抽象クラスであり、これを継承して`MemoryBuffer`、`File`、`IOBuffer`、`CipherStream`という4つのクラスが定義されています。`BIO`クラスは、これら4つのクラスの基本的な機能を定めたものです。`BIO`クラスそのものは、インスタンス化する必要がありません。インスタンス化しても、使おうとするたびに例外が投げられる役立たずなオブジェクトが得られるだけです。

これら4つのクラスについては、第4章で解説した内容に付け加えるべきことはほとんどありません。BIOは、I/Oの単なる抽象化であり、これら4つのクラスは、それぞれ異なる種類のI/Oに対応しています。`MemoryBuffer`クラスは、OpenSSLの`BIO_s_mem`型（メモリ内I/Oストリーム）のラッパーです。`File`クラスは、`BIO_s_fp`型（ディスク上のファイル）のラッパーです。`IOBuffer`クラスは、`BIO_f_buffer`型のラッパーで、通常は`Connection`オブジェクトの`makefile`メソッドが内部的に利用するだけのものです。このクラスは、基本的に、ほかのすべての型のBIOのラッパーとなるものです。

4つ目の`CipherStream`クラスは、OpenSSLの`BIO_f_cipher`型のラッパーで、4つのBIOラッパークラスのなかでは最も興味深いものかもしれません。これは、自分が選択した任意の型のBIOをラップするもので、書き込むデータは暗号化し、読み込むデータは復号するという処理を行います。このクラスを使うためには多少の準備も必要ですが、肝心なのは使用する暗号の設定だけです。

M2Crypto.EVP

```
from M2Crypto import EVP
```

EVPモジュールは、OpenSSLのEVP関数へのインタフェースを提供します。さらに、OpenSSLのHMACインタフェースを利用するためのインタフェースも提供します。HMACインタフェースは、厳密にはEVPインタフェースの一部ではありません。EVPは、第6章～第8章で解説したように、メッセージダイジェスト、共通鍵暗号化方式、公開鍵を用いた高レベルなインタフェースで、ハッシュ、データ暗号化、および電子署名を計算するための仕組みを提供するものです。

`MessageDigest`クラスは、ハッシュ計算のためのインタフェースです。コンストラクタには引数が1つあり、使用するアルゴリズムの名称を文字列として指定します。利用できるアルゴリズムおよびその文字列は、第7章に掲載したとおりです。`MessageDigest`オブジェクトをインスタンス化したら、その`update`メソッドを必要な回数だけ呼び出して、ハッシュするデータを渡します。その後、`final`メソッドを呼び出すと、ハッシュが計算され、戻り値として返ってきます。例9.1に、その具体例を示します。

▼例9.1　データのハッシュ計算
```
from M2Crypto import EVP

def hash(data, alg = 'sha1'):
    md = EVP.MessageDigest(alg)
    md.update(data)
    return md.final()
```

　OpenSSLのHMACに対応するインタフェースは2つ用意されています。その1つがHMACクラスです。HMACクラスのコンストラクタは、引数を2つ取ります。第1引数には、使用する鍵を指定します。第2引数はオプションで、使用するメッセージダイジェストアルゴリズムの文字列名を指定します。利用できるアルゴリズムおよびその文字列は、第7章に掲載したとおりです。メッセージダイジェストアルゴリズムを指定しなかった場合はSHA1が使われます。HMACオブジェクトをインスタンス化したら、そのupdateメソッドを必要な回数だけ呼び出して、MACを求める対象のデータを渡します。finalメソッドを呼び出すと、MACが計算され、戻り値として返ってきます。HMACに対応するもう1つのインタフェースは、hmac関数です。こちらは、OpenSSLのhmac関数の単なるラッパーです。この関数は引数を3つ取ります。第1引数には使用する鍵を指定し、第2引数にはMACを求めるデータを指定します。第3引数はオプションで、使用するメッセージダイジェストアルゴリズムを指定します。こちらも、省略した場合はSHA1がデフォルトで使われます。hmac関数の戻り値は、計算されたHMACです。

　Cipherクラスは、共通鍵暗号化方式を用いるデータ暗号化のインタフェースを提供するものです。このクラスのインタフェースの使い方は、MessageDigestクラスおよびHMACクラスと同様です。Cipherオブジェクトを生成したら、そのupdateメソッドを使って、暗号化または復号するデータを渡します。finalメソッドを呼び出すと処理が実行され、暗号化または復号されたデータが戻り値として返ります。Cipherクラスのコンストラクタは、引数を8つ取ります。最初の4つは必須、残りの4つはオプションです。

```
class Cipher:
    def __init__(self, alg, key, iv, op, key_as_bytes = 0,
                 d = 'md5', salt = '', i = 1):
```

- alg
  使用する共通鍵暗号化方式を文字列で指定します。使用できる暗号化方式およびその文字列は第6章に掲載したとおりです。
- key
  データの暗号化または復号に使う鍵を指定します。

- iv
  データの暗号化または復号に使う IV を指定します。
- op
  データの暗号化と復号のどちらを実行するかを整数で指定します。暗号化する場合は 1 を指定します。復号する場合は 0 を指定します。
- key_as_bytes
  指定した鍵をどう解釈するかを指定します。この引数に 0 以外の値を指定した場合、鍵はパスワードまたはパスフレーズとして解釈されます。その場合は IV が計算され、それが使用されます。そして、その IV が iv 引数に入れられます。
- d
  key_as_bytes に 0 以外の値を指定した場合に、鍵の計算に使用するメッセージダイジェストアルゴリズムを指定します。デフォルトでは MD5 が使用されます。
- salt
  key_as_bytes に 0 以外の値を指定した場合に、鍵の計算に使用するソルトを指定します。
- i
  最終的な鍵を得るまでに実行する繰り返しの回数を指定します。つまり、鍵データを何回ハッシュするかを指定するということです。

例 9.2 に、共通鍵暗号化方式の使用例を示します。

▼例9.2　共通鍵暗号化方式を使用した暗号化と復号
```
from M2Crypto import EVP

def encrypt(password, data, alg):
    cipher = EVP.Cipher(alg, password, None, 1, 1, 'sha1')
    cipher.update(data)
    return cipher.final()

def decrypt(password, data, alg):
    cipher = EVP.Cipher(alg, password, None, 0, 1, 'sha1')
    cipher.update(data)
    return cipher.final()

password = 'any password will do'
plaintext = 'Hello, world!'
ciphertext = encrypt(password, plaintext, 'bf-cbc')
print 'Decrypted message text: %s' % decrypt(password, ciphertext, 'bf-cbc')
```

EVP モジュールには PKey というクラスも用意されています。OpenSSL の EVP インタフェースのうち、電子署名およびデータ暗号化用のインタフェースのラッパーとな

るものです。しかし、その対応は不完全で、電子署名の作成を限定的にサポートしているだけです。電子署名の検証やデータ暗号化のための仕組みは、このクラスには備わっていません。それに、この電子署名のサポートはきちんと機能しません。このクラスは、基本的に現状では役に立たないので、これ以上の詳しい解説は控えます。

各種暗号化方式

```
from M2Crypto import DH, DSA, RSA, RC4
```

　DH、DSA、RSAの各モジュールは、OpenSSLでサポートされている公開鍵暗号化方式の3つのアルゴリズムに対し、低レベルでアクセスするためのものです。モジュール名がそのままアルゴリズム名に対応しています。共通鍵暗号化方式のアルゴリズムについては、RC4に直接アクセスするためのRC4モジュールがあります。不思議なことに、共通鍵暗号化方式のうち、RC4だけが独自のクラスで直接サポートされています。EVPインタフェースが用意されていることを考えると、ますます不可思議です。RC4モジュールは使用せずに、EVPモジュールのCipherクラスを使用することを推奨します。

　DHモジュールは、DHという名前のクラスを提供しています。DHクラスのインスタンス化は、DHモジュールに用意されている4つの関数のいずれかを使って行うのが一般的です。DH.gen_params関数を使うと、無作為に生成したDHパラメータを使って、新しいDHオブジェクトを作成できます。DH.load_params関数およびDH.load_params_bio関数を使うと、ファイルに保存されているDHパラメータを使って、DHオブジェクトを作成できます。DH.load_params関数の引数には、DHパラメータの読み込み元のファイル名を指定し、DH.load_params_bio関数の引数には、DHパラメータの読み込み元のBIOオブジェクトを指定します。DH.set_params関数を使うと、自分で指定したパラメータを使ってDHオブジェクトを生成できます。

　DSAモジュールは、DSAという名前のクラスを提供しています。DSAクラスのインスタンス化は、DSAモジュールに用意されているいくつかの関数のいずれかを使って行うのが一般的です。DSA.gen_params関数を使うと、無作為に生成したDSAパラメータを使って、新しいDSAオブジェクトを生成できます。DSA.load_params関数とDSA.load_params_bio関数は、ファイルまたはBIOオブジェクトからDSAオブジェクトを生成します。DSA.load_key関数とDSA.load_key_bio関数は、PEM形式の秘密鍵が保存されているファイルまたはBIOオブジェクトを読み込み、DSAオブジェクトを生成します。DSA公開鍵を読み込むための仕組みは備わっていません。

　RSAモジュールは、RSAとRSA_pubという2つのクラスを提供しています。これらのクラスのインスタンス化は、RSAモジュールの関数のいずれかを使って行います。RSA.gen_key関数は、新しい鍵の対を作成した上で、RSAオブジェクトを返します。

RSA.load_key 関数と RSA.load_key_bio 関数は、それぞれファイルまたは BIO オブジェクトに PEM 形式で格納されている秘密鍵から、RSA オブジェクトを生成します。RSA.load_pub_key 関数と RSA.load_pub_key_bio 関数は、ファイルまたは BIO オブジェクトに PEM 形式で格納されている公開鍵から、RSA_pub オブジェクトを生成します。RSA.new_pub_key 関数は、秘密鍵を構成する 2 つの素数の積と、公開指数とから、RSA_pub オブジェクトをインスタンス化します。

RC4 モジュールは、共通鍵暗号アルゴリズム RC4 のインタフェースとなる、RC4 というクラスを提供します。このクラスのインスタンス化は、直接行うことになっています。インスタンス化の際には、鍵を指定してもしなくても構いません。また、set_key メソッドで鍵を変更することもできます。暗号化対象のデータを update メソッドに渡すと、暗号化されたデータが返ってきます。

Python モジュールの拡張

M2Crypto には、OpenSSL の低レベルのバインディングや、オブジェクト指向の手法で OpenSSL を利用するための高レベルのクラスが用意されているのに加え、Python そのものに備わっている httplib、urllib、および xmlrpclib という 3 つのモジュールの自然な拡張も含まれています。httplib および urllib では、単に HTTPS のサポートが追加されています。xmlrpclib の拡張では、SSL_Transport というクラスが追加されています。

httplib の拡張 (httpslib)

httplib の拡張を使用するには、M2Crypto.httpslib モジュールをインポートする必要があります。

```
from M2Crypto import httpslib
```

httplib をインポートする必要はありません。M2Crypto の httpslib は、独自の拡張をエクスポートするだけでなく、httplib 全体をエクスポートします。httplib インタフェースは、Python のバージョン 2.0 で大幅な変更に変更されました。httpslib ではこの点も考慮されており、使用している Python のバージョンに応じて異なる拡張を提供するようになっています。

バージョンが 2.0 以前の Python を使用している場合は、HTTPS という新しいクラスが 1 つ追加されます。これは、httplib の HTTP クラスのサブクラスです。コード作成時に気を付ける必要があるのは、既存の SSL コンテキストをコンストラクタに渡す必要があるという点だけです。例えば、SSLv3 を使ってローカルホストのデフォルト HTTPS ポートである 443 番に接続する場合、次のようなコードになります。

```
from M2Crypto import SSL, httpslib

context = SSL.Context('sslv3')
https = httpslib.HTTPS(context, '127.0.0.1:443')
```

Pythonのバージョン2.0以降を使用している場合は、HTTPSConnectionとHTTPSという2つのクラスが追加されます。HTTPSConnectionはHTTPConnectionのサブクラスで、HTTPSはHTTPのサブクラスです。いずれも親クラスと同じように機能しますが、SSLを利用するために、コンストラクタに渡す情報をいくつか追加する必要があります。追加する引数は次のとおりで、いずれもオプションの引数です。

- key_file
  コネクションの確立に使うRSA秘密鍵ファイルのパスとファイル名を指定します。
- cert_file
  コネクションの確立に使う証明書ファイルのパスとファイル名を指定します。
- ssl_context
  既存のSSLコンテキストオブジェクトを指定します。省略した場合は、sslv23プロトコルを使ってコンテキストが作成されます。

HTTPSConnectionクラスでは、これら3つの引数をいずれも指定することができます。一方、HTTPSクラスではssl_contextだけを認識し、残りの2つは無視します。SSLv3を使ってローカルホストのデフォルトHTTPSポートである443番に接続する場合のコードは、次のようになります。

```
from M2Crypto import SSL, httpslib

context = SSL.Context('sslv3')
https = httpslib.HTTPSConnection('127.0.0.1:443', ssl_context = context)
```

なお、これらの関数は実際の証明書の検証は一切実行しません。この点は重要なので覚えておいてください。つまり、これらの関数により実現するのは、能動的でない盗聴（パッシブ攻撃）に対する保護だけです。

urllibの拡張(m2urllib)

urllibの拡張を使用するには、M2Crypto.m2urllibモジュールをインポートする必要があります。

```
from M2Crypto import m2urllib
```

urllibそのものをインポートする必要はありません。m2urllibモジュールは、独自の拡張をエクスポートするだけでなく、urllib全体を再エクスポートします。urllibのインタフェースは、httplibとは違って、本書執筆時点でサポートされているPythonのどのバージョンでも同じです。この拡張によって加わる変更は、urllib.URLopenerクラスにopen_httpsメソッドが追加されるという点だけです。このメソッドは、既存のopenメソッドとまったく同じように機能し、引数や戻り値も同じです。

　open_https関数で新しく追加されている引数はありません。使用するコンテキストの作成は、関数が自ら行うことになっており、証明書や秘密鍵の情報も指定することはできません。作成されるSSLコンテキストに適用されるデフォルトのプロトコルのバージョンは、DEFAULT_PROTOCOL変数で制御できます。デフォルトではsslv3に設定されていますが、SSLコンテキストの作成用としてサポートされている別の値に変更することも可能です。例えば、v2とv3のどちらでも動くようにしたいのであれば、次のようなコードにします。

```
from M2Crypto import m2urllib

m2urllib.DEFAULT_PROTOCOL = 'sslv23'
connection = m2urllib.URLopener().open_https('https://www.somesite.com')
```

xmlrpclibの拡張（m2xmlrpclib）

　xmlrpclibモジュールは、Python 2.2で新しく追加されたものです。古いバージョンのPythonを使用している場合は、サードパーティから同じモジュールが提供されています。xmlrpclibの拡張を使用するには、M2Crypto.m2xmlrpclibモジュールをインポートする必要があります。

```
from M2Crypto import m2xmlrpclib
```

　xmlrpclibを同様にインポートする必要はありません。m2xmlrpclibモジュールは、独自の拡張をエクスポートするだけでなく、xmlrpclib全体も再エクスポートします。m2xmlrpclibモジュールによって追加されるのは、SSL_Transportというクラスだけです。このクラスのコンストラクタには、オプションの引数が1つあり、そこにSSLコンテキストオブジェクトを指定できます。これを指定しなかった場合は、sslv23プロトコルを使用するSSLコンテキストオブジェクトが作成されます。

9.3　PHPのOpenSSL対応機能

　PHPは、決してWeb専用というわけではありませんが、主にWebで使われているスクリプト言語です。通常はHTMLに埋め込む形で記述しますが、CGIスクリプトとして動作させることもできます。PHPには、膨大な関数ライブラリが用意されており、LDAPやMySQLなど、一般的な外部ライブラリやサービスを利用するためのさまざまなインタフェースが提供されています。OpenSSLの実験的なサポートは、PHP 4.04pl1で追加されました。本書の執筆時点では、PHPの最新バージョンは4.1.1[†4]で、OpenSSLのサポートはまだ実験的なものという扱いになっています。最新バージョンのPHPで必要とされるOpenSSLのバージョンは0.9.5以降です。

　PHPのOpenSSLサポートは、まだ実験的なものという扱いなので、関数名、パラメータ、戻り値など、実装に関連する部分はいずれも変更が加わる可能性があります。PHPのOpenSSLサポートは、PerlやPythonに比べると限られたものですが、それなりに利用できるだけの機能は十分に備わっています。具体的には、暗号化、署名、S/MIME、鍵生成、X.509証明書といった処理に対応しています。

　PHPのOpenSSL関数は、OpenSSL APIを高レベルで抽象化したものです。PerlやPythonとは違って、低レベルのOpenSSL APIをそのまま扱える関数はありません。これにより、OpenSSLがきわめて簡単に利用できる一方で、機能が制限されているのも事実です。PHPでは、バージョンアップを重ねるごとに、OpenSSL関連の新機能が追加されてきています。OpenSSLの機能を利用したい場合には、できるだけ最新版のPHPを使用することをお勧めします。

汎用関数

　PHPのOpenSSL拡張では、汎用性のある関数が4つ提供されており、この4つの関数によって、より特殊な関数の機能が提供されます。4つの関数では、秘密鍵および公開鍵の管理だけでなく、エラー情報の取得といった仕組みも提供されます。特殊な関数の多くで必要になる秘密鍵や公開鍵は、通常、鍵リソースとして指定します。鍵リソースは、以下に挙げる取得元のいずれからでも得ることができますが、いずれの場合も、外部の取得元から取得する鍵データは、PEM形式でなければなりません。PHPは、DER形式のデータの読み込みに対応していないからです。

- `openssl_get_publickey`関数または`openssl_get_privatekey`関数のいずれかの呼び出しで取得したリソース

---

†監訳注4　本書監訳時点では、4.3.8と5.0.0となっています。

- 公開鍵の X.509 リソース
- 鍵の読み込み元のファイル名を表す文字列
- 鍵データが含まれた文字列
- 鍵データの入ったファイル名または鍵データそのものを表す文字列と、鍵の復号に必要なパスフレーズとを格納した配列

PHP のバージョン 4.0.5 以降では、引数に鍵リソースまたは証明書リソースを指定する必要がある関数に対し、`openssl_get_privatekey` 関数、`openssl_get_publickey` 関数、`openssl_x509_read` 関数（いずれも鍵リソースまたは証明書リソースを返す関数）の入力値を引数として指定できるようになりました。以前のバージョンの PHP の OpenSSL 拡張では、それら 3 つの関数の戻り値を使う必要がありましたが、今はそうではなくなったということです。同じ鍵または証明書を複数回使う場合には、そのたびに鍵や証明書を取得するのではなく、これら 3 つの関数を使ってリソースを取得しておくのが一般には良い考えです。

- `mixed openssl_error_string(void)`
  この関数は、OpenSSL のエラースタックから最新のエラーを取り出し、そのエラーを表す文字列を返します。エラースタックが空の場合は `false` を返します。返される文字列は、エラーを示す英語のメッセージで、OpenSSL の `ERR_error_string` 関数によって返されるものと同じです。覚えておいてほしいのは、OpenSSL がスタックに追記するエラーが複数あっても、この関数がスタックから取り出してくるエラーは 1 つだけという点です。エラーが発生した際には、利用できるエラー情報をすべて取得するために、戻り値が `false` になるまでこの関数を繰り返し呼び出すようにしましょう。

- `resource openssl_get_privatekey(mixed key [, string passphrase])`
  この関数は、秘密鍵の鍵リソースを生成します。第 1 引数 `key` には秘密鍵を指定します。この引数は、3 つの方法で指定することができます。1 つ目は、秘密鍵のデータが格納されているファイルの名前を「`file://`」で始まる文字列により指定する方法、2 つ目は、秘密鍵のデータを含む文字列を指定する方法、3 つ目は、鍵情報を格納した配列を指定する方法です。配列を指定する場合は、その第 1 要素に、鍵データが格納されたファイルの名前か鍵データそのものを含めます。第 2 要素には、鍵を復号するためのパスフレーズを入れておきます。関数の第 2 引数 `passphrase` はオプションで、鍵の復号にパスフレーズが必要な場合、それを文字列で指定します。
  この関数の戻り値は、エラーが発生した場合は `false` です。その場合は、`openssl_error_string` 関数を使ってエラー情報を取得します。鍵の読み込み

と復号に成功した場合は、戻り値はその鍵のPHPリソースです。鍵リソースの使用が済んだら、openssl_free_key関数を使って、そのリソースを解放する必要があります。

- resource openssl_get_publickey(mixed certificate)
  この関数は、公開鍵の鍵リソースを生成します。第1引数certificateには、公開鍵の取り出し元の証明書を指定します。証明書は、3つの方法で指定できます。証明書リソースを指定する方法、証明書データが格納されたファイルの名前を「file://」で始まる文字列で指定する方法、証明書データが入った文字列を指定する方法の3つです。
  この関数の戻り値は、エラーが発生した場合はfalseです。その場合は、openssl_error_string関数を使ってエラー情報を取得します。証明書からの鍵の取り出しに成功した場合は、戻り値はその鍵のPHPリソースです。鍵リソースの使用が済んだら、openssl_free_key関数を使ってそのリソースを解放する必要があります。

- void openssl_free_key(resource key)
  この関数は、openssl_get_privatekeyまたはopenssl_get_publickeyのどちらかにより取得した鍵リソースを解放します。PHPの鍵リソースの使用が済んだら、関連する内部リソースを解放するために、この関数を呼び出すようにしましょう。

証明書用の関数

　PHPのOpenSSL拡張には、X.509証明書を処理するための関数がわずかながら用意されています。それらの関数を使うと、証明書リソースの作成および解放、特定の機能を利用する権限が証明書にあるかどうかの確認、および証明書に関する情報の取得を行うことができます。ただし、PHPでは、PEM形式の証明書データしか処理できません。

- resource openssl_x509_read(mixed certificate)
  この関数は、X.509証明書データから証明書リソースを作成します。証明書データは、2つの方法で指定することができます。1つは、証明書データが格納されたファイルの名前を「file://」で始まる文字列で指定する方法、もう1つは、証明書データそのものを文字列で指定する方法です。
  この関数の戻り値は、エラーが発生した場合はfalseです。この場合は、openssl_error_string関数を使ってエラー情報を取得します。証明書の読み込みに成功した場合は、戻り値はその証明書のPHPリソースです。証明書リソースの使用が済んだら、openssl_x509_free関数を使って、そのリソースを解放する必要があります。

- `void openssl_x509_free(resource certificate)`
  この関数は、`openssl_x509_read`で取得した証明書リソースを解放します。PHPの証明書リソースの使用が済んだら、関連する内部リソースを解放するために、この関数を呼び出すようにしましょう。

- `bool openssl_x509_checkpurpose(mixed certificate, int purpose,`
  　　　　　　　　　　　　　　　　`array cainfo`
  　　　　　　　　　　　　　　　　`[, string untrusted_file])`

  証明書を使って特定の機能を実行できるかどうかを判別するための関数です。第1引数`certificate`には、`openssl_x509_read`関数で取得した証明書リソースを指定します。第2引数`purpose`には、表9.1のいずれかの定数を指定します。なお、この引数はビットマスクではないので、複数の定数を同時に指定することはできません。第3引数`cainfo`は、証明書の検証に使う、信頼されている証明書ファイルまたはディレクトリのリストを指定します。第4引数`untrusted_file`は、オプションの引数です。もし指定する場合は、証明書の検証に必要な中間CAの証明書が入ったファイルの名前を指定します。ファイルにない証明書は、信頼されていないものと見なされます。

▼ 表9.1　`openssl_x509_checkpurpose`関数の`purpose`引数に指定できる値

定数	説明
X509_PURPOSE_SSL_CLIENT	この証明書はSSLセッションのクライアント側で使用できるか
X509_PURPOSE_SSL_SERVER	この証明書はSSLセッションのサーバ側で使用できるか
X509_PURPOSE_NS_SSL_SERVER	この証明書はNetscapeのSSLサーバで使用できるか
X509_PURPOSE_SMIME_SIGN	この証明書はS/MIME署名に使用できるか
X509_PURPOSE_SMIME_ENCRYPT	この証明書はS/MIME復号に使用できるか
X509_PURPOSE_CRL_SIGN	この証明書は証明書失効リスト(CRL)の署名に使用できるか
X509_PURPOSE_ANY	この証明書はいかなる目的にも使用できるか

`cainfo`引数の配列には、証明書の検証に使うファイルのリストを指定する必要があります。このリストにはディレクトリも含めることができます。ファイルは、1つまたは複数の証明書を含んでいる必要があります。また、ディレクトリは証明書を含んでいる必要があります。この証明書を含んでいるディレクトリは、OpenSSLのコマンドラインツールで一部のコマンドに指定できる`CApath`オプションと同じ性格のものです。つまり、ディレクトリ内の証明書ファイルは、1つのファイルにつき1つの証明書が含まれるものとし、各ファイルの名前は、証明書の所有者名のハッシュ値に「.0」という拡張子を付けたものとする必要があります。この関数で利用可能となった証明書は、いずれも信頼されます。

この関数の戻り値は、指定した目的に使える証明書の場合は`true`、使えない場合

はfalseです。また、検証のプロセスでエラーが発生した場合は、-1（整数値）が返ります。その場合は、openssl_error_stringを使ってエラー情報を取得する必要があります。

- array openssl_x509_parse(mixed certificate [, bool shortnames])
証明書に関する情報を連想配列で返す関数です。配列のキーは、現時点ではドキュメント化されていませんが、このOpenSSL拡張のソースコードから簡単に見つけ出すことができます。これをまとめたのが表9.2です。ただし、ドキュメント化されていないことからわかるように、将来のバージョンでOpenSSL拡張に変更が加わることになった場合は、これらのキーも変更の対象になる可能性があります。できれば、関数の仕様が固まるまで、この関数を使用しないことをお勧めします。なお、第2引数shortnamesを省略するか、またはここにtrueを指定した場合は、戻り値の配列のキーには短縮名が使われます。

▼表9.2　openssl_x509_parse関数が返す連想配列のキー

キー名	データ型	説明
name	string	証明書に付いている名前（ある場合のみ）。このキーはないこともある
subject	array	所有者の識別名を構成するフィールド（例えばcommonNameやorganizationNameなど）がすべて入った連想配列。この配列のキーはshortnames引数の指定に応じて変わる
issuer	array	発行者の識別名を構成するフィールドがすべて入った連想配列。この配列のキーはshortnames引数の指定に応じて変わる
version	long	X.509のバージョン
serialNumber	long	証明書のシリアル番号
validFrom	string	証明書の有効期間の開始日を文字列で表したもの
validTo	string	証明書の有効期間の終了日を文字列で表したもの
validFrom_time_t	long	証明書の有効期間の開始日をtime_tの整数（1970年1月1日 00:00:00 GMTからの秒数）で表したもの
validTo_time_t	long	証明書の有効期間の終了日をtime_tの整数で表したもの
alias	string	証明書に付いている別名（ある場合のみ）。このキーはないこともある
purposes	array	この配列の各要素は、証明書の目的でOpenSSLがサポートしているものに対応する。この配列の添字の値は、表9.1の各定数に合致する。この配列の各要素は、さらに配列となっており、そこには3つの要素が含まれる。最初の2つはbool値である。1つ目は、その証明書がその目的に使用できるかどうかを表す。2つ目は、CAの証明書かどうかを表す。3つ目の要素は、目的名を文字列で表したもので、これはshortnames引数の指定に応じて変わる

暗号化および署名関数

　PHPのOpenSSL拡張には、OpenSSLの高レベルなEVP関数に対するラッパーが用意されており、データの暗号化や電子署名に使うことができます。実際、これらの関数は、OpenSSLのEVP関数を忠実にマッピングしたものです。ただし、これらのラッパーには、制約が課せられている部分があります。特に大きいのは、暗号化および復号に使える暗号化方式がRC4に限定されていることと、署名および検証に使えるダイジェストアルゴリズムがSHA1に限定されていることです。将来のバージョンでは、これらの制約が解消され、柔軟性とセキュリティの両方が大きく高まることを期待したいものです。

> PHPの暗号化機能には、より重大な問題がもう1つあります。OpenSSLライブラリ自身がPRNGにシードを渡すことができないシステムの場合、PHPにはシードを渡す機能が用意されていないという点です。これは、/dev/urandomデバイスがないUNIXシステムでは特に問題です。このようなシステムでは、OpenSSLのPRNGを初期化する別のモジュール（例えばmod_ssl）が同じサーバにロードされていない限り、PHPのOpenSSLインタフェースを使用しないことを推奨します。次節で解説するS/MIME関数についても同様です。

- ```
  int openssl_seal(string data, string sealed_data,
                   array env_keys, array pub_keys)
  ```
  データの暗号化に使う関数です。無作為に生成された共通鍵を使ってRC4でデータが暗号化され、さらに公開鍵を使ってその共通鍵が暗号化されます。暗号化されたデータのことをシールドデータ（sealed data）[†5]といい、暗号化された共通鍵のことをエンベロープといいます。受信者は、エンベロープ、シールドデータ、および秘密鍵（エンベロープの作成に使われた公開鍵と対となるもの）が揃っていないと、シールドデータを復号することはできません。なお、この関数では、公開鍵の配列を渡すことで、複数の受信者に対する処理を簡単に実行できます。
  第1引数dataには、シールドの対象となるデータを指定します。第2引数sealed_dataは、シールドデータを受け取るための引数です。第3引数env_keysは、第4引数pub_keysで指定したそれぞれの公開鍵に対応するエンベロープを受け取る引数です。pub_keysに指定する公開鍵は、openssl_get_publickey関数で受け取った鍵リソースである必要があります。openssl_seal関数の戻り値は、エラーが発生した場合はfalse、そのほかの場合はシールドデータのバイト長です。

[†監訳注5] 特に一般的な暗号化と違うわけではないのですが、特定の方法で作成されているため、区別するために「シールドデータ」という用語をあてています。
  ```

- bool openssl_open(string sealed_data, string data,
                    string env_key, mixed key)

  openssl_sealで暗号化されたデータの復号に使う関数です。第1引数 sealed_dataには、復号する対象のデータを指定します。第2引数 dataは、復号されたデータを受け取るためのものです。第3引数 env_keyにはエンベロープを指定します。これは、RC4で暗号化されたデータの復号に必要な共通鍵が暗号化されたものです。第4引数 keyには、エンベロープを復号して共通鍵を取り出すために使う秘密鍵を指定します。ここで指定する秘密鍵は、openssl_get_privatekey関数で取得した鍵リソースである必要があります。

  シールドデータの復号に成功した場合、戻り値は true となり、復号されたデータは第2引数 dataに格納されます。エラーが発生した場合、戻り値は false となり、openssl_error_string関数を使ってエラー情報を取得する必要があります。なお、この関数では、PHPのOpenSSL拡張を使わずに暗号化されたデータであっても、その暗号化方式がRC4であれば、復号が可能です。

- bool openssl_sign(string data, string signature, mixed key)

  SHA1メッセージダイジェストアルゴリズムを使ってデータに署名するための関数です。第1引数 dataには署名する対象のデータを指定します。第2引数 signatureは、その署名を受け取るためのものです。第3引数 keyには、データの署名に使う秘密鍵リソースを指定します。これは openssl_get_privatekey で取得した鍵リソースである必要があります。署名に使われた秘密鍵と対になる公開鍵を持っている人なら、誰でもその署名を検証できることになります。

  データの署名に成功した場合、第2引数 signatureに署名が格納され、関数の戻り値は true となります。エラーが発生した場合、戻り値は false となり、openssl_error_string関数を使ってエラー情報を取得する必要があります。

- int openssl_verify(string data, string signature, mixed key)

  SHA1メッセージダイジェストアルゴリズムを使って、ひとまとまりのデータの署名を検証するのに使う関数です。第1引数 dataには、検証対象のデータ（署名されたデータ）を指定します。第2引数 signatureには、そのデータの署名を指定します。第3引数 keyには、署名の計算に使われた秘密鍵と対になる公開鍵を指定します。

  署名が有効な場合、この関数の戻り値は整数値1です。署名は不正なものの、ほかにエラーはない場合は、戻り値は0（整数値）です。署名の検証プロセスでエラーが発生した場合、戻り値は-1（整数値）で、openssl_error_string関数を使ってエラー情報を取得する必要があります。なお、この関数では、PHPのOpenSSL拡張を使わずに署名されたデータであっても、その署名に使われたメッセージダイジェストアルゴリズムがSHA1であれば検証が可能です。

PKCS#7 (S/MIME) 関数

　PHPのOpenSSL拡張で提供されている関数群として最後に取り上げるのは、PKCS#7です。S/MIMEで定義されているMIME型にカプセル化された構造として提供されています。これらの関数は、X.509証明書を使った暗号化、復号、署名、および署名検証に対応しています。これらはPHP 4.0.6で追加された関数です。それ以前のバージョンでは使用できません。これらの関数では、OpenSSLのPRNGを使用する必要があります。そして、関数を安全に使うためには、あらかじめPRNGにシードを渡しておくことが必須です。あいにく、PHPそのものには、これを行う方法がありません。これについては、前節でも警告したとおりです。

- bool openssl_pkcs7_encrypt(string infile, string outfile,
  　　　　　　　　　　　　　mixed certs, array headers
  　　　　　　　　　　　　　[, long flags])

　ファイルに入っているデータを暗号化する関数です。第1引数 infile には、暗号化する対象のデータが入っているファイルの名前を指定します。第2引数 outfile には、暗号化された結果が格納されるファイルの名前を指定します。この暗号化では、弱い暗号化方式である40ビットのRC2が使われます。この点はPHPインタフェースにおける制約です。S/MIMEv2では、40ビットのRC2と3DESのどちらもサポートされているのに、残念なことにPHPの実装では、この2つのうちで弱いほうの40ビットRC2に制限されてしまっているのです。暗号化に使う公開鍵は、第3引数 certs に指定した証明書から取得されます。この証明書は配列で指定します。このため、複数の受信者向けに同じメッセージを暗号化する処理にも対応できます。第4引数 headers には、出力ファイルの前に平文で付加されるデータを配列で指定します。この配列は、通常の配列と連想配列のどちらでも指定できます。通常の配列の場合は、配列の各要素が1行のテキストで、それが出力ファイルに付加されます。連想配列の場合は、キーと値をコロンおよびスペースでつなげたものが1行のテキストとなります。第5引数 flags はオプションの引数で、暗号化プロセスを制御することができます。この引数に指定する定数はビットマスクであり、必要に応じて複数の定数を指定することも可能です。表9.3に、指定できる定数をまとめます。
　この関数の戻り値は、処理が成功した場合は true です。暗号化のプロセスでエラーが発生した場合、戻り値は false となり、openssl_error_string 関数を使ってエラー情報を取得する必要があります。処理に成功した場合、暗号化されたデータは第2引数で指定したファイルに格納されます。このプロセスには、出力ファイルへの書き込みアクセス権が必要です。指定したファイルが存在しない場合は、ファイルが作成されます。一方、すでに存在するファイルを指定した場合、この関数の出力が書き込まれる前にそのファイルは切り詰められます。

▼ 表9.3 openssl_pkcs7_encrypt関数、openssl_pkcs7_sign関数、およびopenssl_pkcs7_verify関数で指定できるフラグ

定数	説明
PKCS7_TEXT	暗号化または署名の際には、Content-type: text/plainヘッダが出力に付加される。署名を検証する際には、Content-typeヘッダは取り除かれる
PKCS7_BINARY	S/MIMEの仕様では、行末を単なる改行（LF）から復帰改行（CR+LF）に変換するよう定められているが、暗号化または署名の際にその変換を行わないようにする
PKCS7_NOINTERN	署名を検証する際に、関数により生成された証明書のみを使用し、組み込まれている証明書は信頼されていないものと見なす
PKCS7_NOVERIFY	署名済みメッセージの署名者の証明書を検証しない
PKCS7_NOCHAIN	署名者の証明書の検証の連鎖を行わない。署名済みメッセージに含まれる証明書は無視する
PKCS7_NOCERTS	メッセージに署名するときに、署名者の証明書を出力に含めなくする
PKCS7_NOATTR	メッセージに署名するときに、署名時刻などの属性を出力に含めなくする
PKCS7_DETACHED	メッセージに署名するとき何もフラグを指定しなかった場合のデフォルト。MIMEタイプmultipart/signedが使われるようになる。メールの中継ホストによっては、このオプションがオフで署名されているメッセージを処理できないものがあるため、オンにしておくほうが望ましい
PKCS7_NOSIGS	メッセージの署名を検証しない

- `bool openssl_pkcs7_decrypt(string infile, string outfile, mixed certificate, mixed key)`

ファイルに入っている暗号化されたメッセージを復号する関数です。第1引数infileには、復号する対象のメッセージが入っているファイルの名前を指定します。第2引数outfileには、復号結果の平文が格納されるファイルの名前を指定します。復号には40ビットのRC2が使われます。第3引数certificateには、使用する証明書を指定します。第4引数keyには、証明書に対応する秘密鍵を指定します。

この関数の戻り値は、処理が成功した場合はtrueです。エラーが発生したときの戻り値はfalseです。この場合は、openssl_error_string関数を使ってエラー情報を取得する必要があります。このプロセスには、出力ファイルへの書き込みアクセス権が必要です。指定したファイルが存在しない場合は作成されます。指定したファイルがすでに存在する場合は、この関数からの出力が書き込まれる前に切り詰められます。

- `bool openssl_pkcs7_sign(string infile, string outfile, mixed certificate, mixed key, array headers[, long flags [,string extra_certificates]])`

ファイルに入っているメッセージに署名する関数です。第1引数infileには、

署名する対象のメッセージが入っているファイルの名前を指定します。第2引数 outfile には、結果が書き込まれるファイルの名前を指定します。第3引数 certificate で指定した証明書は、出力される結果に含まれます（ただしオプションの flags 引数で PKCS7_NOCERTS を指定している場合を除く）。第4引数 key には、メッセージの署名に使う秘密鍵を指定します。ここには、openssl_get_private 関数で取得した秘密鍵を指定する必要があります。第5引数 headers には、通常の配列または連想配列を指定します。この配列の中身は、出力される署名結果の前に付加されます。通常の配列を指定した場合は、配列の各要素が、それぞれ1行のデータとして出力に付加されます。連想配列を指定した場合は、各キーとそれに対応する値をコロンおよびスペースでつなげたものが、1行で出力に付加されます。第6引数 flags は省略可能で、署名のオプションをビットマスクとして指定します。複数のオプションを同時に指定することもできます。指定できるビットマスクは表9.3と同じ定数です。第7引数 extra_certificates は省略可能な引数で、証明書が入っているファイルの名前を指定できます。この引数を指定した場合は、そのファイルに入っている証明書も署名の結果に含まれます。

この関数の処理が成功すると、第2引数 outfile で指定したファイルに署名されたメッセージが書き込まれ、関数の戻り値は true となります。エラーが発生した場合、戻り値は false となり、openssl_error_string 関数を使ってエラー情報を取得する必要があります。このプロセスには出力ファイルへの書き込みアクセス権が必要です。また、指定したファイルが存在しない場合は作成されます。すでに存在するファイルを指定した場合は、この関数の出力が書き込まれる前に切り詰められます。

- bool openssl_pkcs7_verify(string infile, int flags
  [,string outfile [, array cainfo
  [, string extra_certificates]]])

ファイルの中身に付いている署名を検証するための関数です。第1引数 infile には、検証する対象のファイル名を指定します。第2引数 flags には、検証プロセスを制御するためのオプションをビットマスクで指定します。指定できる定数およびその意味は表9.3のとおりです。第3引数 outfile は省略可能な引数です。ここに NULL 以外を指定する場合は、署名されたメッセージに含まれている証明書の出力先となるファイル名を指定します。第4引数 cainfo も省略可能で、署名の検証に使う信頼されている証明書のリストを指定します。第5引数 extra_certificates も省略可能で、署名の検証に使う信頼されていない証明書がある場合に、その証明書が入っているファイル名を指定します。

検証に使う信頼されている証明書のリストを指定する場合、配列には、ファイル

またはディレクトリ、あるいはその両方を格納しておく必要があります。ここで指定するファイルには、複数の証明書を含めることができます。ディレクトリを指定する場合は、1つの証明書につき1つのファイルという形式で証明書が格納されている必要があります。そして、それら各ファイルの名前は、証明書の所有者のハッシュ値に「.0」という拡張子を付けた名前とします。あるいは、このような形式の名前が付いたシンボリックリンクでも構いません。その場合、それらのリンク先の実際のファイル名は別の形式で構いません。

この関数の戻り値は、署名が有効な場合は true です。署名は無効なものの、ほかにエラーがない場合は、戻り値は false になります。検証のプロセスでエラーが発生した場合、戻り値は-1となり、openssl_error_string 関数を使ってエラー情報を取得する必要があります。出力ファイルを指定する場合は、プロセスにそのファイルへの書き込みアクセス権が必要です。また、指定したファイルが存在しない場合は作成されます。すでに存在するファイルを指定した場合は、この関数の出力が書き込まれる前に切り詰められます。

● Advanced Programming Topics ●

第 10 章

高度なプログラミングトピック

　ここまで、OpenSSL ライブラリの使用方法について、かなりの内容を解説してきました。証明書管理のような作業は、多くの場合、コマンドラインツールで行うのが最も簡単です。それ以外の処理、例えば SSL による通信などでは、API についての知識が必要になります。明言はしてきませんでしたが、どのコマンドラインツールでも、OpenSSL API のさまざまな部分を利用しています。このことは、ここまでの説明で理解していただけたはずです。これらの API のなかには、本書でまだ詳しく解説していないものも含まれています。

　本章で取り上げるのは、OpenSSL を使用したプログラミングに関連する、一部の高度なトピックについてです。例えば、コマンドラインツールでの使用についてのみ解説した機能を、プログラムで利用するためのインタフェースについて説明します。また、設定ファイルを実行時に読み込むためのインタフェースについても解説します。その上で、本章で解説する細かな知識を活用し、OpenSSL でさまざまな処理を実現する方法について掘り下げていきます。例えば、S/MIME を使用した安全な電子メールシステムの構築、一般的な Web ブラウザへの証明書のインポート、よりプリミティブな暗号技術に関連した関数を利用するため、証明書内部にある公開鍵の構成要素にアクセスする方法などです。

10.1 オブジェクトスタック

　OpenSSL には、型付きオブジェクトのスタックを操作するためのマクロが数多く用意されています。スタックに対し、API そのものにより実行できる処理はごくわずか

しかありませんが、これらのマクロを使うことで、スタック内のオブジェクトの型が変換されてしまうのを防止することができます（型安全 (type safe)）。例えば、X509 オブジェクトのスタックがあるとして、そのスタックにオブジェクトを追加するのに汎用の push メソッドしか使えないとしたら、X509 オブジェクトでないものをうっかりスタックに入れてしまうのを防ぐ手立てがありません。この問題を回避するために、OpenSSL には、汎用性のある関数の上位で動作する、特定の型専用のマクロが用意されています。スタックを扱うときには、汎用性のある関数ではなく、常に該当する型専用のマクロを使うようにすべきです。どの型を使う場合でも、実際の操作方法は同じなので、すべてまとめて見ていくことにします。例 10.1 を見てください。

▼ 例 10.1　スタック操作関数（一般化した表記）
```
STACK_OF(TYPE) * sk_TYPE_new_null(void);
void sk_TYPE_free(STACK_OF(TYPE) *st);
void sk_TYPE_pop_free(STACK_OF(TYPE) *st, void (*free_func)(TYPE *));
void sk_TYPE_zero(STACK_OF(TYPE) *st);
STACK_OF(TYPE) * sk_TYPE_dup(STACK_OF(TYPE) *st);

int sk_TYPE_push(STACK_OF(TYPE) *st, TYPE *val);
TYPE * sk_TYPE_pop(STACK_OF(TYPE) *st);
int sk_TYPE_unshift(STACK_OF(TYPE) *st, TYPE *val);
TYPE * sk_TYPE_shift(STACK_OF(TYPE) *st);
int sk_TYPE_num(STACK_OF(TYPE) *st);
TYPE * sk_TYPE_value(STACK_OF(TYPE) *st, int i);
TYPE * sk_TYPE_set(STACK_OF(TYPE) *st, int i, TYPE *val);
TYPE * sk_TYPE_delete(STACK_OF(TYPE) *st, int i);
TYPE * sk_TYPE_delete_ptr(STACK_OF(TYPE) *st, TYPE *ptr);
int sk_TYPE_insert(STACK_OF(TYPE) *st, TYPE *val, int i);
```

例 10.1 は、OpenSSL の一部のスタック関数のプロトタイプを、一般的な形で表記したものです。スタックの型の実装には、STACK_OF というマクロが使われています。スタックは opaque 型です。アプリケーションでメンバの取得や設定を直接行わないようにしましょう。例 10.1 の宣言例の TYPE の部分を具体的なオブジェクト型に置き換えると、その型の実際のスタック操作関数のプロトタイプになります。

例 10.1 に示した「関数」は、OpenSSL API のほかの数多くのメンバと同様に、マクロを使って実装されています。したがって、当然ながら、関数ポインタを使った操作は不可能です。通常、アプリケーションからは、これらのマクロを直接使うようにしましょう。将来のバージョンでは、その背後の実装に変更が加わる可能性があるからです。

スタックに対する操作の内容は、それぞれの関数名から明らかだと思います。ここでは簡単に説明しておきます。sk_TYPE_new_null 関数は、空のスタックを作成するだけの関数です。sk_TYPE_free 関数は、スタックを解放する関数です。解放されるのはスタックのみで、その中に含まれているオブジェクトは解放されません。スタックとそ

の中身をすべて解放するには、`sk_TYPE_pop_free`関数を使います。この関数をきちんと機能させるためには、その型の free メソッドへの関数ポインタを渡す必要があります。また、`sk_TYPE_zero`関数はスタックを空にする関数、`sk_TYPE_dup`関数はスタックオブジェクトをコピーする関数です。操作にかかわる関数は以上です。

スタックの実装については、当然、push と pop を行うための一般的な関数も備わっています。すなわち、`sk_TYPE_push`関数と`sk_TYPE_pop`関数です。そのほか、あまり見る機会も少ないですが、`sk_TYPE_unshift`関数と`sk_TYPE_shift`関数があります。前者はスタックの最下部に要素を追加する関数、後者はスタックの最下部から要素を取り出す関数です。これら4つの関数のうち、要素を追加する関数である`sk_TYPE_push`関数および`sk_TYPE_unshift`関数の戻り値は、スタックに含まれる要素の総数です。残りの2つの関数の戻り値は、スタックから取り出した要素です。

最後に、スタックの実装上必要ですが、あまり典型的ではない関数からなるマクロを紹介します。これらは、上記に掲載した一般的な関数に対し、付加的な機能を提供するものです。`sk_TYPE_num`関数は、スタックに含まれている要素の総数を返す関数です。`sk_TYPE_value`関数は、スタックの中身を変えずに、スタックの最下部を0とするインデックスを指定して要素を取り出す関数です。`sk_TYPE_set`関数は、スタック内に要素を明示的に設定する関数です。何番目の位置にどの要素を設定するかは、引数で指定します。`sk_TYPE_delete`関数と`sk_TYPE_delete_ptr`関数は、スタック内の1つの要素を削除する関数です。削除する要素は、前者ではインデックス、後者ではポインタにより指定します。また、要素が削除されたスタックは、空いた領域が埋まるようにシフトされます。`sk_TYPE_insert`関数は、要素をスタックに挿入する関数です。どの要素をスタックのどの位置に追加するかは、引数で指定します。指定した位置にそれまであった要素と、それより上のすべての要素は、1つずつ位置が繰り上がります。

本章で詳しく説明するにつれてわかると思いますが、スタックを適切に処理することは、いくつかのデータ構造を設定する上できわめて重要です。このシンプルなインタフェースのうち、実際に使うのは、おそらく一部だけでしょう。しかし、より複雑な作業を行うための道具は手に入れたことになります。

10.2 設定ファイル

第3章で、まず設定ファイルにパラメータを記述してから、それをもとにCAを作成するという方法について解説しました。アルゴリズムの指定や所有者名のフィールドのデフォルト値など、このファイルに設定した値に従って処理を進めさせるためには、コマンドラインツールを使いました。OpenSSLのAPIにも、設定ファイルの値を処理および利用するための一連の関数が用意されています。設定ファイルそのものは、キーと値を対応付けただけの単純な構造です。一般に、キーは文字列で、値は整数または文字

列のいずれかです。ただし、内部的には、すべての値が文字列として保持されています。

　設定ファイル用のインタフェースの意義は、ファイルの形式とそれを処理するコードとの直接的な結び付きをなくすことにあります。これは、NCONFオブジェクトにより実現されます。NCONFオブジェクトを作成するときには、CONF_METHOD構造体を指定します。これは、低レベルなファイル解析処理を実行するルーチンを集約した構造体です。OpenSSLでは、CONF_METHODオブジェクトの取得にはNCONF_default関数を使うのが最も一般的です。この関数は、第2章で解説した形式のファイルを読み込みます。ベースとなるCONF_METHODを指定するという方式には、柔軟性があります。このため、将来のバージョンのOpenSSLでは、XMLなど新しい形式の設定ファイルの読み込みにも対応できるようにNCONFインタフェースが拡張されるかもしれません。

　設定ファイル用のインタフェースは単純で、含まれる関数はわずかしかありません。そこで、実際に具体例を見ていくことにしましょう。例10.2に、設定ファイルの例を示します。

▼ 例10.2　設定ファイルの例 (testconf.cnf)
```
# The config file
GlobalVar = foo
GlobalNum = 12

[Params]
SectionName = mySection

[mySection]
myVar = bar
myNum = 7
```

　例10.3は、この設定ファイルを読み込むテストプログラムです。

▼ 例10.3　設定ファイルを読み込むためのコード
```c
#include <stdio.h>
#include <stdlib.h>
#include <openssl/conf.h>

void handle_error(const char *file, int lineno, const char *msg)
{
    fprintf(stderr, "** %s:%i %s\n", file, lineno, msg);
    ERR_print_errors_fp(stderr);
    exit(-1);
}
#define int_error(msg)   handle_error(__FILE__, __LINE__, msg)

#define GLOB_VAR  "GlobalVar"
#define GLOB_NUM  "GlobalNum"
#define PARAMS    "Params"
#define SEC_NAME  "SectionName"

#define CONFFILE  "testconf.cnf"

int main(int argc, char *argv[])
{
```

```c
        int             i;
        long            i_val, err = 0;
        char            *key, *s_val;
        STACK_OF(CONF_VALUE) *sec;
        CONF_VALUE      *item;
        CONF            *conf;

        conf = NCONF_new(NCONF_default());
        if (!NCONF_load(conf, CONFFILE, &err))
        {
            if (err == 0)
                int_error("Error opening configuration file");
            else
            {
                fprintf(stderr, "Error in %s on line %li\n", CONFFILE, err);
                int_error("Errors parsing configuration file");
            }
        }
        if (!(s_val = NCONF_get_string(conf, NULL, GLOB_VAR)))
        {
            fprintf(stderr, "Error finding \"%s\" in [%s]\n", GLOB_VAR, NULL);
            int_error("Error finding string");
        }
        printf("Sec: %s, Key: %s, Val: %s\n", NULL, GLOB_VAR, s_val);
#if (OPENSSL_VERSION_NUMBER > 0x00907000L)
        if (!(err = NCONF_get_number_e(conf, NULL, GLOB_NUM, &i_val)))
        {
            fprintf(stderr, "Error finding \"%s\" in [%s]\n", GLOB_NUM, NULL);
            int_error("Error finding number");
        }
#else
        if (!(s_val = NCONF_get_string(conf, NULL, GLOB_NUM)))
        {
            fprintf(stderr, "Error finding \"%s\" in [%s]\n", GLOB_VAR, NULL);
            int_error("Error finding number");
        }
        i_val = atoi(s_val);
#endif
        printf("Sec: %s, Key: %s, Val: %i\n", NULL, GLOB_VAR, i_val);
        if (!(key = NCONF_get_string(conf, PARAMS, SEC_NAME)))
        {
            fprintf(stderr, "Error finding \"%s\" in [%s]\n", SEC_NAME, PARAMS);
            int_error("Error finding string");
        }
        printf("Sec: %s, Key: %s, Val: %s\n", PARAMS, SEC_NAME, key);
        if (!(sec = NCONF_get_section(conf, key)))
        {
            fprintf(stderr, "Error finding [%s]\n", key);
            int_error("Error finding string");
        }
        for (i = 0;  i < sk_CONF_VALUE_num(sec);  i++)
        {
            item = sk_CONF_VALUE_value(sec, i);
            printf("Sec: %s, Key: %s, Val: %s\n",
                    item->section, item->name, item->value);
        }

        NCONF_free(conf);
        return 0;
}
```

このサンプルプログラムでは、NCONF_default 関数を使って新しい CONF オブジェクトを作成し、NCONF_load 関数を使って設定ファイルを読み込んでいます。なお、設定ファイルを読み込むために用意されている関数は、これ以外にもあります。NCONF_load_fp 関数および NCONF_load_bio 関数は、開いている FILE オブジェクトや BIO オブジェクトから設定ファイルを読み込むための関数です。このサンプルプログラムでは、設定ファイルの値を検索して取り出すのに、次に示す3種類の関数を使用しています。最初に使用しているのは NCONF_get_string 関数です。この関数は、引数で渡したセクションおよびキーに対応する値を文字列で返します。指定したセクションまたはキーが未定義の場合は、戻り値は NULL です。このサンプルプログラムでは、#define を使って、セクションおよびキーの文字列を扱いやすくしています。

```
char *NCONF_get_string(const CONF *conf, const char *section,
                       const char *key);
int NCONF_get_number_e(const CONF *conf, const char *section,
                       const char *key, long *result);
STACK_OF(CONF_VALUE) *NCONF_get_section(const CONF *conf,
                                        const char *section);
```

サンプルプログラムで注目すべき点の1つは、NCONF_get_number_e 関数を使用する部分を取り囲んでいる、プリプロセッサの条件分岐です。0.9.7 より以前のバージョンの OpenSSL には、NCONF_get_number という、NCONF_get_string 関数と同じ3つの引数を取って、戻り値を文字列ではなく整数で返す関数があります。この NCONF_get_number 関数は使用しないようにしましょう。エラーチェックに対処できないからです。設定ファイルから整数値を読み込む方法としては、値を文字列として取得し、戻り値が NULL かどうかによりエラーをチェックした上で、自分で文字列を整数値に変換するという方法が適切です。もちろん、NCONF_get_number_e 関数が使えるなら、それを使えば安全です。この関数は、取得した値を最後の引数に設定し、処理が成功の場合は0以外の戻り値を返します。

> NCONF_get_number 関数は、バージョン 0.9.7 で実装し直されて、NCONF_get_number_e 関数の単なるマクロになる可能性もあります。その場合は、呼び出し側のアプリケーションで、このインタフェース変更に対応するような修正が必要です。この変更の可能性を考えると、NCONF_get_number_e を使うのが最も安全です。

このサンプルで最後に使っている NCONF 関数は、NCONF_get_section です。この関数は、指定したセクションに含まれているすべての設定パラメータのスタックを返し

ます。このサンプルプログラムでは、スタックの要素数分だけ繰り返し処理を行い、その中に含まれているすべてのペアを表示しています。このコードでは、CONF_VALUE 構造体のメンバに直接アクセスしています。この構造体の宣言を例 10.4 に示します。

▼例 10.4　CONF_VALUE 構造体の宣言
```
typedef struct
{
    char *section;
    char *name;
    char *value;
} CONF_VALUE;
```

NCONF インタフェースを使うと、独自のカスタマイズを施したアプリケーション固有の設定ファイルを利用する仕組みを、簡単に手っ取り早く用意することができます。このインタフェースには、ほかにも利用価値があります。例えば、コマンドラインツールと共通の設定ファイルが使えるような、独自の CA アプリケーションを構築することができます。

10.3　X.509

証明書については、前章までで詳しく述べてきました。コマンドラインツールを使って一般的な処理を行う方法については、すべて解説済みです。しかし、こういった処理をプログラムで行う方法については触れてきませんでした。この方法を知ることは、絶対に必要なわけではありません。一般的な CA に似た機能を実装するアプリケーションでない限り、プログラムでこういった処理が必要になることはないからです。しかし、その種のアプリケーションを実装する場合には役立つ知識です。

ここでは、X.509 に対する一連の操作をプログラムで行ういくつかの処理について解説します。順を追って解説するために、まずは、証明書要求を適切に生成する方法について見ていくことにします。また、要求そのものに対する一般的な処理についてもいくつか見ていきます。要求の生成方法の解説が済んだら、証明書要求から証明書を作成するための関数について述べていきます。そして最後に、証明書チェーンを検証する方法について解説します。SSL 接続における証明書チェーンの検証については、すでに解説しましたが、ここでは X509 オブジェクトを扱う場合の検証に的を絞って述べます。

証明書要求の生成

すでに解説したように、X.509 証明書とは、公開鍵をパッケージ化して、その証明書の所有者および発行者に関する情報とひとまとめにしたものです。したがって、証明書

要求を作成するためには、まず、その証明書のもとになる公開鍵および秘密鍵の対を生成する必要があります。ここでは、すでに鍵の対は生成済みと仮定して話を進めます（鍵の対の生成の詳細については第8章を参照）。

OpenSSLでは、X.509証明書要求を、X509_REQというオブジェクトで表します。第3章で述べたように、証明書要求の主たる構成要素は、鍵の対のうちの公開鍵のほうです。また、所有者名を表すsubjectNameフィールドや、そのほかの追加的なX.509属性も含まれています。実際には、X.509属性については、要求で指定しなくてもよいオプションのパラメータです。所有者名のほうは、必ず指定する必要があります。以降で解説するように、証明書の作成はそれほど難しい処理ではありません。

所有者名

具体例に入る前に、APIを使った所有者名の処理について、背景知識をもう少し説明しておく必要があります。オブジェクト型のX509_NAMEは、証明書の名前を表します。これについて、もう少し詳しく見ていきましょう。証明書要求には所有者名しか含まれないのに対し、完全な証明書には、所有者名と発行者名が含まれます。名前フィールドの目的は、所有者（subject）がサーバ、人、企業などのいずれであっても、所有者を完全に識別することです。そのため、名前フィールドは、国名、組織名、共通名をはじめとするさまざまなエントリから構成されています。前にも述べたように、名前の各フィールドは、キーと値の対と考えることができます。キーはフィールドの名前、値はその内容です。

理論上、1つの名前の中にはフィールドがいくつあっても構いません。そのうち、実際に使用されるであろうフィールドは、いくつかの標準的なものだけです。フィールドは、OpenSSLの内部では、NIDと呼ばれる整数値により識別されます。これまでに説明した内容は、すべて、所有者名を組み立てる段階になるとすぐに関係してきます。

前述のように、証明書の名前を表すのはX509_NAMEオブジェクトです。このオブジェクトの実態は、X509_NAME_ENTRYオブジェクトを集めたものです。各X509_NAME_ENTRYオブジェクトは、それぞれ、1つのフィールドおよびそれに対応する値を表しています。したがって、アプリケーション内では、証明書要求の名前に含めるそれぞれのフィールドについて、X509_NAME_ENTRYオブジェクトを生成する必要があります。

X509_NAME_ENTRYオブジェクトを生成する手順は簡単です。まず、作成する必要があるフィールドのNIDを検索します。そして、そのNIDを使ってX509_NAME_ENTRYオブジェクトを生成し、データを追加します。このX509_NAME_ENTRYオブジェクトをX509_NAMEに追加します。必要なフィールドをすべて追加するまで、以上の手順を繰り返します。X509_NAMEオブジェクトの組み立てが完了したら、それをX509_REQオブジェクトに追加できます。

OpenSSLには、X509_NAMEオブジェクトおよびX509_NAME_ENTRYオブジェクトを扱うための関数が数多く用意されており、それらを使うことで、さまざまな異なる手法で所有者名の組み立てを行うことができます。例えば、X509_NAME_add_entry_by_txt関数を呼び出すと、NIDを検索してエントリを作成し、それらをX509_NAMEオブジェクトへ追加する、という処理が自動的に行われます。この後のサンプルでは、あらかじめ用意されている出来合いの処理の使用例を示すのではなく、処理を明示的に実装していくことにします。

X.509v3の拡張領域

X.509v3の証明書における拡張領域については、すでに別の章で解説しました。具体的には、第5章で、subjectAltName拡張領域はSSLで非常に有用であると説明しました。この拡張領域には、dNSNameという名前のフィールドが含まれており、証明書を持つ主体のFQDNがその中に保持されます。証明書要求については、要求をCAに送って証明してもらう前に、この拡張領域を含めておく必要があります。プログラムでも、この一連の処理を記述します。

X509_EXTENSION型のオブジェクトは、X509オブジェクトの1つの拡張領域を表すオブジェクトです。要求に拡張領域を追加する手順では、必要な拡張領域すべてをSTACK_OF(X509_EXTENSION)オブジェクトに含めます。これで作業は完了です。

以上を組み合わせた処理

以上で、証明書要求を作成する方法の説明がすべて完了しました。すなわち、X509_REQオブジェクトを生成し、所有者名および公開鍵を追加して、さらに所望の拡張領域を追加します。そして、秘密鍵を使って要求に署名します。公開鍵および秘密鍵の指定には、汎用性のあるEVP_PKEY型およびそれに対応する関数を使います。この手順でいくぶん混乱するのが、要求に対する署名の部分です。

OpenSSLでは、EVP_MDオブジェクトを使ってメッセージダイジェストアルゴリズムを指定します。RSA鍵とDSA鍵のどちらを使って署名するかに応じて、異なるEVP_MDオブジェクトを指定する必要があります。しかし、署名する時点では、使用する公開鍵アルゴリズムは不明です。汎用のEVP_PKEYオブジェクトのインタフェースを使わなくてはならないからです。EVP_PKEYオブジェクトの内部を探ってアルゴリズムを割り出すこともできますが、あまりすっきりした方法ではありません。構造体のメンバに直接アクセスする必要があるからです。しかし、この問題を解決する方法はほかにありません。この後で示す例では、EVP_PKEY_type関数にEVP_PKEY型のメンバを渡してアルゴリズムを判別する、という方法を用いています。

以上で、背景となる理論の解説は終了です。要求を実際に作成する準備は整いました。例10.5に、そのコードを示します。

▼ 例 10.5 証明書要求を生成するプログラム

```c
#include <stdio.h>
#include <stdlib.h>
#include <openssl/x509.h>
#include <openssl/x509v3.h>
#include <openssl/err.h>
#include <openssl/pem.h>

void handle_error(const char *file, int lineno, const char *msg)
{
    fprintf(stderr, "** %s:%i %s\n", file, lineno, msg);
    ERR_print_errors_fp(stderr);
    exit(-1);
}
#define int_error(msg)  handle_error(__FILE__, __LINE__, msg)

#define PKEY_FILE    "privkey.pem"
#define REQ_FILE     "newreq.pem"
#define ENTRY_COUNT 6

struct entry
{
    char *key;
    char *value;
};

struct entry entries[ENTRY_COUNT] =
{
    { "countryName",             "US"                   },
    { "stateOrProvinceName",     "VA"                   },
    { "localityName",            "Fairfax"              },
    { "organizationName",        "Zork.org"             },
    { "organizationalUnitName",  "Server Division"      },
    { "commonName",              "Server 36, Engineering"  },
};

int main(int argc, char *argv[])
{
    int       i;
    X509_REQ  *req;
    X509_NAME *subj;
    EVP_PKEY  *pkey;
    EVP_MD    *digest;
    FILE      *fp;

    OpenSSL_add_all_algorithms();
    ERR_load_crypto_strings();
    seed_prng();

    /* まず秘密鍵を読み取る */
    if (!(fp = fopen(PKEY_FILE, "r")))
        int_error("Error reading private key file");
    if (!(pkey = PEM_read_PrivateKey(fp, NULL, NULL, "secret")))
        int_error("Error reading private key in file");
    fclose(fp);

    /* 新規の要求を作成し、鍵を付け加える */
    if (!(req = X509_REQ_new()))
        int_error("Failed to create X509_REQ object");
    X509_REQ_set_pubkey(req, pkey);
```

```c
    /* subjectNameを割り当てる */
    if (!(subj = X509_NAME_new()))
        int_error("Failed to create X509_NAME object");

    for (i = 0;  i < ENTRY_COUNT;  i++)
    {
        int             nid;
        X509_NAME_ENTRY *ent;

        if ((nid = OBJ_txt2nid(entries[i].key)) == NID_undef)
        {
            fprintf(stderr, "Error finding NID for %s\n", entries[i].key);
            int_error("Error on lookup");
        }
        if (!(ent = X509_NAME_ENTRY_create_by_NID(NULL, nid, MBSTRING_ASC,
                                                  entries[i].value, -1)))
            int_error("Error creating Name entry from NID");
        if (X509_NAME_add_entry(subj, ent, -1, 0) != 1)
            int_error("Error adding entry to Name");
    }
    if (X509_REQ_set_subject_name(req, subj) != 1)
        int_error("Error adding subject to request");
    /* 必要なFQDNを含める拡張領域を追加する */
    {
        X509_EXTENSION          *ext;
        STACK_OF(X509_EXTENSION) *extlist;
        char                    *name = "subjectAltName";
        char                    *value = "DNS:splat.zork.org";

        extlist = sk_X509_EXTENSION_new_null();

        if (!(ext = X509V3_EXT_conf(NULL, NULL, name, value)))
            int_error("Error creating subjectAltName extension");

        sk_X509_EXTENSION_push(extlist, ext);

        if (!X509_REQ_add_extensions(req, extlist))
            int_error("Error adding subjectAltName to the request");
        sk_X509_EXTENSION_pop_free(extlist, X509_EXTENSION_free);
    }

    /* 適切なダイジェストを取り、要求に署名する */
    if (EVP_PKEY_type(pkey->type) == EVP_PKEY_DSA)
        digest = EVP_dss1();
    else if (EVP_PKEY_type(pkey->type) == EVP_PKEY_RSA)
        digest = EVP_sha1();
    else
        int_error("Error checking public key for a valid digest");
    if (!(X509_REQ_sign(req, pkey, digest)))
        int_error("Error signing request");

    /* 完成した要求を書き込む */
    if (!(fp = fopen(REQ_FILE, "w")))
        int_error("Error writing to request file");
    if (PEM_write_X509_REQ(fp, req) != 1)
        int_error("Error while writing request");
    fclose(fp);

    EVP_PKEY_free(pkey);
    X509_REQ_free(req);
    return 0;
}
```

このコードでは、まず、適切な PEM 関数を使って秘密鍵を読み込んでいます。すでに説明したように、公開鍵は秘密鍵に含まれる情報の部分集合なので、読み込む必要があるのは秘密鍵だけです。次に、X509_REQ_set_pubkey 関数を使って、秘密鍵の公開鍵部分を要求に追加しています。

```
int OBJ_txt2nid(const char *field);
X509_NAME_ENTRY *X509_NAME_ENTRY_create_by_NID(X509_NAME_ENTRY
        **ne, int nid, int type, unsigned char *value, int len);
int X509_NAME_add_entry(X509_NAME *name, X509_NAME_ENTRY
                        *ne, int loc, int set);
```

次に、フィールドおよび値が格納されているグローバル（に宣言された）配列をループで読み込み、所有者名に追加します。OBJ_txt2nid 関数は、組み込まれているフィールド定義の検索を実行して、NID 値を整数で返す関数です。NID を取得したら、X509_NAME_ENTRY_create_by_NID 関数を使って、X509_NAME_ENTRY オブジェクトを適切に生成します。この関数の第 3 引数では、文字の符号化方式を指定する必要があります。一般に使われるのは、ASCII を表す MBSTRING_ASC と、UTF8 形式を表す MBSTRING_UTF8 です。この関数の最後の引数には、設定しているフィールド値の長さを指定します。この引数を -1 にすると、指定したデータは C の形式の NULL 終端文字列として解釈され、データ内の NULL の位置をもとにデータ長が判断されます。ループ内で最後に呼び出しているのが X509_NAME_add_entry 関数です。この呼び出しにより、所有者名にエントリが追加されます。第 3 引数によって、どの位置にセットするかを指定します。X.509_NAME の実体は、X509_NAME_ENTRY オブジェクトのスタックです。したがって、名前に含まれる各フィールドには順序があります。第 3 引数に -1 を指定すると、すでに X509_NAME に含まれている全フィールドの末尾に新しいフィールドが追加されます。代わりに X509_NAME_entry_count 関数の戻り値を渡してもよいのですが、-1 を指定すればフィールドが確実に末尾に追加されるので安心です。X509_NAME_add_entry 関数の第 4 引数では、第 3 引数で指定した位置にすでに格納されている項目をどう扱うかを指定します。例えば、すでに X509_NAME オブジェクトに 3 つのフィールドが含まれている状態で、X509_NAME_add_entry 関数の第 3 引数に 1、第 4 引数に 0 を指定した場合は、2 番目のフィールドが新しいデータに置き換わります。第 4 引数に -1 を指定した場合は、新しいデータは既存のデータの後ろに挿入されます。また、1 を指定した場合は、既存のデータの前に挿入されます。

所有者名の組み立てが完了したら、それを証明書要求に追加します。次に、subjectAltName の拡張領域を組み立てて追加します。これは X509V3_EXT_conf 関数を使って簡単に実行できます。

```
X509_EXTENSION *X509V3_EXT_conf(LHASH *conf, X509V3_CTX *ctx, char
                                *name, char *value);
int X509_REQ_add_extensions(X509_REQ *req, STACK_OF(X509_EXTENSION)
                            *exts);
```

　X509V3_EXT_conf 関数の第1引数と第2引数は、ここで作成しようとしている単純な拡張領域では重要でありません。この関数の戻り値は、エラーが発生した場合は NULL、そのほかの場合は作成されたオブジェクトです。この関数については、後ほど証明書の作成について解説する際に詳しく取り上げます。X509_EXTENSION オブジェクトを作成したら、それをスタックに追加します。そして、X509_REQ_add_extensions 関数を使って、そのスタックを証明書要求に追加しています。この関数の戻り値は、処理成功の場合は1です。

　次に、鍵の種類をチェックして、X509_REQ_sign 関数に渡すべき適切な EVP_MD オブジェクトを判別します。このチェックでは、EVP_PKEY_type 関数を使って EVP_PKEY オブジェクトのメンバを変換し、判別可能な形に変える必要があります。そして、鍵が RSA の場合は EVP_sha1 を使用します。鍵が DSA の場合は EVP_dss1 を使用します。いずれの場合も、署名のプロセス自体で使用されるアルゴリズムは SHA1 です

　このサンプルでは、フィールド名と値に関する情報をハードコーディングしていますが、すでに解説したような設定ファイルを解析する手法を使えば、それらの情報を OpenSSL の設定ファイルから読み込むようにプログラムを拡張することも難なくできます。そうすれば、コマンドラインツールと同じ設定ファイルをプログラムからも使用できるようになります。

証明書の作成

　証明書を作成するには、証明書要求、CA の証明書、CA の秘密鍵（CA の証明書に対応するもの）、の3つが必要だということはすでに述べました。しかし、これらの要素をコマンドラインツールに渡せば証明書が得られる、という以上のことはあまり説明していません。この処理をプログラムで実行するには、いくつかの手順を踏む必要があります。大きく分けると、基本的には次の4段階の手順になります。

1. 証明書要求を検証し、その内容（この例では subjectName および subjectAltName）をチェックして、そのデータが正しいということを示す（自 CA による）証明書を作成することに異存がないかどうか判断する
2. 新しい証明書を作成し、必要なフィールド（公開鍵、所有者名、発行者名、有効期限など）をすべて設定する

3. 要求された`subjectAltName`を含めて、証明書に適用される拡張領域を追加する
4. CAの秘密鍵で証明書に署名する

ひょっとすると、最も重要なのは手順1かもしれません。まず、証明書要求が有効だということをチェックします。これにより、署名を受けた後で要求が改竄されていないことを確認できます。さらに重要なのは、要求に含まれているデータを本当に証明したいかどうか判断する必要があるということです。すでに述べたように、要求に署名して証明書を作成するというのは、そのCAが要求者の本人性を検証した、という意味になります。この結果、本人性の確認の責任はアプリケーションに委ねられることになり、ひいてはそのアプリケーションのユーザに委ねられることになります。提出された証明書要求を鵜呑みにして署名するのは、あまり名案ではありません。例えば、攻撃者がほかのユーザの識別情報を使って証明書要求を作成し、「正規」の手順を踏んで提出してきた場合に、不正な権限がその攻撃者に自動的に与えられることになってしまいます。このため、アプリケーションは、要求に含まれている情報すべてをユーザに提示し、正しいものと思えるかどうかを判断してもらう必要があります。その判断ができるのはユーザ当人しかいないからです。例えば、要求の`dNSName`に設定されているFQDNが、その要求の送信元が実際に持つ正しいFQDNであることを、どうにかして検証しなければなりません。証明書要求に含まれるもう1つの情報は、いかなる部分も変更してはなりません。言い換えると、要求の中にCAが承認できない部分があった場合、その不適切な部分だけを変更するのではなく、要求全体を拒否するようにすべきです。

2番目の手順では、証明書を作成し、その属性をすべて割り当てます。これらは、一般に、新しい証明書に使用するCA標準のパラメータによって決まります。例えば、証明書のバージョンのデフォルトや有効期限のデフォルトはCAが決める必要があります。新しい証明書には、標準の設定に加えて、所有者名および発行者名も割り当てる必要があります。証明書の所有者名には、証明書要求の所有者名をそのまま使用するようにします。この名前が有効であることは、手順1で確認済みです。また、発行者名には、CAの証明書の所有者名を使用します。最後に、証明書要求に含まれている公開鍵を証明書に追加する必要があります。

証明書をプログラム中で作成する際、非常に重要な手順の1つが、証明書拡張の追加です。これを行うのが手順3です。第3章で述べたように、使用する証明書は、X.509v3がほぼ標準になっています。このため、関連するv3フィールドを追加する必要があります。この処理をきちんと行うために、証明書に追加する必要があるのはどの拡張領域かを判断することが重要です。例えば、CAの役割を認める権限を証明書に持たせるかどうかを判断しなければなりません。この後の例では、OpenSSLのコマンドラインアプリケーションのデフォルトの拡張領域を単純に使い、追加された`subjectAltName`を保存します。

証明書作成の最後の手順は、CAの秘密鍵による署名です。署名をすることにより、その時点までに証明書に格納したデータは、一切変更できなくなります。したがって、この手順は最後に行う必要があります。例10.6に、本節で解説したすべての処理を実行するサンプルプログラムを示します。

▼ 例10.6　証明書要求とCAのクレデンシャルから証明書を作成するコード

```c
#include <stdio.h>
#include <stdlib.h>
#include <openssl/x509.h>
#include <openssl/x509v3.h>
#include <openssl/err.h>
#include <openssl/pem.h>

void handle_error(const char *file, int lineno, const char *msg)
{
    fprintf(stderr, "** %s:%i %s\n", file, lineno, msg);
    ERR_print_errors_fp(stderr);
    exit(-1);
}
#define int_error(msg)  handle_error(__FILE__, __LINE__, msg)

/* 例を簡単にするための定義 */
#define CA_FILE           "CA.pem"
#define CA_KEY            "CAkey.pem"
#define REQ_FILE          "newreq.pem"
#define CERT_FILE         "newcert.pem"
#define DAYS_TILL_EXPIRE 365
#define EXPIRE_SECS (60*60*24*DAYS_TILL_EXPIRE)

#define EXT_COUNT 5

struct entry
{
    char *key;
    char *value;
};

struct entry ext_ent[EXT_COUNT] =
{
    { "basicConstraints",    "CA:FALSE" },
    { "nsComment",           "\"OpenSSL Generated Certificate\"" },
    { "subjectKeyIdentifier", "hash" },
    { "authorityKeyIdentifier", "keyid,issuer:always" },
    { "keyUsage",            "nonrepudiation,digitalSignature,keyEncipherment" }
};

int main(int argc, char *argv[])
{
    int            i, subjAltName_pos;
    long           serial = 1;
    EVP_PKEY       *pkey, *CApkey;
    const EVP_MD   *digest;
    X509           *cert, *CAcert;
    X509_REQ       *req;
    X509_NAME      *name;
    X509V3_CTX     ctx;
    X509_EXTENSION *subjAltName;
```

```c
STACK_OF(X509_EXTENSION) *req_exts;
FILE                     *fp;
BIO                      *out;

OpenSSL_add_all_algorithms();
ERR_load_crypto_strings();
seed_prng();

/* 標準入力を開く */
if (!(out = BIO_new_fp(stdout, BIO_NOCLOSE)))
    int_error("Error creating stdout BIO");

/* 要求を読み込む */
if (!(fp = fopen(REQ_FILE, "r")))
    int_error("Error reading request file");
if (!(req = PEM_read_X509_REQ(fp, NULL, NULL, NULL)))
    int_error("Error reading request in file");
fclose(fp);

/* 要求に含まれている署名を検証する */
if (!(pkey = X509_REQ_get_pubkey(req)))
    int_error("Error getting public key from request");
if (X509_REQ_verify(req, pkey) != 1)
    int_error("Error verifying signature on certificate");

/* CA証明書を読み込む */
if (!(fp = fopen(CA_FILE, "r")))
    int_error("Error reading CA certificate file");
if (!(CAcert = PEM_read_X509(fp, NULL, NULL, NULL)))
    int_error("Error reading CA certificate in file");
fclose(fp);

/* CAの秘密鍵を読み込む */
if (!(fp = fopen(CA_KEY, "r")))
    int_error("Error reading CA private key file");
if (!(CApkey = PEM_read_PrivateKey(fp, NULL, NULL, "password")))
    int_error("Error reading CA private key in file");
fclose(fp);

/* subjectNameとsubjectAltNameを書き出す */
if (!(name = X509_REQ_get_subject_name(req)))
    int_error("Error getting subject name from request");
X509_NAME_print(out, name, 0);
fputc('\n', stdout);
if (!(req_exts = X509_REQ_get_extensions(req)))
    int_error("Error getting the request's extensions");
subjAltName_pos = X509v3_get_ext_by_NID(req_exts,
                            OBJ_sn2nid("subjectAltName"), -1);
subjAltName = X509v3_get_ext(req_exts, subjAltName_pos);
X509V3_EXT_print(out, subjAltName, 0, 0);
fputc('\n', stdout);

/* ここで、処理を続けるかどうか確認を求めるべき */

/* 新しい証明書を作成する */
if (!(cert = X509_new()))
    int_error("Error creating X509 object");

/* 証明書のバージョン(X509v3)と識別番号を設定 */
if (X509_set_version(cert, 2L) != 1)
```

```c
        int_error("Error settin certificate version");
    ASN1_INTEGER_set(X509_get_serialNumber(cert), serial++);

    /* 要求とCAから、証明書の発行者名と所有者名を設定 */
    if (!(name = X509_REQ_get_subject_name(req)))
        int_error("Error getting subject name from request");
    if (X509_set_subject_name(cert, name) != 1)
        int_error("Error setting subject name of certificate");
    if (!(name = X509_get_subject_name(CAcert)))
        int_error("Error getting subject name from CA certificate");
    if (X509_set_issuer_name(cert, name) != 1)
        int_error("Error setting issuer name of certificate");

    /* 証明書に公開鍵を設定 */
    if (X509_set_pubkey(cert, pkey) != 1)
        int_error("Error setting public key of the certificate");

    /* 証明書の有効期間を設定 */
    if (!(X509_gmtime_adj(X509_get_notBefore(cert), 0)))
        int_error("Error setting beginning time of the certificate");
    if (!(X509_gmtime_adj(X509_get_notAfter(cert), EXPIRE_SECS)))
        int_error("Error setting ending time of the certificate");

    /* X.509v3 の拡張領域を設定 */
    X509V3_set_ctx(&ctx, CAcert, cert, NULL, NULL, 0);
    for (i = 0;  i < EXT_COUNT;  i++)
    {
        X509_EXTENSION *ext;

        if (!(ext = X509V3_EXT_conf(NULL, &ctx,
                                    ext_ent[i].key, ext_ent[i].value)))
        {
            fprintf(stderr, "Error on \"%s = %s\"\n",
                    ext_ent[i].key, ext_ent[i].value);
            int_error("Error creating X509 extension object");
        }
        if (!X509_add_ext(cert, ext, -1))
        {
            fprintf(stderr, "Error on \"%s = %s\"\n",
                    ext_ent[i].key, ext_ent[i].value);
            int_error("Error adding X509 extension to certificate");
        }
        X509_EXTENSION_free(ext);
    }

    /* 要求の subjectAltName を証明書に設定 */
    if (!X509_add_ext(cert, subjAltName, -1))
        int_error("Error adding subjectAltName to certificate");

    /* CAの秘密鍵を使って証明書に署名 */
    if (EVP_PKEY_type(CApkey->type) == EVP_PKEY_DSA)
        digest = EVP_dss1();
    else if (EVP_PKEY_type(CApkey->type) == EVP_PKEY_RSA)
        digest = EVP_sha1();
    else
        int_error("Error checking CA private key for a valid digest");
    if (!(X509_sign(cert, CApkey, digest)))
        int_error("Error signing certificate");

    /* 証明書を書き出す */
    if (!(fp = fopen(CERT_FILE, "w")))
```

```
            int_error("Error writing to certificate file");
    if (PEM_write_X509(fp, cert) != 1)
            int_error("Error while writing certificate");
    fclose(fp);

    return 0;
}
```

　プログラムの冒頭部分では、証明書要求（ファイル）を読み込み、`X509_REQ_verify`関数を使ってその署名を検証しています。また、`PEM_read_PrivateKey`関数では、例10.5と同様に、パスワードをそのまま指定するという手っ取り早い方法を用いています。実際のアプリケーションを利用する際には、独自の方法でユーザにパスワードを入力してもらうのが一般的です。

　証明書を作成するためのデータをすべて読み込んだら、証明書要求に含まれる重要なデータを出力しています。具体的には、`subjectName`と`subjectAltName`です。`subjectName`は、`X509_REQ_get_subject_name`関数を使って取得し、`X509_NAME_print`関数を使って出力しています。`X509_NAME_print`関数の最後の引数では、フィールドの短縮名とOIDのどちらを出力するかを指定します。0なら短縮名、1ならOIDです。

　一方、`subjectAltName`の取得は、`subjectName`の取得に比べて複雑です。まず、証明書要求に含まれる拡張領域の全スタックを取得する必要があります。次に、そのスタックを`X509v3_get_ext_by_NID`関数に渡し、`subjectAltName`フィールドの位置を表す整数を取得します。そして、その整数を使って`X509v3_get_ext`関数を呼び出すことで、`X509_EXTENSION`オブジェクト自体を取得することができます。このオブジェクトを、`X509V3_EXT_print`関数で出力しています。この関数の第3引数は、`X509_NAME_print`関数の最後の引数と同じです。また、第4引数は、データの出力前にインデントとして付加する空白の数を指定します。これらのきわめて重要な情報を出力した後で、CAの管理者（ユーザ）に対する問い合わせを行い、このデータが正しいかどうか、偽装によるものではないかどうかを判断してもらうようにしましょう。

　それが済んだら、空の証明書を新規作成して、そのバージョンを設定します。バージョン番号は1から始まるのに対し、その内部表現では0から始まります。このため、`X509_set_version`関数に2を指定すると、実際にはX.509のバージョン3という意味になります。また、証明書には、シリアル番号（CAが署名時に割り当てる番号）も付与する必要があります。これには、ASN.1系の関数を単純に使用しています[1]。

　証明書への署名をアプリケーションで実行する際には、シリアル番号を管理して一意な番号を割り当てるという作業を、そのアプリケーションが責任を持って行う必要があります。所有者名および発行者名の設定は、先ほど説明したように行います。これ

---

[1]　ASN.1（Abstract Syntax Notation 1）はデータ構造を表現するための言語です。本書の目的としては、そういう理解で十分です。ASN.1についての詳細な解説は、本書の範疇から外れます。

らの名前を設定したら、次に、X509_set_pubkey 関数を使って、要求から取得した公開鍵を証明書に割り当てます。また、証明書の有効期限の設定を、notBefore 属性および notAfter 属性を使って行います。具体的には、X509_gmtime_adj 関数を使用して、X509_get_notBefore 関数で取得した開始時刻に 0 を設定しています。これにより、現在の日時が有効期限の開始時刻に設定されます。notAfter パラメータも同様に設定し、証明書の有効期間の秒数を指定しています。

その後で、初登場の関数である X509V3_set_ctx を使用して、証明書に拡張領域を追加するためのコンテキストを準備しています。

```
void X509V3_set_ctx(X509V3_CTX *ctx, X509 *issuer, X509 *subject,
                    X509_REQ *req, X509_CRL *crl, int flags);
```

これは汎用性のある関数です。2つの引数で NULL を指定しているのは、X509_REQ オブジェクトや X509_CRL オブジェクトに拡張領域を追加する必要がないからです。さらに、フラグも必要ないため、最後の引数には 0 を指定しています。この X509V3_CTX オブジェクトを X509V3_EXT_conf 関数に渡すことで、複雑な拡張領域の追加を準備することになります。例えば、subjectKeyIdentifier 拡張領域は証明書のデータの一部のハッシュとして計算し、その証明書への定型的なアクセスは X509V3_CTX オブジェクトによって提供されます (コンテキストへの証明書の追加は先ほど済んでいます)。

次に、拡張領域データの配列をループして、拡張領域の作成および証明書への追加を行っています。証明書要求に拡張領域を追加するときとは違って、X509 オブジェクトに追加する前にまずスタックに拡張領域を追加する、という段取りは不要です。すでに述べたように、このプログラムで追加する拡張領域は、OpenSSL のコマンドラインユーティリティのデフォルトです。ループを抜けたら、先ほど要求から取り出した subjectAltName 拡張領域を追加しています。

作成した証明書を保存する前に行うべき最後の作業が、署名です。これはきわめて重要です。署名されていない証明書は、本質的に用をなさないからです。署名を実行するのは X509_sign 関数です。例 10.5 と同様に、秘密鍵の種類を判別して、ハッシュアルゴリズムとして使用する EVP_MD オブジェクトをきちんと判断する必要があります。

以上で、完全かつ有効な証明書の完成です。これは大きな一歩です。ここで学んだことにより、最小限の CA を実装するのに十分な知識が得られたことになります。しかし、X.509 を使ったプログラミングの話題は、これで終わりではありません。解説すべき重要な話題がもう1つ残っています。すなわち、証明書の検証です。

X.509 証明書検証

第5章で、SSL サーバの証明書検証について広範に渡って解説しました。ここで

は、実際に証明書の検証作業を処理している、SSLのすぐ下の層について解説します。すなわち、CRLや、証明書の階層内のほかの証明書に照らした証明書の検証などを、OpenSSLのSSL機能がどのように実行するかについて説明します。この処理では、X.509パッケージの関数を使う必要があります。ここで解説する内容の大部分は、SSLプロトコルの実装に任せることができる処理です。とはいえ、あらかじめ実行しておくべき設定もいくつかあります。特に、検証プロセスでCRLを使用したい場合（ほとんどの場合はそうでしょう）には、それなりの設定が必要になります。

証明書チェーンの検証をプログラムで実行する方法が理解できれば、通常はあまり意識しない証明書を検証する処理の実際について、有用かつ深い認識を得ることができます。また、SSLプロトコルを使用しない場合に、証明書の検証を自ら実行するための情報も得ることができます。検証プロセスの詳しい話に入る前に、まずは、その処理に関係するいくつかのオブジェクトの役割について理解していきましょう。

一般に、証明書の検証は、ほかの証明書の要素、つまりCAの証明書およびCRLに照らしてのみ遂行可能です。OpenSSLでは、その目的のために、X509_STOREオブジェクト型を使います。これは、証明書およびCRLの集合を表すオブジェクト型です。さらに、実際の検証の際に使用するデータを保持するために、X509_STORE_CTX型を使用します。この2つのオブジェクト型の違いは重要です。証明書検証のコードは、これまでに登場したほかのOpenSSLパッケージに比べて、コンテキストとオブジェクトの関係が少々いびつに感じられるかもしれないからです。証明書検証では、X509_STOREオブジェクトをまず作成し、利用できる証明書およびCRLの情報をすべて格納します。そして、通信相手の証明書を検証する段階になったら、そのオブジェクトを使ってX509_STORE_CTXオブジェクトを作成し、実際の検証そのものを行います。

X509_STOREおよびX509_STORE_CTXに加えて、X509_LOOKUP_METHODオブジェクトも重要です。この型のオブジェクトは、証明書やCRLを見つけるための一般的なメソッドを表します。例えば、X509_LOOKUP_file関数の戻り値はX509_LOOKUP_METHOD型で、単一のファイル内から証明書関連のオブジェクトを見つけるためのメソッドを返します。また、X509_LOOKUP_hash_dir関数の戻り値もX509_LOOKUP_METHOD型で、適切に設定されたCAディレクトリ内からオブジェクトを見つけるためのメソッドを返します。X509_LOOKUP_METHODオブジェクトは、X509_LOOKUPオブジェクトを作成する上で重要です。X509_LOOKUPオブジェクトは、その背後にあるメソッドを使ってアクセスできる証明書を集めたものです。例えば、証明書ディレクトリがある場合には、X509_STOREオブジェクトと、X509_LOOKUP_hash_dir関数の戻り値から、X509_LOOKUPオブジェクトを作成できます。そして、このX509_LOOKUPオブジェクトをディレクトリに割り当てれば、このオブジェクトが取りまとめる証明書およびCRLすべてに対して、X509_STOREオブジェクトからアクセスできます。

以上をまとめると、次のようになります。まず、X509_LOOKUP_METHODオブジェクトをもとにX509_LOOKUPオブジェクトが作成されます。そして、そのX509_LOOKUPオブ

ジェクトの集まりを X509_STORE オブジェクトが保持します。これにより、X509_STORE は、証明書および CRL データへアクセスできます。そして、その X509_STORE を使って X509_STORE_CTX オブジェクトを作成し、検証処理を実行することができます。

これらのオブジェクトの関係が把握できたところで、通信相手の証明書を検証するコードの一般的な形式を見てみましょう。ただし、証明書を正しく検証する上では、このほかにも重要な点がいくつかあります。これらの点については、まだ解説していませんが、例10.7 をじっくりと見てもらえばわかるはずです。例10.7 に、通信相手の証明書の検証プロセス全体を示したサンプルプログラムを示します。

▼ 例10.7　クライアントの証明書の検証

```c
#include <stdio.h>
#include <stdlib.h>
#include <openssl/x509_vfy.h>
#include <openssl/err.h>
#include <openssl/pem.h>

void handle_error(const char *file, int lineno, const char *msg)
{
    fprintf(stderr, "** %s:%i %s\n", file, lineno, msg);
    ERR_print_errors_fp(stderr);
    exit(-1);
}
#define int_error(msg)  handle_error(__FILE__, __LINE__, msg)

/* 例を簡単にするための定義 */
#define CA_FILE     "CAfile.pem"
#define CA_DIR      "/etc/ssl"
#define CRL_FILE    "CRLfile.pem"
#define CLIENT_CERT "cert.pem"

int verify_callback(int ok, X509_STORE_CTX *stor)
{
    if(!ok)
        fprintf(stderr, "Error: %s\n",
                X509_verify_cert_error_string(stor->error));
    return ok;
}

int main(int argc, char *argv[])
{
    X509            *cert;
    X509_STORE      *store;
    X509_LOOKUP     *lookup;
    X509_STORE_CTX  *verify_ctx;
    FILE            *fp;

    OpenSSL_add_all_algorithms();
    ERR_load_crypto_strings();
    seed_prng();

    /* クライアントの証明書を読み込む */
    if (!(fp = fopen(CLIENT_CERT, "r")))
        int_error("Error reading client certificate file");
    if (!(cert = PEM_read_X509(fp, NULL, NULL, NULL)))
        int_error("Error reading client certificate in file");
```

```c
        fclose(fp);

        /* 証明書の格納先を作成し、検証を行うコールバック関数を設定 */
        if (!(store = X509_STORE_new()))
            int_error("Error creating X509_STORE_CTX object");
        X509_STORE_set_verify_cb_func(store, verify_callback);

        /* CA証明書とCRLを読み込む */
        if (X509_STORE_load_locations(store, CA_FILE, CA_DIR) != 1)
            int_error("Error loading the CA file or directory");
        if (X509_STORE_set_default_paths(store) != 1)
            int_error("Error loading the system-wide CA certificates");
        if (!(lookup = X509_STORE_add_lookup(store, X509_LOOKUP_file())))
            int_error("Error creating X509_LOOKUP object");
        if (X509_load_crl_file(lookup, CRL_FILE, X509_FILETYPE_PEM) != 1)
            int_error("Error reading the CRL file");

        /* CRLを用いた検証は、以前のバージョンでは利用できない */
#if (OPENSSL_VERSION_NUMBER > 0x00907000L)
        /* CRLが利用できることを示すフラグを格納先に設定 */
        X509_STORE_set_flags(store,X509_V_FLAG_CRL_CHECK |
                                   X509_V_FLAG_CRL_CHECK_ALL);
#endif

        /* 検証のコンテキストを生成し、初期化 */
        if (!(verify_ctx = X509_STORE_CTX_new()))
            int_error("Error creating X509_STORE_CTX object");
        /* X509_STORE_CTX_initは、以前のバージョンではエラー状態を返さない */
#if (OPENSSL_VERSION_NUMBER > 0x00907000L)
        if (X509_STORE_CTX_init(verify_ctx, store, cert, NULL) != 1)
            int_error("Error initializing verification context");
#else
        X509_STORE_CTX_init(verify_ctx, store, cert, NULL);
#endif

        /* 証明書を検証 */
        if (X509_verify_cert(verify_ctx) != 1)
            int_error("Error verifying the certificate");
        else
            printf("Certificate verified correctly!\n");

        return 0;
    }
```

　通信相手の証明書を読み込んだら、証明書の適切な格納先を作成します。また、検証用のコールバック関数も割り当てます。このコールバックの形式と役割は、第5章で解説したSSLコネクションの検証用コールバックと同じです。

　続く2つの関数も、どこかで見覚えがあるはずです。よく似たSSL_CTXオブジェクト用の関数をすでに解説しています。動作もまったく同じです。ただし、CRLファイルの読み込みには、本節の最初で解説したメソッドを使います。X509_STORE_add_lookup関数に対しては、X509_LOOKUP_file関数で取得した適切な探索メソッドを渡すことにより、必要なX509_LOOKUPオブジェクトが生成されます。こうして生成された探索オブジェクトは、すでに格納先に追加済みです。その次に必要なのは、読み込み元のファイルを探索オブジェクトに割り当てることだけです。これには、X509_load_crl_file

関数を使います。実際には、X509_STORE_load_locations 関数の呼び出しをやめて、代わりに探索オブジェクトを使う方法が取れないこともありません。例えば、関数を呼び出している if 文を、次のように書き換えることも可能です。

```
if (!(lookup = X509_STORE_add_lookup(store, X509_LOOKUP_file())))
    fprintf(stderr, "Error creating X509_LOOKUP object\n");
if (X509_LOOKUP_load_file(lookup, CA_FILE, X509_FILETYPE_PEM) != 1)
    fprintf(stderr, "Error reading the CA file\n");
if (!(lookup = X509_STORE_add_lookup(store, X509_LOOKUP_hash_dir())))
    fprintf(stderr, "Error creating X509_LOOKUP object\n");
if (X509_LOOKUP_add_dir(lookup, CA_DIR, X509_FILETYPE_PEM) != 1)
    fprintf(stderr, "Error reading the CRL file\n");
```

このコードの書き方は、前述の考え方にそのまま基づいたものです。すなわち、探索オブジェクトを作成し、それを適切な場所に割り当てています。この形式のコードは、格納先を特定の方法で読み込みたいようなアプリケーション（例えば、CA ファイルがいくつかあり、そのそれぞれに複数の証明書が含まれている可能性があるようなアプリケーション）で利用することができます。

　証明書格納先のフラグを設定することは、非常に重要です。格納先のフラグを設定しておくと、その格納先から生成された格納先コンテキストに対し、フラグが自動的にコピーされます。したがって、X509_V_FLAG_CRL_CHECK フラグの設定は、クライアントの証明書が失効していないかチェックせよ、とコンテキストに指示することを意味します。このフラグを指定することでチェックされるのは、証明書チェーンの末尾である、本人性を示す証明書そのものだけです。証明書チェーン全体はチェックされません。チェーン全体をチェックするには、X509_V_FLAG_CRL_CHECK_ALL も指定する必要があります。なお、コードのコメントにも書いたように、この機能は OpenSSL の 0.9.7 以前のバージョンでは利用できません。

　格納先の設定は、フラグの設定が済めば完了です。次に、証明書そのものの検証プロセスに入ります。これは、かなり単純なプロセスです。X509_STORE_CTX オブジェクトを生成して初期化したら、検証を実行する関数を呼び出してその結果を判断する、という流れです。ここで、参考までに初期化関数について詳しく説明しておきます。

```
int X509_STORE_CTX_init(X509_STORE_CTX *ctx, X509_STORE *store,
                        X509 *x509, STACK_OF(X509) *chain);
```

　関数の最後の引数は、検証する対象の通信相手の証明書チェーン全体を渡すものです。この引数はオプションですが、ほとんどの場合には指定が必要です。検証を行う側は、本人性を示す証明書を含む、証明書全体の完全なリストを持っていない可能性もあるからです。第 5 章で取り上げた SSL アプリケーションの例のように、ある CA が別の CA に証明書を発行する場合には、この可能性が多分にあります。通信相手の証明書

チェーン全体を渡せば、チェーン全体を検証することができ、有効な発行者の証明書が見つからないという原因によるエラーを減らすことができます。ただし、当然のことながら、アプリケーションによってはその方法が適切でない場合もあります。具体的には、直接署名されている承認済みのクライアントのみを認めたいアプリケーションです。この場合は、最後の引数は NULL のままにしておく必要があります。0.9.7 より以前のバージョンでは、この関数は整数のエラーコードを返しません。

main 関数の末尾では、X509_verify_cert 関数の戻り値をチェックして、検証が成功したかどうかを判断できます。容易に想像できるとおり、この関数の実行時にはコールバック関数が呼び出されます。このコールバックは、格納先オブジェクトから格納先コンテキストに引き渡されたものです。

10.4 PKCS#7 と S/MIME

PKCS#7 は、暗号技術に関連した標準的なデータ形式を定めているものです。多くの標準と同様に、この形式を使うことによって、既存のアプリケーションおよび将来のアプリケーションとの間で一定の相互運用性を保証できます。PKCS#7 の標準は、暗号技術に関する処理の実行について定めたほかの PKCS 標準がもとにされています。なお、PKCS#7 が定めているのはデータ形式のみであり、特定のアルゴリズムの選択については定めていないという点に留意してください。

PKCS#7 の最も重要な特徴は、S/MIME（Secure Multipurpose Internet Mail Extensions）の基盤になっているという点でしょう。S/MIME は、電子メールを安全に送信するための仕様です。PKCS#7 と、通常の MIME 標準の上に位置し、電子メールメッセージの機密性、完全性、真正性、および否認防止を実現できます。

S/MIME を用いて、メッセージに対し、署名、検証、暗号化、および復号を行うことができます。これは、電子メールアプリケーションを開発するときにはきわめて有用です。また、テキストベースでデータをやり取りするプログラム（例えばインスタントメッセージの実装）でも利用することができます。この後で解説するように、OpenSSL の PKCS#7 パッケージおよび S/MIME パッケージを利用してプログラミングを行う際には、ほかのさまざまなパッケージについての知識も必要になります。

ありがちな誤解は、PKCS#7 と S/MIME が同じものを指すという認識です。実際にはそうではありません。S/MIME は、PKCS#7 データ形式の一種を規定しているにすぎません。OpenSSL で実装されている S/MIME 標準を使うと、S/MIME に対応するほかのアプリケーションとの間で安全にやり取りを行うアプリケーションを作成できます。データ形式が標準化されているからです。ただし、OpenSSL での PKCS#7 および S/MIME のサポートは、限定的なものです。この点には十分注意してください。サポートされているのは、S/MIMEv2 と PKCS#7 v1.5 だけです。

署名と検証

　署名と検証の考え方については、これまで本書を読み進めてきて、だいぶ慣れてきたことと思います。メッセージへの署名には、送信者の秘密鍵と署名対象のメッセージが必要です。また、検証処理では、送信者の公開鍵と署名されたメッセージが必要です。S/MIMEでは、その実装がかなり単純化されています。

　処理のプロセスは、呼び出し側のアプリケーションからは中身が見えないブラックボックスとなっています。PKCS7_signという1つの関数に必要な情報をすべて渡すだけで、PKCS7オブジェクトが得られます。そうしたら、SMIME_write_PKCS7関数を使って、S/MIMEで処理されたメッセージを出力できます。検証についても同様で、SMIME_read_PKCS7関数を使ってPKCS7オブジェクトを取得した上で、PKCS_verify関数を使って検証を実行します。

　PKCS#7とS/MIMEの一連の関数を実際に呼び出す処理そのものは単純ですが、これらの関数の引数すべてについて、いくつかの重要な設定を行わなければなりません。この後で示す例10.8のコードでは、そうした重要な設定に焦点を当てています。話を先へ進める前に、まずは前述の4つの関数について、もっと詳しく見ておくことにしましょう。

```
PKCS7 *PKCS7_sign(X509 *signcert, EVP_PKEY *pkey, STACK_OF
            (X509) *certs, BIO *data, int flags);
```

　この関数の第1引数には、メッセージの署名に使う証明書を指定します。第2引数には、その証明書に対応する秘密鍵を指定します。第3引数では、ほかの証明書をS/MIMEメッセージに追加することができます。これは、証明書チェーンが長い場合に、受信者側の検証プロセスを手助けするのに有用です。第4引数には、メッセージの読み込み元のBIOオブジェクトを指定します。第5引数flagsでは、結果として受け取るPKCS7オブジェクトの属性を設定できます。ここに指定できる値については、本節の最後で解説します。

```
int SMIME_write_PKCS7(BIO *bio, PKCS7 *p7, BIO *data, int flags);
```

　SMIME_write_PKCS7関数は、PKCS7オブジェクトをS/MIME符号化して出力する関数です。第1引数には、データの書き込み先となるBIOオブジェクトを指定します。第2引数には、処理対象のPKCS7オブジェクトを指定します。第3引数は、再びBIOオブジェクトです。ここには、PKCS7_sign関数を呼び出すときに使用したのと同じオブジェクトを指定します。これにより、署名が書き込まれる前に、メッセージデータの残りを読み込んで署名することができます。第4引数は、PKCS7_sign関数と同じ種類の

フラグです。詳しくは後述します。

検証のプロセスは、署名プロセスの逆となります。まずPKCS7オブジェクトを読み込んでから、PKCS7_verify関数を呼び出すという手順です。

```
PKCS7 *SMIME_read_PKCS7(BIO *bio, BIO **bcont);
```

S/MIME符号化されたPKCS7オブジェクトを、BIOから読み込む関数です。第1引数には、読み込み元のBIOオブジェクトを指定します。第2引数は、BIOオブジェクトへのポインタです。このBIOオブジェクトは、呼び出し元に対し、PKCS7オブジェクトに含まれるデータを読み込むために開かれるものです。この引数で受け取ったBIOは、検証プロセスにおいて重要な役目を担います。

```
int PKCS7_verify(PKCS7 *p7, STACK_OF(X509) *certs, X509_STORE
                 *store, BIO *indata, BIO *out, int flags);
```

PKCS7オブジェクトを検証するための関数です。第1引数には、検証する対象のPKCS7オブジェクトを指定します。第2引数には、署名の検証に使用できる証明書チェーンを指定します。これらの証明書の有効性は、第3引数で指定したX509_STOREオブジェクトに照らしてチェックされます。このX509_STOREオブジェクトは、S/MIMEメッセージの検証に取りかかる前に、完全に設定されていなければなりません。設定は、例10.7で示したのとまったく同様に行います。第4引数で指定するBIOオブジェクトは、SMIME_read_PKCS7関数から受け取ったのと同じものです。PKCS7_verify関数は、このBIOオブジェクトから読み込んだデータを処理して、その結果得られた元のメッセージを第5引数のBIOオブジェクトに書き込んでいきます。第6引数のフラグについては後述します。

それでは、これまでに学んだOpenSSLのさまざまな型のオブジェクトの処理についての知識と、今ここで学んだPKCS#7およびS/MIMEの知識を活用して、テキストメッセージの署名および検証を行うユーティリティプログラム（例10.8）を細かく見てみましょう。

▼例10.8　署名と検証を行うユーティリティ
```c
#include <stdio.h>
#include <stdlib.h>
#include <openssl/crypto.h>
#include <openssl/err.h>
#include <openssl/pem.h>
#include <openssl/rand.h>

/*
```

```
 * main 関数の前に記述されているコードは、すべて X509_STORE の設定
 */

/* 例を簡単にするための定義 */
#define CA_FILE  "CAfile.pem"
#define CA_DIR   "/etc/ssl"
#define CRL_FILE "CRLfile.pem"

int verify_callback(int ok, X509_STORE_CTX *stor)
{
    if (!ok)
        fprintf(stderr, "Error: %s\n",
                X509_verify_cert_error_string(stor->error));
    return ok;
}

X509_STORE *create_store(void)
{
    X509_STORE  *store;
    X509_LOOKUP *lookup;

    /* 証明書の格納先を作成し、検証用のコールバック関数を設定 */
    if (!(store = X509_STORE_new()))
    {
        fprintf(stderr, "Error creating X509_STORE_CTX object\n");
        goto err;
    }
    X509_STORE_set_verify_cb_func(store, verify_callback);

    /* CA 証明書と CRL を読み込む */
    if (X509_STORE_load_locations(store, CA_FILE, CA_DIR) != 1)
    {
        fprintf(stderr, "Error loading the CA file or directory\n");
        goto err;
    }

    if (X509_STORE_set_default_paths(store) != 1)
    {
        fprintf(stderr, "Error loading the system-wide CA certificates\n");
        goto err;
    }
    if (!(lookup = X509_STORE_add_lookup(store, X509_LOOKUP_file())))
    {
        fprintf(stderr, "Error creating X509_LOOKUP object\n");
        goto err;
    }
    if (X509_load_crl_file(lookup, CRL_FILE, X509_FILETYPE_PEM) != 1)
    {
        fprintf(stderr, "Error reading the CRL file\n");
        goto err;
    }

    /* CRL を利用するように格納先のフラグを設定 */
    X509_STORE_set_flags(store, X509_V_FLAG_CRL_CHECK |
                        X509_V_FLAG_CRL_CHECK_ALL);

    return store;
err:
    return NULL;
}
```

```c
int main(int argc, char *argv[])
{
    int             sign;
    X509            *cert;
    EVP_PKEY        *pkey;
    STACK_OF(X509)  *chain = NULL;
    X509_STORE      *store;
    PKCS7           *pkcs7;
    FILE            *fp;
    BIO             *in, *out, *pkcs7_bio;

    OpenSSL_add_all_algorithms();
    ERR_load_crypto_strings();
    seed_prng();

    --argc, ++argv;
    if (argc < 2)
    {
        fprintf(stderr, "Usage: sv (sign|verify) [privkey.pem] cert.pem ...\n");
        goto err;
    }
    if (!strcmp(*argv, "sign"))
        sign = 1;
    else if (!strcmp(*argv, "verify"))
        sign = 0;
    else
    {
        fprintf(stderr, "Usage: sv (sign|verify) [privkey.pem] cert.pem ...\n");
        goto err;
    }
    --argc, ++argv;

    /* 標準入力と標準出力のBIOオブジェクトを設定 */
    if (!(in = BIO_new_fp(stdin, BIO_NOCLOSE)) ||
        !(out = BIO_new_fp(stdout, BIO_NOCLOSE)))
    {
        fprintf(stderr, "Error creating BIO objects\n");
        goto err;
    }

    if (sign)
    {
        /* 署名者の秘密鍵を読み込む */
        if (!(fp = fopen(*argv, "r")) ||
            !(pkey = PEM_read_PrivateKey(fp, NULL, NULL, NULL)))
        {
            fprintf(stderr, "Error reading signer private key in %s\n", *argv);
            goto err;
        }
        fclose(fp);
        --argc, ++argv;
    }
    else
    {
        /* 証明書の格納先を作成し、検証用のコールバック関数を設定 */
        if (!(store = create_store()))
            fprintf(stderr, "Error setting up X509_STORE object\n");
    }

    /* 署名者の証明書を読み込む */
    if (!(fp = fopen(*argv, "r")) ||
```

```c
                !(cert = PEM_read_X509(fp, NULL, NULL, NULL)))
        {
            ERR_print_errors_fp(stderr);
            fprintf(stderr, "Error reading signer certificate in %s\n", *argv);
            goto err;
        }
        fclose(fp);
        --argc, ++argv;

        if (argc)
            chain = sk_X509_new_null();
        while (argc)
        {
            X509 *tmp;

            if (!(fp = fopen(*argv, "r")) ||
                !(tmp = PEM_read_X509(fp, NULL, NULL, NULL)))
            {
                fprintf(stderr, "Error reading chain certificate in %s\n", *argv);
                goto err;
            }
            sk_X509_push(chain, tmp);
            fclose(fp);
            --argc, ++argv;
        }

        if (sign)
        {
            if (!(pkcs7 = PKCS7_sign(cert, pkey, chain, in, 0)))
            {
                fprintf(stderr, "Error making the PKCS#7 object\n");
                goto err;
            }
            if (SMIME_write_PKCS7(out, pkcs7, in, 0) != 1)
            {
                fprintf(stderr, "Error writing the S/MIME data\n");
                goto err;
            }
        }
        else /* 検証する */
        {
            if (!(pkcs7 = SMIME_read_PKCS7(in, &pkcs7_bio)))
            {
                fprintf(stderr, "Error reading PKCS#7 object\n");
                goto err;
            }
            if (PKCS7_verify(pkcs7, chain, store, pkcs7_bio, out, 0) != 1)
            {
                fprintf(stderr, "Error writing PKCS#7 object\n");
                goto err;
            }
            else
                fprintf(stdout, "Certifiate and Signature verified!\n");
        }

    return 0;
err:
    return -1;
}
```

このコードで、意外だと感じる部分は、特にないはずです。秘密鍵、証明書、および PKCS#7 オブジェクトを処理するさまざまな手法について、すでに学んだことを応用しています。

このプログラムは、第1引数に「sign」または「verify」のどちらかを指定して起動します。「sign」は署名モード、「verify」は検証モードの意味です。署名モードの場合は、第2引数は秘密鍵、第3引数はそれに対応する証明書とし、残りの引数にはメッセージに追加する証明書チェーンを指定します。検証モードの場合は、第3引数は証明書とし、残りは署名をチェックするための追加的な証明書です。

create_store 関数は、証明書格納先の設定プロセスをまとめたものです。引数で指定されたモードに基づいて適切な数の引数を読み込み、残りすべてを証明書スタックに追加します。最終的に、署名モードの場合は署名の実行および S/MIME メッセージの出力を行い、検証モードの場合は S/MIME メッセージを読み込んで検証された元のメッセージを出力します。

暗号化と復号

暗号化と復号についても、一般的なプロセスはすでに解説済みです。すなわち、暗号化には通信相手の公開鍵が必要で、復号には自分の秘密鍵が必要です。PKCS#7 用のオブジェクトを S/MIME 符号化で読み書きするための関数は、先ほどと同様ですが、PKCS7_encrypt と PKCS7_decrypt という2つの関数が新たに加わります。これらの新しい関数の詳細について掘り下げていく前に、第8章で解説したエンベロープインタフェースについておさらいしておきましょう。エンベロープインタフェースを使うと、ほかのユーザ向けのメッセージを、簡単な関数呼び出しと公開鍵を使って暗号化することができます。しかし、その暗号化の大半は、実際には共通鍵暗号化方式を使って行われます。2つの PKCS#7 用の関数が行うのも、これと同様の処理です。まず、無作為に生成された鍵(セッション鍵)を用意し、それを使ってデータを暗号化します。次に、そのセッション鍵を受信者の公開鍵で暗号化し、メッセージと一緒に取りまとめます。さらに PKCS#7 では、暗号化された単一のメッセージを複数のユーザに送るように拡張することもできます。これは、セッション鍵を各受信者の公開鍵で暗号化し、そのすべてのデータをメッセージと一緒にまとめるという簡単な方法で実現可能です。具体的な方法は、この後の例を見れば理解できるでしょう。

```
PKCS7 *PKCS7_encrypt(STACK_OF(X509) *certs, BIO *in,
                     const EVP_CIPHER *cipher, int flags);
```

第1引数には、受信者の公開鍵の集合を指定します。これらの各公開鍵を使って、メッセージのセッション鍵が個別に暗号化されます。第2引数には、暗号化の対象となる

メッセージの読み込み元の BIO を指定します。第3引数には、使用する共通鍵暗号アルゴリズムを指定します。第4引数はフラグです。詳しくは後述します。

```
int PKCS7_decrypt(PKCS7 *p7, EVP_PKEY *pkey, X509 *cert,
                  BIO *data, int flags);
```

復号関数も暗号化関数と同様に単純です。第1引数には PKCS7 オブジェクトを指定します。これは、SMIME_read_PKCS7 関数の呼び出しで得られるオブジェクトです。第2引数と第3引数は、復号用の秘密鍵と、それに対応する証明書です。第4引数のBIO オブジェクトには、復号されたデータが書き込まれます。第5引数のフラグについては後述します。

署名と検証の場合と同様に、ここでもユーティリティプログラム (例10.9) を実際に見てみることにしましょう。上記の関数を呼び出す前にどのような設定が必要か、はっきりと理解できるでしょう。

▼例 10.9　S/MIME メッセージの暗号化と復号を行うユーティリティ

```
#include <stdio.h>
#include <stdlib.h>
#include <openssl/crypto.h>
#include <openssl/err.h>
#include <openssl/pem.h>
#include <openssl/rand.h>

int main(int argc, char *argv[])
{
    int             encrypt;
    PKCS7           *pkcs7;
    const EVP_CIPHER *cipher;
    STACK_OF(X509)  *certs;
    X509            *cert;
    EVP_PKEY        *pkey;
    FILE            *fp;
    BIO             *pkcs7_bio, *in, *out;

    OpenSSL_add_all_algorithms();
    ERR_load_crypto_strings();
    seed_prng();

    --argc, ++argv;
    if (argc < 2)
    {
        fprintf(stderr, "Usage: ed (encrypt|decrypt) [privkey.pem] cert.pem "
                        "...\n");
        goto err;
    }
    if (!strcmp(*argv, "encrypt"))
        encrypt = 1;
    else if(!strcmp(*argv, "decrypt"))
        encrypt = 0;
```

```c
            else
            {
                fprintf(stderr, "Usage: ed (encrypt|decrypt) [privkey.pem] cert.pem "
                                "...\n");
                goto err;
            }
            --argc, ++argv;

            /* 標準入力と標準出力のBIOオブジェクトを設定 */
            if (!(in = BIO_new_fp(stdin, BIO_NOCLOSE)) ||
                !(out = BIO_new_fp(stdout, BIO_NOCLOSE)))
            {
                fprintf(stderr, "Error creating BIO objects\n");
                goto err;
            }

            if (encrypt)
            {
                /* 暗号化の対象について、暗号を選択して証明書をすべて読み込む */
                cipher = EVP_des_ede3_cbc();
                certs = sk_X509_new_null();

                while (argc)
                {
                    X509 *tmp;

                    if (!(fp = fopen(*argv, "r")) ||
                        !(tmp = PEM_read_X509(fp, NULL, NULL, NULL)))
                    {
                        fprintf(stderr, "Error reading encryption certificate in %s\n",
                                *argv);
                        goto err;
                    }
                    sk_X509_push(certs, tmp);
                    fclose(fp);
                    --argc, ++argv;
                }

                if (!(pkcs7 = PKCS7_encrypt(certs, in, cipher, 0)))
                {
                    ERR_print_errors_fp(stderr);
                    fprintf(stderr, "Error making the PKCS#7 object\n");
                    goto err;
                }
                if (SMIME_write_PKCS7(out, pkcs7, in, 0) != 1)
                {
                    fprintf(stderr, "Error writing the S/MIME data\n");
                    goto err;
                }
            }
            else
            {
                if (!(fp = fopen(*argv, "r")) ||
                    !(pkey = PEM_read_PrivateKey(fp, NULL, NULL, NULL)))
                {
                    fprintf(stderr, "Error reading private key in %s\n", *argv);
                    goto err;
                }
                fclose(fp);
                --argc, ++argv;
                if (!(fp = fopen(*argv, "r")) ||
```

```
            !(cert = PEM_read_X509(fp, NULL, NULL, NULL)))
        {
            fprintf(stderr, "Error reading decryption certificate in %s\n",
                    *argv);
            goto err;
        }
        fclose(fp);
        --argc, ++argv;

        if (argc)
            fprintf(stderr, "Warning: excess parameters specified. "
                            "Ignoring...\n");
        if (!(pkcs7 = SMIME_read_PKCS7(in, &pkcs7_bio)))
        {
            fprintf(stderr, "Error reading PKCS#7 object\n");
            goto err;
        }
        if (PKCS7_decrypt(pkcs7, pkey, cert, out, 0) != 1)
        {
            fprintf(stderr, "Error decrypting PKCS#7 object\n");
            goto err;
        }
    }

    return 0;
err:
    return -1;
}
```

　このプログラムは、例10.8に似ています。第1引数が「encrypt」の場合は暗号化モードで、それ以降のすべての引数には受信者向けの証明書ファイルを指定します。第1引数が「decrypt」の場合は復号モードで、第2引数に秘密鍵のファイル名を指定する必要があります。第3引数には、その秘密鍵に対応する証明書を指定します。それ以降の引数は、指定してもすべて無視され、警告が出力されます。

　このプログラムを細かく見ていくと、先ほどの例と類似する点がいくつかあるのが見てとれます。暗号化の際には、受信者向け証明書のスタックを作成し、そのスタックおよびメッセージを使って PKCS7 オブジェクトを作成し、結果を書き出します。復号の際には、PKCS#7 および S/MIME の処理を行う前に、秘密鍵および証明書を読み込む必要があります。

署名と暗号化を組み合わせた処理

　S/MIME メッセージに対し、しばしば署名と暗号化の両方を行いたい場合があります。よく考えてみると、先ほど作成した2つのユーティリティを使えば、この処理が簡単に実現できることに気が付きます。まず、メッセージに署名した上で受信者向けに暗号化する、という手順を踏みます。次の例で考えてみましょう。適切なルート証明書が CAfile.pem というファイルに、また CRL が CRLfile.pem というファイルに、それぞれ

格納されているとします。また、fooとbarという2人のユーザがいるとします。fooの証明書と秘密鍵は、`foocert.pem`と`fookey.pem`というファイルにそれぞれ格納されています。また、barの証明書と秘密鍵も、同様に`barcert.pem`と`barkey.pem`に格納されています。fooは、次のコマンドを実行すると、bar向けのメッセージを準備することができます。

```
$ cat msg.txt | ./sv sign fookey.pem foocert.pem \
> | ./ed encrypt barcert.pem > msg.smime
```

このコマンドを実行すると、元のメッセージが`msg.txt`ファイルから読み込まれ、まずはfooの秘密鍵で署名されます。その後で、受信者の証明書、つまりbarの証明書に含まれている公開鍵を使って、そのメッセージが暗号化されます。複数の受信者宛てにメッセージを送りたい場合も、コマンドラインに指定する証明書ファイルを増やせば、簡単に対応できます。

S/MIMEメッセージを受け取ったbarは、次のコマンドを実行します。

```
$ cat msg.smime | ./ed decrypt barkey.pem barcert.pem \
> | ./sv verify foocert.pem
```

このコマンドでは、まずbarの秘密鍵を使ってメッセージが復号されます。その後、fooの証明書を使って署名が検証されます。そして、メッセージが出力されます。

もちろん、これは初歩的な例ですが、S/MIMEメッセージをネストする方法について多少のヒントになるでしょう。署名および暗号化されたメッセージを送る方法としては、これが最も簡単です。

PKCS#7のフラグ

ここまで、PKCS#7の関数で使用するフラグについて解説する前に、関数の実際の使用例について見てきました。これにより、PKCS#7とS/MIMEの機能についての理解も深まったはずです。フラグについても、はるかに理解しやすくなっているでしょう。フラグはいずれもビット値で、論理演算子のORを使って複数のフラグを組み合わせることが可能です。なお、これら`PKCS7_...`フラグの別名として、`SMIME_...`というフラグも定義されています。ここでは、特に一般的に使用されるフラグについてのみ解説します。

- **PKCS7_NOINTERN**
  検証プロセスで、署名の検証用としてオブジェクト内に含まれている証明書を使

用しません。つまり、通信相手の証明書をあらかじめ持っていないと、検証は成功しません。

- **PKCS7_NOVERIFY**
  PKCS#7用のオブジェクトを検証するときに、署名者の証明書を検証しません。ただし、署名はチェックされます。
- **PKCS7_NOCERTS**
  署名プロセスで生成するオブジェクトに対して、追加的な証明書を含めません。
- **PKCS7_DETACHED**
  データに署名する際に、生成するオブジェクトに署名者の証明書を含めません。
- **PKCS7_NOSIGS**
  PKCS#7用のオブジェクトの署名を検証しません。

これらのフラグの中には危険なものもあります。セキュリティホールを開けるものもあるからです。これらのフラグを使うのは、テスト目的で動かすアプリケーションや、学術目的のアプリケーションのみに厳しく限定するようにしましょう。

10.5 PKCS#12

　PKCS#12は、ユーザ識別情報を安全に転送するための形式を定めた標準です。転送する情報は、証明書やパスワードから秘密鍵に至るまで、どのような種類のものでも構いません。この標準の目的は、ユーザのクレデンシャルに可搬性を持たせつつ、かつセキュリティも確保するということです。

　PKCS#12の標準では、ハードウェアによるセキュリティトークンを使用するものから、もっと単純なパスワードベースの保護に至るまで、数多くの異なるレベルのセキュリティが考慮に入れられています。そのうち、本章で解説が必要なのはごく一部の機能だけです。本書にとってPKCS#12が重要なのは、数多くのアプリケーション（とりわけ、主要なWebブラウザ）がPKCS#12形式のクレデンシャルを使うという点です。

　例えば、SSL対応のWebサーバを開発する場合には、クライアントの証明書によるユーザ認証に対応させたいものです。PKCS#12を使うことで、OpenSSLを使ってクライアントのクレデンシャルを生成し、そのデータをサードパーティのWebブラウザにインポートできます。これによりWebブラウザは、SSLサーバに証明書を提示して、その結果として適切に認証を受けることができます。この処理を実現する方法を理解する一番のメリットは、相互運用性を得られることにあります。以下では、この処理の実現方法に的を絞って、PKCS#12の解説を進めていきます。

PKCS#12オブジェクトへの情報のラッピング

このプロセスはかなり単純です。必要な関数呼び出しは1つだけです。この関数に指定されたすべてのデータを引数として渡すと、パスワードで保護されたPKCS12オブジェクトが作成されます。こうして作成されたPKCS12オブジェクトを使って、PKCS#12対応のアプリケーションに対して安全にデータを転送することができます。そしてそのアプリケーションでは、データを保護しているパスワードがきちんと指定されれば、データをインポートすることができます。

```
PKCS12 *PKCS12_create(char *pass, char *name, EVP_PKEY *pkey, X509 *cert,
                      STACK_OF(X509) *ca, int nid_key, int nid_cert,
                      int iter, int mac_iter, int keytype);
```

PKCS12_create関数はたくさんの引数を取りますが、大事なのは最初の5つだけです。残りはなくても問題ありません。第1引数には、データの保護に使用するパスワードを指定します。第2引数には、作成するクレデンシャルを識別するための一般名（general name）を指定します。第3引数〜第5引数は、このオブジェクトの根幹となる部分、すなわち、秘密鍵、証明書、証明書チェーンを指定します。

この関数の戻り値は、成功の場合は適切に生成されたPKCS12オブジェクト、エラーの場合はNULLです。この関数をきちんと使うには、すでに学習した知識を活用してデータをプログラムで読み込み、関数を呼び出すだけです。一般に、生成したPKCS12オブジェクトは、ファイルに書き出します。PKCS12オブジェクトをファイルに書き込む形式は、DER形式と規定されています。この書き込みは、i2d_PKCS12_fpにより実行します。

```
int i2d_PKCS12_fp(FILE *fp, PKCS12 *p12);
```

ファイルへの書き込みが完了したら、PKCS#12オブジェクトをサポートするどのアプリケーションでも、そのファイルを使ってクレデンシャルをインポートすることができます。なお、最後に注意しておきたいのは、この手法によるクレデンシャルのエクスポートは、ユーザ/クライアント情報についてのみ行うべきだという点です。行いたい処理がもっと単純な場合（例えばCA証明書をWebブラウザに追加したい場合）には、i2d_X509_fpを使って、1つのX509オブジェクトに書き込むだけにします。

PKCS#12 データからのオブジェクトのインポート

　PKCS#12 に関する最後の話題として、一般的な機能をもう 1 つ取り上げます。すなわち、PKCS#12 を使って、ユーザ識別情報をインポートできるアプリケーションを構築する機能についてです。前述のような理由から、適切な場合にはこの機能をアプリケーションに組み込んでおくのが良い考えです。こちらも、OpenSSL に用意されている単純な関数を 1 つ呼び出すだけで、必要な処理を実現できます。

　まず必要なのが、PKCS#12 ファイルをディスクから読み込む処理です。これを行うのが d2i_PKCS12_fp 関数です。

```
PKCS12 *d2i_PKCS12_fp(FILE *fp, PKCS12 **p12);
```

　第 2 引数に指定するのは NULL で構いません。ファイル中にエラーがなかった場合には、新しく確保されて中身が埋められた PKCS12 オブジェクトが返ってきます。このオブジェクトが得られたら、PKCS12_parse 関数を呼び出して、その中に符号化されている識別情報のオブジェクトすべてを復号できます。

```
int PKCS12_parse(PKCS12 *p12, const char *pass, EVP_PKEY **pkey,
                 X509 **cert, STACK_OF(X509) **ca);
```

　第 2 引数には、ファイルの保護に使われているパスフレーズを指定します。また第 3 〜第 5 引数は、すべて引数名が示すとおりのオブジェクト（すなわち、秘密鍵、証明書、証明書チェーン）へのポインタを返すのに使われます。この関数呼び出しが完了したら、PKCS12 オブジェクトは解放でき、復号されたオブジェクトを普通に使うことができます。

　以上からもわかるように、PKCS#12 は、ユーザのクレデンシャルの読み書きを安全に行うための確固たる基盤であると同時に、ユーザ識別情報にある程度の相互運用性をもたらすものなのです。

● Command-Line Reference ●

付録

コマンドラインリファレンス

　　本付録は、OpenSSLのコマンドラインツールがサポートする全コマンドのリファレンスです。OpenSSLのドキュメントおよびソースコードに含まれている情報をもとに、各コマンドについて完全に網羅したリファレンスとなるよう傾注しました[†1]。

asn1parse

　　asn1parseコマンドは、ASN.1形式のデータを解析する診断ツールです。また、ASN.1形式のデータから中身を取り出すのにも使うことができます。

オプション

- `-inform PEM|DER`
  入力データの形式をDERまたはPEMのいずれかで指定します。デフォルトはPEMです。

- `-in` *filename*
  読み込み元となる入力ファイルの名前を指定します。デフォルトの読み込み元は標準入力です。

[†監訳注1] 日本語版の出版に際して、原書では説明されていないものの、本書監訳時点におけるOpenSSLのドキュメントで説明されているオプションについては、ドキュメントの内容を翻訳した簡単な説明を追加しています。これらのオプションには、右肩に‡を付けています。

-out *filename*
　出力先となるファイルの名前を指定します。デフォルトの出力先は標準出力です。

-noout
　エラーメッセージ以外の出力をすべて省略します。

-offset *number*
　入力データのどこから解析を始めるかを表すバイトオフセットを指定します。

-length *number*
　データを何バイト解析するかを指定します。

-i
　出力をインデントして読みやすくします。

-oid *filename*
　追加的な OID の定義が格納されているファイルの名前を指定します。このファイルの形式の詳細については、この後の「メモ」の節を参照してください。

-strparse *offset*
　指定したバイトオフセットから始まる要素のオクテットを解析します。このオプションは複数指定できます。

-dump
　未知のデータを 16 進表記で表示します。

-dlimit *number*
　未知のデータを最大何バイト表示するかを指定します。デフォルトではすべて表示されます。

-genstr *string*, -genconf *file* [‡]
　これらのオプションにより、文字列やファイル（または両方）に基づいた符号化データ（ASN1_generate_nconf() 関数と同じ形式のもの）を生成します。ファイルだけを指定すると、asn1 という名前のデフォルトセクションから文字列を取得します。符号化データは、ASN.1 のパーザにかけられ、ファイルから直接出力されたかのように出力されるため、出力内容を調べて out オプションでファイルに出力することができます。

メモ

　ASN.1 形式のデータは、複数のオブジェクトから構成されます。これらのオブジェクトのなかには、オブジェクト識別子（OID：Object Identifier）が割り当てられているものもあります。OID とは複数の数値を並べたもので、通常は、それぞれの数値をピリオドで区切って表します。OID は長い数値で構成されているため、そのまま覚えるには

困難です。そのため、OIDには名前が付与されています。OpenSSLでは数多くのOIDを内部的に定義しており、これらを表示する際には名前を使用します。しかし、未知のOIDがあった場合は、このコマンドでの表示は数値形式となります。oidオプションを使うと、OIDの追加的な定義が格納されているファイルの名前を指定できます。すると、このコマンドが処理するデータに該当するものがあった場合に、その名前で表示することができます。

OIDの定義が格納されているファイルの形式は非常に単純です。1つの行が1つのOIDを表し、各行は3つの列で構成されます。1列目はOIDを数値で表したものです。2列目はOIDの短縮名(short name)で、アルファベットの大文字および小文字のみを使った単語一語である必要があります。3列目はOIDの長い名前(long name)で、こちらは複数の単語を使用でき、アルファベット以外の文字も含めることができます。asn1parseコマンドで表示されるのは、この長い名前です。

ca

caコマンドは、CAの基本的な機能を実現するためのものです。このコマンドを用いて、X.509証明書や証明書失効リストを発行することができます。

オプション

- **-config** *filename*

    設定ファイルとして使用するファイルの名前を指定します。省略した場合は、システム全体のデフォルトの設定ファイルが使われます。このオプションの指定は、OPENSSL_CONF環境変数の指定より優先されます。

- **-verbose**

    通常より多くの情報を画面に表示するようにします。

- **-name** *section*

    使用する設定ファイル内で、CAのデフォルト設定が指定されているセクションの名前を指定します。デフォルトでは、設定ファイルのcaセクションのdefault_caキーで指定されているセクションが使われます。

- **-in** *filename*

    CAが署名する対象の証明書要求が格納されているファイルの名前を指定します。その要求をもとに証明書が作成されます。

- **-ss_cert** *filename*

    CAが署名する対象の自己署名証明書が格納されているファイルの名前を指定します。

-spkac *filename*
: Netscape の SPKAC（Signed Public Key and Challenge）形式のデータが格納されているファイルの名前を指定します。

-infiles
: このオプションを指定する場合は、これがコマンドラインの最後のオプションとなるようにしなければなりません。このオプション以降の各引数は、CA が署名する対象の証明書要求が格納されたファイルと見なされ、それら各々について証明書が作成されます。

-out *filename*
: CA が作成した証明書の出力先となるファイルの名前を指定します。デフォルトの出力先は標準出力です。`gencrl` オプションを指定した場合、この `out` オプションで指定したファイルに出力されるのは、生成された証明書失効リストになります。

-outdir *directory*
: 証明書の出力先ディレクトリを指定します。発行された各証明書のファイル名は、証明書のシリアル番号を 16 進数で表したものに「.pem」という拡張子を付けた名前となります。このオプションの指定は、設定ファイルの `new_certs_dir` キーの指定よりも優先されます。

-cert *filename*
: CA の証明書が格納されているファイルの名前を指定します。このオプションの指定は、設定ファイルの `certificate` キーの指定よりも優先されます。

-keyfile *filename*
: CA の秘密鍵が格納されているファイルの名前を指定します。このオプションの指定は、設定ファイルの `private_key` キーの指定よりも優先されます。

-key *password*
: CA の秘密鍵を復号するのに必要なパスワードを指定します。このオプションは、第 2 章で解説したパスワードとパスフレーズの指定方法の規則に従ったものではありません。このオプションは使用しないことをお勧めします。代わりに `passin` オプションを使用するようにしましょう。

-passin *password*
: CA の秘密鍵を復号するのに必要なパスワードまたはパスフレーズを指定します。このオプションは、第 2 章で解説した、パスワードとパスフレーズの指定方法の規則に従って指定します。

-notext
: テキスト形式の証明書を出力ファイルに含めないようにします。

- -startdate *date*

    発行した証明書の有効期間の開始日を指定します。このオプションを省略した場合は、現在のシステム時刻がデフォルトとして使われます。このオプションの指定は、設定ファイルの `default_startdate` キーの指定よりも優先されます。

- -enddate *date*

    発行した証明書の有効期間の終了日を指定します。このオプションを省略した場合は、有効期間の開始日に、days オプションで指定した日数を加えた日付がデフォルトとして使われます。enddate オプションと days オプションを両方指定した場合は、enddate オプションのほうが優先されます。enddate オプションの指定は、設定ファイルの `default_enddate` キーの指定よりも優先されます。

- -days *number*

    発行された証明書が有効な日数を指定します。このオプションの指定は、設定ファイルの `default_days` キーの指定よりも優先されます。

- -md *digest*

    使用するメッセージダイジェストアルゴリズムを指定します。指定できるオプションには MD5、SHA1、MDC2 があり、デフォルトは MD5 です。このオプションの指定は、設定ファイルの `default_md` キーの指定よりも優先されます。

- -policy *section*

    使用している設定ファイル内で、使用するポリシー定義が指定されているセクションの名前を指定します。このオプションの指定は、設定ファイルの `policy` キーの指定よりも優先されます。

- -msie_hack

    このオプションは、非常に古いバージョンの Internet Explorer の証明書登録コントロールである「certenr3」で使える証明書を発行する必要がある場合に指定します。このオプションが絶対に必要だという確信がない限りは使用しないようにしましょう。

- -preserveDN

    発行する証明書に含める識別名の順序および構成要素を、証明書要求に含まれているものと同じにします。通常、このオプションを指定しない場合は、作成される証明書には、CA が使用しているポリシーに含まれる構成要素だけが使われます。

- -batch

    確認のプロンプト表示を省略し、人手の介入なしでコマンドの処理が自動的に進んでいくようにします。

-extensions *section*
: 使用している設定ファイル内で、発行する証明書に追加する拡張が指定されているセクションの名前を指定します。拡張セクションを使用しない場合は、X.509v1 形式の証明書が発行されます。そのほかの場合は、X.509v3 形式の証明書が発行されます。このオプションの指定は、設定ファイルの x509_extensions キーの指定よりも優先されます。

-gencrl
: 証明書失効リストを生成します。

-crldays *number*
: 次の証明書失効リストを生成するまでの日数を指定します。このオプションは、nextUpdate フィールドに入れる日付を計算するのに使われます。このオプションの指定は、設定ファイルの default_crl_days キーの指定よりも優先されます。

-crlhours *number*
: 次の証明書失効リストを生成するまでの時間数を指定します。このオプションは、nextUpdate フィールドを埋めるための日付を計算するのに使われます。このオプションは、crldays オプションと組み合わせて使うことができます。このオプションの指定は、設定ファイルの default_crl_hours キーの指定よりも優先されます。

-revoke *filename*
: 失効する証明書が格納されたファイルの名前を指定します。

-crlexts *section*
: 使用している設定ファイル内で、発行する証明書失効リストに追加する拡張が指定されているセクションの名前を指定します。拡張セクションを使用しない場合は、バージョン 1 の CRL が作成されます。拡張セクションを使用する場合は、バージョン 2 の CRL が作成されます。このオプションの指定は、設定ファイルの crl_extensions キーの指定よりも優先されます。

-selfsign[‡]
: 発行された証明書に、証明書要求が署名された鍵（-keyfile で指定されたもの）で署名するようにします。別の鍵で署名された証明書要求は無視します。-spkac、-ss_cert、-gencrl のいずれかが指定されている場合、このオプションは無視されます。

  このオプションを使うと、証明書を管理するのに使うファイルに、自己署名証明書が含まれるようになります（設定ファイルのオプションである database の説明を参照してください）。ほかの自己署名証明書と同じシリアル番号を使います。

- `-noemailDN`‡
    証明書のDNフィールドには、証明書要求のDNにEMAILフィールドがあれば、電子メールを含めることができます。しかし、電子メールが設定されるフィールドを証明書のaltName拡張領域だけにするほうが良い場合があります。このオプションを設定することにより、EMAILフィールドが証明書の主体名から削除され、拡張領域に設定されるようになります（拡張領域が存在すれば）。設定ファイルのemail_in_dnオプションを使えば、DNにEMAILフィールドが設定されるようになります。

- `-extfile` *file*‡
    証明書の拡張領域から読み込むための追加の設定ファイル（-extensionsオプションも使われている場合以外は、デフォルトセクションを使います）を指定します。

- `-engine` *id*‡
    エンジンをID（表4.2を参照）により指定します。これにより、指定されたエンジンへの参照を取得します。必要があれば、エンジンが初期化されます。その場合、すべての可能なアルゴリズムについて、エンジンの設定はデフォルトになります。

- `-crl_reason` *reason*‡
    失効理由を指定します。reasonには、unspecified、keyCompromise、CACompromise、affiliationChanged、superseded、cessationOfOperation、certificateHold、removeFromCRLのいずれかが指定できます。大文字と小文字は区別されません。失効理由の拡張領域は、CRLv2で使用できます。
    実際のところ、差分CRLでしか利用できないremoveFromCRLには、あまり意味がありません。

- `-crl_hold` *instruction*‡
    失効理由をcertificateHold（証明書保留）に設定します。*instruction*には、保留の理由をOIDで指定します。どのOIDでも指定できますが、通常は、holdInstructionNone（RFC 2459では推奨されていません）、holdInstructionCallIssuerかholdInstructionRejectが指定されます。

- `-crl_compromise` *time*‡
    失効理由をkeyCompromise（鍵の危殆化）に設定します。timeには、危殆化した時刻をYYYYMMDDHHMMSSZのGeneralized Time形式で指定します。

- `-crl_CA_compromise` *time*‡
    crl_compromiseと同様に鍵の危殆化を示しますが、失効理由がCACompromiseに設定されます。

-subj *arg* ‡

主体名を要求に従って置き換えます。argは、/type0=value0/type1=value1/type2=...のような形式でなければなりません。エスケープ文字は「\」（バックスラッシュ）で、スペースは無視されます。

設定ファイルのオプション

oid_file

OIDの定義が格納されたファイルの名前を指定します。このファイルは、1つの行が1つのOIDの定義を表し、各行は3つの列で構成されるという形式になっています。1列目はOIDを数値で表したものです。2列目はOIDの短縮名で、アルファベットの大文字および小文字のみを使った単語1語である必要があります。3列目はOIDの長い名前で、こちらは複数の単語を使用でき、アルファベット以外の文字も含めることができます。

oid_section

OIDの定義が指定されたセクションの名前を指定します。このセクションは、キー名がOIDの短縮名、それに対応する値がOIDの数値表現である必要があります。この形で定義されたOIDでは、長い名前は短縮名と同じになります。

new_certs_dir

発行した証明書が格納されるディレクトリを指定します。これはコマンドラインオプションのoutdirと同じです。

certificate

CAの証明書が格納されているファイルの名前を指定します。これはコマンドラインオプションのcertと同じです。

private_key

CAの秘密鍵が格納されているファイルの名前を指定します。これはコマンドラインオプションのkeyfileと同じです。

RANDFILE

PRNGにシードを渡すのに使われるファイルの名前を指定します。UNIXシステムでは、このファイル名はEGDソケット名の場合もあります。

default_days

発行された証明書が有効な日数を指定します。これはコマンドラインオプションのdaysと同じです。

default_startdate

発行した証明書の有効期間のデフォルトの開始日を指定します。これはコマンドラインオプションのstartdateと同じです。

default_enddate
　発行した証明書の有効期間のデフォルトの終了日を指定します。これはコマンドラインオプションの enddate と同じです。

default_crl_days
　新しい証明書失効リストを生成するまでのデフォルトの日数を指定します。これはコマンドラインオプションの crldays と同じです。

default_crl_hours
　新しい証明書失効リストを生成するまでのデフォルトの時間数を指定します。これはコマンドラインオプションの crlhours と同じです。

default_md
　証明書および証明書失効リストの署名に使うデフォルトのメッセージダイジェストを指定します。これはコマンドラインオプションの md と同じです。

database
　CA が発行した証明書を管理するのに使うファイルの名前を指定します。この設定は必須であり、対応するコマンドラインオプションはありません。

serialfile
　次のシリアル番号（次に発行する証明書に割り当てられる番号）を管理するのに使うファイルの名前を指定します。この設定は必須であり、対応するコマンドラインオプションはありません。

x509_extensions
　設定ファイル内で、その CA が発行する証明書に含める一連の拡張が指定されているセクションの名前を指定します。これはコマンドラインオプションの extensions と同じです。

crl_extensions
　設定ファイル内で、その CA が発行する証明書失効リストに含める一連の拡張が指定されているセクションの名前を指定します。これはコマンドラインオプションの crlexts と同じです。

preserve
　これを yes に設定した場合、発行する証明書に含まれる識別名の順序および構成要素は、証明書要求に含まれているものと同じになります。これはコマンドラインオプションの preserveDN と同じです。

msie_hack
　これを yes に設定すると、非常に古いバージョンの Internet Explorer の証明書登録コントロール「certenr3」で使える証明書が発行されます。このオプションが絶対に必要だという確信がない限りは使用しないようにしましょう。

policy
: 設定ファイル内でこの CA のポリシーを定義しているセクションの名前を指定します。これはコマンドラインオプションの policy と同じです。

unique_subject‡
: これを yes を設定すると、データベース中の有効な証明書のエントリが一意の主体名になります。no の場合は、複数の有効な証明書のエントリがまったく同一の主体名を持つようにできます。デフォルトは yes（OpenSSL 0.9.8 以前のバージョンとの互換性のため）です。しかし、CA 証明書を使いまわすなら、no を指定するほうがよいでしょう（とくに、コマンドラインオプションの -selfsign を使う場合など）。

serial‡
: 次のシリアル番号（16 進表記）を含むテキストファイルを指定します。必須のオプションであり、有効なシリアル番号を含むファイルが常に指定されなければなりません。

crlnumber‡
: 次の CRL 番号（16 進表記）を含むテキストファイルを指定します。有効なシリアル番号を含むファイルが存在する場合のみ、CRL 番号が CRL に挿入されます。

nameopt, certopt‡
: これらが指定されると、ユーザに署名の確認を求める際、証明書の詳細を表示します。x509 コマンドの -nameopt と -certopt でサポートされているオプションが使用できます。ただし、no_signame と no_sigdump は例外で、これらは常に設定され、無効にすることはできません（この時点では証明書は署名されていないので、証明書の署名は表示できないからです）。有意味な出力を容易に生成するため、どちらに対しても、ca_default という値を設定することができます。いずれも指定されない場合、OpenSSL の初期のバージョンで使われていた形式が使用されます。ポリシー定義セクションの領域も表示してしまうため、古い形式の使用は避けるように強く推奨されています。

copy_extensions‡
: 証明書要求の拡張領域をどのように扱うか決定します。none が設定されているか、オプションが何も設定されない場合、拡張領域は無視され、証明書にはコピーされません。copy が設定されている場合は、証明書要求に含まれるすべての拡張領域が証明書にコピーされます（すでに証明書にあるものを除く）。copyall が設定されている場合は、証明書要求に含まれるすべての拡張領域が、すでに証明書に含まれている場合も上書きしてコピーされます。使う前には、必ず、ドキュメントの WARNING の項目を読むようにしてください。このオプションの主な使用目的は、subjectAltName のような拡張領域の値を、証明書要求により設定できるようにすることにあります。

メモ

オプションのパラメータに日付を指定する場合や、設定ファイルのキーに対応する値として日付を指定する場合には、その日付は ASN.1 の UTC Time 型と同じ形式とする必要があります。具体的には、YYMMDDHHMMSSZ という形式です（最後の Z は、文字どおりの大文字の Z です）。

設定ファイルを使用することを強くお勧めします。システム全体のデフォルトの設定ファイルが受け入れられない場合には、個別に用意した設定ファイルを使わざるを得ません。設定ファイルの必須オプションのなかには、同等のコマンドラインオプションがないものもあるからです。

ポリシー定義セクションの各キーは、識別名に含まれる各 OID の短縮名に応じた名前にします。また、各キーの値は、match、supplied、optional のいずれかとします。match と指定された OID は、証明書要求の中に必ず含まれていなくてはならず、かつ CA の識別名に含まれる同じ OID と合致しなければなりません。supplied と指定された OID は、証明書要求の中に必ず含まれていなければなりません。optional と指定された OID は、証明書要求に含まれていてもいなくても構いません。

ca コマンドは、CA のサンプルとしての使用を意図したものです。いくつか制約があるため、実稼働環境での使用には適していません。このコマンドについては、本書の第 3 章で詳しく解説しています。

ciphers

ciphers コマンドを用いて、SSL プロトコルの各バージョンでサポートされている暗号スイートのリストを取得することができます。これは主に、使用しようとしているバージョンの SSL プロトコルに適した暗号を一覧で確認するためのテストツールとして有用です。このコマンドの出力は、オプションで指定されたバージョンに適した暗号の文字列が、コロン区切りで表記されたリストです。

オプション

-ssl2
　SSLv2 でサポートされている暗号スイートだけを含めます。

-ssl3
　SSLv3 でサポートされている暗号スイートだけを含めます。

-tls1
　TLSv1 でサポートされている暗号スイートだけを含めます。

-v
　出力される暗号文字列のリストが詳細になり、プロトコルのバージョンや、鍵交換、認証、暗号化、および MAC の各アルゴリズムも含まれるようになります。

メモ

デフォルトでは、サポートされている全バージョンのプロトコルの暗号スイートが文字列で出力されます。バージョンについてのオプションを、複数同時に指定することはできません。このほかの引数をコマンドラインに指定すると、リストに含めるべき暗号スイートの指示、あるいはリストの内容を調整するための指示として解釈されます。

crl

crlコマンドを用いて、証明書失効リストの有効性を確認および検証することができます。また、CRLの内容を、人間が読んで意味のわかる形式で表示するために使うこともできます。さらには、DER形式とPEM形式の間でCRLを変換することもできます。

オプション

-in *filename*
: 確認または検証する対象のCRLが格納されているファイルの名前を指定します。このオプションを省略した場合は標準入力が使用されます。

-inform DER|PEM
: 確認または検証する対象のCRLの形式を指定します。指定できるのは、DERかPEMのいずれかの形式です。このオプションを省略した場合、PEMがデフォルトの形式として使われます。

-out *filename*
: 出力先となるファイルの名前を指定します。このオプションを省略した場合は標準出力が使用されます。

-outform DER|PEM
: コマンドが出力するCRLの形式を指定します。このオプションを省略した場合のデフォルトはPEMです。

-text
: CRLを、人間が読んで意味のわかるテキスト形式で出力します。

-noout
: DER形式やPEM形式でのCRLの出力を行いません。デフォルトでは、CRLの署名を検証する場合を除き、入力されたCRLが出力にもなります。

-hash
: CRLの発行者名のハッシュを出力します。このハッシュを使うと、ディレクトリ内の各CRLを対象として、発行者名による検索を行うことができます。各CRLの標準のファイル名は、発行者名のハッシュに「.0」という拡張子を付加した名前となっているからです。

- `-issuer`
    CRLの発行者名を出力します。
- `-lastupdate`
    CRLの`lastUpdate`フィールドを出力します。
- `-nextupdate`
    CRLの`nextUpdate`フィールドを出力します。
- `-fingerprint`
    CRLのフィンガープリントを出力します。フィンガープリントとは、メッセージダイジェストアルゴリズムを使って計算した、そのCRLのハッシュです。デフォルトではMD5が使われます。
- `-CAfile` *filename*
    指定したファイルに格納されている証明書を使って、CRLの署名を検証します。
- `-CApath` *directory*
    指定したディレクトリに格納されている証明書を使って、CRLの署名を検証します。そのディレクトリ内の各証明書ファイルは、発行者名のハッシュに「`.0`」という拡張子を付けたファイル名である必要があります。

メモ

CRLのフィンガープリントを計算するときに使われるデフォルトのメッセージダイジェストアルゴリズムはMD5です。ほかのメッセージダイジェストアルゴリズムも、OpenSSLでサポートされているものならどれでも使えます。そのためには、使用するアルゴリズム名をオプションで指定します。指定するメッセージダイジェストアルゴリズム名は、`dgst`コマンドで使用するものと同じです。

crl2pkcs7

`crl2pkcs7`コマンドを用いて、証明書と、オプションの証明書失効リストを組み合わせて、1つのPKCS#7形式のデータに取りまとめることができます。

オプション

- `-in` *filename*
    生成するPKCS#7形式のデータに含めるCRLの読み込み元のファイル名を指定します。このオプションを省略した場合、CRLは標準入力から読み込まれます。
- `-inform DER|PEM`
    読み込むCRLの形式を指定します。有効な形式はDERまたはPEMのいずれかです。このオプションを省略した場合のデフォルトはPEMです。

- **-out** *filename*

    生成したPKCS#7形式のデータの出力先のファイル名を指定します。このオプションを省略した場合は標準出力が使用されます。

- **-outform DER|PEM**

    PKCS#7データの出力形式を指定します。有効な形式はDERまたはPEMのいずれかです。このオプションを省略した場合のデフォルトはPEMです。

- **-certfile** *filename*

    PEM形式の証明書が1つまたは複数格納されているファイルの名前を指定します。複数のファイルから複数の証明書を取り込みたい場合には、このオプションを複数指定することができます。

- **-nocrl**

    生成するPKCS#7形式のデータにCRLを含めないようにします。このオプションを指定した場合は、inオプションおよびinformオプションは無視され、標準入力からのCRLの読み込みも行われません。

メモ

作成されるPKCS#7形式のデータには署名は付きません。取り込むよう指定された証明書とCRLのみが含まれます。このコマンドで作成したPKCS#7形式のデータは、証明書登録プロセスの一部として証明書およびCRLをNetscapeに送るのに使うことができます。それには、DER形式でPKCS#7データを作成し、application/x-x509-user-certというMIMEタイプで送信する必要があります。また、このコマンドで作成したPEM形式の出力からヘッダ行およびフッタ行を取り除くと、「Xenroll」コントロールを使用しているInternet Explorerにユーザの証明書およびCRLを送るのに使うことができます。

dgst

dgstコマンドを用いて、メッセージダイジェストアルゴリズムを利用したデータブロックのハッシュを計算することができます。また、データへの署名の実行や、署名の検証にも使うことができます。

オプション

- **-dss1, -md2, -md4, -md5, -mdc2, -rmd160, -sha, -sha1**

    使用するメッセージダイジェストアルゴリズムを指定します。これらのオプションを省略した場合、MD5がデフォルトで使用されます。

- out *filename*

    このコマンドの処理結果の出力先のファイル名を指定します。このオプションを省略した場合は標準出力が使用されます。

- hex

    出力が16進形式となるようにします。ハッシュ計算では、これがデフォルトです。

- c

    16進の出力を2桁ずつコロンで区切ります。出力が16進形式でない場合、このオプションは無視されます。

- binary

    出力がバイナリ形式となるようにします。署名を行うときにはこれがデフォルトです。

- rand *filename*

    PRNGにシードを渡すのに使う、1つまたは複数のファイルの名前を指定します。このオプションは、第2章で解説した形式で指定します。

- sign *filename*

    指定したファイルの中身に署名します。実際に署名の対象となるのは、指定したメッセージダイジェストアルゴリズムを使って計算されたデータのハッシュ値だけです。

- verify *filename*

    指定したファイルに格納されている公開鍵を使って署名を検証します。

- prverify *filename*

    指定したファイルに格納されている秘密鍵を使って署名を検証します。

- signature *filename*

    検証する対象の署名が格納されているファイルの名前を指定します。このオプションは、verifyオプションまたはprverifyオプションとあわせて指定しない場合は無視されます。

- d‡

    BIOに関するデバッグ情報を出力します。

- hex‡

    ダイジェストを16進ダンプで出力します。電子署名と異なり、通常のダイジェストではこの動作がデフォルトです。

メモ

コマンドラインの最後のオプションより後に指定した引数は、すべて、ハッシュの計算、署名、または検証の対象となるファイル名として解釈されます。署名の生成ま

たは検証を行う場合は、指定するファイルは1つだけとします。また、DSA鍵を使って署名または検証を行う場合は、使用するメッセージダイジェストはDSS1とし、かつPRNGにシードを渡す必要があります。

dhparam

dhparamコマンドを用いて、DHパラメータを生成することができます。また、すでに生成済みのパラメータの確認にも使うことができます。

オプション

- -in *filename*

  パラメータの読み込み元のファイル名を指定します。ファイルを指定しなかった場合は標準入力が使用されます。ただし、新しいDHパラメータを生成する場合には入力ファイルは不要です。

- -inform DER|PEM

  入力データの形式をDERまたはPEMで指定します。このオプションを省略した場合、デフォルトの形式はPEMです。

- -out *filename*

  生成されたDHパラメータの出力先のファイル名を指定します。このファイルを指定しなかった場合は標準出力が使用されます。

- -outform DER|PEM

  出力データの形式をDERまたはPEMで指定します。このオプションを省略した場合、デフォルトの形式はPEMです。

- -rand *filename*

  擬似乱数生成器にシードを渡すのに使う、1つまたは複数のファイルの名前を指定します。このオプションは、第2章で解説した形式で指定します。

- -dsaparam

  このオプションを指定した場合、入力データはDSAパラメータであると見なされます。そして、そのパラメータがDHパラメータに変換されます。

- -2, -5

  使用する生成元を、2または5のいずれかで指定します。このオプションを省略した場合、デフォルトの生成元は2です。このオプションを指定した場合、入力ファイルは無視されて新しいDHパラメータが生成されます。

- -noout

  DER形式またはPEM形式でのDHパラメータの出力を行わないようにします。

- `-text`
    入力 DH パラメータを、人間が読んで意味のわかるテキスト形式で出力します。
- `-C`
    入力 DH パラメータを、C のコード形式で出力します。
- `-engine` *id* [‡]
    エンジンを ID（表 4.2 を参照）により指定します。これにより、指定されたエンジンへの参照を取得します。必要があれば、エンジンが初期化されます。その場合、すべての可能なアルゴリズムについて、エンジンの設定はデフォルトになります。

メモ

生成する素数の長さはコマンドの最後の引数として指定します。長さを指定しなかった場合のデフォルトは 512 ビットです[†2]。

dsa

dsa コマンドを用いて、DSA 秘密鍵の操作やその内容の確認を行うことができます。例えば、秘密鍵の暗号化および復号や、すでに施されている暗号化方式の変更を行うことができます。また、秘密鍵から公開鍵を計算するのにも使うことができます。

オプション

- `-in` *filename*
    DSA 秘密鍵の読み込み元のファイル名を指定します。このファイルを指定しなかった場合は標準入力が使用されます。
- `-inform DER|PEM`
    入力として読み込む鍵の形式を DER または PEM で指定します。このオプションを省略した場合、デフォルトの形式は PEM です。
- `-out` *filename*
    このコマンドの出力先のファイル名を指定します。このオプションを省略した場合は標準出力が使用されます。
- `-outform DER|PEM`
    出力する鍵の形式を DER または PEM で指定します。このオプションを省略した場合、デフォルトの形式は PEM です。

---

† 監訳注2　バージョン 0.9.7 では指定しないと計算しないようです。

-pubin
: 入力する鍵を公開鍵と見なします。

-pubout
: 出力する鍵を公開鍵と見なします。

-passin *password*
: 入力鍵の復号に使うパスワードを指定します。このオプションは、第2章で解説した、パスワードとパスフレーズの指定方法の規則に従って指定します。

-passout *password*
: 出力鍵の暗号化に使うパスワードを指定します。このオプションは、第2章で解説した、パスワードとパスフレーズの指定方法の規則に従って指定します。

-des, -des3, -idea
: 秘密鍵の暗号化に使う方式を指定します。このオプションを省略した場合、秘密鍵は暗号化なしで出力されます。

-noout
: DER形式またはPEM形式での鍵の出力を行わないようにします。

-text
: 入力した鍵(公開鍵または秘密鍵)を、人間が読んで意味のわかる形式で出力します。

-modulus
: 公開鍵の法(モジュロ)を出力します。

-engine *id* ‡
: エンジンをID(表4.2を参照)により指定します。これにより、指定されたエンジンへの参照を取得します。必要があれば、エンジンが初期化されます。その場合、すべての可能なアルゴリズムについて、エンジンの設定はデフォルトになります。

dsaparam

dsaparamコマンドを用いて、新しいDSAパラメータを生成することができます。また、すでに生成済みのパラメータの確認にも使うことができます。

オプション

-in *filename*
: 既存のDSAパラメータの読み込み元のファイル名を指定します。ファイルを指定しなかった場合は標準入力が使用されます。

- `-inform DER|PEM`
    入力として読み込むDSAパラメータの形式をDERまたはPEMで指定します。このオプションを省略した場合、デフォルトの形式はPEMです。
- `-out` *filename*
    このコマンドの出力先のファイル名を指定します。このオプションを省略した場合は標準出力が使用されます。
- `-outform DER|PEM`
    出力するDSAパラメータの形式をDERまたはPEMで指定します。このオプションを省略した場合のデフォルトはPEMです。
- `-rand` *filename*
    PRNGにシードを渡すのに使う、1つまたは複数のファイルの名前を指定します。このオプションは、第2章で解説した形式で指定します。
- `-genkey`
    生成したDSAパラメータまたは入力元から読み込んだDSAパラメータを使って、秘密鍵を生成します。生成する秘密鍵は暗号化されません。
- `-noout`
    DER形式またはPEM形式でのDSAパラメータの出力を行わないようにします。
- `-text`
    DSAパラメータを、人間が読んで意味のわかる形式で出力します。
- `-C`
    Cのコード形式でDSAパラメータを出力します。
- `-engine` *id* ‡
    エンジンをID（表4.2を参照）により指定します。これにより、指定されたエンジンへの参照を取得します。必要があれば、エンジンが初期化されます。その場合、すべての可能なアルゴリズムについて、エンジンの設定はデフォルトになります。
- *numbits* ‡
    DSAパラメータの長さを指定すると、その長さのDSAパラメータが生成されます。このオプションは、オプションの最後でなければなりません。このオプションがあると、どのような入力ファイルも無視されます。

メモ

生成するDSAパラメータの長さは、コマンドの最後の引数として指定します。長さを指定した場合、指定した入力元は無視され、新しいDSAパラメータが生成されます。

enc

`enc`コマンドを用いて、共通鍵暗号化方式を使った暗号化または復号を実行できます。また、Base64符号化の実行にも使うことができます。

オプション

- **-in** *filename*

  入力として使用するファイル名を指定します。このオプションを省略した場合は、標準入力が使用されます。

- **-out** *filename*

  出力先として使用するファイル名を指定します。このオプションを省略した場合は標準出力が使用されます。

- **-pass** *password*

  暗号化または復号に使うパスワードを指定します。このパスワードは、その暗号が使用する初期化ベクタ（IV）および鍵の生成に使われます。このオプションは、第2章で解説した、パスワードとパスフレーズの指定方法の規則に従って指定します。

- **-e**

  入力を暗号化します。この処理がデフォルトで行われます。

- **-d**

  入力を復号します。

- **-salt**

  鍵生成ルーチンでソルトを使用します。OpenSSLの0.9.5より古いバージョンとの互換性が必要でない限り、このオプションは必ず使うようにしましょう。

- **-nosalt**

  このオプションを指定すると、鍵生成ルーチンでソルトは使用されません。こちらの動作がデフォルトです。

- **-a**

  暗号化の後でデータをBase64符号化します。あるいは、復号の前にデータをBase64復元します。

- **-A**

  符号化の場合は、Base64符号化を単一行で生成します。復元の場合は、データが単一行であるものと想定します。このオプションは、aオプションを指定していない場合には無視されます。

- **-p**

  生成された鍵およびIVを出力します。

-P
: 生成された鍵およびIVを出力します。このオプションを指定した場合、暗号化や復号は実行されません。

-k *password*
: 鍵およびIVの生成元（ソース）となるパスワードを指定します。このオプションは下位互換性のためだけに用意されているものです。代わりに pass オプションを使うほうがよいでしょう。

-kfile *filename*
: 鍵およびIVの生成元（ソース）となる、パスワードが格納されているファイル名を指定します。読み込まれるのは、指定したファイルの最初の行だけです。このオプションは下位互換性のためだけに用意されているものです。代わりに pass オプションを使うほうがよいでしょう。

-K *key*
: 使用する鍵を16進形式で指定します。このオプションとパスワードを両方指定した場合は、パスワードはIVの生成にのみ使われ、鍵はこのKオプションで指定したものが使われます。パスワードを指定しなかった場合は、iv オプションでIVもあわせて指定する必要があります。

-iv *vector*
: 使用するIVを16進形式で指定します。

-S *salt*
: 使用するソルトを16進形式で指定します。

-bufsize *number*
: 入出力に使うバッファの長さを指定します。

-nopad [‡]
: ブロックへのパディング動作を無効にします。

-debug [‡]
: I/Oに使用されるBIOをデバッグします。

メモ

使用する暗号化方式の名前は、enc コマンドのオプションとして指定するか、あるいは enc の代わりにその名前自体をコマンドとして指定します。enc コマンドでサポートされている暗号化方式は数多くあります。加えて、Base64符号化もサポートされています。ただし、Base64は符号化であり、暗号化方式ではないという点に注意してください。サポートされている暗号化方式をまとめたものが表A.1です[†3]。

[†監訳注3] バージョン0.9.7からは、AESも次のような名前でサポートされています：aes-128-cbc, aes-128-cfb, aes-128-ecb, aes-128-ofb, aes128, aes-192-cbc, aes-192-cfb, aes-192-ecb, aes-192-ofb, aes192, aes-256-cbc, aes-256-cfb, aes-256-ecb, aes-256-ofb, aes256

▼ 表 A.1　enc コマンドでサポートされている暗号化方式

暗号化方式の名前	説明
base64	Base64 符号化
bf, bf-cbc, bf-cfb, bf-ecb, bf-ofb	Blowfish（128 ビット）
cast, cast-cbc, cast5-cbc, cast5-cfg, cast5-ecb, cast5-ofb	CAST5
des, des-cbc, des-ofb, des-ecb	DES
des-ede, des-ede-cbc, des-ede-cfb, des-ede-ofb	3DES（2 鍵）
des-ede3, des-ede3-cbc, des3, des-ede3-cfb, des-ede3-ofb	3DES（3 鍵）
desx	DESX
idea, idea-cbc, idea-cfb, idea-ecb, idea-ofb	IDEA
rc2, rc2-cbc, rc2-cfg, rc2-ecb, rc2-ofb	RC2（128 ビット）
rc2-64-cbc	RC2（64 ビット）
rc2-40-cbc	RC2（40 ビット）
rc4	RC4（128 ビット）
rc4-64	RC4（64 ビット）
rc4-40	RC4（40 ビット）
rc5, rc5-cbc, rc5-cfb, rc5-ecb, rc5-ofb	RC5（128 ビット、ラウンド数 12）

errstr

errstr コマンドを用いて、32 ビットの整数値であるエラーコードを、人間が読んで意味のわかるエラーメッセージに変換することができます。

オプション

-stats
　　エラーテーブルに関する情報を標準出力に出力します。

メモ

コマンドラインの各引数は、エラーコードを表す 32 ビットの整数値として解釈され、人間が読んで意味のわかるエラーメッセージに変換されます。エラーコードは 16 進形式で指定する必要があります。

gendsa

gendsa コマンドを用いて、DSA パラメータから DSA 鍵を生成することができます。

オプション

-des, -des3, -idea
　生成した鍵の暗号化に使う方式を指定します。これらのオプションを一切指定しなかった場合、鍵は暗号化されません。

-rand *filename*
　PRNG にシードを渡すのに使う、1つまたは複数のファイルの名前を指定します。このオプションは、第2章で解説した形式で指定します。

-engine *id* ‡
　エンジンを ID（表 4.2 を参照）により指定します。これにより、指定されたエンジンへの参照を取得します。必要があれば、エンジンが初期化されます。その場合、すべての可能なアルゴリズムについて、エンジンの設定はデフォルトになります。

paramfile ‡
　使用する DSA パラメータのファイルを指定します。ファイル内の DSA パラメータが、秘密鍵の鍵長を決定します。DSA パラメータは、コマンドラインの dsaparam コマンドを使って生成できます。

メモ

秘密鍵の生成に使う DSA パラメータは、ファイル内に PEM 形式で格納されている必要があります。DSA パラメータの読み込み元のファイル名は、コマンドラインの最後の引数として指定します。このコマンドには、パスワードを指定するためのオプションは用意されていないので、コマンドから入力を求められた時点で指定する必要があります。

genrsa

genrsa コマンドを用いて、RSA 鍵を生成することができます。

オプション

-out *filename*
　生成した鍵の出力先のファイル名を指定します。このオプションを省略した場合、鍵は標準出力に出力されます。

-rand *filename*
　PRNG にシードを渡すのに使う、1つまたは複数のファイルの名前を指定します。このオプションは、第2章で解説した形式で指定します。

-passout *password*
: 生成した鍵の暗号化で使うパスワードまたはパスフレーズを指定します。このオプションは、第2章で解説した、パスワードとパスフレーズの指定方法の規則に従って指定します。

-des, -des3, -idea
: 生成した鍵の暗号化に使う方式を指定します。これらのオプションを一切指定しなかった場合は、鍵は暗号化されません。

-F4, -3
: 生成する鍵で使用する公開指数を指定します。F4を指定した場合は65,537が使われます。-3を指定した場合は3が使われます。いずれのオプションも指定しなかった場合は、65,537がデフォルトで使われます。

-engine *id* ‡
: エンジンをID（表4.2を参照）により指定します。これにより、指定されたエンジンへの参照を取得します。必要があれば、エンジンが初期化されます。その場合、すべての可能なアルゴリズムについて、エンジンの設定はデフォルトになります。

メモ

生成する鍵の長さはコマンドラインの最後の引数として指定します。鍵長を指定しなかった場合は、デフォルトの鍵長である512ビットが使われます。

nseq

nseqコマンドを用いて、Netscape用の証明書シーケンスの作成または確認を行うことができます。

オプション

-in *filename*
: Netscapeの証明書シーケンスまたはX.509証明書の読み込み元のファイル名を指定します。このオプションを省略した場合は標準入力が使用されます。

-out *filename*
: Netscapeの証明書シーケンスまたはX.509証明書の出力先のファイル名を指定します。このオプションを省略した場合は標準出力が使用されます。

-toseq
: デフォルトでは、入力ファイルはNetscapeの証明書シーケンスと見なされますが、このオプションを指定すると、入力ファイルはX.509証明書だと見なされます。出力は、そのX.509証明書から作成されたNetscapeの証明書シーケンスとなります。

メモ
デフォルトでは、このコマンドは、Netscape 証明書シーケンスを入力として受け取って、X.509 証明書が格納されたファイルを出力します。toseq オプションを指定すると、その逆の処理を行います。

passwd

passwd コマンドを用いて、さまざまな UNIX システムのパスワードの保存に際して広く使われているハッシュを計算することができます。

オプション

-1
BSD の MD5 ベースのアルゴリズムを使用します。

-apr1
Apache 版の apr1 アルゴリズムを使用します。

-quiet
パスワードを切り捨てて短縮するときの警告メッセージを省略します。

-salt *salt*
使用するソルトを指定します。

-in *filename*
平文パスワードの読み込み元のファイル名を指定します。このファイルは、各行に 1 つのパスワードが記述されているものとし、そのそれぞれに対してハッシュが計算されます。

-stdin
プロンプトやエコーを表示せずに、パスワードを標準入力から読み込みます。

-table
平文パスワードと生成されたハッシュの両方を表形式で出力します。

-crypt[‡]
crypt 関数を使います (デフォルト)。

-noverify[‡]
ターミナルからパスワードを読み込むときに検証しません。

メモ
デフォルトでは、UNIX の標準的な crypt 関数のハッシュが使われます。この方式では、平文パスワードの長さが 8 文字に制限されています。このほかにサポートされている 2 つのハッシュアルゴリズムでは、パスワードの長さに制限はありません。

pkcs7

　　pkcs7 コマンドを用いて、PKCS#7 形式のファイルを確認することができます。また、DER 形式と PEM 形式の間の相互変換も行うことができます。

オプション

- -in *filename*

    PKCS#7 形式のデータが格納されているファイルの名前を指定します。このオプションを省略した場合は、PKCS#7 形式のデータは標準入力から読み込まれます。

- -inform DER|PEM

    入力する PKCS#7 データの形式を DER または PEM で指定します。このオプションを省略した場合、PEM がデフォルトの形式として使われます。

- -out *filename*

    このコマンドの出力先のファイル名を指定します。このオプションを省略した場合は標準出力が使用されます。

- -outform DER|PEM

    出力する PKCS#7 データの形式を DER または PEM で指定します。このオプションを省略した場合、デフォルトの形式である PEM が使われます。

- -noout

    PKCS#7 形式のデータの出力を行わないようにします。

- -text

    入力された PKCS#7 形式のデータを、人間が読んで意味のわかる形式に変換したものを出力します。

- -print_certs

    PKCS#7 形式のデータに含まれている証明書および証明書失効リストを出力します。

- -engine *id*[‡]

    エンジンを ID（表 4.2 を参照）により指定します。これにより、指定されたエンジンへの参照を取得します。必要があれば、エンジンが初期化されます。その場合、すべての可能なアルゴリズムについて、エンジンの設定はデフォルトになります。

メモ

　　PKCS#7 形式のデータに含めることのできるさまざまなフィールドのなかには、このコマンドでは出力できないものがあります。このコマンドが対応できるのは、RFC 2315 で定義されている、PKCS#7 のバージョン 1.5 の形式のデータだけです。

pkcs8

pkcs8 コマンドを用いて、PKCS#8 形式のファイルの作成、確認、および操作を行うことができます。

オプション

- **-in** *filename*

    PKCS#8 形式のデータまたは秘密鍵のいずれかの読み込み元のファイル名を指定します。このオプションを省略した場合は標準入力が使用されます。

- **-inform DER|PEM**

    入力データの形式を DER または PEM で指定します。このオプションを省略した場合、PEM がデフォルトの形式として使われます。

- **-out** *filename*

    このコマンドの出力先のファイル名を指定します。このオプションを省略した場合は標準出力が使用されます。

- **-outform DER|PEM**

    出力データの形式を DER または PEM で指定します。このオプションを省略した場合、PEM がデフォルトの形式として使われます。

- **-passin** *password*

    入力した PKCS#8 形式のデータまたは秘密鍵を復号するためのパスワードを指定します。このオプションは、第 2 章で解説した規則に従って指定します。

- **-passout** *password*

    出力する PKCS#8 形式のデータまたは秘密鍵の暗号化に使うパスワードを指定します。このオプションは、第 2 章で解説した規則に従って指定します。

- **-topk8**

    このオプションを指定した場合は、入力データは DSA または RSA の秘密鍵と見なされ、出力データは PKCS#8 形式となります。このオプションを指定しなかった場合は、入力データは PKCS#8 形式と見なされ、出力データは秘密鍵となります。

- **-nocrypt**

    出力する PKCS#8 形式のデータを暗号化しないようにします。入力データが PKCS#8 形式の鍵の場合は、それが暗号化されていないものと見なされます。

- **-nooct**

    出力する RSA 秘密鍵を、一部のソフトウェアで利用されている非標準データ形式で出力するようにします。秘密鍵が RSA でない場合や、入力データが PKCS#8 形式でない場合は、このオプションは無視されます。

- embed

    出力する DSA 秘密鍵を、一部のソフトウェアで利用されている非標準データ形式で出力するようにします。秘密鍵が DSA でない場合や、入力データが PKCS#8 形式でない場合は、このオプションは無視されます。このオプションを使った場合、秘密鍵の生成に使われた DSA パラメータが、出力の `PrivateKey` 構造体に埋め込まれます。

- nsdb

    出力する DSA 秘密鍵を、Netscape の秘密鍵データベースの要件に適合した非標準データ形式で出力するようにします。秘密鍵が DSA でない場合や、入力データが PKCS#8 形式のデータでない場合は、このオプションは無視されます。

- v1 *algorithm*

    出力する PKCS#8 形式のデータの暗号化に使う、PKCS#5 v1.5 または PKCS#12 対応のアルゴリズムを指定します。指定できるアルゴリズムは、`PBE-MD2-DES`、`PBE-MD5-DES`、`PBE-SHA1-RC2-64`、`PBE-MD2-RC2-64`、`PBE-MD5-RC2-64`、`PBE-SHA1-DES`、`PBE-SHA1-RC4-128`、`PBE-SHA1-RC4-40`、`PBE-SHA1-3DES`、`PBE-SHA1-2DES`、`PBE-SHA1-RC2-128`、`PBE-SHA1-RC2-40` です。

- v2 *algorithm*

    出力する PKCS#8 形式のデータの暗号化に使う、PKCS#5 v2.0 対応のアルゴリズムを指定します。指定できるアルゴリズムは `des`、`des3`、`rc2` です。使用が推奨されるアルゴリズムは 3DES です。

- engine *id* [‡]

    エンジンを ID（表 4.2 を参照）により指定します。これにより、指定されたエンジンへの参照を取得します。必要があれば、エンジンが初期化されます。その場合、すべての可能なアルゴリズムについて、エンジンの設定はデフォルトになります。

pkcs12

`pkcs12` コマンドを用いて、PKCS#12 形式のファイルの作成、確認、および操作を行うことができます。

オプション

- in *filename*

    PEM 形式の PKCS#12 データの読み込み元のファイル名を指定します。このオプションを省略した場合は標準入力が使用されます。

- `-out` *filename*

    PEM形式でのPKCS#12データの出力先のファイル名を指定します。このオプションを省略した場合は標準出力が使用されます。

- `-password` *password*, `-passin` *password*

    入力したPKCS#12形式のデータを復号するのに必要なパスワードまたはパスフレーズを指定します。このオプションは、第2章で解説した、パスワードとパスフレーズの指定方法の規則に従って指定します。

- `-passout` *password*

    出力するPKCS#12形式のデータの暗号化に使うパスワードまたはパスフレーズを指定します。このオプションは、第2章で解説した、パスワードとパスフレーズの指定方法の規則に従って指定します。

- `-des`, `-des3`, `-idea`

    出力するPKCS#12形式のデータの暗号化に使う暗号化方式を指定します。このオプションを省略した場合、3DESがデフォルトで使用されます。

- `-nodes`

    出力するPKCS#12形式のデータに暗号化を施さないようにします。

- `-noout`

    PKCS#12形式のデータの出力を行わないようにします。このオプションは、PKCS#12形式のデータに含まれるさまざまな構造体を取り出したい場合に使います。

- `-clcerts`

    入力するPKCS#12形式のデータに含まれているクライアント証明書だけを出力します。

- `-cacerts`

    入力するPKCS#12形式のデータに含まれているCA証明書だけを出力します。

- `-nocerts`

    クライアント証明書かCA証明書かにかかわらず、証明書を出力しないようにします。

- `-nokeys`

    秘密鍵を出力しないようにします。

- `-info`

    PKCS#12形式のデータを、人間が読んで意味のわかる形式で出力します。そのなかには、使用しているアルゴリズムなどの情報が含まれます。

- `-nomacver`

    PKCS#12形式のデータを読み込むときに、その完全性を調べるためのMACの検証を行わないようにします。

-twopass
: 完全性用のパスワードと暗号化のパスワードを別々に入力させるようにします。通常、これらのパスワードは同一であり、PKCS#12形式のデータを使うソフトウェアもそのような前提となっているものが大半です。したがって、このオプションを指定して作成したPKCS#12形式のデータは、一部のソフトウェアで読み込めなくなってしまう場合があります。このオプションは使用しないことをお勧めします。

-export
: 既存のPKCS#12データの確認や操作を行うのではなく、新規に作成します。このオプションを指定した場合、PKCS#12データを入力として読み込む処理は行われません。代わりに、秘密鍵と証明書の組み合わせが入力データとなります。入力データには、少なくとも1つの証明書と、それと対になる秘密鍵が入っている必要があります。

-inkey *filename*
: 秘密鍵の読み込み元のファイル名を指定します。このオプションを指定した場合、inオプションで指定したファイルまたは標準入力から読み込む入力データに鍵が含まれている必要はありません。

-certfile *filename*
: 出力するPKCS#12形式のデータに含める追加的な証明書が格納されているファイル名を指定します。

-CAfile *filename*
: 出力するPKCS#12形式のデータに含める追加的な証明書が格納されているファイル名を指定します。

-CApath *directory*
: 出力するPKCS#12形式のデータに含める証明書が格納されているディレクトリ名を指定します。このディレクトリ内のファイルは、各証明書の発行者のハッシュに「.0」という拡張子を付けたファイル名とします。

-name *name*
: PKCS#12形式のデータに含まれるメインの証明書および秘密鍵の「フレンドリ名」を指定します。通常、この「フレンドリ名」は、PKCS#12形式のデータを使用するプログラム内で表示用として使われます。

-caname *name*
: PKCS#12形式のデータに含まれる追加的な証明書の「フレンドリ名」を指定します。PKCS#12形式のデータに含まれる追加的な証明書それぞれについて、このオプションを1つずつ指定することができます。証明書が含まれる順番どおりに名前を指定してください。なお、これらの名前がすべてのソフトウェアで必ず

使われるとは限らないという点に注意してください。ソフトウェアによっては、メインの証明書の「フレンドリ名」だけを使うものもあります。

- **-chain**

    出力するPKCS#12形式のデータに、メインの証明書の証明書チェーン全体を含めます。このオプションを指定しない場合は、CAfileオプションおよびCApathオプションは無視されます。チェーンに含まれる証明書のなかに入手可能でないものがある場合は、致命的なエラーと見なされ、PKCS#12形式のデータは生成されません。

- **-descert**

    メインの証明書の暗号化を、デフォルトである40ビットのRC2ではなく、3DESを使って行うようにします。なお、米国外輸出向けの古いソフトウェアのなかには、証明書がそのように強力に暗号化されていると、PKCS#12形式のデータを読み込めないものがあります。

- **-keypbe** *algorithm*

    秘密鍵の暗号化に使うアルゴリズムを指定します。PKCS#5 v1.5およびPKCS#12対応のアルゴリズムはどれも指定できますが、PKCS#12対応のものだけを使うことをお勧めします。指定できるアルゴリズムの一覧については、pkcs8コマンドの解説を参照してください。

- **-certpbe** *algorithm*

    メインの証明書の暗号化に使うアルゴリズムを指定します。PKCS#5 v1.5およびPKCS#12対応のアルゴリズムはどれも指定できますが、PKCS#12対応のものだけを使うことをお勧めします。指定できるアルゴリズムの一覧については、pkcs8コマンドの解説を参照してください。

- **-keyex**

    秘密鍵を鍵交換の目的でのみ使えるものとして指定します。デフォルトでは、秘密鍵は鍵交換と署名のどちらでも使えるようになっています。このオプションとkeysigオプションを同時に指定することはできません。

- **-keysig**

    秘密鍵を署名目的でのみ使えるものとして指定します。デフォルトでは、秘密鍵は鍵交換と署名のどちらでも使えるようになっています。このオプションとkeyexオプションを同時に指定することはできません。

- **-noiter, -nomaciter**

    MACおよび鍵アルゴリズムで反復カウンタ（iteration counter）を使わないようにします。

- maciter

  通常はデフォルトで有効にされており、下位互換性のためだけに用意されているオプションです。MACおよび鍵アルゴリズムで反復カウンタを使うようにします。これにより、PKCS#12形式のデータの保護が強化されます。

- rand *filename*

  PRNGにシードを渡すのに使う、1つまたは複数のファイルの名前を指定します。このオプションのパラメータは、第2章で解説した規則に従って指定します。

rand

randコマンドを用いて、OpenSSLのPRNGから乱数の出力を得ることができます。

オプション

- out *filename*

  このコマンドの出力先のファイル名を指定します。このオプションを省略した場合は標準出力が使用されます。

- rand *filename*

  PRNGにシードを渡すのに使う、1つまたは複数のファイルの名前を指定します。このオプションは、第2章で解説した規則に従って指定します。

- base64

  このコマンドで生成する出力をBase64で符号化します。

メモ

生成する乱数データのバイト数は、コマンドラインの最後の引数として指定します。

req

reqコマンドを用いて、PKCS#10形式の証明書要求の作成、確認、および操作を行うことができます。また、ルートCAの開設で使うのに適した自己署名証明書（ルート証明書）の作成にも使うことができます。

オプション

- config *filename*

  設定ファイルとして使用するファイルの名前を指定します。このオプションを省略した場合は、システム全体用のデフォルトの設定ファイルが使われます。このオプションの指定は、OPENSSL_CONF環境変数の指定より優先されます。

-in *filename*
: 証明書要求の読み込み元のファイル名を指定します。このオプションを省略した場合は、標準入力が使用されます。

-inform DER|PEM
: 入力する証明書要求の形式をDERまたはPEMで指定します。このオプションを省略した場合、PEMがデフォルトの形式として使われます。

-out *filename*
: 出力する自己署名証明書または証明書要求の出力先のファイル名を指定します。このオプションを省略した場合は標準出力が使用されます。

-outform DER|PEM
: 自己署名証明書または証明書要求の出力に使用する形式を、DERまたはPEMで指定します。このオプションを省略した場合のデフォルトはPEMです。

-passin *password*
: 入力する証明書または証明書要求に対応する秘密鍵の復号に使うパスワードまたはパスフレーズを指定します。このオプションは、第2章で解説した、パスワードとパスフレーズの指定方法の規則に従って指定します。

-passout *password*
: 証明書または証明書要求とともに秘密鍵が生成される場合に、その秘密鍵の暗号化に使うパスワードまたはパスフレーズを指定します。このオプションは、第2章で解説した、パスワードとパスフレーズの指定方法の規則に従って指定します。

-rand *filename*
: PRNGにシードを渡すのに使う、1つまたは複数のファイルの名前を指定します。このオプションは、第2章で解説した規則に従って指定します。

-noout
: 証明書や証明書要求を出力しないようにします。このオプションは、証明書要求を検査したい場合に有用です。

-text
: 入力された証明書要求を、人間が読んで意味のわかる形式に変換したものを出力します。

-modulus
: 証明書要求に含まれる公開鍵の法（モジュロ）を出力します。

-verify
: 証明書要求の署名を検証します。

-new
: 新しい証明書要求を生成します。このオプションを指定した場合、inオプション

で指定したファイルや標準入力からのデータの読み込みは行われません。このオプションとあわせて key オプションを指定していない場合は、新しい RSA 鍵の対が生成されます。

-newkey rsa:*length*, -newkey dsa:*filename*
新しい鍵の対を使って新しい証明書要求を生成します。RSA 鍵の場合は、素数の長さを指定する必要があります。DSA 鍵の場合は、DSA パラメータが格納されているファイル名を指定する必要があります。そのファイルは PEM 形式とします。

-key *filename*
証明書要求で使う秘密鍵が格納されているファイル名を指定します。

-keyform DER|PEM
key オプションで指定した秘密鍵の形式を DER または PEM で指定します。これらのオプションを省略した場合のデフォルトは PEM です。

-keyout *filename*
使用した秘密鍵の出力先となるファイル名を指定します。

-nodes
新しい鍵の対を生成する場合に、このオプションが指定されていると、出力される秘密鍵は暗号化されません。

-md2, -md5, -mdc2, -sha1
証明書要求の署名に使うメッセージダイジェストアルゴリズムを指定します。これらのオプションを省略した場合のデフォルトは MD5 です。DSA 鍵を使用する場合には、これらのオプションは無視されます。DSA 鍵の場合は必ず DSS1 を使わなくてはならないからです。

-x509
証明書要求ではなく自己署名証明書を出力します。出力した自己署名証明書はルート CA での使用に適しています。

-days *number*
自己署名証明書を生成する場合に、その証明書の有効期間の日数を指定します。

-extensions *section*
設定ファイル内で、自己署名証明書に含める拡張が記述されているセクションの名前を指定します。

-reqexts *section*
設定ファイル内で、証明書要求に含める拡張が記述されているセクションの名前を指定します。

- `-asn1-kludge`

  生成する証明書要求に、空の属性セットを含めないようにします。これは不正な形式ですが、一部の CA ソフトウェアで必要となります。この形式が必要だとわかっている場合以外は、このオプションは使用しないことをお勧めします。

- `-newhdr`

  証明書要求を生成するときに、PEM のヘッダ行およびフッタ行に「new」という単語を付加します。これは、たいていのソフトウェアでは必要ありません。

- `-pubkey`‡

  公開鍵を出力します。

- `-subj` *arg* ‡

  新しい証明書要求に対する主体名を設定します。あるいは、証明書要求を処理する際に主体名を置き換えます。arg は、`/type0=value0/type1=value1/type2=...` のような形式でなければなりません。エスケープキャラクタは「\」(バックスラッシュ)で、スペースは無視されます。

- `-set_serial` *n* ‡

  自己署名証明書を出力するときに使うシリアル番号を指定します。10 進、もしくは、0x で始まる 16 進で指定しなければなりません。負のシリアル番号を指定することもできますが、推奨されていません。

- `-utf8` ‡

  フィールドの値を UTF8 形式と見なします。デフォルトでは ASCII 形式と見なします。ターミナルのプロンプトから入力されるか、設定ファイルから読み込まれるかにかかわらず、有効な UTF8 形式でなければなりません。

- `-nameopt` *option* ‡

  主体名または所有者名がどのように表示されるかを決定します。1 つもしくはカンマ区切りで複数の option が指定できます。-nameopt を複数指定しても構いません。詳細は、x509(1) の manpage を参照してください。

- `-batch` ‡

  非対話モード。

- `-verbose` ‡

  実行結果を詳細に出力します。

- `-engine` *id* ‡

  エンジンを ID (表 4.2 を参照) により指定します。これにより、指定されたエンジンへの参照を取得します。必要があれば、エンジンが初期化されます。その場合、すべての可能なアルゴリズムについて、エンジンの設定はデフォルトになります。

設定ファイルのオプション

RANDFILE
: 秘密鍵の生成用として PRNG にシードを渡すのに使われるファイルの名前を指定します。この設定よりも、コマンドラインオプションの rand のほうが優先されます。

input_password
: 入力として使う秘密鍵に対して使用するパスワードを指定します。この設定よりも、コマンドラインオプションの passin のほうが優先されます。

output_password
: 生成した秘密鍵の暗号化に使うパスワードを指定します。この設定よりも、コマンドラインオプションの passout のほうが優先されます。

default_bits
: RSA 鍵を生成する場合に、デフォルトの鍵長を指定します。この設定よりも、コマンドラインオプションの newkey のほうが優先されます。

default_keyfile
: 生成した秘密鍵の出力先のファイル名を指定します。この設定よりも、コマンドラインオプションの keyout のほうが優先されます。

encrypt_key, encrypt_rsa_key
: このキーの値を no に設定すると、生成される秘密鍵は暗号化されません。この設定は、コマンドラインオプションの nodes を指定するのと同等です。

default_md
: 証明書および証明書要求の署名に使うデフォルトのメッセージダイジェストアルゴリズムを指定します。この設定よりも、コマンドラインオプションの md2、md5、mdc2、および sha1 のほうが優先されます。

oid_file
: OID の定義が格納されたファイルの名前を指定します。このファイルは、1つの行が1つの OID の定義を表し、各行は3つの列で構成されるという形式になっている必要があります。1列目は OID を数値で表したものです。2列目は OID の短縮名、3列目は OID の長い名前です。短縮名は、アルファベットの大文字および小文字のみを使った単語一語である必要があります。

oid_section
: 設定ファイル内で、OID の定義が記述されているセクションの名前を指定します。このセクションは、キー名が OID の短縮名、それに対応する値が OID の数値表現である必要があります。OID がこのように定義されている場合、短縮名と長い名前は同じになります。

string_mask
: この設定を使うと、特定のフィールドで特定の種類の文字列を除外することができます。通常はデフォルト設定のままで問題なく、変更は必要ありません。

req_extensions
: 設定ファイル内で、証明書要求に含める拡張が記述されているセクションの名前を指定します。この設定よりも、コマンドラインオプションの reqexts のほうが優先されます。

x509_extensions
: 設定ファイル内で、自己署名証明書に含める拡張が記述されているセクションの名前を指定します。この設定よりも、コマンドラインオプションの extensions が優先されます。

prompt
: このキーの値を no に設定すると、識別名の情報の入力を求めるプロンプトがすべて省略されます。また、distinguished_name キーで指定したセクションの解釈のされ方が変わります。

attributes
: 生成する証明書要求に含めるべき属性が記述されているセクションの名前を指定します。

distinguished_name
: 生成する証明書要求に含めるべきフィールドが記述されているセクションの名前を指定します。

メモ

設定ファイルの attributes キーおよび distinguished_name キーで指定したセクションが取り得る形式は2つあり、どちらにするかは prompt キーの設定に応じて変わります。プロンプトを無効にしている場合、これらのセクションは、各キーを証明書要求に含めるフィールドの名前、そのキーに対応する値をそのフィールドの値、という形式にします。これが最も簡単な形式です。

プロンプトを有効にしている場合は、生成する証明書要求に含めるフィールド1つにつき4つのキーを記述する必要があります。各キーは、フィールド名をベースとしたものになっています。フィールド名を単独でそのまま使ったキーは、ユーザに表示されるプロンプトを表します。残りの3つのキーは、フィールド名の後ろに「_default」、「_min」、「_max」と付け加えた名前になっています。これら各フィールドに対応する値は、生成する証明書要求におけるそのフィールドのデフォルト値、ユーザが入力できるデータの最小長、ユーザが入力できるデータの最大長をそれぞれ表します。

フィールドによっては、1つの識別名に同じフィールドを複数含めることができるものもあります。しかし、この設定ファイルの指定方式では、同じ名前のフィールドを複数指定することはできません。この状況に対処するため、フィールド名の先頭に、いくつかの文字およびピリオドを付加しておくことができます。こうすると、先頭の文字からピリオドまではすべて無視されるため、設定ファイルに同じフィールドの定義を複数指定することができ、かつ生成される証明書要求では適切なフィールド名の部分だけが使われることになります。例えば、設定ファイルで`1.organizationName`と`2.organizationName`という2つのフィールドを指定しておくと、設定ファイル上では両者は別個の定義として扱われますが、生成される証明書要求には`organizationName`という名前のフィールドが2つ含まれます。

rsa

`rsa`コマンドを用いて、RSA秘密鍵の操作やその中身の確認を行うことができます。例えば、秘密鍵への暗号化および復号や、すでに施されている暗号化方式の変更を行うことができます。また、秘密鍵から公開鍵を計算するのにも使うことができます。

オプション

- `-in` *filename*

    RSA秘密鍵の読み込み元のファイル名を指定します。このファイルを指定しなかった場合は標準入力が使用されます。

- `-inform DER|NET|PEM`

    入力として読み込む鍵の形式を、DER、NET、PEMのいずれかで指定します。このオプションを省略した場合、デフォルトの形式はPEMです。

- `-out` *filename*

    このコマンドの出力先のファイル名を指定します。このオプションを省略した場合は標準出力が使用されます。

- `-outform DER|NET|PEM`

    出力する鍵の形式を、DER、NET、PEMのいずれかで指定します。このオプションを省略した場合、デフォルトの形式はPEMです。

- `-pubin`

    入力する鍵を公開鍵と見なします。

- `-pubout`

    出力する鍵を公開鍵と見なします。

- **-passin** *password*

    入力鍵の復号に使うパスワードを指定します。このオプションは、第2章で解説したパスワードとパスフレーズの指定方法の規則に従って指定します。

- **-passout** *password*

    出力鍵の暗号化に使うパスワードを指定します。このオプションは、第2章で解説したパスワードとパスフレーズの指定方法の規則に従って指定します。

- **-des, -des3, -idea**

    秘密鍵の暗号化に使う方式を指定します。このオプションを省略した場合、秘密鍵は暗号化なしで出力されます。

- **-noout**

    DER形式またはPEM形式での鍵の出力を行わないようにします。

- **-text**

    入力した鍵（公開鍵または秘密鍵）を、人間が読んで意味のわかる形式で出力します。

- **-modulus**

    公開鍵の法（モジュロ）を出力します。

- **-check**

    RSA秘密鍵の整合性をチェックする場合にこのオプションを指定します。

- **-sgckey**

    出力する鍵の形式を、一部のバージョンのMicrosoft IISや古いNetscapeサーバで使われているような、改変が加えられたNET形式とします。この形式はあまり安全ではないので、必要な場合に限って使用するようにしましょう。

- **-engine** *id*[‡]

    エンジンをID（表4.2を参照）により指定します。これにより、指定されたエンジンへの参照を取得します。必要があれば、エンジンが初期化されます。その場合、すべての可能なアルゴリズムについて、エンジンの設定はデフォルトになります。

メモ

sgckeyオプションを使って秘密鍵を生成する場合、現時点ではpassoutオプションは無視されます。また、改変が加えられていないNET形式の秘密鍵のなかには、このコマンドでは読み込めないものが一部あります。追加的なデータが含まれている鍵の場合です。こうした鍵をこのコマンドで使うには、その鍵のファイルをバイナリエディタで開き、0x30、0x82というバイト列より前のデータをすべて削除してみてください。ただし、このバイト列自体は削除しないでください。生成するファイルに含める必要があるからです。

rsautl

rsautlコマンドを用いて、RSA鍵を使った暗号化や署名を行うことができます。具体的には、データの暗号化および復号や、署名の作成および検証を行うことができます。

オプション

- **-in** *filename*

    データの読み込み元のファイル名を指定します。このオプションを省略した場合は標準入力が使用されます。

- **-inkey** *filename*

    使用する公開鍵または秘密鍵が格納されているファイル名を指定します。デフォルトでは、秘密鍵が格納されているファイルを指定する必要がありますが、pubinオプションまたはcertinオプションが指定されている場合は別です。

- **-pubin**

    このオプションを指定すると、inkeyオプションで指定したファイルには公開鍵が格納されているという意味になります。

- **-certin**

    このオプションを指定すると、inkeyオプションで指定したファイルには証明書が格納されており、その中に公開鍵が入っているという意味になります。

- **-out** *filename*

    データの出力先のファイル名を指定します。このオプションを省略した場合は標準出力が使用されます。

- **-hexdump**

    出力データの形式を16進ダンプ形式にします。

- **-asn1parse**

    出力データをASN.1形式に沿って解析されたものとし、asn1parseコマンドと同じ形式で出力します。

- **-sign**

    入力データに署名し、その結果を出力します。署名には秘密鍵が必要です。なお、署名ではRSAアルゴリズムが直接使用されるため、署名できるのは少量のデータだけです。

- **-verify**

    入力データを署名として解釈し、その検証を行います。署名されていた入力データの元々のデータが出力されます。検証には、データの署名に使われた秘密鍵と対になる公開鍵が必要です。

-encrypt

　　入力データを暗号化します。暗号化には公開鍵が必要です。

-decrypt

　　入力データを復号します。復号に使用する秘密鍵は、暗号化に使われた公開鍵と対になるものである必要があります。

-pkcs, -oaep, -ssl, -raw

　　使用するパディングの種類を指定します。各オプションは、それぞれ、PKCS#1 v1.5、PKCS#1 OAEP、SSLv2 互換のパディングあり、パディングなし、の意味です。デフォルトでは、PKCS#1 v1.5 のパディングありが使用されます。

s_client

s_client コマンドでは、シンプルな SSL クライアントを実現でき、SSL 対応のサーバへの接続に使うことができます。この機能は、標準的な Telnet プログラムとさほど違いません。ただし、Telnet プロトコルをサポートしているわけではありません。このコマンドは、主に、SSL 対応サーバの構築および設定を行う際の診断ツールとして使用します。

オプション

-connect *host:port*

　　コネクションを確立する相手のホストおよびポートを指定します。ホストとポートの間はコロンで区切ります。ホストは IP アドレスとホスト名のどちらでも指定できます。ポートはポート番号とサービス名のどちらでも指定できます。このオプションを省略した場合は、「`127.0.0.1:443`」が使用されます。

-cert *filename*

　　コネクションに使う証明書が格納されたファイル名を指定します。サーバから要求された場合には、この証明書が使われます。

-key *filename*

　　コネクションに使う証明書と対になる秘密鍵が格納されたファイル名を指定します。このオプションを指定せず、かつサーバから証明書を要求された場合には、証明書と同じファイルに秘密鍵が入っているものと見なされます。

-verify *depth*

　　証明書チェーンの最大の深さを指定します。このオプションを使うと、サーバ証明書が検証され、指定した数より多くの証明書がチェーンに含まれている場合に検証は失敗となります。サーバ証明書の検証が失敗した場合でも、コネクションを先へ進めることは可能です。

-CAfile *filename*
: 信頼されている証明書（verifyオプションを指定している場合にサーバ証明書の検証に使う証明書）が1つまたは複数格納されているファイルの名前を指定します。

-CApath *directory*
: 信頼されている証明書（verifyオプションを指定している場合にサーバ証明書の検証に使う証明書）が格納されているディレクトリの名前を指定します。各証明書ファイルは、1つのファイルにつき1つの証明書が含まれるものとし、各ファイルの名前は、証明書の発行者名のハッシュに「.0」という拡張子を付けたものとする必要があります。

-reconnect
: サーバとの間で、同じセッションIDを使って5回コネクションを確立します。このオプションは、サーバ上でセッションのキャッシュがきちんと機能していることを確認するための診断ツールです。

-pause
: 読み込みと書き込みの各処理の間に1秒の待ち時間を置きます。

-showcerts
: サーバ証明書の1つだけでなく、サーバ証明書チェーンに含まれる各証明書をすべて表示します。

-prexit
: コネクションを終了するときにセッション情報を出力させます。セッション情報は、コネクションが失敗した場合でも表示されます。コネクションが失敗した場合、このオプションで出力される内容のなかに不正確なものが含まれていることがあります。

-state
: SSLセッション状態を出力させます。

-debug
: 膨大なデバッグ情報（すべての通信の16進ダンプなど）を表示させます。

-nbio_test
: 非ブロッキングI/Oのテストを実行します。

-nbio
: 非ブロッキングI/Oを有効化します。

-crlf
: 単なる改行（LF）を、復帰および改行（CR + LF）に変換します。一部のサーバではこれが必要となります。

-ign_eof
: 標準入力でファイルの末端（EOF）に達したときに、コネクションがシャットダウンされないようにします。

-quiet
: セッションおよび証明書の情報を出力しないようにします。このオプションを設定すると、ign_eof オプションもあわせて有効化されます。

-ssl2, -ssl3, -tls1, -no_ssl2, -no_ssl3, -no_tls1
: サーバとの間でコネクション確立を試みるときに使用する SSL プロトコルのバージョンを 1 つまたは複数指定します。デフォルトではすべてのプロトコルが有効化されています。

-bugs
: SSL および TLS サーバのさまざまな実装に含まれている既知のバグに対処するための回避策を有効化します。

-cipher *list*
: クライアントがサポートしている暗号スイートの一覧をサーバに伝えるためのリストを指定します。サーバは、通常、リストの先頭に記述されている暗号スイートを使うので、リストに複数の暗号スイートを指定する場合には、自分が希望する順に並べておく必要があります。

-rand *filename*
: PRNG にシードを渡すのに使う、1 つまたは複数のファイルの名前を指定します。このオプションは、第 2 章で解説した規則に従って指定します。

-msg[‡]
: すべてのプロトコルメッセージを 16 進ダンプ形式で表示します。

-starttls *protocol*[‡]
: TLS による通信へと移行するプロトコル固有のメッセージを送信します。protocol には、目的のプロトコルを示すキーワードを指定します。本書執筆時点で、smtp と pop3 がサポートされています。

-engine *id*[‡]
: エンジンを ID（表 4.2 を参照）により指定します。これにより、指定されたエンジンへの参照を取得します。必要があれば、エンジンが初期化されます。その場合、すべての可能なアルゴリズムについて、エンジンの設定はデフォルトになります。

メモ

コネクションが確立された状態では、サーバから受信したデータはすべて標準出力に出力され、標準入力から読み込まれたデータはすべてサーバに送信されます。quiet

と ign_eof のいずれのオプションも指定していない場合は、クライアントは対話モードで動作します。このモードでは、行が大文字のRで始まる場合にはセッションの再ネゴシエーションが行われ、行が大文字のQで始まる場合にはコネクションがシャットダウンされます。

s_server

s_server コマンドでは、シンプルなSSLサーバを実現でき、SSLクライアントの構築、設定、およびデバッグを行うときの診断ツールとして使うことができます。

オプション

-accept *port*
 接続をリスンするポートを指定します。このオプションを省略した場合は、デフォルトである 4433 が使われます。

-context *ID*
 SSLのコンテキストIDとして使用する文字列を指定します。

-cert *filename*
 使用する証明書が格納されているファイル名を指定します。このオプションを指定しなかった場合は、コマンドラインツールが実行されたディレクトリに server.pem というファイルがあるかどうか検索され、それが使用されます。

-key *filename*
 使用する秘密鍵が格納されているファイルの名前を指定します。この秘密鍵は、使用する証明書と対になるものである必要があります。このオプションを指定しなかった場合には、証明書と同じファイルに秘密鍵が入っているものと見なされます。

-dcert *filename*
 サーバが使用できる追加的な証明書が格納されているファイル名を指定します。これは、クライアントとの接続用として RSA 鍵と DSA 鍵の両方を用意するのに有用です。このオプションを指定しなかった場合のデフォルトはありません。

-dkey *filename*
 dcert オプションで指定した証明書と対になる秘密鍵が格納されたファイル名を指定します。dcert オプションを指定して、このオプションを指定しなかった場合には、証明書と同じファイルに秘密鍵が入っていなければなりません。

-nocert
 証明書を使用しないようにします。このオプションを指定すると、使用できる暗号化方式が著しく制限されます。具体的には、匿名 DH モードだけを使うことが

できます。証明書なしでサーバを稼働すると、実際のセキュリティはほとんどない状態となります。

- **-dhparam** *filename*

    DH パラメータを含むファイルの名前を指定します。このパラメータは、一時的 DH による鍵の生成に使われます。このオプションを指定しなかった場合には、サーバの証明書と同じファイル内で DH パラメータが検索されます。

- **-no_dhe**

    一時的 DH の使用を無効化します。このオプションを指定した場合、DH パラメータの検索は行われません。

- **-no_tmp_rsa**

    一時的 RSA の使用を無効化します。

- **-verify** *depth*

    クライアントに対して証明書を要求し、その検証を行うようにします。クライアントが証明書を送ってこなかった場合でも、コネクションを先へ進めることは可能です。クライアントの証明書チェーンは、指定された深さ以上であってはなりません。

- **-Verify** *depth*

    クライアントに対して証明書を要求し、その検証を行うようにします。クライアントが証明書を送ってこなかった場合、コネクションを先へ進めることは不可能です。クライアントの証明書チェーンは、指定された深さ以上であってはなりません。

- **-CAfile** *filename*

    信頼されている証明書（クライアントに要求した証明書が送られてきた場合にその検証に使う証明書）が格納されているファイルの名前を指定します。

- **-CApath** *directory*

    信頼されている証明書（クライアントに要求した証明書が送られてきた場合にその検証に使う証明書）が格納されているディレクトリの名前を指定します。このディレクトリ内の各証明書ファイルは、1 つのファイルにつき 1 つの証明書が含まれるものとし、各ファイルの名前は、証明書の発行者名のハッシュに「.0」という拡張子を付けたものとする必要があります。

- **-state**

    SSL セッション状態を出力させます。

- **-debug**

    膨大なデバッグ情報（全通信の 16 進ダンプなど）を表示させます。

- **-nbio_test**

    非ブロッキング I/O のテストを実行します。

-nbio
: 非ブロッキングI/Oを有効化します。

-crlf
: 単なる改行（LF）を、復帰および改行（CR + LF）に変換します。一部のサーバではこれが必要となります。

-quiet
: セッションおよび証明書の情報を出力しないようにします。

-ssl2, -ssl3, -tls1, -no_ssl2, -no_ssl3, -no_tls1
: サーバがサポートすべきSSLプロトコルのバージョンを1つまたは複数指定します。デフォルトではすべてのプロトコルが有効化されています。

-bugs
: SSLおよびTLSサーバのさまざまな実装に含まれている既知のバグに対処するための回避策を有効にします。

-hack
: 非常に古い一部のバージョンのNetscapeで必要な、追加的な回避策を有効にします。

-cipher list
: サーバがサポートしている暗号スイートの一覧をクライアントに伝えるリストを指定します。通常、サーバがどの暗号スイートを使うかは、クライアントから受信したリストの順序に応じて決まるので、このオプションで指定するリストの暗号スイートの順序は無視されます。

-rand filename
: PRNGにシードを渡すのに使う、1つまたは複数のファイルの名前を指定します。このオプションは、第2章で解説した規則に従って指定します。

-www
: クライアントが接続したときに、HTML形式のステータスメッセージをクライアントに送ります。

-WWW
: 単純なHTTPサーバ機能をエミュレートさせるようにします。要求されたページは、サーバが起動されたディレクトリからの相対パスで解釈されます。

-msg [‡]
: すべてのプロトコルメッセージを16進ダンプ形式で表示します。

-HTTP [‡]
: シンプルなWebサーバをエミュレートします。カレントディレクトリからの相対参照でページが解決されます（例えば、https://myhost/page.html という

URLがリクエストされたら、./page.htmlが読み込まれます)。読み込まれるファイルは、完全かつ正確なHTTPの応答を含むものと仮定します (HTTP応答ヘッダの各行はCR+LFで終端されていなければなりません)。

-engine *id* ‡

エンジンをID (表4.2を参照) により指定します。これにより、指定されたエンジンへの参照を取得します。必要があれば、エンジンが初期化されます。その場合、すべての可能なアルゴリズムについて、エンジンの設定はデフォルトになります。

-id_prefix *arg* ‡

SSL/TLSのセッションを、argで指定されたIDで生成します。複数のサーバ (ある種のプレフィックスのような、それぞれが一意の範囲のセッションIDを生成するもの) の間で動作させるSSL/TLSのコードをテストする際などに利用します。

メモ

クライアントとのコネクションが確立された状態で、かつwwwオプションとWWWオプションのいずれも指定していない場合には、サーバは対話モードで動作し、クライアントから受信したデータはすべて表示され、標準入力から入力されたデータはすべてクライアントに送信されます。加えて、標準入力からの入力の一部がコマンドとして認識されます。表A.2はその一覧です。これらは、行の先頭で入力された場合のみコマンドとして認識されます。

▼表A.2 サーバが認識するコマンド

コマンド	サーバが実行する処理
q	現在のコネクションを終了するが、新しいコネクションは引き続き受け入れる
Q	サーバを終了する
r	SSLセッションを再ネゴシエーションする
R	SSLセッションを再ネゴシエーションし、クライアント証明書を要求する
P	下位層のTCP接続に平文を送る。これはプロトコル違反であり、クライアントが切断するはずである
S	セッションキャッシュステータス情報を表示する

s_time

s_timeコマンドにより、SSL対応のサーバに接続してOpenSSLライブラリのSSLプロトコルの実装のパフォーマンスを測定できます。

オプション

- **-cipher** *cipher*

    使用する暗号スイートを指定します。利用可能な暗号スイートのリストを取得するには、`ciphers` コマンドを使います。

- **-time** *seconds*

    タイミング情報を最大何秒間集めるかを指定します。このオプションを省略した場合のデフォルトは30秒です。

- **-nbio**

    非ブロッキング I/O を使ってタイミングテストを実行します。

- **-ssl2**

    SSLv2 のみを使ってタイミングテストを実行します。

- **-ssl3**

    SSLv3 のみを使ってタイミングテストを実行します。

- **-bugs**

    SSL のバグへの対処を有効化します。

- **-new**

    新しいコネクションのみを利用してタイミングテストを実行します。

- **-reuse**

    コネクションを再利用してタイミングテストを実行します。

- **-verify** *depth*

    通信相手の証明書の検証を有効化し、指定した深さまで検証します。

- **-cert** *filename*

    使用する証明書が格納されているファイルの名前を指定します。その証明書は PEM 形式であるものとします。

- **-key** *filename*

    使用する秘密鍵が格納されているファイル名を指定します。その鍵は PEM 形式であるものとします。

- **-CAfile** *filename*

    信頼されている証明書（通信相手の証明書の検証に使う証明書）が PEM 形式で1つまたは複数格納されているファイル名を指定します。

- **-CApath** *directory*

    信頼されている証明書（通信相手の証明書の検証に使う証明書）が格納されているディレクトリ名を指定します。そのディレクトリ内の各証明書ファイルは、証明書の発行者名のハッシュ値に「`.0`」という拡張子を付けたファイル名である必要があります。1つのファイルに含まれる証明書は1つだけとします。

- connect *host*:*port*

    コネクションを確立する相手のホストおよびポートを指定します。ホストとポートの間はコロンで区切ります。ホストはIPアドレスとホスト名のどちらでも指定できます。ポートはポート番号とサービス名のどちらでも指定できます。

- www *url*

    データの取得元のURLを指定します。このオプションはconnectオプションの代わりとなるものではありません。つまり、URLに含まれているアドレスはコネクションの確立には使われません。HTTP 1.0のGET要求でサーバに渡されるだけです。

sess_id

sess_idコマンドは、人間が読んで意味のわかる形式でSSLセッション情報を表示できる診断ツールです。

オプション

- in *filename*

    セッション情報が格納されたファイルの名前を指定します。このオプションを省略した場合は標準入力が使用されます。

- inform DER|PEM

    入力するセッション情報の形式をDERまたはPEMで指定します。このオプションを省略した場合、デフォルトの形式はPEMです。

- out *filename*

    このコマンドの出力先のファイル名を指定します。このオプションを省略した場合は標準出力が使用されます。

- outform DER|PEM

    出力するセッション情報の形式をDERまたはPEMで指定します。このオプションを省略した場合、デフォルトの形式はPEMです。

- noout

    DER形式またはPEM形式でのセッション情報の出力を行わないようにします。

- text

    入力されたセッション情報を、人間が読んで意味のわかる形式に変換したものを出力します。

- cert

    セッション情報に証明書が含まれている場合に、それを出力します。

-context *ID*
: 出力されるセッション情報で使用するセッション ID を指定します。この ID には任意の文字列を指定できます。

smime

smime コマンドを用いて、S/MIME 形式のメッセージの暗号化、復号、署名、および検証を行うことができます。S/MIME のバージョン 2 までをサポートしており、S/MIME をネイティブにサポートしていないメールエージェントを S/MIME に対応させることができます。

オプション

-in *filename*
: データの読み込み元のファイル名を指定します。このオプションを省略した場合は標準入力がデフォルトで使用されます。

-inform DER|PEM|SMIME
: 入力データの形式を指定します。このオプションを省略した場合、SMIME がデフォルトで使用されます。このオプションは、データを暗号化または署名する場合には無視されます。

-out *filename*
: データの出力先のファイル名を指定します。このオプションを省略した場合は標準出力がデフォルトで使用されます。

-outform DER|PEM|SMIME
: 出力データの形式を指定します。このオプションを省略した場合、SMIME がデフォルトで使用されます。このオプションは、データを復号または検証する場合には無視されます。

-encrypt
: 入力データを暗号化します。

-decrypt
: 入力データを復号します。

-sign
: 入力データに署名します。

-verify
: 入力データを検証します。

-pk7out
: 入力データを、PEM 符号化された PKCS#7 データとして出力します。

- `-content` *filename*
    分離署名が格納されているファイルの名前を指定します。このオプションが有効なのは、データを検証する場合のみです。
- `-text`
    入力データを暗号化または署名する場合は、出力データに `text/plain` というMIMEヘッダを追加します。入力データを復号または検証する場合は、入力データから `text/plain` というMIMEヘッダを取り除きます。
- `-CAfile` *filename*
    検証で使用する、信頼されている証明書が格納されているファイル名を指定します。
- `-CApath` *directory*
    検証で使用する、信頼されている証明書が格納されているディレクトリ名を指定します。このディレクトリ内の各証明書ファイルは、1つのファイルにつき1つの証明書が含まれるものとし、各ファイルの名前は、証明書の発行者名のハッシュに「`.0`」という拡張子を付けたものとする必要があります。
- `-nointern`
    データを検証する際に、データに含まれている証明書を信頼できないものと見なします。
- `-noverify`
    署名済みメッセージの署名者の証明書を検証しません。
- `-nochain`
    署名者の証明書チェーンの検証を行いません。
- `-nosigs`
    入力データに付いている署名の検証を試みません。
- `-nocerts`
    署名を行う場合に、署名したデータに証明書を含めません。
- `-noattr`
    署名を行う場合に、通常の署名時のような属性を出力データに含めません。
- `-binary`
    標準的な形式への変換を行いません。
- `-nodetach`
    データに署名する際に、不透明な署名 (opaque signing) を使用します。このオプションを使用する場合、このメッセージを処理するメールエージェントがすべてS/MIME対応でなければなりません。このオプションを指定しない場合は、MIMEタイプ `multipart/signed` による平文の署名が使われます。

-certfile *filename*
: 証明書が1つまたは複数格納されているファイルの名前を指定します。署名を行う場合には、署名したデータにこれらの証明書が含められます。検証を行う場合には、これらの証明書のなかから署名者の証明書が検索されます。

-signer *filename*
: 署名を検証する場合は、署名者の証明書の出力先となるファイル名を指定します。署名を行う場合は、署名者の証明書が格納されているファイルを指定します。

-recip *filename*
: 受信者の証明書が格納されているファイルの名前を指定します。この証明書は、データの受信者のいずれかに対応するものでなければなりません。

-inkey *filename*
: データの署名または復号を行う場合に、使用する秘密鍵が格納されているファイル名を指定します。この秘密鍵は、証明書に含まれている公開鍵に対応するものでなければなりません。このオプションを省略した場合、recipオプションまたはsignerオプションで指定した証明書ファイルに秘密鍵が含まれていなければなりません。

-passin *password*
: データの署名または復号を行う場合に、秘密鍵の復号に必要なパスワードまたはパスフレーズを指定します。このオプションは、第2章で解説した、パスワードとパスフレーズの指定方法の規則に従って指定します。

-rand *filename*
: PRNGにシードを渡すのに使う、1つまたは複数のファイルの名前を指定します。このオプションは、第2章で解説した規則に従って指定します。

-to *recipient*
: 受信者のアドレスを指定します。このオプションを指定した場合、その内容はヘッダの一部として、暗号化または署名されたデータの外側に含められます。

-from *sender*
: 送信者のアドレスを指定します。このオプションを指定した場合、その内容はヘッダの一部として、暗号化または署名されたデータの外側に含められます。

-subject *subject*
: メッセージの件名を指定します。このオプションを指定した場合、その内容はヘッダの一部として、暗号化または署名されたデータの外側に含められます。

メモ

　メッセージを暗号化する場合には、受信者の証明書がPEM形式で格納されているファイルの名前もコマンドラインで指定する必要があります。ほかのすべてのオプションを自由な順番で指定した後で、受信者の証明書ファイル名を最後に指定してください。

　このコマンドを使ってS/MIMEメッセージを送信するときには、メッセージのヘッダと、このコマンドの出力との間に、空白行が挿入されないようにすることが重要です。メールプログラムのなかには空白行を追加するものもあるので、それを防ぐよう注意が必要です。

　このコマンドで署名する場合には、1つのメッセージにつき一人の署名者しか対応できません。一方、署名されているメッセージを検証する場合には、複数の署名者による署名にも対応しています。S/MIMEクライアントのなかには、複数の署名者により署名されたメッセージをうまく扱えないものもあります。すでに署名されているメッセージをさらに署名するという方法で、同様の効果をもたらすことは可能です。

　このコマンドの終了コード（Windowsではエラーレベル）は、コマンドで要求された処理の状況に応じて設定されます。終了コードの意味は以下のとおりです。

0. 処理は正常に終了した
1. コマンドのオプションを解析するときにエラーが発生した
2. いずれかの入力ファイルが読み込めなかった
3. PKCS#7ファイルの作成か、またはMIMEメッセージの読み込みでエラーが発生した
4. メッセージの復号または検証でエラーが発生した
5. メッセージの検証は正常に終了したが、署名者の証明書を出力するときにエラーが発生した

speed

　speedコマンドを用いて、OpenSSLのcryptoライブラリのパフォーマンスを計測できます。OpenSSLがサポートする暗号化方式のベンチマークテストを実行して、速度を報告します。

オプション

-engine id

　エンジンをID（表4.2を参照）により指定します。これにより、指定されたエンジンへの参照を取得します。必要があれば、エンジンが初期化されます。その場合、すべての可能なアルゴリズムについて、エンジンの設定はデフォルトになります。

メモ

このコマンドを使うときには、テストする対象のアルゴリズムを引数で指定します。引数を指定しなかった場合は、すべてのアルゴリズムがテストされます。指定できるアルゴリズムは、md2、mdc2、md5、hmac、sha1、rmd160、idea-cbc、rc2-cbc、rc5-cbc、bf-cbc、des-cbc、des-ede3、rc4、rsa512、rsa1024、rsa2048、rsa4096、dsa512、dsa1024、dsa2048、idea、rc2、des、rsa、blowfishです。

spkac

spkacコマンドを用いて、NetscapeのSPKAC（Signed Public Keys and Challenge）形式のファイルの作成、確認、および操作を行うことができます。

オプション

-in *filename*
: データの読み込み元のファイル名を指定します。このオプションを省略した場合は、標準入力がデフォルトで使用されます。

-out *filename*
: データの出力先のファイル名を指定します。このオプションを省略した場合は、標準出力がデフォルトで使用されます。

-passin *password*
: 秘密鍵が必要な場合に、その復号に使うパスワードまたはパスフレーズを指定します。このオプションは、第2章で解説した、パスワードとパスフレーズの指定方法の規則に従って指定します。

-key *filename*
: SPKACファイルを作成する場合に、使用する秘密鍵が格納されているファイル名を指定します。このオプションを指定した場合、in、noout、spksect、verifyの各オプションは無視されます。

-challenge *string*
: 作成するSPKACファイルに含めるチャレンジ文字列を指定します。

-spkac *name*
: SPKACを含む変数の別名を指定します。このオプションを省略した場合、「SPKAC」という名前がデフォルトで使用されます。このオプションは、生成されるSPKACファイルと入力するSPKACファイルの両方に影響します。

-spksect *section*
: SPKACを含むセクションの別名を指定します。このオプションを省略した場合、デフォルトセクションがデフォルトで使用されます。

-noout
: SPKACファイルを出力しません。

-pubkey
: SPKACの公開鍵を出力します。

-verify
: 指定されたSPKACの署名を検証します。

-engine *id*‡
: エンジンをID（表4.2を参照）により指定します。これにより、指定されたエンジンへの参照を取得します。必要があれば、エンジンが初期化されます。その場合、すべての可能なアルゴリズムについて、エンジンの設定はデフォルトになります。

verify

verifyコマンドを用いて、X.509証明書の有効性を検証できます。このコマンドでは、証明書に対する包括的なチェックが行われ、証明書チェーンの各証明書に対する検証も含まれます。

オプション

-CAfile *filename*
: 信頼されている証明書が1つまたは複数格納されているファイルの名前を指定します。

-CApath *directory*
: 信頼されている証明書が格納されているディレクトリの名前を指定します。このディレクトリ内の各証明書ファイルは、1つのファイルにつき1つの証明書が含まれるものとし、各ファイルの名前は、証明書の発行者名のハッシュに「.0」という拡張子を付けたものとする必要があります。

-untrusted *filename*
: 信頼されていない証明書が1つまたは複数格納されているファイルの名前を指定します。

-purpose *purpose*
: 検証する証明書の用途を指定します。このオプションを省略した場合、証明書チェーンの検証は行われません。指定できる名前は、sslclient、sslserver、nssslserver、smimesign、smimeencryptです。

-issuer_checks
: 発行者の証明書の検索に関連する診断メッセージを表示します。

-verbose
: 実行している処理に関する詳しい情報を表示します。

-help[‡]
: ヘルプメッセージを出力します。

certificates[‡]
: 1つもしくは複数の証明書を検証します。証明書のファイル名が指定されない場合は、標準入力から証明書を読み込みます。すべて PEM 形式でなければなりません。

メモ

「-」(ダッシュ)だけを指定した引数はマーカと解釈され、それ以降の各引数は検証対象の証明書が格納されているファイル名だと見なされます。ダッシュを省略することも可能ですが、ファイル名自体がダッシュで始まる場合には有用です。また、オプションでなく、かつオプションのパラメータでもない引数は、それぞれ検証対象の証明書が格納されたファイル名として解釈されます。

version

version コマンドを用いて、インストールされている OpenSSL のバージョンに関する情報が表示されます。

オプション

-a
: すべてのバージョン情報を出力します。このオプションを指定するのは、これ以外のオプションをすべて指定するのと同等です。

-b
: OpenSSL がビルドされた日付を出力します。

-c
: OpenSSL のビルドで使用されたコンパイルフラグを出力します。これらはコンパイラ固有のフラグです。

-o
: OpenSSL のビルドで使用されたコンパイル時オプションを出力します。これらは、組み込まれている機能を制御するための、OpenSSL 固有のオプションフラグです。

-p
: OpenSSL がどのプラットフォーム向けにビルドされたかを出力します。

-v
OpenSSL のバージョンを出力します。

-d ‡
OPENSSLDIR の設定を出力します。

x509

x509 コマンドを用いて、X.509 証明書の作成、確認、および操作を行うことができます。これは複雑なコマンドで、数多くのオプションを指定できます。ここでは、オプションの機能ごとに、いくつかの節に分けて解説します。

全般的なオプション

-in *filename*
データの読み込み元のファイル名を指定します。入力データとして指定すべきものは、実行する処理の種類に応じて異なりますが、ほとんどの場合には X.509 証明書を指定することになります。このオプションを省略した場合は、標準入力がデフォルトで使用されます。

-inform DER|PEM|NET
入力データの形式を指定します。このオプションを省略した場合のデフォルトは、通常は PEM ですが、実行する処理の種類によっては異なることがあります。

-out *filename*
データの出力先のファイル名を指定します。出力されるのは、通常は X.509 証明書です。このオプションを省略した場合は、標準出力がデフォルトで使用されます。

-outform DER|PEM|NET
出力データの形式を指定します。このオプションを省略した場合のデフォルトは、通常は PEM ですが、実行する処理の種類によっては異なることがあります。

-md2, -md4, -md5, -mdc2, -sha, -sha1, -rmd160, -dss1
署名に使うメッセージダイジェストアルゴリズムを指定します。これらのオプションを省略した場合のデフォルトは、証明書および証明書要求に含まれるのが RSA 鍵のときには MD5 が使われます。一方、証明書および証明書要求に含まれるのが DSA 鍵のとき、コマンドラインでどのアルゴリズムを指定したかにかかわらず、常に DSS1 が使用されます。

表示オプション

-noout
符号化された形式の証明書の出力を行いません。

-text
　証明書を、人間が読んで意味のわかる形式で出力します。

-modulus
　証明書に含まれる公開鍵の法（モジュロ）の値を出力します。

-serial
　証明書のシリアル番号を出力します。

-hash
　証明書の発行者名のハッシュを出力します。このハッシュ値は、CApath オプションでディレクトリを指定できるコマンドで、そのディレクトリ内の証明書の名前として使用されます。

-subject
　証明書の所有者名を出力します。

-issuer
　証明書の発行者名を出力します。

-nameopt *option*
　所有者名または発行者名の表示方法を指定します。このオプションは複数指定することもできます。有効なオプションおよびその意味については、この後の「名前表示のオプション」の節を参照してください。

-email
　証明書に1つまたは複数のアドレスが含まれている場合に、それを出力します。

-startdate
　証明書の有効期間の開始日を出力します。

-enddate
　証明書の有効期間の終了日を出力します。

-dates
　証明書の有効期間の開始日および終了日を出力します。

-checkend *seconds*
　このオプションで指定した秒数以内に証明書の有効期限が切れるかどうかを調べます。

-pubkey
　証明書の公開鍵を PEM 形式で出力します。

-fingerprint
　証明書のフィンガープリント（証明書全体を DER 形式で表したもののダイジェスト）を出力します。

- -C
    - Cのコード形式で証明書を出力します。
- -certopt *option* ‡
    - -textと一緒に使われ、出力形式をカスタマイズできます。optionには、「,」（カンマ）区切りで複数の項目を指定できます。複数の項目を設定するのに、-certoptを繰り返し指定しても構いません。さらに詳細な情報は、OpenSSLのドキュメントを参照してください。

信頼性に関するオプション

本節で解説する信頼性に関するオプションは実験的なもので、将来のバージョンのOpenSSLで変更になる可能性があります。ここに掲載する情報は、OpenSSLのバージョン0.9.6現在のものです。

- -trustout
    - 信頼されている証明書を出力します。x509コマンドでは、信頼されている証明書と信頼されていない証明書のどちらも入力として受け入れられますが、通常は、信頼されていない証明書だけが出力されます。証明書の信頼性の設定が変更されている場合には、このオプションを指定したかどうかにかかわらず、信頼されている証明書が自動的に出力されます。
- -alias
    - 証明書の別名を出力します。厳密には、これは表示オプションですが、信頼性のオプションに入れておきました。証明書の別名は信頼性の設定の1つだからです。
- -setalias *alias*
    - 証明書の別名を指定します。証明書をその別名で参照できるようにします。
- -purpose
    - 証明書の拡張に対して一連のテストを実行し、その結果を出力します。
- -clrtrust
    - 証明書の用途で、許可または信頼されているものをすべてクリアします。
- -clrreject
    - 証明書の用途で、禁止または拒否されているものをすべてクリアします。
- -addtrust *OID*
    - 許可または信頼されている用途を証明書に追加します。このオプションのパラメータには、OIDの短縮名を使用できます。OpenSSL自体が使用するのはclientAuth、serverAuth、およびemailProtectionのみです。

-addreject *OID*
:   禁止または拒否されている用途を証明書に追加します。このオプションのパラメータには、OIDの短縮名を使用できます。

署名オプション

x509コマンドを用いて、証明書要求に署名することができ、それにより証明書を作成できます。このコマンドを使って、自己署名証明書を作成し、CAのように機能させることができます。

-req
:   入力データを証明書要求として扱います。本節で解説する数多くのオプションで、reqオプションをあわせて指定する必要があります。

-signkey *filename*
:   自己署名証明書の作成に使う秘密鍵が格納されたファイルの名前を指定します。入力データが証明書の場合は、その発行者名が所有者名に設定され、その証明書に含まれる公開鍵に代わって、このオプションで指定した秘密鍵に対応する公開鍵が使用されます。また、証明書の有効期間の開始日は現在の日付に設定され、終了日はdaysオプションをもとに計算されます。一方、入力データが証明書要求の場合には、指定した秘密鍵と、要求に含まれている所有者名を使って、自己署名証明書が作成されます。

-keyform DER|PEM
:   signkeyオプションで指定する鍵の形式を指定します。このオプションを省略した場合のデフォルトはPEMです。

-passin *password*
:   signkeyオプションまたはCAkeyオプションで指定した秘密鍵を復号するのに必要なパスワードを指定します。このオプションは、第2章で解説した、パスワードとパスフレーズの指定方法の規則に従って指定します。

-days *number*
:   証明書の有効期間の日数を指定します。デフォルトは30日です。

-CA *filename*
:   署名に使う証明書が格納されたファイルの名前を指定します。この証明書の所有者名が、作成される証明書の発行者名として使われます。また、作成される証明書は、ここで指定した証明書に対応する秘密鍵で暗号化されます。このオプションは、通常、reqオプションとあわせて使用しますが、既存の自己署名証明書に対して使用することも可能です。

-CAform DER|PEM
: CAオプションで指定した証明書の形式をDERまたはPEMで指定します。このオプションを省略した場合のデフォルトはPEMです。

-CAkey *filename*
: CAオプションで指定した証明書に対応する秘密鍵が格納されたファイル名を指定します。このオプションを省略した場合、秘密鍵は証明書と同じファイルに入っているものと見なされます。

-CAkeyform DER|PEM
: CAkeyオプションで指定した秘密鍵の形式をDERまたはPEMで指定します。このオプションを省略した場合のデフォルトはPEMです。

-CAserial *filename*
: 証明書のシリアル番号の情報が格納されているファイルの名前を指定します。このファイルの形式は、caコマンドで使うシリアル番号ファイルと同じです。すなわち、次に使用するシリアル番号を表す偶数桁の16進数が1つの行に記述されている形式です。このオプションを省略した場合、CAコマンドで指定したファイル名の拡張子を「.srl」に変えたものが使用されます。

-CAcreateserial *filename*
: 証明書のシリアル番号の情報が格納されているファイルの名前を指定します。指定したファイルが存在しない場合、次に発行するシリアル番号として「02」が記述されたファイルが作成されます。

-extfile *filename*
: 作成する証明書に含めるべき拡張が格納されたファイルの名前を指定します。このファイルは基本的には設定ファイルです。ただし、このコマンドでは、その設定ファイルの用途は証明書の拡張だけです。

-extensions *section*
: extfileオプションで指定したファイル内で、証明書に含めるべき拡張が記述されているセクションの名前を指定します。

-clrext
: 証明書に含まれているすべての拡張領域を取り除きます。signkeyオプションまたはCAオプションのいずれかを使って、既存の証明書から新しい証明書を作成する場合には、このオプションを使用すべきです。

-x509toreq
: 証明書を証明書要求に変換します。このオプションとともにsignkeyオプションを使用して、証明書に対応する秘密鍵が格納されたファイルの名前を指定します。

-subject_hash‡
: 証明書の主体名のハッシュを計算します。OpenSSL では、ディレクトリ内で証明書を主体名で検索するためのリストを作るのに使われます。

-issuer_hash‡
: 証明書の発行者名のハッシュを計算します。

-set_serial *n*‡
: 使用するシリアル番号を指定します。このオプションは、-signkey または -CA と一緒に使うことができます。-CA オプションと衝突する場合は、シリアル番号のファイル (CAserial または CAcreateserial で指定されるもの) は使用されません。

    シリアル番号は、10 進または先頭に 0x を付けた 16 進で指定します。負のシリアル番号も指定できますが、推奨されていません。

名前表示のオプション

表示オプションの nameopt では、証明書の発行者名および所有者名の表示方法を制御するためのさまざまなオプションを指定できます。nameopt オプションは複数回指定できるため、複数のオプションを指定することが可能です。本節では、nameopt オプションで指定できる各キーワードについて解説します。各オプションとも、先頭にマイナス「-」(マイナス)を付けると、そのオプションをオフにするという意味になります。

compat
: デフォルトの形式です。nameopt オプションをまったく指定しないのと同等です。

RFC2253
: RFC 2253 互換の形式で名前を表示します。これは、esc_2253、esc_ctrl、esc_msb、utf8、dump_nostr、dump_unknown、dump_der、sep_comma_plus、dn_rev、sname の各オプションを指定するのと同等です。

oneline
: RFC 2253 の形式よりも可読性の高い、単一行の形式を使用します。これは、esc_2253、esc_ctrl、esc_msb、utf8、dump_nostr、dump_der、use_quote、sep_comma_plus_spc、spc_eq、sname の各オプションを指定するのと同等です。

multiline
: 複数行の形式を使用します。esc_ctrl、esc_msb、sep_multiline、spc_eq、lname の各オプションを指定するのと同等です。

esc_2253
: RFC 2253 で定められている特殊文字をエスケープします。対象となるのは、「,」

（カンマ）、「+」（プラス）、「"」（二重引用符）、「<」（小なり記号）、「>」（大なり記号）、「;」（セミコロン）です。加えて、井げた記号（#）、文字列の先頭の空白、文字列の末尾の空白もそれぞれエスケープされます。

`esc_ctrl`
: 制御文字をエスケープします。対象となるのは、空白文字（`0x20`）より小さいASCIIコードの文字と、削除文字（`0x7F`）です。

`esc_msb`
: 最上位ビット（MSB：Most Significant Bit）が立っている文字をエスケープします。

`use_quote`
: 一部の文字をエスケープできるよう、文字列全体を「"」（二重引用符）で囲みます。

`utf8`
: すべての文字列をUTF8形式に変換します。

`no_type`
: マルチバイト文字を解釈しません。つまり、マルチバイト文字の各バイトは、それぞれ独立した文字であるかのように扱われます。

`show_type`
: 出力の先頭に、文字列の型をASN.1のデータ型名で付加します。

`dump_der`
: 16進ダンプが必要なフィールドを、そのフィールドのDER形式でダンプします。このオプションを指定しなかった場合、要素のオクテットのみが表示されます。

`dump_nostr`
: 文字列以外のデータ型を表示します。このオプションを指定しなかった場合、文字列以外のデータ型は、各要素のオクテットがそれぞれ1つの文字を表すものとして表示されます。

`dump_all`
: 全フィールドを表示します。

`dump_unknown`
: OpenSSLにとって未知のOIDを持つフィールドを表示します。このオプションを指定しなかった場合、未知のフィールドは出力には含まれません。

`sep_comma_plus`, `sep_comma_plus_space`, `sep_semi_plus_space`, `sep_multiline`
: 出力でフィールドをどのように区切るかを指定します。

`dn_rev`
: 識別名に含まれているのとは逆の順序でフィールドを表示します。

nofname
: フィールド名を省略します。

sname
: フィールドのOIDの短縮名を使ってフィールド名を出力します。

lname
: フィールドのOIDの長い名前を使ってフィールド名を出力します。

oid
: フィールドのOIDの数値表現を使ってフィールド名を出力します。

spc_eq
: フィールド名と値との区切りとして使用する「=」(等号)の前後に空白を入れます。

align[‡]
: 出力が読みやすいように別名を指定できます。`sep_multiline`と同時にのみ使えます。

索引

数字

- 3DES（トリプル DES）.. 1, 24, 204
- 56 ビット DES 24

A

- Aep アクセラレータ 130
- AES（Advanced Encryption Standard）............. 1, 24, 202
- Apache の mod_ssl 28
- ASN.1 形式 361
- asn1parse コマンド 361
- Atalla アクセラレータ 129
- attributes キー 397

B

- base64 コマンド 41
- Base64 符号化 380
- bash シェル 72
- basicConstraints 拡張領域 60, 74
- batch オプション 83
- Backward Secrecy 167
- BIGNUM 122
  - 算術関数 126
  - 作成、初期化、破棄 123
  - バイナリ表現の間の変換 124
  - 間違ったコピー方法と正しいコピー方法 123
- BIGNUM パッケージ 122
- BIO_append_filename() 109
- BIO_destroy_bio_pair() 112
- BIO_do_accept() 110, 136
- BIO_do_connect() 110
- BIO_flush() 107
- BIO_free() 102, 112, 147
- BIO_free_all() 102
- BIO_get_mem_data() 108
- BIO_get_mem_ptr() 108
- BIO_get_retry_BIO() 106
- BIO_get_retry_reason() 107
- BIO_gets() 104
- BIO_make_bio_pair() 111
- BIO_METHOD オブジェクト 102
- BIO_new() 102
- BIO_new_accept() 136
- BIO_new_bio_pair() 112
- BIO_new_connect() 135
- BIO_new_fd() 109
- BIO_new_file() 108
- BIO_new_fp() 108
- BIO_new_mem_buf() 107
- BIO_new_socket() 110
- BIO_pop() 103
- BIO_push() 103
- BIO_puts() 105
- BIO_read() 103
- BIO_retry_type() 106
- BIO_rw_filename() 109
- BIO_s_accept() 110, 136
- BIO_s_bio() 111
- BIO_s_connect() 110, 135
- BIO_s_fd() 109
- BIO_s_file() 108
- BIO_s_mem() 107
- BIO_s_socket() 110
- BIO_set() 102
- BIO_set_accept_port() 110
- BIO_set_close() 108
- BIO_set_conn_hostname() 110
- BIO_set_conn_int_port() 110
- BIO_set_conn_ip() 110
- BIO_set_conn_port() 110
- BIO_set_fd() 109
- BIO_set_file() 109
- BIO_set_write_buf_size() 111
- BIO_should_io_special() 106
- BIO_should_read() 106
- BIO_should_retry() 105
- BIO_should_write() 106
- BIO_vfree() 102
- BIO_write() 104, 146
- BIO_write_filename() 109
- BIO チェーン 101
  - 形成と使用 114
- BIO パッケージ 101
- BIO ペア 111
  - 作成 112
- Blowfish 203
  - CBC モードでの暗号化の準備 210
  - CBC モードでの復号準備 211
- BN_add() 126
- BN_bin2bn() 124
  - DH 鍵交換 258
- BN_bn2bin() 124
  - DH 鍵交換 258
- BN_bn2dec() 125
- BN_bn2hex() 125
- BN_cmp() 124
- BN_CTX_free() 126

BN_CTX_new() 126
BN_CTX オブジェクト 269
BN_CTX 構造体 126
BN_dec2bn() 125
BN_div() 126
BN_exp() 126
BN_free() 123
BN_gcd() 126
BN_generate_prime() 126
　　擬似乱数の素数の生成 128
BN_hex2bn() 125
BN_init() 123
BN_mod() 126
BN_mod_add() 126
BN_mod_exp() 126
BN_mod_mul() 126
BN_mod_sqr() 126
BN_mod_sub() 126
BN_mul() 126
BN_new() 123
BN_nnmod() 126
BN_num_bytes() 124
BN_sqr() 126
BN_sub() 126
BN_ucmp() 124

C

CAST5 203
cA 構成要素 74
ca コマンド 37, 421
CA のセットアップ 71
　　CA 用の環境の作成 72
　　OpenCA 71
　　pyCA 71
　　自己署名ルート証明書の作成 75
　　証明書の失効 83
CBC-MAC 238
cbcmac.c 240
cbcmac.h 239
CBC（Cipher Block Chaining）モード 200
　　Blowfish での暗号化の準備 210
　　Blowfish での復号準備 211
cert.pem 151
certificate キー 364
CFB（Cipher Feedback）モード 200
check_availability() 189
CHIL アクセラレータ 129
ciphers コマンド 371
client.c 133, 135
client.pem 144
client1.c 142
client2.c 160
client3.c 170
common.c 133, 134
common.h 133
CONF_METHOD オブジェクト 326
CONF_VALUE() 159
CONF_VALUE 構造体 329

Cookie 5, 246
COUNTER_CTX データ型 222
counter_encrypt_or_decrypt() 220
create_cookies() 249
create_store() 352
CRL（Certificate Revcation List：証明書失効リスト）
　　...... 15, 19, 62, 155, 363
　　OCSP 65
　　間接 CRL 65
　　作成、確認、検証 85
　　テキストダンプ 86
　　発行頻度 63, 84
　　問題点 19
　　有効期限 84
　　有効性 372
crl_extensions キー 86, 366
crl2pkcs7 コマンド 373
crldays オプション 73
cRLDistributionPoints 62
crl コマンド 85, 372
CRL 番号 370
Crypt::SSLeay 293
CRYPTO_dynlock_value 構造体 91
CRYPTO_set_id_callback() 90
CRYPTO_set_locking_callback() 90
CryptoSwift アクセラレータ 129
crypto ライブラリ 413
CSR（Certificate Signing Request：証明書署名要求） 70
CTX_set_options() 195

D

D-U-N-S 番号 71
d2i() 159
d2i_AutoPrivateKey() 287
d2i_OBJNAME() 286
d2i_PKCS12_fp() 359
d2i_PrivateKey() 286
d2i_PublicKey() 286
data_transfer() 184
days オプション 73
decrypt_and_auth() 249
decrypt_example() 218
default_ca キー 73, 363
default_crl_days キー 73, 366
default_crl_hours キー 366
default_days キー 73, 365
default_enddate キー 365
default_keyfile キー 77
default_md キー 73, 77, 365
default_startdate キー 365
DER（Distinguished Encoding Rules） 284, 285
　　公開鍵の読み書き関数 287
DER_decode_RSA_public() 286
DER_encode_RSA_public() 285
DES（Data Encryption Standard） 203
　　56 ビット DES 24
DESX 204
/dev/random 53, 118

/dev/urandom	52, 118
dgst コマンド	39, 374
DH（Diffie Hellman）	43, 254
共有秘密の算出	258
DH_check()	257
DH_CHECK_P_NOT_PRIME	257
DH_CHECK_P_NOT_SAFE_PRIME	257
DH_compute_key()	259
DH_free()	258, 259
DH_generate_key()	258
DH_generate_parameters()	256
DH_NOT_SUITABLE_GENERATOR	257
DH_size()	259
DH_UNABLE_TO_CHECK_GENERATOR	258
dh1024.pem	144
dh512.pem	144
dhparam コマンド	44, 376
DH 構造体	254
dh コマンド	44
DH パラメータ	44, 254, 376, 405
生成と交換	255
distinguished_name キー	77, 397
dNSName フィールド	331, 336
DN フィールド	367
do_client_loop()	135, 146
do_server_loop()	136, 149
DSA（Digital Signature Algorithm）	12, 44, 260
署名と検証	264
DSA_free()	263, 275
DSA_generate_key()	263
DSA_generate_parameters()	262
DSA_sign()	265
DSA_sign_setup()	264
DSA_size()	265
DSA_verify()	266
dsaparam コマンド	45, 378
DSA 鍵	382
DSA 公開鍵	45
DSA 構造体	261
dsa コマンド	45, 377
DSA パラメータ	45, 261, 262, 378, 382
DSA 秘密鍵	377
dsniff	5
DSS1	376
dyn_create_function()	92
dyn_destroy_function()	93
dyn_lock_function()	92

E

ECB（Electronic Code Book）モード	199
EGADS（Entropy Gathering And Distribution System）	53, 23, 120
OpenSSL の PRNG にシードを渡す	120
egads_entropy()	120
egads_init()	120
EGD（Entropy Gathering Daemon）ソケット	52, 120
OpenSSL の PRNG にシードを渡す	122
encrypted-history	247
enc コマンド	41, 380

engine	26
ENGINE_by_id()	129
ENGINE_set_default()	130
ENGINE 型のオブジェクト	129
ERR_clear_error()	98
ERR_error_string()	99
ERR_error_string_n()	99
ERR_free_strings()	101
ERR_get_error()	96
ERR_get_error_line()	96
ERR_get_error_line_data()	97
ERR_load_crypto_strings()	99
ERR_load_SSL_strings()	99
ERR_peek_error()	96
ERR_peek_error_line()	96
ERR_peek_error_line_data()	97
ERR_print_errors()	100
ERR_print_errors_fp()	100
ERR_remove_state()	101, 136
errstr コマンド	382
ERR パッケージ	95
EVP_add_cipher()	202
EVP_CIPH_ECB_MODE()	221
EVP_CIPHER_CTX	208
EVP_CIPHER_CTX_block_size()	215
EVP_CIPHER_CTX_ctrl()	212
EVP_CIPHER_CTX_init()	208
EVP_CIPHER_CTX_mode()	221
EVP_CIPHER_CTX_set_key_length()	211
EVP_CIPHER_CTX_set_padding()	213
EVP_CIPHER_CTX オブジェクト	280
EVP_CIPHER_key_length()	212
EVP_CIPHER オブジェクト	209
EVP_DecryptFinal()	217, 284
EVP_DecryptInit()	209
EVP_DecryptInit_ex()	209
EVP_DecryptUpdate()	217, 283
EVP_DigestFinal()	229
EVP_DigestFinal_ex()	230
EVP_DigestInit()	228
EVP_DigestInit_ex()	229
EVP_DigestUpdate()	229, 276
EVP_enc_null()	202
EVP_EncodeBlock()	247
EVP_EncryptFinal()	214
EVP_EncryptFinal_ex()	215
EVP_EncryptInit()	130, 209
EVP_EncryptInit_ex()	130, 209
EVP_EncryptUpdate()	214
EVP_get_cipherbyname()	201
EVP_get_digestbyname()	228
EVP_MAX_BLOCK_LENGTH	218
EVP_MAX_IV_LENGTH	281
EVP_MD オブジェクト	331, 335
EVP_OpenFinal()	284
EVP_OpenInit()	282
EVP_OpenUpdate()	283
EVP_PKEY_assign_DSA()	275

EVP_PKEY_assign_RSA()	275
EVP_PKEY_free()	275
EVP_PKEY_get1_DSA()	275
EVP_PKEY_get1_RSA()	275
EVP_PKEY_new()	275
EVP_PKEY_set1_DSA()	275
EVP_PKEY_set1_RSA()	275
EVP_PKEY_size()	277
EVP_PKEY_type()	275, 331, 335
EVP_PKEY オブジェクト	275, 331, 335
EVP_SealFinal()	280, 282
EVP_SealInit()	280
EVP_SealUpdate()	280, 281
EVP_SignFinal()	277
EVP_SignInit()	276
EVP_SignInit_ex()	276
EVP_SignUpdate()	276
EVP_VerifyFinal()	279
EVP_VerifyInit()	278
EVP_VerifyInit_ex()	278
EVP_VerifyUpdate()	278
EVP API を使用した暗号化	201
暗号化の実行	213
カウンタモードでの UDP 通信の処理	219
鍵長その他のオプションの指定	211
共通鍵暗号の初期化	208
復号の実行	217
利用できる暗号化方式	202
EVP API を使用したハッシュ化	227
EVP インタフェース	274
暗号化と復号	279
公開鍵用	274
署名と検証	276
extKeyUsage 拡張領域	61

F

F4	268
Forward Secrecy	18, 167
FQDN	336

G

gencrl オプション	85
gendh コマンド	44
gendsa コマンド	45, 383
genrsa コマンド	46, 383
get_session_cb()	178
GetCurrentThreadId()（Windows）	89

H

handle_error()	134
history-mac	247
HMAC	233
HMAC()	233
HMAC_cleanup()	237
HMAC_CTX_init()	235
HMAC_Final()	236
HMAC_Init()	235
HMAC_Init_ex()	235
HMAC_Update()	236
HTTP Cookie	5, 246
HTTP リクエスト	297

I

i2d_OBJNAME()	285
i2d_PKCS12_fp()	358
i2v()	159
id_function()	90
IDEA	205
incremental_encrypt()	216
incremental_finish()	216
incremental_send()	216
infiles オプション	83
init_dhparams()	172
init_keys()	249
in オプション	83
IP スプーフィング	1
IP	41

K

keyUsage 拡張領域	60

L

lastUpdate フィールド	373
LDAP（Lightweight Directory Access Protocol）	20, 63
locking_function()	89

M

m2.bio_init()	302
m2.ssl_ctx_new()	302
M2Crypto	301
Ng Pheng Siong	302
Python モジュールの拡張	309
高レベルクラス	303
低レベルバインディング	302
M2Crypto.BIO モジュール	304
CipherStream クラス	305
File クラス	305
IOBuffer クラス	305
MemoryBuffer クラス	305
M2Crypto.DH モジュール	308
DH クラス	308
M2Crypto.DSA モジュール	308
DSA クラス	308
M2Crypto.EVP モジュール	305
Cipher クラス	306
HMAC	306
MessageDigest クラス	305
共通鍵暗号化方式の使用例	307
M2Crypto.httpslib モジュール	309
HTTPSConnection	310
HTTPS クラス	309
M2Crypto.m2urllib モジュール	310
M2Crypto.m2xmlrpclib モジュール	311
SSL_Transport クラス	311
M2Crypto.RSA モジュール	308
RSA_pub クラス	308

RSA クラス	308
M2Crypto.SSL モジュール	304
Context クラス	304
ForkingSSLServer クラス	304
Session クラス	304
SSLServer クラス	304
ThreadingSSLServer クラス	304
M2Crypto モジュール	303
MAC (Message Authentication Code：メッセージ認証コード)	1, 11, 199, 225, 233
CBC-MAC	238
HMAC	12
HTTP Cookie の安全性確保	246
UMAC	245
XCBC-MAC	241
XOR-MAC	245
バイナリの比較関数	235
make_headers()	297
man-in-the-middle 攻撃	14, 20, 32
MD2	228
MD4	228
MD5	228
MD5 ダイジェスト	226
MDC2	228
md オプション	73
MIME ヘッダ	411
mod_ssl	28
msie_hack オプション	74
msie_hack キー	74
MySQL	28

N

name オプション	73
NCONF_default()	326, 328
NCONF_get_number()	328
NCONF_get_number_e()	328
NCONF_get_section()	328
NCONF_get_string()	328
NCONF_load()	328
NCONF_load_bio()	328
NCONF_load_fp()	328
NCONF インタフェース	326
NCONF オブジェクト	326
Net::SSLeay	294
$show_random 変数	296
$linux_debug 変数	295
$random_device 変数	295
$slowly 変数	295
$ssl_version 変数	295
$trace 変数	295
Accept ヘッダ	298
die_if_ssl_error()	296
die_now()	296
get_https()	297
head_https()	297
Host ヘッダ	298
make_form()	297
make_headers()	297

post_https()	297
print_errs()	296
randomize()	299
set_cert_and_key()	299
ssl_read_all()	299
ssl_read_CRLF()	300
ssl_read_until()	300
ssl_write_all()	300
ssl_write_CRLF()	300
sslcat()	295, 299
エラー処理	296
コールバック	301
スレッド	301
低レベルバインディング	300
変数	295
ユーティリティ関数	297
Netscape	
SPKAC (Signed Public Keys and Challenge) 形式	414
証明書シーケンス	384
秘密鍵データベース	388
NET 形式	399
new_certs_dir キー	83, 364
new_session_cb()	178
nextUpdate フィールド	74, 366, 373
NID	330
notAfter 属性	341
notAfter パラメータ	341
notBefore 属性	341
notext オプション	83
nseq コマンド	384
Null 暗号化方式	202
Nuron アクセラレータ	129

O

OBJ_txt2nid()	334
OCSP (Online Certificate Status Protocol)	20, 65
DoS (Denial of Service) 攻撃	66
man-in-the-middle 攻撃	66
再送 (replay) 攻撃	66
OFB (Output Feedback) モード	200
opaque 型	324
OpenPGP	48
OpenSSL	28
SSLeay から派生	26
SSL ツールキット	26
UNIX へのインストール	27
Windows へのインストール	27
暗号ライブラリ	26
インストール	26
設定スクリプト	27
ダウンロード	26
バージョン情報の表示	416
ビルド	27
プラットフォーム	26
プログラミング言語	26
OpenSSL_add_all_algorithms()	201
OpenSSL_add_all_ciphers()	201
OpenSSL_add_all_digests()	228

OPENSSL_CONF 環境変数	363, 392
OPENSSL_free()	97, 125
OPENSSL_malloc()	125
openssl_pkcs7_encrypt()	320
openssl_pkcs7_sign()	320
openssl_pkcs7_verify	320
OpenSSL ライブラリ	26, 407
openssl sha1 コマンド	231
out オプション	83, 85

P

passwd_cb()	141
passwd コマンド	385
PEM（Privacy Enhanced Mail）	40, 83, 284, 288
公開鍵の読み書き関数	291
PEM()	334
PEM_ASN1_write_bio()	179
pem_password_cb()	289
PEM_read_bio_SSL_SESSION()	175
PEM_read_OBJNAME()	290
PEM_read_PrivateKey()	340
PEM_read_SSL_SESSION()	175
PEM_write_bio_SSL_SESSION	175, 179
PEM_write_OBJNAME()	288
PEM_write_SSL_SESSION()	175
PGP における信頼	48
PHP の OpenSSL 対応機能	312
ERR_error_string()	313
openssl_free_key()	314
openssl_get_privatekey()	313
openssl_get_publickey()	314
openssl_open()	318
openssl_pkcs7_decrypt()	320
openssl_pkcs7_encrypt()	319
openssl_pkcs7_sign()	320
openssl_pkcs7_verify()	321
openssl_seal()	317
openssl_sign()	318
openssl_verify()	318
openssl_x509_checkpurpose()	315
openssl_x509_free()	315
openssl_x509_parse()	316
openssl_x509_parse() が返す連想配列のキー	316
openssl_x509_read()	314
PKCS#7（S/MIME）関数	319
暗号化および署名関数	317
証明書用の関数	314
汎用関数	312
PKCS#12	357
PKCS#12 オブジェクト	358
インポート	359
情報のラッピング	358
PKCS#12 形式	388
PKCS#5 形式	388
PKCS#7	346
PKCS#7（S/MIME）関数	319
フラグ	356
PKCS#7 形式	373
PKCS#7 と S/MIME	346
暗号化と復号	352
署名と検証	347
署名と検証を行うユーティリティ	348
PKCS#8	387
PKCS12_create()	358
PKCS12_parse()	359
pkcs12 コマンド	388
PKCS7_decrypt()	352
PKCS7_DETACHED	357
PKCS7_encrypt()	352
PKCS7_NOCERTS	357
PKCS7_NOINTERN	356
PKCS7_NOSIGS	357
PKCS7_NOVERIFY	357
PKCS7_sign()	347
PKCS7_verify()	348
PKCS7 オブジェクト	347
pkcs7 コマンド	386
pkcs8 コマンド	387
PKI	55
PKIX（IETF の Public Key Infrastructure ワーキンググループ）	62
policy キー	371
POP3	29, 30, 34
post_connection_check()	156, 159, 160
preserveDN オプション	74
preserve キー	74
private_key キー	364
PrivateKey 構造体	388
PRNG	115, 392
エントロピー	22
シード（seed）	22, 116
PRNGD	120
prompt キー	77, 397
put_https()	297
Python	302

Q

quit コマンド	36

R

RAND_add()	116, 117, 121
RAND_egd_bytes()	121
RAND_event()	117
RAND_load_file()	118
RAND_pseudo_bytes()	211
RAND_query_egd_bytes()	121
RAND_screen()	117
RAND_seed()	116
RAND_write_file()	118
RANDFILE 環境変数	52
rand コマンド	392
RAND パッケージ	115
RC2	206
RC4	24, 206
RC5	207
remove_session_cb()	178
req コマンド	76, 79, 392

req セクション	76
default_bits キー	76
revoke オプション	84
Rijndael	202
RIPEMD-160	228
rmd160 コマンド	39
root.pem	144, 162
RSA	1, 12, 267
DER 形式	286
暗号化（encryption）	46
鍵の生成	268
公開鍵を DER 符号化	286
署名と検証	272
真正性（authenticity）	46
データの暗号化、鍵交換、鍵配送	269
秘密性（secrecy）	46
RSA_blinding_off()	269
RSA_blinding_on()	269
RSA_check_key()	269
RSA_free()	269, 275
RSA_generate_key()	268
RSA_NO_PADDING()	271
RSA_PKCS1_OAEP_PADDING()	271
RSA_PKCS1_PADDING()	271
RSA_private_decrypt()	270
RSA_private_encrypt()	270
RSA_public_decrypt()	270
RSA_public_encrypt()	270
RSA_sign()	272
RSA_size()	270
RSA_SSLV23_PADDING()	271
RSA_verify()	272
rsautl コマンド	47, 400
RSA 鍵	383, 400
RSA 構造体	267
rsa コマンド	398
RSA 秘密鍵	398

S

S/MIME（Secure Multipurpose Internet Mail Extensions）	25, 48, 57, 67, 346, 410
署名と暗号化を組み合わせた処理	355
メッセージの暗号化と復号を行うユーティリティ	353
S/MIMEv2	49
S/MIMEv3	49
smime コマンド	49
s_client コマンド	401
s_server コマンド	404
s_time コマンド	407
Sampo Kellomki	294
Secure POP3	30
seed_prng()	143
server.c	133, 136
server.pem	144
server1.c	147
server2.c	162
server3.c	170
sess_id コマンド	409
set_blocking()	189
set_nonblocking()	189
setup_client_ctx()	144
SHA1	228
sha1 コマンド	231
SHA1 ハッシュの計算	231
sk_TYPE_delete()	325
sk_TYPE_delete_ptr()	325
sk_TYPE_dup()	325
sk_TYPE_free()	324
sk_TYPE_insert()	325
sk_TYPE_new_null()	324
sk_TYPE_num()	325
sk_TYPE_pop()	325
sk_TYPE_push()	325
sk_TYPE_set()	325
sk_TYPE_shift()	325
sk_TYPE_unshift()	325
sk_TYPE_zero()	325
SMIME_read_PKCS7()	348
smime コマンド	410
SMTP	34
speed コマンド	413
SPKAC（Signed Public Key and Challenge）	364
spkac コマンド	414
SSL-TELNET	34
SSL_accept()	148, 152
SSL_clear()	147
SSL_connect()	146, 152, 175
SSL_CTX	141
SSL_CTX_flush_sessions()	177
SSL_CTX_get_cert_store()	155
SSL_CTX_load_verify_locations()	150, 155, 162
SSL_CTX_new()	139
SSL_CTX_sess_set_new_cb()	177
SSL_CTX_sess_set_remove_cb()	178
SSL_CTX_set_cert_verify_callback()	152
SSL_CTX_set_cipher_list()	168
SSL_CTX_set_default_passwd_cb()	139, 141
SSL_CTX_set_default_passwd_cb_userdata()	141, 142
SSL_CTX_set_default_paths()	155
SSL_CTX_set_default_verify_paths()	151, 162
SSL_CTX_set_mode()	183
SSL_CTX_set_options()	138, 165
SSL_CTX_set_session_cache_mode()	177
SSL_CTX_set_session_id_context()	176
SSL_CTX_set_timeout()	177
SSL_CTX_set_tmp_dh()	168
SSL_CTX_set_tmp_dh_callback()	168
SSL_CTX_set_verify()	152, 166
SSL_CTX_set_verify_depth()	154
SSL_CTX_use_certificate_chain_file()	140, 142
SSL_CTX_use_PrivateKey_file()	140, 141, 142
SSL_CTX オブジェクト	138
SSL_do_handshake()	193
SSL_ERROR_NONE	181
SSL_ERROR_WANT_READ	181
SSL_ERROR_WANT_WRITE	181

SSL_ERROR_ZERO_RETURN	181
SSL_free()	147
SSL_get_error()	181
SSL_get_peer_certificate()	156
SSL_get_session()	175
SSL_get_shutdown()	149
SSL_get_verify_result()	157
SSL_get0_session()	175
SSL_get1_session()	175
SSL_load_error_strings()	99, 134
SSL_METHOD オブジェクト	137, 138
SSL_MODE_ACCEPT_MOVING_WRITE_BUFFER	190
SSL_MODE_AUTO_RETRY	183
SSL_MODE_ENABLE_PARTIAL_WRITE	189
SSL_new()	139, 146
SSL_OP_ALL	166
SSL_OP_EPHEMERAL_RSA	166
SSL_OP_NO_SESSION_RESUMPTION_ON_RENEGOTIATION	195
SSL_OP_NO_SSLv2	166
SSL_OP_SINGLE_DH_USE	166, 172
SSL_read()	180
SSL_renegotiate()	191
SSL_renegotiate_pending()	195
SSL_SESS_CACHE_NO_AUTO_CLEAR	177
SSL_SESS_CACHE_NO_INTERNAL_LOOKUP	177
SSL_SESSION_free()	175
SSL_SESSION オブジェクト	174
SSL_set_bio()	146
SSL_set_mode()	183, 189
SSL_set_session()	175
SSL_set_session_id_context()	194
SSL_set_verify()	194
SSL_shutdown()	146, 149
SSL_ST_ACCEPT	193
SSL_ST_OK	193
SSL_VERIFY_CLIENT_ONCE	153
SSL_VERIFY_FAIL_IF_NO_PEER_CERT	153, 164, 172
SSL_VERIFY_NONE	152
SSL_VERIFY_PEER	152, 162, 172
SSL_write()	146, 180
SSLeay.pm	294
SSLv2_client_method()	138
SSLv2_method()	138
SSLv2_server_method()	138
SSLv23_client_method()	138
SSLv23_method()	138, 165, 166
SSLv23_server_method()	138
SSLv2 プロトコル	166
SSLv3_client_method()	138
SSLv3_method()	138, 166
SSLv3_server_method()	138
SSL オブジェクト	139
SSL オプションと暗号スイート	165
SSL オプションの設定	165
SSL クライアント	401
SSL コネクション	180
読み込みと書き込みの関数	180
SSL コネクションにおける I/O	180
SSL サーバ	404
SSL セッション	174
キャッシュ	174
クライアント側	175
サーバ側	176
SSL セッション状態	402, 405
SSL と TLS の基本的な目的	2
SSL トランザクション	13
Handshake	13
完全修飾ドメイン名（fully qualified domain name）	13
証明書	13
チャレンジ	14
秘密鍵	14
SSL に望まれる機能	24
TCP/IP 以外のトランスポート層プロトコル	24
ソフトウェアの欠陥からの保護	25
汎用のデータセキュリティ	26
否認防止	25
SSL の再ネゴシエーション	191
SSL のバージョン	23
SSL の問題点	15
安全でない方式	23
エントロピーの不足	21
鍵の管理	17
効率性	15
証明書の検証	20
不正なサーバ証明書	19
SSL バージョン 3（SSLv3）	131
SSL プログラミング	132
SSL オプションと暗号スイート	165
SSL のバージョンの選択および証明書の準備	137
高度なプログラミング	173
ピアの認証	149
STACK_OF(X509_EXTENSION) オブジェクト	331
Stunnel	28
Stunnel プロキシ	29
subjectAltName	340
subjectAltName 拡張領域	331, 334, 370
subjectKeyIdentifier 拡張領域	341
subjectName	340
subjectName フィールド	330
SureWare アクセラレータ	130

T	
Telnet	401
THREAD_cleanup()	91, 93
THREAD_setup()	91, 93
TLSv1_client_method()	138
TLSv1_method()	138, 166
TLSv1_server_method()	138
TLS バージョン 1（TLSv1）	131
tmp_dh_callback()	168, 172
TYPE_pop_free()	325

U	
uBSec アクセラレータ	130
UMAC	245
UTF8 形式	395, 423

V

verify_callback()	160, 162
verify コマンド	415
VeriSign	67
Class 1 Digital ID	67
D-U-N-S 番号	70
Digital ID 登録フォーム	67
Web サイト	67
高セキュリティ	68
コード署名証明書の種類	69
証明書の保護	68
セキュアサーバ証明書	70
チャレンジフレーズ	68
中セキュリティ	68
低セキュリティ	68
version コマンド	416

W

Web サイト証明書	70
WEP（Wired Equivalent Privacy）	6
WM_KEYDOWN	117
WM_MOUSEMOVE	117

X

X.509	59, 329
X.509v3	59, 366
X.509 証明書	319, 363, 384, 415, 417
X.509v3 の拡張領域	331
拡張領域の追加	336
クライアントの証明書の検証プログラム	343
証明書の検証	341
証明書の作成	335
証明書への署名	341
証明書要求の検証	335
証明書要求の生成	329
証明書要求を生成するプログラム	332
所有者名	330
割り当て	336
X.509 属性	330
x509_extensions キー	74, 77, 366
X509_EXTENSION 構造体の value メンバ	159
X509_EXTENSION のオブジェクト	331
X509_free()	156
X509_get_ext	159
X509_get_ext_count()	159
X509_get_notBefore()	341
X509_gmtime_adj()	341
X509_load_crl_file()	344
X509_LOOKUP_file()	342
X509_LOOKUP_hash_dir()	342
X509_LOOKUP_METHOD オブジェクト	342
X509_LOOKUP オブジェクト	342
X509_NAME_add_entry()	334
X509_NAME_add_entry_by_txt()	331
X509_NAME_entry_count()	334
X509_NAME_ENTRY_create_by_NID()	334
X509_NAME_ENTRY オブジェクト	330, 334
X509_NAME_print()	340
X509_NAME オブジェクト	330
X509_REQ_add_extensions()	335
X509_REQ_get_subject_name()	340
X509_REQ_set_pubkey()	334
X509_REQ_sign()	335
X509_REQ_verify()	340
X509_REQ オブジェクト	330
X509_set_pubkey()	341
X509_set_version()	340
X509_sign()	341
X509_STORE_add_lookup()	344
X509_STORE_CTX_init()	345
X509_STORE_CTX オブジェクト	342
X509_STORE_load_locations()	344
X509_STORE オブジェクト	342, 348
X509_V_ERR_APPLICATION_VERIFICATION	159
X509_V_FLAG_CRL_CHECK_ALL	345
X509_V_FLAG_CRL_CHECK	345
X509_V_OK	157
X509_verify_cert()	346
X509_verify_cert_error_string()	162
X509V3_CTX オブジェクト	341
X509V3_EXT_conf()	335, 341
X509V3_EXT_METHOD オブジェクト	159
X509V3_EXT_print()	340
X509v3_get_ext()	340
X509v3_get_ext_by_NID()	340
X509V3_set_ctx	341
x509 コマンド	417
XCBC-MAC	241
xcbcmac.c	243
xcbcmac.h	242
XOR-MAC	245

あ

アクセプトソケット BIO	110
アクセラレータのサポート	26
浅いコピー（shallow copy）	123
暗号化	213
Final 処理	213
Update 処理	213
インクリメンタル	216
平文を一度に 100 バイトずつ	215
暗号技術	1
暗号技術に関する鍵（cryptographic key）	3
暗号処理アクセラレータ	16
暗号スイート	165
暗号スイートの選択	168
暗号スイートのリスト取得	371
安全な素数	255
一時的 DH	405
一時的 RSA	405
一時的鍵（ephemeral key）	18, 166
一方向に認証される鍵配送	273
一方向ハッシュ関数	10, 225
MD5	11

SHA1 11
エラーキューの操作 95
　　エラー情報の出力 98
エンジン（engine）... 129
エントロピー収集デーモン 120
エントロピーのソース（生成源）... 52
エンベロープ 317
エンベロープインタフェース 352
オブジェクト識別子（OID：Object Identifier）................. 362
オブジェクトスタック 323
　　スタック操作関数 324

か

改竄（tampering）... 1, 4
鍵 179
　　ディスクに書き込む 179
鍵合意（key agreement）... 254
鍵交換（key exchange）... 254, 273
　　一方向に認証される鍵配送 273
　　双方向に認証される鍵合意 274
　　双方向に認証される鍵配送 274
鍵ストリーム 198
鍵長その他のオプションの指定 211
拡張領域（extention）... 59
型安全（type safe）... 324
型付きオブジェクト 323
可読なエラーメッセージ 98
完全性（integrity）... 3
暗号コンテキスト 208
擬似乱数生成器（PRNG：pseudorandom number generator）21, 115
擬似乱数生成器のシード 51
機密性（confidentiality）... 3, 252
競合状態 25
共通鍵暗号化方式 41, 197, 380
　　3DES（トリプルDES）.. 7
　　AES（Advanced Encryption Standard）...................... 7
　　Diffie-Hellman プロトコル 7
　　EVP API を使用した暗号化 201
　　RC4 7
　　暗号化の実行 213
　　カウンタモードでの UDP 通信の処理 219
　　鍵 6
　　鍵合意 7
　　鍵交換プロトコル 7
　　鍵長その他のオプションの指定 211
　　共通鍵の交換 7
　　初期化 208
　　ストリーム暗号 198
　　平文メッセージ 6
　　復号の実行 217
　　ブロック暗号 198
　　ブロック暗号の基本的なモード 199
共有秘密 254
クライアント側の SSL セッション 175
クライアント側のキャッシュ 176
クライアント側プロキシ 32
クレデンシャル 17

検証コールバック 153
公開鍵 56, 375, 398
公開鍵アルゴリズム 251
公開鍵暗号化方式 43, 55, 252
　　DH 10, 43
　　DSA 44
　　RSA 10, 46
　　鍵 10
　　鍵配布問題 8
　　公開鍵 8
　　楕円曲線暗号（ECC：elliptic curve cryptography）.. 10
　　秘密鍵 8
　　用途 252
公開鍵基盤（PKI：Public Key Infrastructure）................ 55
公開鍵用の EVP インタフェース 274
公開指数 384
コード署名証明書 69
コールバック 88
個人証明書 67
コネクション 174, 401, 409
コネクション指向（connection-oriented）........................ 24
コネクションソケット BIO 110
コマンドラインツール
　　Base64 形式のデータの復元（decode）...................... 41
　　Base64 形式のデータの符号化（encode）.................. 41
　　DH に関するコマンドの使用例 44
　　DH パラメータ 44
　　DSA に関するコマンドの使用例 46
　　env: 51
　　fd: 51
　　file: 51
　　OpenSSL での SHA1 の扱い 39
　　pass: 51
　　passin オプション 50
　　passout オプション 50
　　PRNG にシードを入力 52
　　rand オプション 52
　　RSA 46
　　RSA に関するコマンドの使用例 47
　　S/MIME 48
　　S/MIME の使用例コマンド 49
　　stdin 50
　　基本操作 36
　　共通鍵暗号化方式 41
　　共通鍵暗号化方式のコマンドの使用例 42
　　公開鍵暗号化方式 43
　　シードの作成 52
　　実行ファイル 36
　　設定ファイル 36
　　対話モード 36
　　デフォルトの OpenSSL 設定ファイル 37
　　電子署名アルゴリズム 44
　　ドキュメント 35
　　パスワードとパスフレーズ 50
　　バッチモード 36
　　メッセージダイジェストアルゴリズム 38
　　メッセージダイジェストコマンドの使用例 40

さ

- サーバ側の SSL セッション 176
- サーバ側プロキシ 29
- 最上位ビット（MSB：Most Significant Bit） 423
- 再送（replay） 4
- 再 Handshake 174
- 再ネゴシエーション 191
  - SSL バージョン 0.9.7 195
  - 実装 192
- 差分 CRL 367
- シード（seed） 115, 116, 392
- シーリング 280
- シールドデータ（sealed data） 317
- 識別名（DN：distinguished name） 56
- 自己署名証明書（self-signed certificate） 59, 363, 392, 420
- 私設 CA 57
  - 必要な情報 58
  - 本人性を検証 58
- 証明機関（CA：Certification Authority） 14, 19, 49, 57
- 証明書（certificate） 56, 139
  - SSL のバージョンの選択および証明書の準備 137
  - 検証 151
  - 検証のレベル 33
  - 信頼できる証明書の組み込み 150
  - ファイル名 33
- 証明書失効リスト（CRL：Certificate Revocation List）....「CRL」を参照
- 証明書チェーン 140, 149, 391, 401, 402, 405, 415
- 証明書の階層 58
- 証明書の拡張領域 59
  - basicConstraints 60
  - cA 構成要素 60
  - critical 59
  - cRLDistributionPoints 62
  - extKeyUsage に定義されている目的 61
  - keyUsage 拡張領域 60
  - keyUsage ビット設定 61
  - pathLenConstraint 構成要素 60
  - サポート 59
  - プロファイル 61
- 証明書の失効 62
- 証明書の取得 66
- 証明書の属性の割り当て 336
- 証明書のチェーン 58
- 証明書のフィンガープリント 59
- 証明書の別名 419
- 証明書要求 364, 392
  - 作成方法 79
  - 証明書の発行 81
  - 生成結果 80
- 商用 CA 57
  - 必要な情報 58
  - 本人性を検証 58
- 初期化ベクタ（IV：Initialization Vector） 41, 200, 380
- シンク BIO 107
- 真正性（authenticity） 1, 4
- 信頼されていない証明書 415
- 信頼されている証明書 402, 408, 411, 415
- 数値演算 125
- ストリーム暗号 198
- スプーフィング（spoofing） 4
- スレッド化と実際のアプリケーション 100
- スレッドローカル記憶域（TLS：Thread-Local Storage） 101
- 制御文字 423
- 生成元 255
- 静的ロック 88
- 静的ロックのコールバック 89
- セッション 174
- セッション ID 410
- セッションキャッシュ 177
  - セッションの外部キャッシュのフレームワーク ... 179
  - ディスク保存方式 177
- セッション情報 402, 409
- セッションの外部キャッシュのフレームワーク 179
- 接続後の確認 155
- 接続後の確認を実行する関数 157
- 接続再開機能 17
- 接続のハイジャック 1
- 接続のリスン 404
- 設定ファイル 36, 325
  - config オプション 75
  - 井げた記号（#） 37
  - 環境変数 OPENSSL_CONF 75
  - キー 37
  - グローバルセクション 37
  - 使用可能なコマンド 37
  - セクション 37
  - ドル記号（$） 38
  - 場所 75
  - マクロ 38
  - 読み込むためのコード 326
  - 例 326
- 相互認証（two way authentication） 172, 267
- 双方向に認証される鍵合意 274
- 双方向に認証される鍵配送 274
- ソース / シンク（source/sink） 101
- ソース / シンク BIO 107
- ソース BIO 107
- ソケット BIO 109
  - 作成 111
- ソケットソース / シンク BIO 109
- 素数の生成 126
- ソルト（salt） 42, 226

た

- 代替エントロピーソースの使用 119
- ダイジェスト 226
- 小さな部分群（small-subgroup）攻撃 259
- チェックサム 3, 226
- 長期的鍵（static key） 166
- ディスク保存方式のセッションキャッシュフレームワーク 177
- データ完全性 1
- データ機密性 1
- 電子署名アルゴリズム 44
- 盗聴 1, 4
- 動的ロック 88
- 動的ロックのコールバック 91

動的ロックメカニズムのサポート 94
登録機関（RA：Registration Authority） 19, 58
匿名パイプ 111
匿名 DH モード 140, 169
匿名モード 140, 169

な

内部エラー処理 95
入出力の抽象化 101
任意精度の数値演算 122

は

ハードウェアエンジンの使用を可能にする処理 129
ハイジャック（hijack） 4
ハッシュ 225
 EVP API を使用 227
 HTTP Cookie の安全性確保 246
ハッシュアルゴリズム 225
ハッシュ関数 10
ハッシュ値 226
 16 進表現での出力 231
バッファオーバーフロー 25
バッファ化ファイル BIO 108
反復カウンタ（iteration counter） 391
パディング（ブロック暗号） 198
ピアの認証 149
ビットフリップ攻撃（bit-flipping attack） 4
否認防止（non-repudiation） 1, 4, 25, 253
非バッファ化ファイル BIO 108
非ブロッキング I/O 184
秘密鍵 364, 379
 危殆化 18
ファイル BIO 108
 作成 109
ファイルソース / シンク BIO 108
フィルタ（filter） 101
フィルタ BIO 113
フィンガープリント 373, 418
深いコピー（deep copy） 123
フォワードプロキシ 32
負荷分散 16
 セッション ID を操作 17
 ラウンドロビン DNS 17
復号 217
符号化と復元 284
 DER（Distinguished Encoding Rules） 284
 PEM（Privacy Enhanced Mail） 284, 288
不透明な署名（opaque signing） 411
ブルートフォース攻撃（brute-force attack） 199
フレンドリ名 390
ブロッキング I/O 182
ブロック暗号 198
 CBC（Cipher Block Chaining）モード 200
 CFB（Cipher Feedback）モード 200
 ECB（Electronic Code Book）モード 199
 OFB（Output Feedback）モード 200
 基本的なモード 199

プロトコルエラー 25
ベンチマークテスト 413
法（モジュロ） 378, 393, 418
ホワイトリスト 21
本人性（identity） 4, 56

ま

マルチスレッドのサポート 88
ミューテックス 88
目くらまし（blinding） 269
メッセージダイジェスト 10, 225
メッセージダイジェストアルゴリズム ... 1, 38, 55, 225, 228, 374, 396
メッセージ認証コード（MAC：Message Authentication Code）
 .... 「MAC」を参照
メモリ BIO 107
 作成 108
メモリソース / シンク BIO 107
最も弱いリンク（weakest link） 25

や

有効なサーバ名の一覧（ホワイトリスト） 21

ら

乱数の生成 115
 PRNG のシード 116
 代替エントロピーソースの使用 119
ルート CA 392
ルート CA の証明書 58
ルート証明書 392
ルート証明書の生成結果 78
連想配列 297

〈監訳者略歴〉

齋藤孝道（さいとう　たかみち）
東京工科大学コンピュータサイエンス学部 講師
博士（工学）
情報処理技術者試験センター 情報処理技術者試験委員

- 本書の内容に関する質問は、オーム社開発部「OpenSSL ―暗号・PKI・SSL/TLS ライブラリの詳細―」係宛、E-mail（kaihatu@ohmsha.co.jp）または書状、FAX（03-3293-2825）にてお願いします。お受けできる質問は本書で紹介した内容に限らせていただきます。なお、電話での質問にはお答えできませんので、あらかじめご了承ください。
- 万一、落丁・乱丁の場合は、送料当社負担でお取替えいたします。当社販売管理部宛お送りください。
- 本書の一部の複写複製を希望される場合は、本書扉裏を参照してください。

JCLS ＜㈱日本著作出版権管理システム委託出版物＞

OpenSSL ―暗号・PKI・SSL/TLS ライブラリの詳細―

平成 16 年 8 月 25 日　　第 1 版第 1 刷発行

著　者　John Viega
　　　　Matt Messier
　　　　Pravir Chandra
監訳者　齋藤孝道
企画編集　オーム社 開発局
発行者　佐藤政次
発行所　株式会社 オーム社
　　　　郵便番号　101-8460
　　　　東京都千代田区神田錦町 3-1
　　　　電　話　03(3233)0641(代表)
　　　　URL　http://www.ohmsha.co.jp/

© オーム社 2004

組版　トップスタジオ　　印刷・製本　エヌ・ピー・エス
ISBN4-274-06573-1　　Printed in Japan

好評関連書籍

マスタリング TCP/IP SSL/TLS 編

SSL/TLS の仕様から実装までを詳解

Eric Rescorla 著
齋藤孝道・鬼頭利之・古森 貞 監訳

B5判 552頁
ISBN 4-274-06542-1

マスタリング TCP/IP 応用編

TCP/IP の実際的な側面まで解説する決定版

Philip Miller 著
苅田 幸雄 監訳

B5判 656頁
ISBN 4-274-06256-2

TCP/IP ソケットプログラミング C 言語編

C 言語によるソケットプログラミング入門書

Michael J.Donahoo
Kennith L.Calvert 共著
小高 知宏 監訳

B5変判 184頁
ISBN 4-274-06519-7

TCP/IP ソケットプログラミング Java 編

Java によるソケットプログラミング入門書

Kennith L.Calvert
Michael J.Donahoo 共著
小高 知宏 監訳

B5変判 168頁
ISBN 4-274-06520-0

C言語によるUNIXシステムプログラミング入門

プロセス間通信の仕組みからシステムコールの使い方まで

河野 清尊 著

B5変判 480頁
ISBN 4-274-06499-9

LDAP －設定・管理・プログラミング－

LDAP を理解して実際に利用するための本格ガイド

Gerald Carter 著
でびあんぐる 監訳

B5変判 344頁
ISBN 4-274-06550-2

スティーリング・ザ・ネットワーク －いかにしてネットワークは侵入されるか－

ネットワーク不正侵入のシナリオを読む10話のフィクション

Ryan Russel ほか共著
増田 智一 監訳

B5変判 304頁
ISBN 4-274-06560-X

認証技術　パスワードから公開鍵まで

認証技術に関する詳細な知識をわかりやすく解説

Richard E.Smith 著
稲村 雄 監訳

B5変形判 512頁
ISBN 4-274-06516-2

◎本体価格の変更、品切れが生じる場合もございますので、ご了承ください。
◎書店に商品がない場合または直接ご注文の場合は右記宛にご連絡ください。　TEL.03-3233-0643　FAX.03-3293-6224　http://www.ohmsha.co.jp/